JN214121

もう1秒も無駄にしない!

増補新版

Word 最速時短術

日経PC21 編
グエル 鈴木眞里子 著

日経BP

- 本書の解説は、Windows 11上で動作するWord（Microsoft 365で提供されている2025年2月時点の最新版）に基づいています。WindowsやWordのバージョンにより、画面のデザインや機能、動作が異なる場合があります。
- 各セクション見出しに付いている「5分時短」などの表記は、1日に数種類の書類を作成すると想定した場合の、1日における短縮時間の目安です。作成する書類の数や種類、長さによって短縮時間は違ってきます。

はじめに

会議や打ち合わせの資料・レジュメ、営業先や取引先への企画書・提案書、顧客に向けたイベントの案内状や商品のチラシ……。ビジネスにおいて書類の作成は日常茶飯事です。そんな書類作成に使うワープロソフトの定番がマイクロソフトの「Word（ワード）」です。表計算ソフトの「Excel（エクセル）」と並んで、ビジネスパーソン必携のビジネスアプリといえます。

ところが、Excelに比べてWordの人気はそれほど高くありません。ビジネスでは資料を表にまとめることが好まれるし、数値を計算したりグラフ化したりするケースが多いためでしょう。そして何より、その“扱いにくさ”が、Wordが敬遠される最大の要因だと思われます。

パソコン雑誌「日経PC21」では、25年以上にわたりWordの解説記事を掲載しています。そんな日経PC21の読者から届く質問や意見の中に、Wordに対する“恨み言”の多いこと。「Wordは余計なお節介が多い」「文字サイズを変更したら行間が急に広がった」「挿入した画像を自由に動かせなくてイライラする」「表をきれいに仕上げるのに手間がかかりすぎ」……。毎日利用しているにもかかわらず、Wordを自由に使いこなせず、頭を悩ませている読者が本当に多いのです。

無駄な機能に時間を奪われない

「1. ○○○」と番号付きの見出しを入力し、その内容（本文）を入力しようとして改行したら、「2.」と自動入力されてイラッときた——。そんな経験は誰にでもあるでしょう（次ページ**図1**）。もちろん、Wordは“親切のつもり”で次の番号を自動入力するのですが、利用者は常にそれを必要としているわけではありません。だから“余計なお節介”と感じてしまいます。

厄介なのは、その番号の消し方、元に戻し方を多くの人が知らないことです。どうしたらよいかわからず、そこで作業が止まってしまいます。そんな無駄な時間が、Wordを使っているとたびたび発生します。

行間が突然広がって戸惑ったり、画像の配置が思い通りにいかなかったりするときも同様です。本来なら作業に集中すべき時間を、Wordの操作や設定の苦労に奪われてしまうのですから、無駄以外の何ものでもありません。

そんな無駄をなくして効率良く書類を作成し、最速で仕事を終わらせることが、本書の目標です。例えば、前述の「1.」「2.」…と続く連番の自動入力は、設定をひとつ変えるだけで止められます。画像の配置が思うようにいかないのも、画像配置に関する初期設定が、皆さんが求めるものと違っているためです。まずはこうした設定を変更するだけでも、Wordはずっと使いやすくなります。

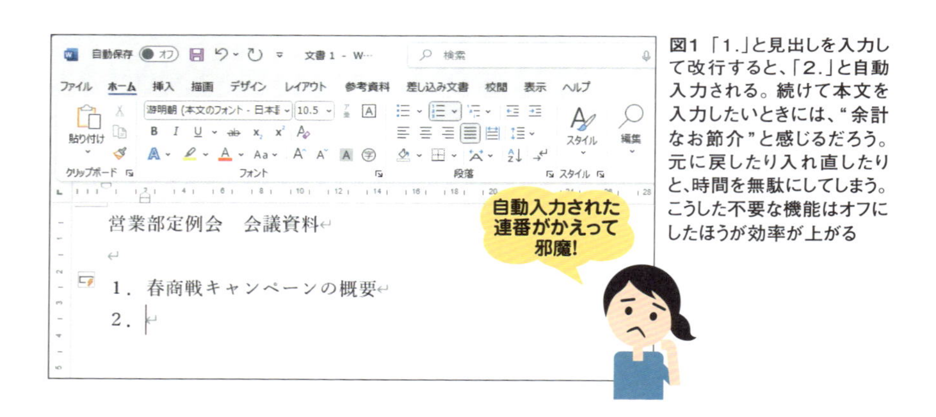

図1 「1.」と見出しを入力して改行すると、「2.」と自動入力される。続けて本文を入力したいときには、"余計なお節介"と感じるだろう。元に戻したり入れ直したりと、時間を無駄にしてしまう。こうした不要な機能はオフにしたほうが効率が上がる

1日仕事を5分で終わらせる

さらに、1日仕事を5分で終わらせてくれるような便利機能もWordには多く搭載されています。例えば1000人の顧客に手紙を出すとき、1人ずつ宛名を書き換えて印刷するのは大変です。しかし「差し込み文書」の機能を使えば、全自動で名前の部分だけを変えて連続印刷が可能です。過去の契約書を流用して新たな契約書を作りたいが元のデータがないという場合も、保管してある紙の契約書をスキャンしてWordで読み込めば、OCR（光学式文字認識）機能によりテキスト化され、Word文書として再編集できるようになります。何ページにもわたる書類をイチから手入力し直す必要はありません。

生成AIの登場で、内容構成や下書きも全自動

加えて昨今では、「ChatGPT（チャットジーピーティー）」に代表される「生成AI」の力を借りることもできます。生成AIを使えば、作りたい文書の内容を言葉で指示するだけで、AI（人工知能）が文書の構成や文面を考えてくれます。「どんな項目を並べて、どんな体裁でまとめればいいだろう…」などと頭を悩ますことなく、「○○の企画書を書いて」と頼むだけで、必要な項目を並べた下書きを生成してくれるのです。マイクロソフトも「Copilot（コパイロット）」と呼ばれる生成AIの機能を提供しており、Wordのライセンスによっては、AIによる下書き作成機能を利用することができます（**図2**）。

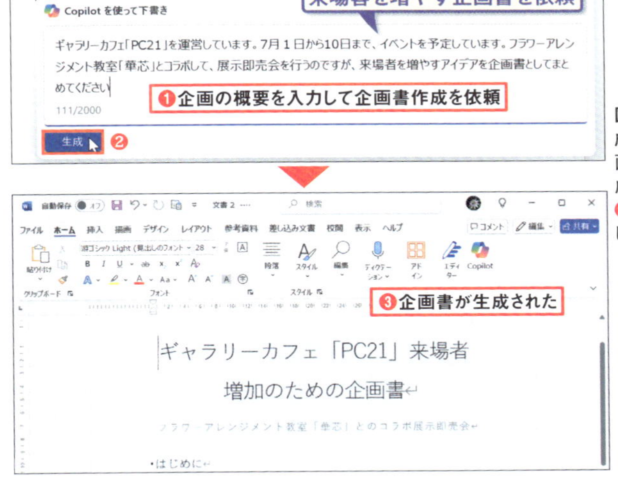

図2 Word上で利用できる生成AI「Copilot」の使用例。企画書の概要を入力して「生成」ボタンを押すだけで（❶❷）、AIが企画書を自動生成してくれる（❸）

生成AIの助けを借りながら、Wordが備える便利機能の数々を使いこなせば、日々の仕事の効率が格段にアップし、素早く楽にこなせるようになります。その実用ノウハウを、本書で身に付けていただければ幸いです。

日経PC21編集長　田村規雄

Contents ●目次

第5章 画像や図形を手早く挿入&配置 ……115

第6章 厄介な作表機能をマスターして効率化 ……149

Word

第1章

使いづらい新規文書を自分仕様に手直し

新規文書の書式が、Wordのバージョンによって違うことはご存じだろうか。バージョンアップによって勝手に書式が変わったり、あるいは今使っている新規文書の書式が気に入らなかったりするなら、毎回設定を変更することはない。既定の書式の設定方法を覚えて、新規文書を使いやすいものに手直ししよう。

- ●行間が突然広がるのを防ぐ
- ●段落間隔で文書にメリハリを付ける
- ●いつも使うフォントを既定にする
- ●用紙サイズや余白を好みの設定に　ほか

勝手な自動更新に振り回されないために

Wordを起動したら、新規文書を開いて文書作成を始める……。ごく当たり前の操作だが、ある日突然、昨日までとまったく違う書式になってしまったら、どうすればよいだろうか。実際に、Wordではそうしたことが数年に一度起きる。そんなときに慌てず対処できるように、その仕組みを知っておこう。

Wordの新規文書を開くと、既定の文書に登録された書式に従って白紙の文書が用意される。問題は、既定の文書の書式が、定期的な自動更新（バージョンアップ）によって変わってしまったときに起こる。実際に、2024年春と、2025年初めに、同じ内容の文書を白紙から作成した例が**図1**だ。

ここまで激しく変化してしまった理由は、段落設定にある。2024年の標準設定では、「段落後」の間隔や「行間」が大きく違っていたのだ（**図2**）。現状の最新版の設定は、2023年以前の設定にほぼ戻っていて、一般的な文書を作成しても違和感のない設定になっている。しかし、安心はできない。いつまた既定の書式が変わるかもしれないので、備えておく必要がある。

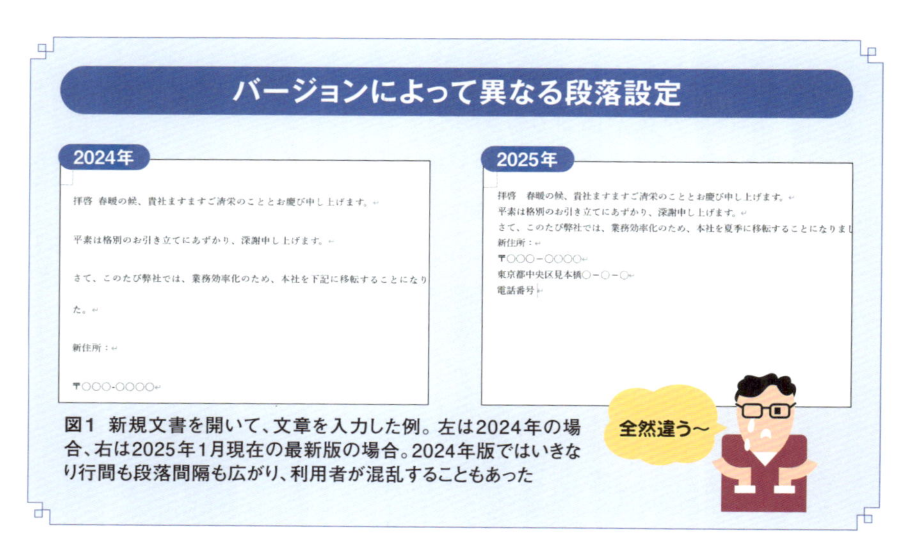

図1　新規文書を開いて、文章を入力した例。左は2024年の場合、右は2025年1月現在の最新版の場合。2024年版ではいきなり行間も段落間隔も広がり、利用者が混乱することもあった

変わるのは段落設定だけではない。既定のフォント（文字デザイン）も変わることがある。万一、バージョンアップなどによって既定の書式が変更された場合は、新規文書を開くたびに書式設定を変えるのではなく、新規文書を開いたら普段使用する書式で文書を作成できるように、既定の設定を変えておくのが時短のポイントだ。

Wordの既定の書式は、「Normal.dotm」というテンプレートファイルとしてパソコン内に保存され、新規文書の作成時に呼び出される。通常は表示されない隠しファイルになっているが、普段の書式設定画面で自分好みの書式に変更し、「既定に設定」ボタンをクリックすることで、「Normal.dotm」の書式も変えられる（**図3**）。この章では、段落設定や用紙サイズなどを変更する方法について説明していく。気に入った設定があれば、「既定に設定」ボタンを使って新規文書の設定を変更すれば、次回からその設定が既定になる。

原因は段落書式の変更

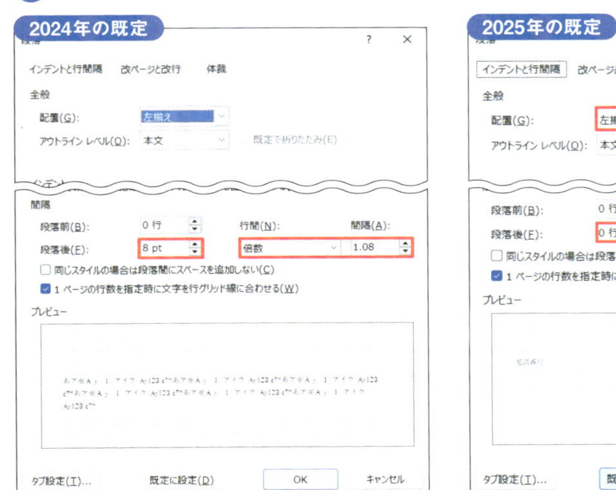

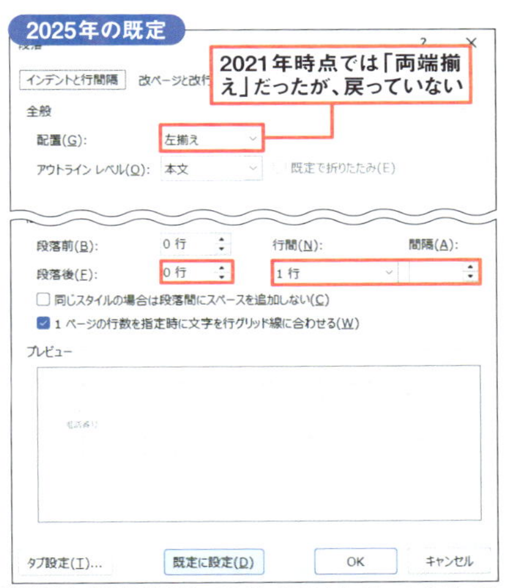

図2 2024年には既定で「段落後」が「8pt」、「行間」が「倍数」、「間隔」が「1.08」に指定されていたため、行や段落の間隔が広すぎた（左）。2024年末に「段落後」と「行間」が2023年以前の設定に戻った

「既定に設定」で初期設定を変える

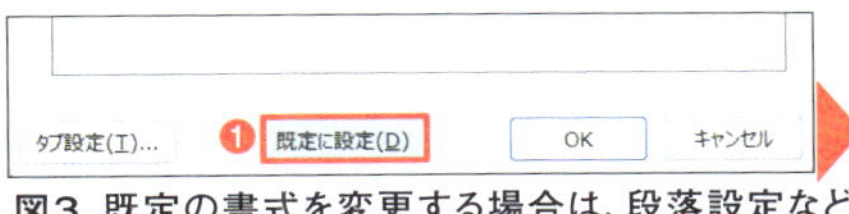

図3 既定の書式を変更する場合は、段落設定などの画面で「既定に設定」を選択（❶）。「Normal.dotm テンプレート…」を選んで「OK」を押す（❷❸）

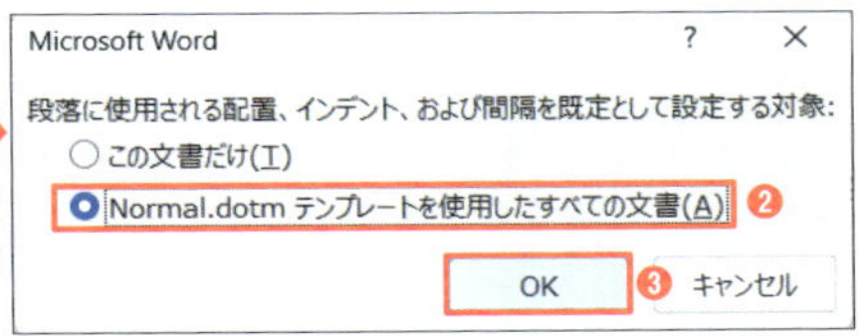

グリッドへの吸着は解除 行間は「固定値」で制御

Wordの行間に関しては、「文字サイズを少し大きくしたら行間が急に広がった」「フォントを変えたら行間が変わった」「Wordが最新になったら行間が広すぎる」などと、トラブルをよく耳にする。その原因は、主に3つある。1つずつ解決していこう。

まず、文字サイズを少し変えただけで行間が大きく変わる原因は、目に見えないグリッド線に合わせて行間が広がる設定になっていることにある。グリッド線の間隔は9ポイントごとに設定されており、文字サイズの変更によってグリッドに合わなくなると、次のグリッドに合うよう行間が一気に広がってしまうのだ（**図1**）。

グリッド線に合わせる設定は、2段組みで左右の行を揃えるときなどには効果的だが、通常の文書や行間を自由にコントロールしたいときには邪魔になる。この設定を解除するには、段落設定の画面で「1ページの行数を指定時に文字を行グリッド線に合わせる」をオフにする（**図2**）。ここで「既定に設定」を選べば、以降作成する新

「急に広がる」原因はグリッド線

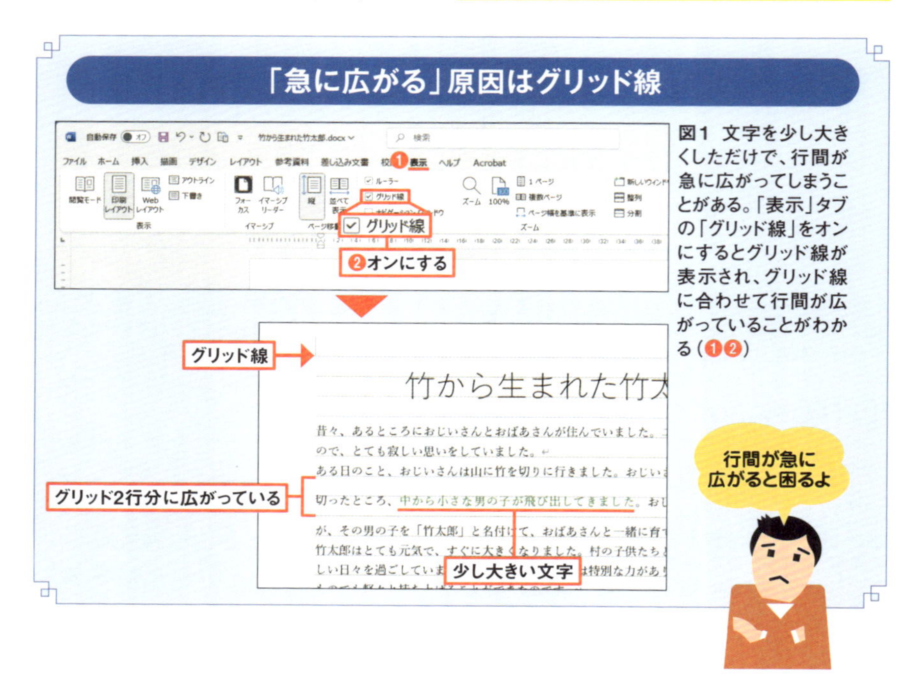

図1 文字を少し大きくしただけで、行間が急に広がってしまうことがある。「表示」タブの「グリッド線」をオンにするとグリッド線が表示され、グリッド線に合わせて行間が広がっていることがわかる（❶❷）

規文書でもグリッド線への吸着が解除される。この設定で、行間がいきなり広がるトラブルは避けられるが、文字サイズを大きくすると行間が広がる原因はほかにもある。

Wordで指定できる行間は、大きく2種類に分けられる。「1行」は文字の高さに適度な余白を加えた行間。「1.5行」「2行」「倍数」などは、「1行」を基にした高さ（**図3**）。また、フォントによって同じ文字サイズでも高さが微妙に異なる（**図4**）。そのため「フォ

グリッド線に合わせる設定を解除する

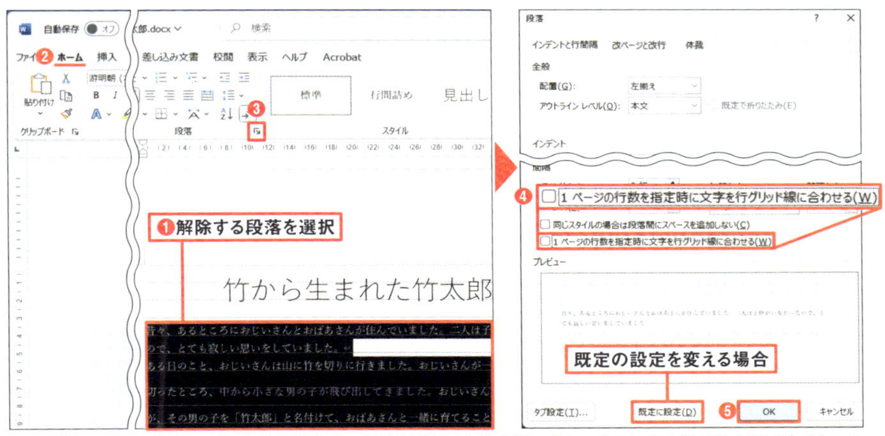

図2 グリッド線に合わせる設定を解除したい段落を選択する（❶）。「ホーム」タブで「段落の設定」ボタンをクリック（❷❸）。「1ページの行数を…合わせる」をオフにして、「OK」ボタンを押す（❹❺）

文字サイズによって変わる行間、変わらない行間

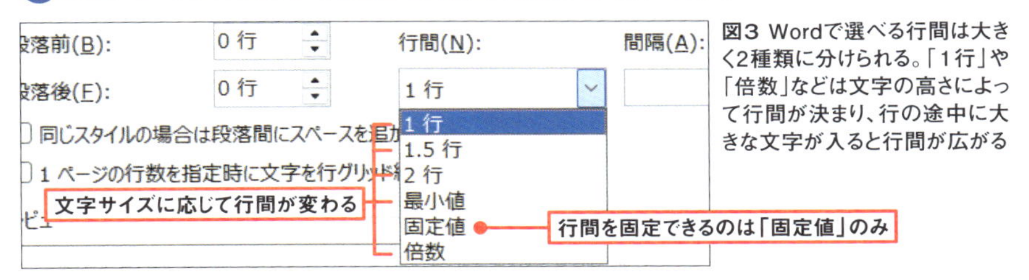

図3 Wordで選べる行間は大きく2種類に分けられる。「1行」や「倍数」などは文字の高さによって行間が決まり、行の途中に大きな文字が入ると行間が広がる

フォントによっても行間は変わる

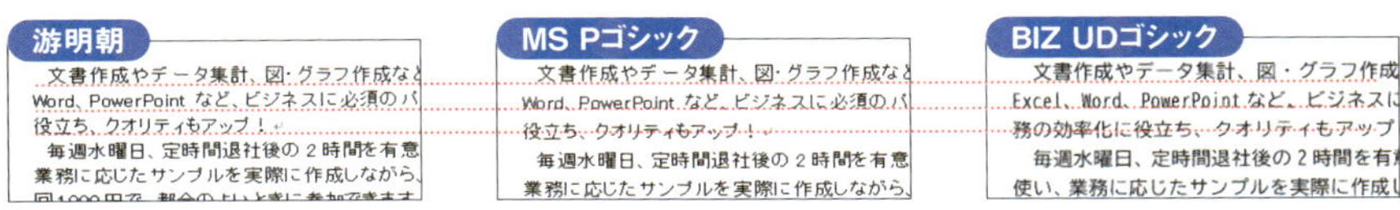

図4 グリッドへの吸着を解除すると、同じ文字サイズでもフォントによって「1行」の行間が異なることがわかる

ントを変えたら行間がズレた」といったトラブルも起きる。

「固定値」と「間隔」で思い通りの行間隔に

文字サイズやフォントにかかわらず行間を揃えたいなら、行間を「固定値」に設定する（**図5**）。文字のサイズが12ポイントで、半行分（6ポイント）の空きにするなら、行間は「18pt」だ。「固定値」にすることで、文字の大きさが変わっても同じ行間を保つことができる（**図6**）。

行間を「固定値」にして完全固定

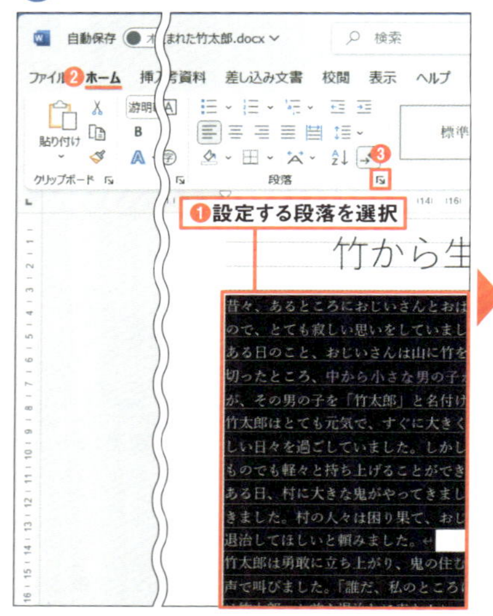

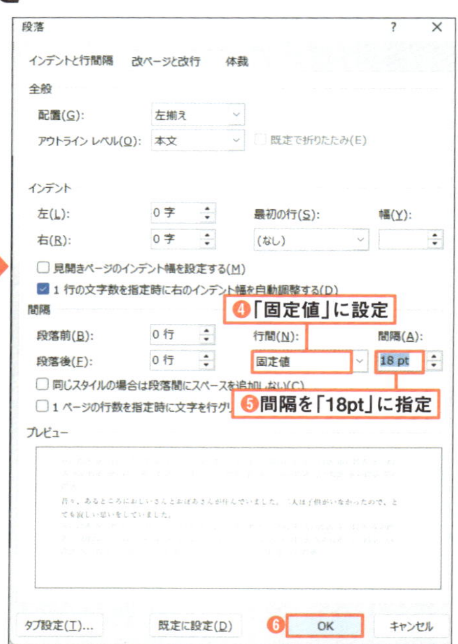

図5 行間を変更する段落を選択し、「ホーム」タブの「段落の設定」ボタンをクリック（❶～❸）。「行間」を「固定値」に設定し、「間隔」に行の高さを入力する（❹❺）。変更できたら「OK」ボタンをクリック（❻）

竹から生まれた竹太郎↵

昔々、あるところにおじいさんとおばあさんが住んでいました。二人は子供がいなかったので、とても寂しい思いをしていました。↵
ある日のこと、おじいさんは山に竹を切りに行きました。おじいさんが一本の大きな竹を切ったところ、中から小さな男の子が飛び出してきました。おじいさんは驚きましたが、その男の子を「竹太郎」と名付けて、おばあさんと一緒に育てることにしました。↵
竹太郎はとても元気で、すぐに大きくなりました。村の子供たちとも仲良く遊び、毎日楽しい日々を過ごしていました。しかし、竹太郎には特別な力がありました。どんなに重いものでも軽々と持ち上げることができたのです。↵

図6 行間が18ポイントに固定される。途中に大きな文字やルビ付きの文字があっても、行間は変わらない

Word

Section 03

段落の区切りは段落間隔でメリハリをつける

1分時短

文字が多い文書では、行間が狭すぎれば窮屈になり、広げすぎればバラついて見える。行間を広げずに見やすくしたいなら、段落の間隔を広げてみよう（**図1**）。段落の区切りがわかりやすくなることで読みやすくなる。

「ホーム」タブの「行と段落の間隔」ボタンから「段落前に間隔を追加」か「段落後に間隔を追加」を選択すると簡単に広げられる（**図2、図3**）。詳細に指定する場合は、左ページ図5の手順で設定画面を開き、「段落前」「段落後」の間隔を指定すればよい。

段落間隔で読みやすく

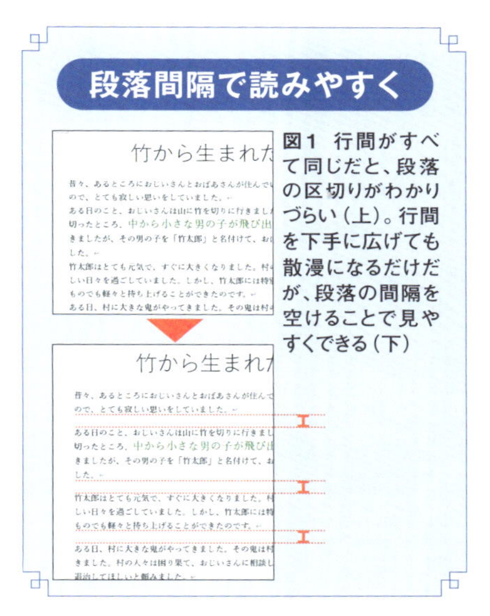

図1 行間がすべて同じだと、段落の区切りがわかりづらい（上）。行間を下手に広げても散漫になるだけだが、段落の間隔を空けることで見やすくできる（下）

段落前や段落後の空きを指定

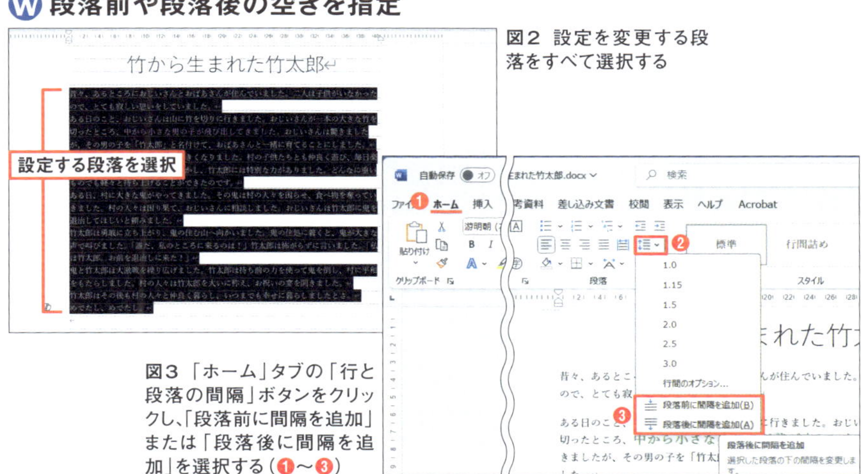

図2 設定を変更する段落をすべて選択する

図3 「ホーム」タブの「行と段落の間隔」ボタンをクリックし、「段落前に間隔を追加」または「段落後に間隔を追加」を選択する（❶～❸）

Word

Section 04 好みのフォントを選び、既定のフォントにする

Wordの初期設定では、フォントは「游明朝」、フォントサイズは「10.5ポイント」に設定されている。少し前は「メイリオ」、その前は「MS明朝」が既定のフォントとして使われていた。既定のフォントもバージョンアップによって変わる。既定のフォントが普段使いたいフォントと異なるなら、設定を変更しよう。

フォントを変更する場合は、「ホーム」タブの「フォント」から選ぶのが一般的だが、既定のフォントはフォントの設定画面で変更する。設定画面を開いたら、使いたいフォントや文字サイズなどを選び、「既定に設定」を押す（**図1**）。フォントの色や下線など、設定画面にある項目はすべて既定として登録できる［注］。

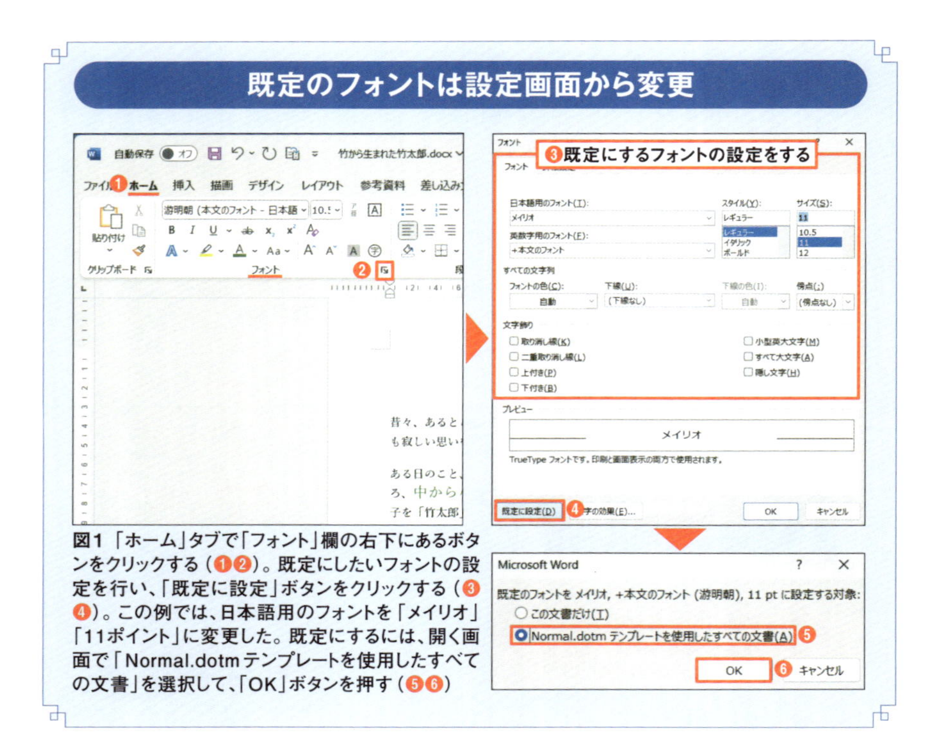

図1 「ホーム」タブで「フォント」欄の右下にあるボタンをクリックする（❶❷）。既定にしたいフォントの設定を行い、「既定に設定」ボタンをクリックする（❸❹）。この例では、日本語用のフォントを「メイリオ」「11ポイント」に変更した。既定にするには、開く画面で「Normal.dotm テンプレートを使用したすべての文書」を選択して、「OK」ボタンを押す（❺❻）

［注］アクセス許可の設定やアドインなどが原因で、既定のフォントを変更しても元に戻ってしまうことがある

ただし、既定のフォントを変更する場合は少し注意が必要だ。通常、既定のフォント名は、「游明朝（本文のフォント）」などと表示される（**図2**）。これは「本文のフォント」として「游明朝」が指定されていることを意味する。

Wordには、文書全体の書式をまとめて登録した「テーマ」と呼ばれる書式セットがある。既定のテーマは「Office」で、その本文用フォントが「游明朝」。既定のフォントを「本文のフォント」のままにしておけば、テーマを選び直すことで本文フォントも変わる仕組みだ（**図3**）。既定のフォントを変更すると、テーマによるデザイン変更が本文に適用されなくなくなる。テーマ機能を使うかどうかも考慮してフォントを決めよう。

「本文のフォント」とは？

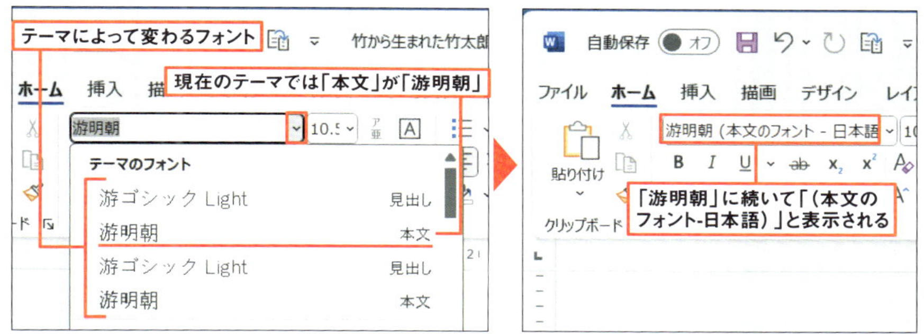

図2 フォント名の「∨」をクリックすると、「テーマのフォント」が表示される。既定として「本文のフォント」を選んでいると、選択中のテーマで「本文」として設定されたフォントが既定になる

テーマを変えればフォントも変わる

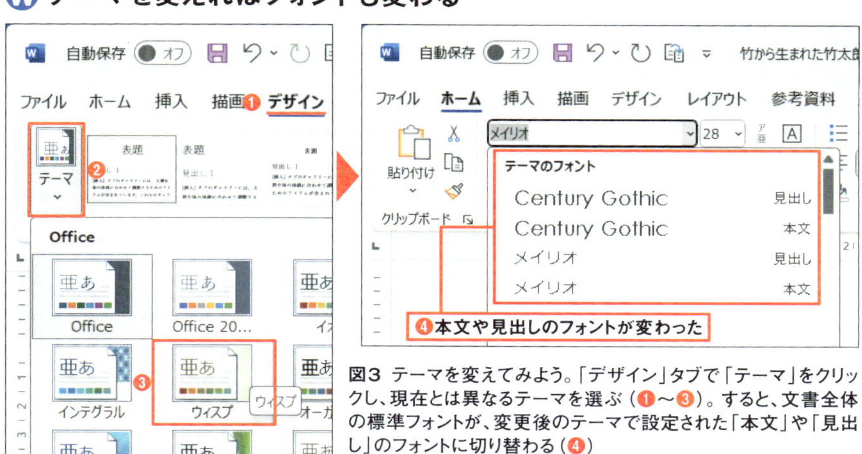

図3 テーマを変えてみよう。「デザイン」タブで「テーマ」をクリックし、現在とは異なるテーマを選ぶ（❶〜❸）。すると、文書全体の標準フォントが、変更後のテーマで設定された「本文」や「見出し」のフォントに切り替わる（❹）

Word

Section 05

用紙サイズ、余白も好みの設定で新規作成

3分時短

新規文書は縦置きのA4サイズ、余白は上が35mm、それ以外は30mmというのが初期設定だ（**図1**）。

この余白が広すぎると感じて、毎回設定を変更していないだろうか。時短を目指すならよく使う設定を既定にしよう。ここでは上下左右の余白を20mmに変更する（**図2**）。用紙サイズが異なる場合は、「用紙」タブで変更する。最後に「既定に設定」をクリックする。

これで今後作成する新規文書すべてにこの設定が適用される。初期設定に戻したい場合は、同じ手順で数値を元に戻せばよい。

初期設定を確認

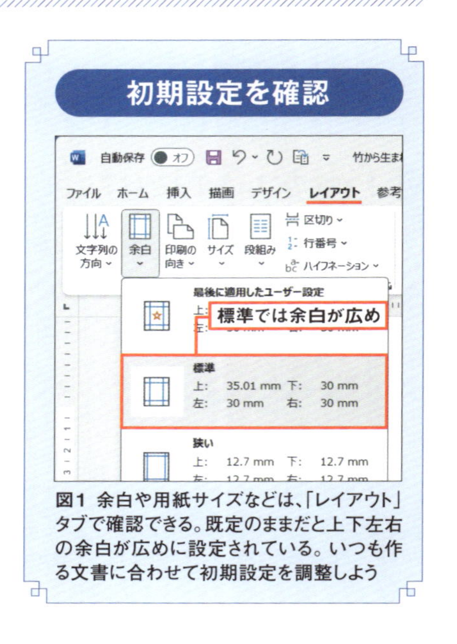

図1 余白や用紙サイズなどは、「レイアウト」タブで確認できる。既定のままだと上下左右の余白が広めに設定されている。いつも作る文書に合わせて初期設定を調整しよう

頻繁に使用するページ設定を既定として登録

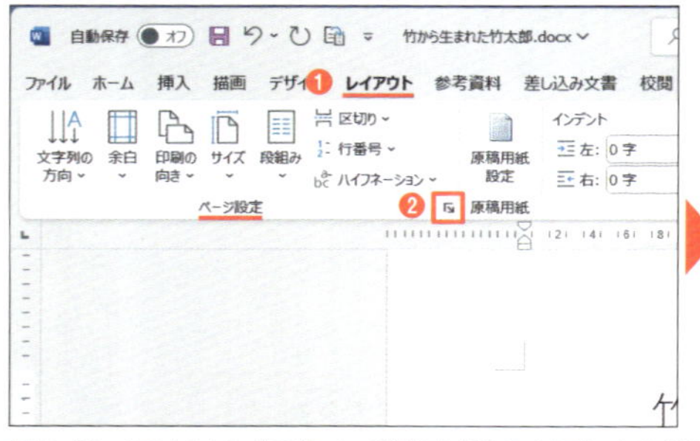

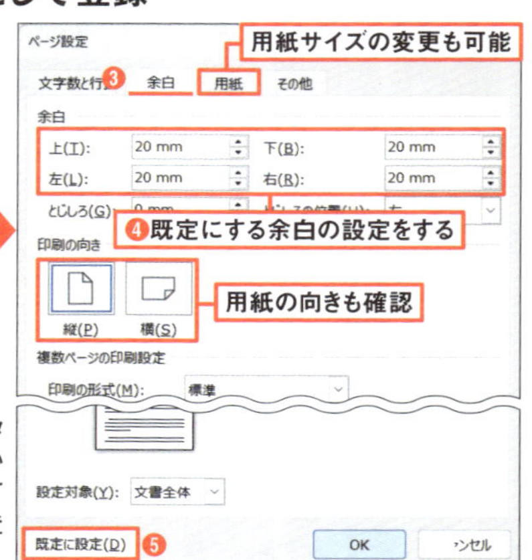

図2 「レイアウト」タブで「ページ設定」欄の右下にあるボタンをクリックする（❶❷）。「余白」タブを開き、既定にしたい上下左右の余白を指定する（❸❹）。この例では、すべて「20」に変更した。用紙の向きなども確認し、既定として登録する場合は「既定に設定」を押す（❺）

Word

第2章

コピペを極めて超速編集

入力済みのデータを効率良く流用するのが時短への近道。コピー・アンド・ペーストには、ショートカットキーなど複数の方法が用意されているので、状況やコピーする対象に応じて最適な方法を選びたい。カーソルの移動や文字列の選択方法についても説明する。

- コピー対象を手際良く選択する
- ショートカットキーで効率良くコピペ
- 「形式」の選択で貼り付け後の手間を省く
- ExcelやWebページから完璧にコピペ　ほか

Word

Section 01

3分 時短

コピペの手際は“範囲選択”で決まる

コピーしたり移動したりするには、まず対象の文字列を選択しなくてはならない。素早く的確に文字列を選択できないと作業がはかどらず、無駄な時間がかかってしまう。そこでコピーの話をする前に、文字列の選択方法から見直していこう。

文字列の選択といえば、基本はドラッグだ。ドラッグするときには、始点から終点までを直線で結ぶように最短距離でカーソルを動かすと、素早く選択できる（**図1**）。

「ドラッグするだけ」というと簡単そうだが、マウスが思うように動かず間違った範囲を選択すればやり直しだ。選択範囲が広いと、ドラッグの途中でスクロールが必要になったりもする。ノートパソコンのタッチパッドを使っているなら、操作はなお難しい。そこで使いたいのが、クリック操作による選択だ。

具体的には、範囲の開始点でクリックし、終了点で「Shift」キーを押しながらクリックする（**図2**）。選択範囲が広い場合、ドラッグ中にスクロールするのは大変だが、クリックを使えば簡単に選択できる。また、終点の位置を間違えた場合、再度「Shift」キーを押しながら正しい位置をクリックすれば、終点だけを変更できるのも便利だ。

日本語の編集では、単語や文章などの単位で選択することが多い。単語を選択するなら、ダブルクリックするだけで選択できる（**図3**）。文単位で選択するなら、「Ctrl」キーを押しながらクリックすると楽だ。段落記号を含めた段落全体を選択するならトリプルクリック（3回クリック）すればよい。このように、クリックでの範囲選択は、回数や組み合わせるキー次第で選択できる範囲を変えられる。

ドラッグでの文字選択は最短距離で

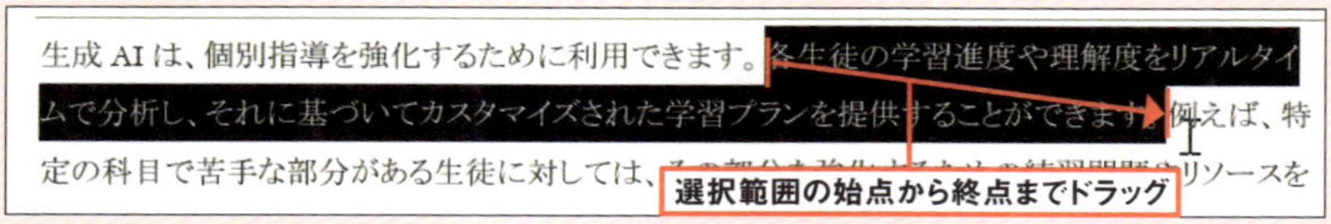

生成 AI は、個別指導を強化するために利用できます。各生徒の学習進度や理解度をリアルタイムで分析し、それに基づいてカスタマイズされた学習プランを提供することができます。例えば、特定の科目で苦手な部分がある生徒に対しては、その部分を強化するための練習問題やリソースを

選択範囲の始点から終点までドラッグ

図1 複数行にわたる文字列の選択は、始点から終点まで最短距離でドラッグするのがコツだ

始点でクリック、終点で「Shift」キー＋クリック

生徒が取り組んでいる課題やテストに対して、生成AI ❶始点をクリック フィードバックを行います。
これにより、生徒は即座に間違いを修正し、正しい理解を深めることができます。教師も生徒の進

生徒が取り組んでいる課題やテストに対して、生成AIはリアルタイムでフィードバックを行います。
これにより、生徒は即座に間違いを修正し、正しい理解を深めることができます。教師も生徒の進
捗を把握しやすくなり、個別のサポートがしやすくなります。 ❷終点を Shift ＋クリック

生徒が取り組んでいる課題やテストに対して、生成AIはリアルタイムでフィードバックを行います。
これにより、生徒は即座に間違いを修正し、正しい理解を深めることができます。教師も生徒の進
捗を把握しやすくなり、個別のサポートがしやすくなります。 ❸間の文字列が選択される

図2 まず、選択したい範囲の始点をクリック（❶）。続いて終点を「Shift」キーを押しながらクリックすれば、始点から終点までの文字列を選択できる（❷❸）。終点がズレた場合は、再度「Shift」キーを押しながらクリックすれば、終点だけを修正できる。また、スクロールが必要な場合は❶の後でスクロールすれば問題ない

単語、文、段落をクリックで選択

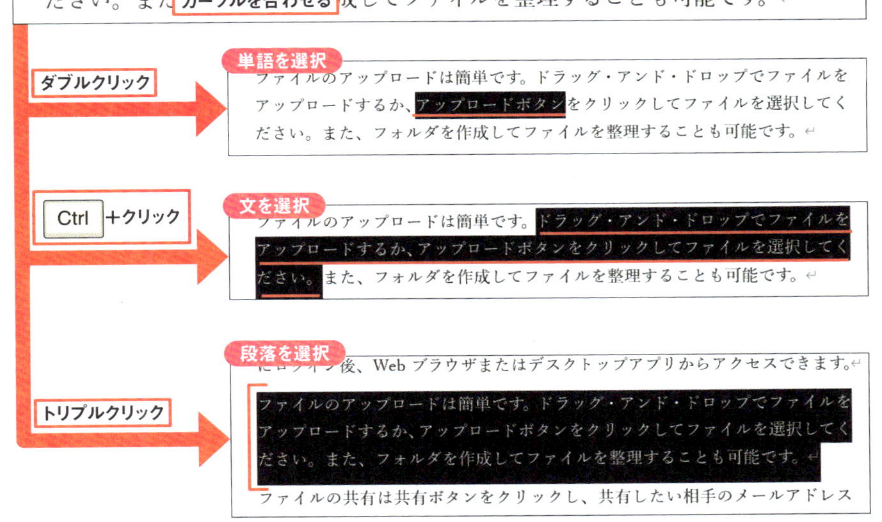

図3 選択したい文字列にカーソルを合わせる。ダブルクリックで単語、「Ctrl」＋クリックで文、トリプルクリックで段落を選択できる

行、段落の選択は左余白でクリック

行単位で選択する場合、文字列ではなく、左側の余白をクリックする（**図4**）。マウスポインターを左余白に移動し、ポインターが右上向きの矢印に変わったところでクリックするのがコツ。複数行を選択する場合は、左余白をドラッグする（**図5**）。

行単位の選択は左余白をクリックまたはドラッグ

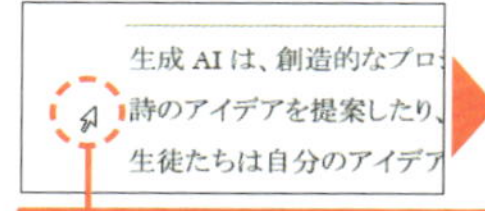

生成 AI は、創造的なプロジェクトの支援にも役立ちます。例えば、文章生成 AI を使って小説や
詩のアイデアを提案したり、アートを生成してクリエイティブな活動を促進したりすることができます。
生徒たちは自分のアイデアを発展させるためのインスピレーションを得ることができます。

❶選択する行の左余白をクリック　❷1行選択できた

図4 左側の余白をクリックすると、1行分の文字列を選択できる（❶❷）

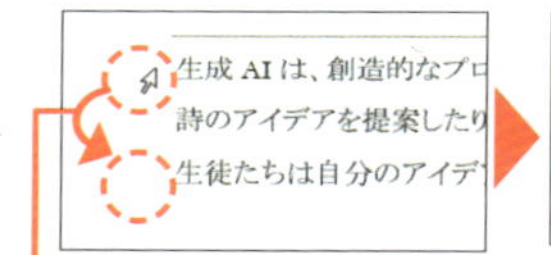

生成 AI は、創造的なプロジェクトの支援にも役立ちます。例えば、文章生成 AI を使って小説や
詩のアイデアを提案したり、アートを生成してクリエイティブな活動を促進したりすることができます。
生徒たちは自分のアイデアを発展させるためのインスピレーションを得ることができます。

❶選択する行の左余白をドラッグ　❷複数行選択できた

図5 左側の余白をドラッグすると、複数の行をまとめて選択できる（❶❷）

左余白のダブルクリックで段落、トリプルクリックで全文選択

生成 AI は、創造的なプロジェクトの支援にも役立ちます。例えば、文章生成 A
詩のアイデアを提案したり、アートを生成してクリエイティブな活動を促進したり
展させるためのインスピレーションを得ることが

左余白にカーソルを合わせる

ダブルクリック → 1段落を選択

創造的なプロジェクトの支援

生成 AI は、創造的なプロジェクトの支援にも役立ちます。例えば、文章生成 AI を使って小説や
詩のアイデアを提案したり、アートを生成してクリエイティブな活動を促進したりすることができます。
生徒たちは自分のアイデアを発展させるためのインスピレーションを得ることができます。

トリプルクリック → 文書の全文を選択

創造的なプロジェクトの支援

評価とフィードバックの自動化

生成 AI は、評価とフィードバックの自動化にも活用できます。テストや課題の採点を自動的に行

図6 左余白をダブルクリックすると1段落、トリプルクリックか「Ctrl」＋クリックで全文を選択できる

段落単位で選択する場合は、左余白をダブルクリック（**図6**）。文書の全文を選択するなら、左余白をトリプルクリックするか、「Ctrl」キーを押しながらクリックする。

ドラッグとキーの組み合わせで思い通りに選択

ここまでは連続する文字列の選択方法を見てきたが、選択範囲が飛び飛びの場合でも選択する方法がある。離れた場所にある文字列をまとめて選択できれば、書式などの変更を一度で済ますことができ、編集作業が楽になるはずだ。

離れた場所にある文字列を選択する場合、ドラッグで最初の範囲を選択し、2番目以降は「Ctrl」キーを押しながらドラッグする（**図7**）。

長方形に並んだ文字列は「Alt」キーを押しながらドラッグすることで選択できる（**図8**）。箇条書きの番号だけ太字にしたいといった場合、1カ所ずつ変更するのは面倒だが、この方法で選択すればまとめて変更できる。

「Ctrl」キーの併用で離れた文字列を同時選択

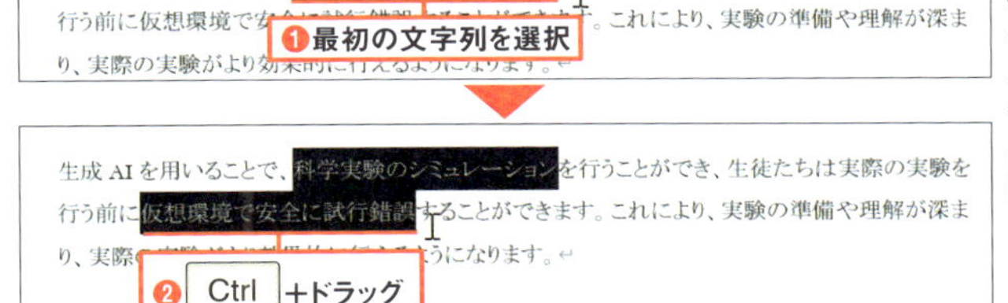

図7　離れた位置にある文字列を選ぶときは、まず1つめの文字列をドラッグなどで選ぶ（❶）。それ以降は、「Ctrl」キーを押しながらドラッグなどで文字列を選択すると、選択範囲が追加される（❷）

「Alt」キーの併用で長方形の範囲内にある文字列を選択

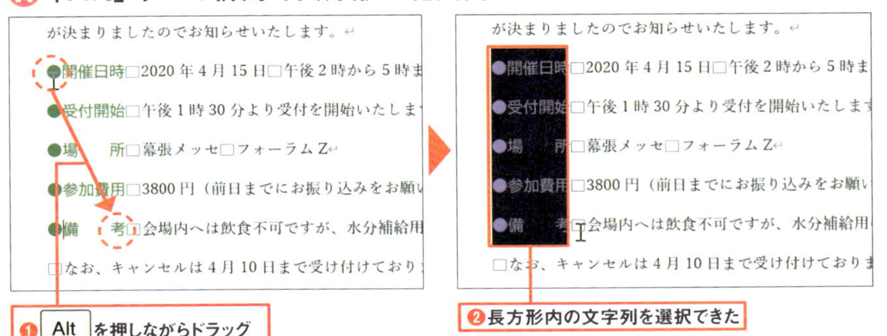

図8 「Alt」キーを押しながらドラッグすると、始点から終点までを対角線とした長方形内に含まれる文字列をすべて選択できる（❶❷）

Word

Section 02

文字選択の自由度アップ マウスを使わない選択術

5分時短

マウスを使った操作は直感的でわかりやすいが、キーボードから手が離れるため効率が悪い。ノートパソコンのタッチパッドであればなおのこと操作しづらい。文字列の選択は、キーでもできる。操作している状況に応じて、使いやすい操作方法を選

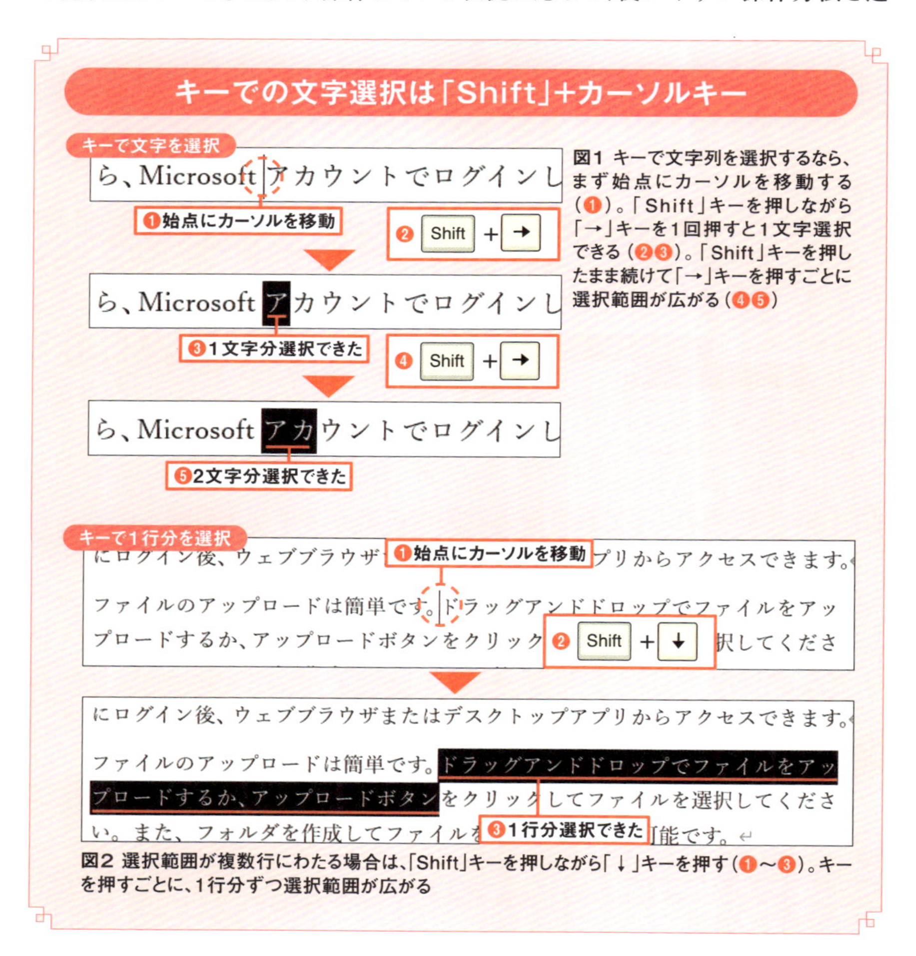

図1 キーで文字列を選択するなら、まず始点にカーソルを移動する（❶）。「Shift」キーを押しながら「→」キーを1回押すと1文字選択できる（❷❸）。「Shift」キーを押したまま続けて「→」キーを押すごとに選択範囲が広がる（❹❺）

図2 選択範囲が複数行にわたる場合は、「Shift」キーを押しながら「↓」キーを押す（❶～❸）。キーを押すごとに、1行分ずつ選択範囲が広がる

択するのが時短のコツ。マウスでは難しい範囲選択が簡単にできるショートカットキーもあるので覚えておくと時短に効果的だ。

キーで範囲選択をするには、「Shift」キーを押しながら選択したい方向のカーソルキーを押す。例えば「Shift」+「→」キーを2回押せば、右側の2文字を選択できる(**図1**)。「Shift」+「↓」キーを押すと、真下にカーソルが移動し、結果として1行分の文字列を選択できる(**図2**)。

うっかりキーを押しすぎて選択しすぎてしまったときには、「Shift」+「←」キーで範囲を狭めることもできる(**図3**)。小さい文字やかっこのように幅の狭い文字を1文字だけ選択するのは、ドラッグ操作では難しいが、キー操作なら楽勝だ。

選択しすぎたら「Shift」+「←」で選択解除

は簡単です。ドラッグアンドドロップでファ
ロードボタンをクリックしてファイルを選択
❶選択範囲が広すぎた
❷ Shift + ←
を整理すること

ロードボタンをクリックしてファイルを選択
❸1文字分の選択を解除できた

図3 文字列の選択後、「Shift」キーを押しながら「←」キーを1回押すと、1文字分の選択を解除できる(❶〜❸)。細かく文字数を調整できるのもキーで文字列を選択する利点だ

単語単位、段落単位にカーソルを移動

当社のファイル管理と共有には、Microsoft の OneDrive を使用しています。以下、基本的な使い方をご説明します。

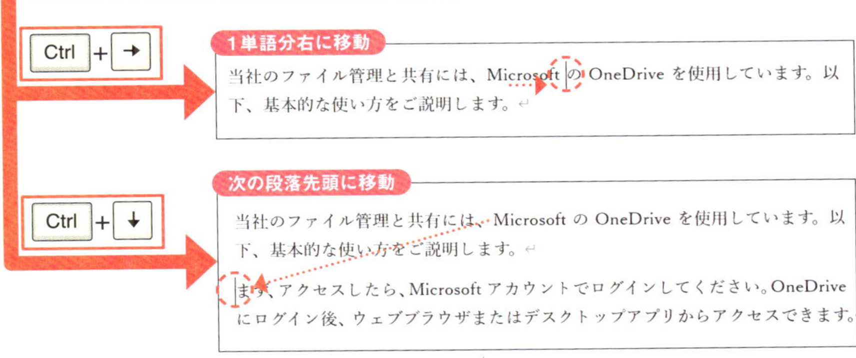

図4 「Ctrl」キーを押しながら「→」キーを押せば1単語分右にカーソルが移動する。「Ctrl」キーを押しながら「↓」キーを押せば、カーソルは次の段落の最初まで移動する

キー操作で始点までカーソル移動

キーを使った文字選択は、始点にカーソルを移動することから始まる。カーソルはクリックで移動しても構わないが、せっかくならカーソルを自在に移動するショートカットキーを覚えておくと、キー操作だけで文字を選択することができる。

1文字分右にカーソルを移動するなら「→」キー、1行分下に移動するなら「↓」キーを押すのは、ご存じだろう。このほか、「Ctrl」+「→」キーで1単語分右に、「Ctrl」+「↓」キーで次の段落の先頭に移動できる（前ページ**図4**）。また、「Home」キーで行頭、「End」キーで行末に移動するなど、移動に使えるショートカットキーがある（**図5**）。長い文書を扱う機会が多いなら、ページの移動や前後の画面への移動に使えるショートカットキーを覚えておくと時短になりそうだ（**図6**）。

「Home」で行頭、「End」で行末に移動

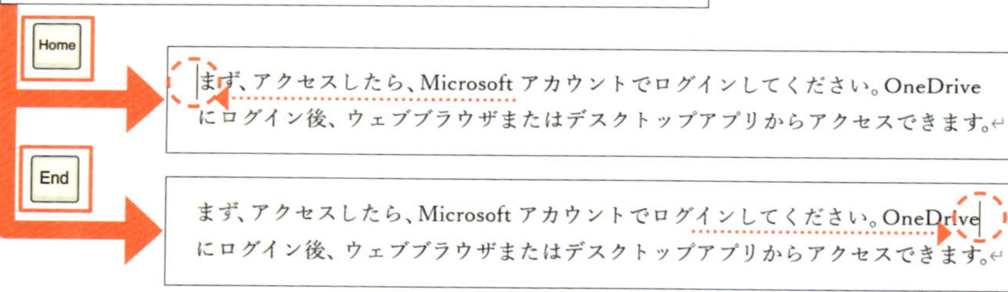

図5 「Home」キーなら行頭、「End」キーなら行末にカーソルが移動する

長文の編集を助けるカーソル移動のショートカットキー

カーソルの移動先	ショートカットキー	カーソルの移動先	ショートカットキー
行頭	Home	行末	End
段落の先頭	Ctrl + ↑	次の段落の先頭	Ctrl + ↓
単語の先頭	Ctrl + ←	次の単語の先頭	Ctrl + →
文書の先頭	Ctrl + Home	文書の末尾	Ctrl + End
1画面分上	Page Up	1画面分下	Page Down
次ページの先頭（次を検索）	Ctrl + Page Down	前ページの先頭（前を検索）	Ctrl + Page Up

図6 カーソルキーを大きく動かしたいときに便利なショートカットキーも覚えておくと便利だ［注］

［注］ノートパソコンなどでは、「Home」「End」「PageUp」「PageDown」の各キーが「Fn」キーと同時に押さないと機能しない場合がある

「Shift」と組み合わせれば一発で範囲選択

前ページで紹介したカーソル移動のショートカットキーは、「Shift」キーとの組み合わせでさらに威力を発揮する。「Shift」を組み合わせると、現在のカーソル位置から移動先までの範囲にある文字列を、一発で選択できるのだ。

単語を選択するなら、「Shift」+「Ctrl」+「→」キーを押す（**図7**）。カーソル位置から行末までを選択するなら「Shift」+「End」キー、段落終わりまで選択するなら「Shift」+「Ctrl」+「↓」キーを押せば瞬時に選択できる。長文を編集しているなら、文書の最後まで選択する「Shift」+「Ctrl」+「End」キーも役立ちそうだ。そのほか、文書全体を選択する「Ctrl」+「A」キーも覚えておこう。

W 「ここから最後まで」はキーを使って一瞬で選択

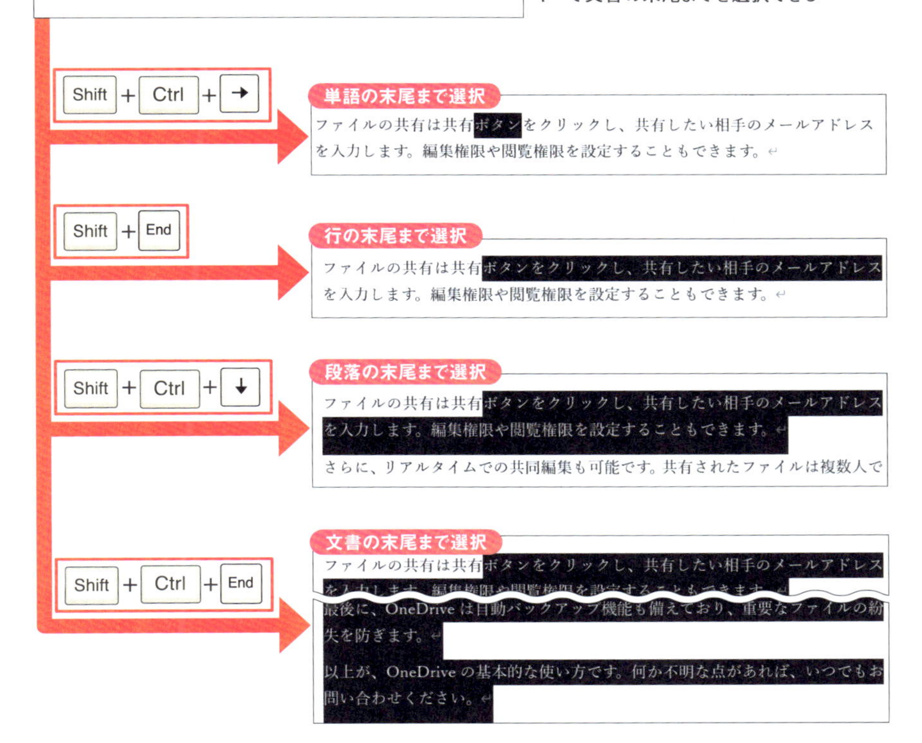

図7　「Shift」+「Ctrl」+「→」キーで単語、「Shift」+「End」キーで行、「Shift」+「Ctrl」+「↓」キーで段落、「Shift」+「Ctrl」+「End」キーで文書の末尾までを選択できる

Word

Section 03

コピーや移動はドラッグよりキー操作で

3分時短

いったん入力したデータは、できるだけ流用するのが時短の王道。コピー・アンド・ペーストの操作に手間取って時短の効果が薄れないよう、操作方法を見直そう。

コピー、切り取り、貼り付けはリボンのボタンから実行できる。しかし、コピー元を選択して「コピー」ボタンをクリックし、移動先を選択して「貼り付け」ボタンをクリックするという手順は、マウスの移動距離が大きく非効率。ドラッグやショートカットキーでも可能な操作なので、状況に応じて最適な方法を使い分けられると効率が上がる。

文字列はドラッグするだけで移動できる（**図1**）。コピーなら、「Ctrl」キーを押しながらドラッグすればよい（**図2**）。狭い範囲内での移動やコピーであれば、ドラッグを使うのも悪くない。ただし、時短を目指すなら、基本はショートカットキーだ。

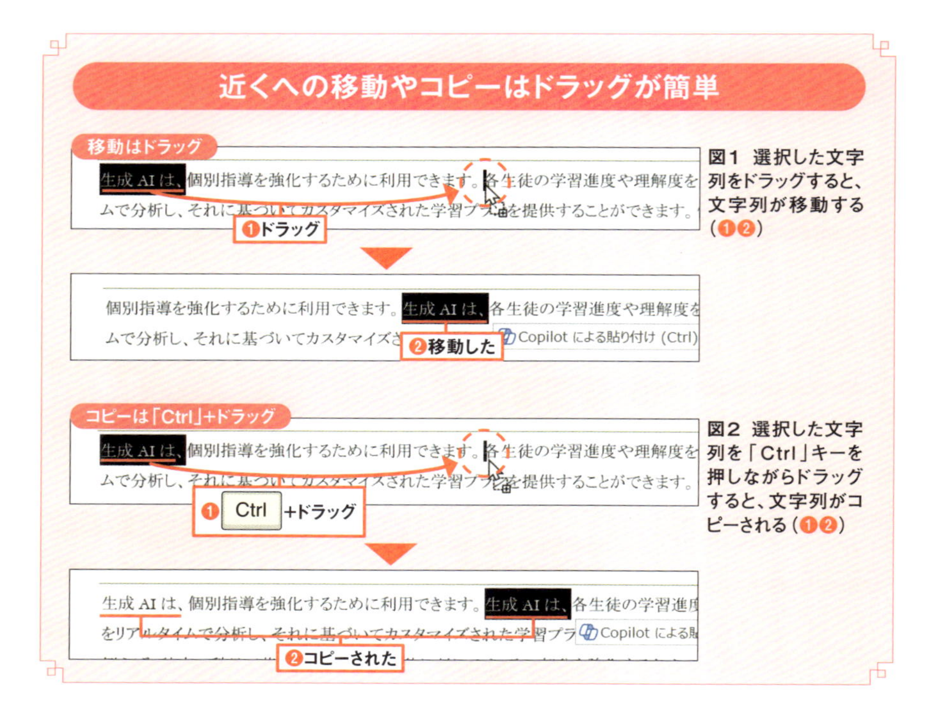

図1 選択した文字列をドラッグすると、文字列が移動する（❶❷）

図2 選択した文字列を「Ctrl」キーを押しながらドラッグすると、文字列がコピーされる（❶❷）

ショートカットキーなら離れた場所でも問題なし

コピーは「Ctrl」+「C」キー、切り取りは「Ctrl」+「X」キー、貼り付けは「Ctrl」+「V」キーが、コピーと移動のショートカットキーであり、すでに使っている人も多いはずだ。時短の観点から見て、ショートカットキーを勧める理由は2つある。

貼り付け先が近ければドラッグでもミスは少ない。しかし、貼り付け先が離れていたり、別の文書だったりすると、ドラッグコピーでは「別のウインドウに貼り付けちゃった」といったミスが起こりがち。ショートカットキーなら、画面をスクロールしたり切り替えたりしても問題なく作業できる（**図3**）。これが1つめの理由だ。

離れた場所でもショートカットキーなら簡単コピペ

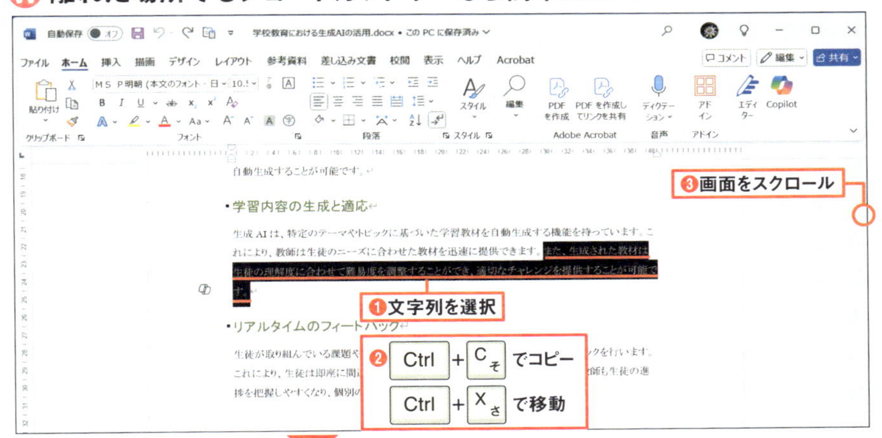

・科学実験のシミュレーション

生成AIを用いることで、科学実験のシミュレーションを行うことができ、生徒たちは実際の実験を行う前に仮想環境で安全に試行錯誤することができます。これにより、実験の準備や理解が深まり、実際の実験がより効果的に行えるようになります。

❹貼り付け先を選択

❺ Ctrl + V

・科学実験のシミュレーション

生成AIを用いることで、科学実験のシミュレーションを行うことができ、生徒たちは実際の実験を行う前に仮想環境で安全に試行錯誤することができます。これにより、実験の準備や理解が深まり、実際の実験がより効果的に行えるようになります。また、生成された教材は生徒の理解度に合わせて難易度を調整することができ、適切なチャレンジを提供することが可能です。

❻貼り付け完了

図3 対象となる文字列を選択し、コピーなら「Ctrl」+「C」キー、移動なら「Ctrl」+「X」キーを押す（❶❷）。そのままスクロールバーで貼り付けたい場所まで画面を移動（❸）。目的の位置にカーソルを置き、「Ctrl」+「V」キーで貼り付ける（❹～❻）

「Officeクリップボード」で複数アイテムをまとめてコピー

ショートカットキーを勧めるもう1つの理由は、クリップボードにある。ショートカットキーなどを使った通常の切り取り／コピーの操作では、データがクリップボードと呼ばれる特殊な記憶領域に残るため、連続して貼り付けられる。一方、ドラッグ操作の場合はクリップボードに残らないので、その都度同じ操作が必要であり、後からもう一度貼り付けるといったことはできない。

標準のクリップボードに記憶できるのは最新のアイテム1つだけ。新しいデータを書き込むと古いデータは上書きされてしまう。しかし、WordやExcelなどのOfficeアプリでは、最大24個までのアイテムを記憶可能な「Officeクリップボード」が使える。これを利用していれば、必要なデータをコピーしたのに、貼り付ける前にうっかり別のデータをコピーしてやり直し、といったミスの心配はない。複数のアイテムをコピーしてペタペタと貼り付けられるので、データ流用にもってこいだ。

Officeクリップボードを利用するには、「ホーム」タブの「クリップボード」ボタンをクリックして「クリップボード」ウインドウを開く（**図4**）。この状態でWordやExcelなどのOfficeアプリで切り取り／コピーを実行すると、「クリップボード」ウインドウにデータが

Officeクリップボードを起動

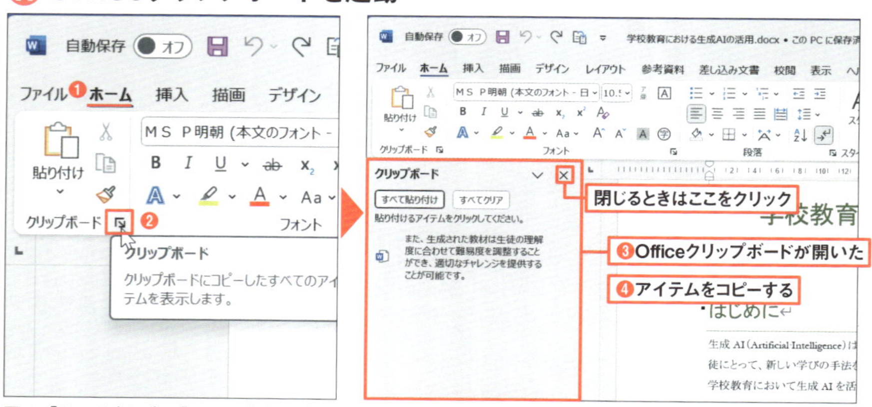

図4 「ホーム」タブで「クリップボード」ボタンをクリック（❶❷）。開いたOfficeクリップボードを確認して、コピペしたいアイテムをどんどんコピーしていく（❸❹）

たまっていく。「クリップボード」ウインドウからデータを選べば貼り付けられる(**図5**)。

データが24個を超えると、古いデータから順次削除される。コピペしたいデータが多い場合は、Officeクリップボード内の不要なデータを削除することもできる(**図6**)。

Officeクリップボードを頻繁に使う場合は、「オプション」設定で「自動的にOfficeクリップボードを表示」をオンにすると、2回コピーした時点で自動的に開くようになる(**図7**)。なお、クリップボードの内容は再起動や電源オフで消去される。よく似た機能にWindowsの「クリップボード履歴」があり、Officeアプリではどちらも利用できる。

Officeクリップボードなら"選んで貼り付け"

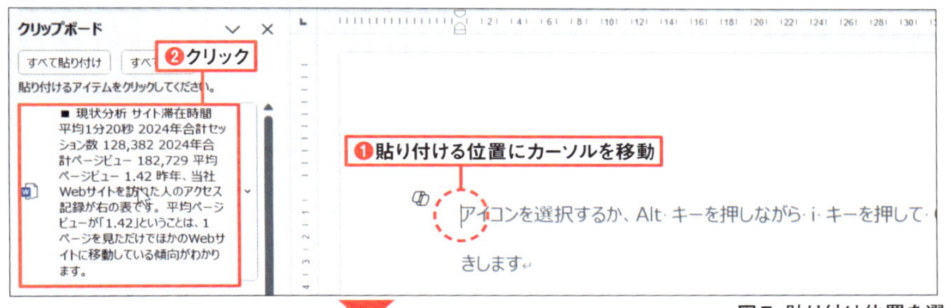

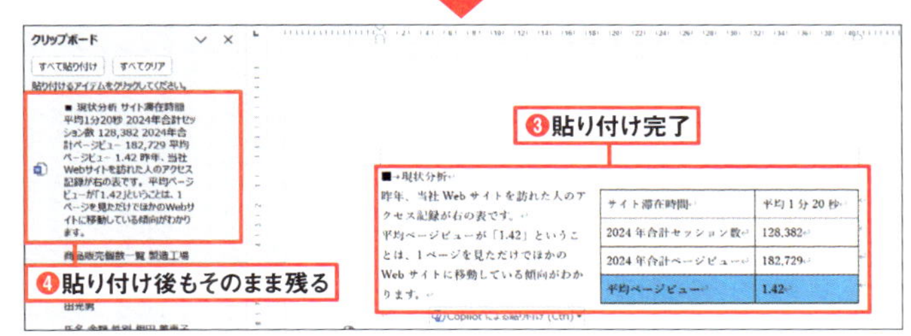

図5 貼り付け位置を選択し、Officeクリップボードから貼り付けるデータをクリックする(❶❷)。選んだデータが貼り付けられ、Officeクリップボードの内容はそのまま残る(❸❹)

Officeクリップボードの削除や設定変更

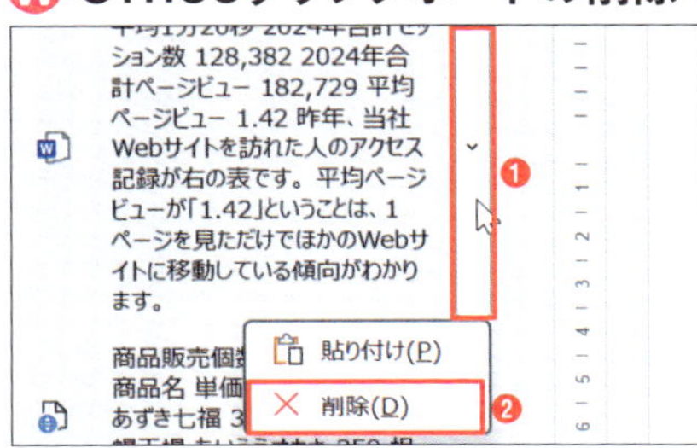

図6 「クリップボード」ウインドウから削除したいものがあれば、右側に表示される「∨」をクリック(❶)。「削除」を選んで個別に削除できる(❷)

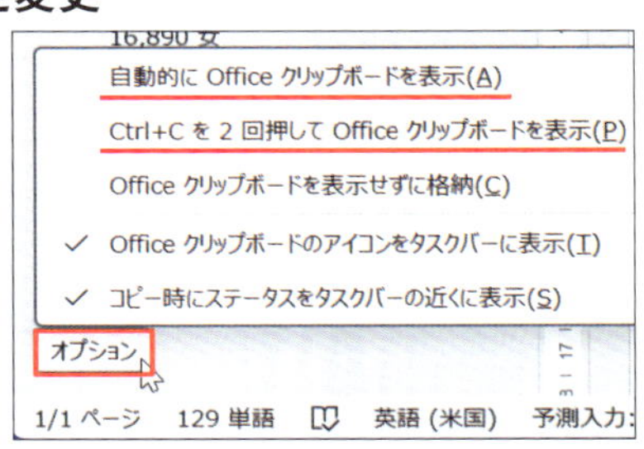

図7 「クリップボード」ウインドウ左下の「オプション」をクリック。頻繁に開くようなら自動的に表示する設定にしておくとよいだろう

Word

Section 04

3分時短

文字列のコピペは4つの貼り付け形式を使い分け

入力済みの文字列をコピペしたとき、問題になるのが文字列に設定された書式だ。コピー元と貼り付け先でフォントや段落書式が異なる場合、標準ではコピー元の書式のまま貼り付けられるので、後から書式を変更するのに手間がかかる。そんなときのために、Wordでは文字列を貼り付けるときに形式を選択できる。用途に応じて使い分けることが時短につながる。

文字列を貼り付けると、直後に「貼り付けのオプション」ボタンが表示され、3つの貼り付け形式から選択できる（**図1、図2**）。マイクロソフトの生成AI「Copilot」が導入されたWordでは、「Copilotによる変換」も選べる（10章参照）。

「貼り付けのオプション」ボタンで書式を統一

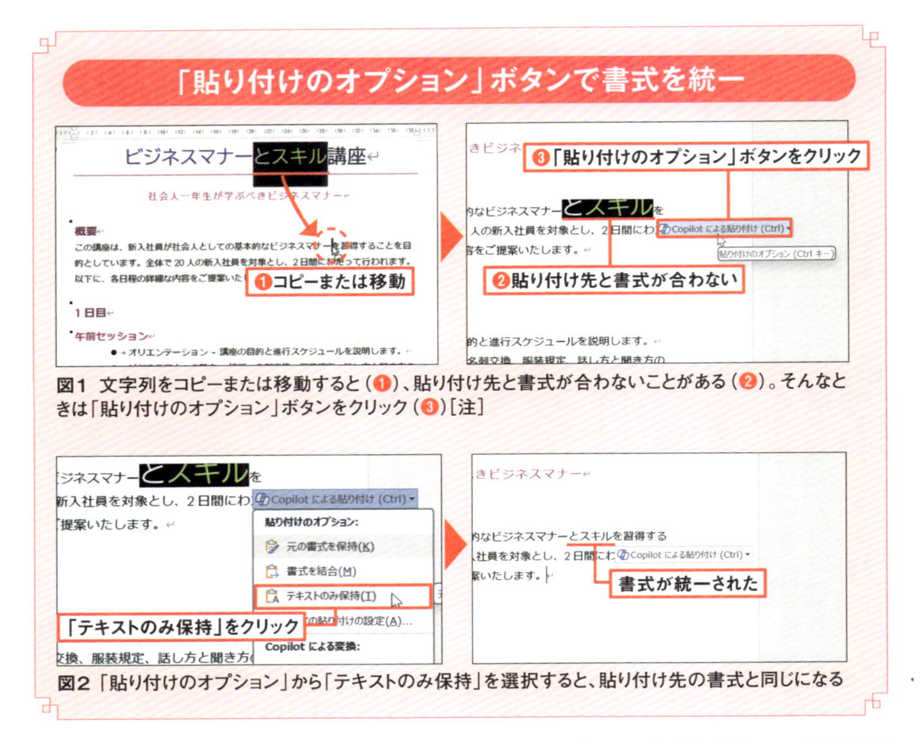

図1 文字列をコピーまたは移動すると（❶）、貼り付け先と書式が合わないことがある（❷）。そんなときは「貼り付けのオプション」ボタンをクリック（❸）［注］

図2 「貼り付けのオプション」から「テキストのみ保持」を選択すると、貼り付け先の書式と同じになる

［注］図1右の「貼り付けのオプション」ボタンは、「Copilot」が導入されたWordの例。通常のWordでは、「(Ctrl)」と書かれた小さなボタンになる

4つの貼り付け形式の特徴

あらかじめ貼り付ける形式が決まっているなら、リボンの「貼り付け」ボタンで形式を選択して貼り付けることも可能だ。図2の「貼り付けのオプション」ボタンで選べる形式は3つだが、リボンの「貼り付け」ボタンでは4つの形式から選択できる（**図3**）。

「元の書式を保持」は、貼り付け後もコピー元の書式がそのまま残る（**図4**）。初期設定で選択されるのはこの形式だが、貼り付け先の書式と合わないことが多い。

「書式を結合」は、太字や斜体など一部の書式以外は、貼り付け先の書式に合わせる形式だ（**図5**）。コピー元で指定されていた書式はほとんど消去され、貼り付け先の直前にある文字の書式が適用される。貼り付け先になじませつつも、コピー元で強調されていた文字を目立たせたい場合に使うとよい。

W 4つの貼り付け形式を使い分けよう

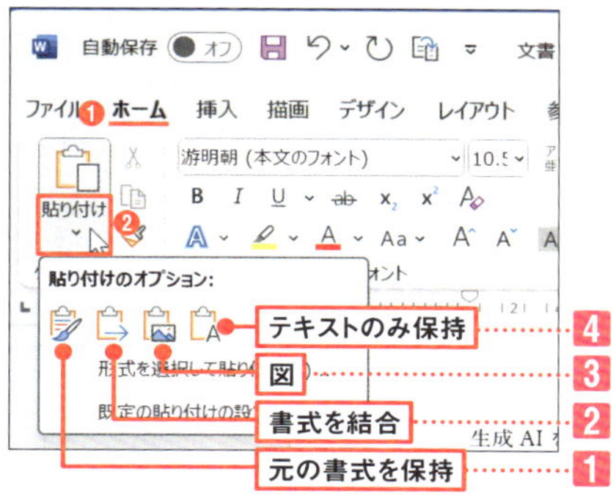

図3 「ホーム」タブで「貼り付け」ボタンの「∨」をクリックする（❶❷）。4つのボタンから貼り付け形式を選択できる

1 元の書式を保持

導入に先立ち全社的な生成AIセミナーを行います
コピー元
生成AIセミナー申し込み受け付けは3月1日から10日まで。申し込み用フォームからお願いします。各部署から2名以上参加してください。参加人数によって会議室を準備し…守って申し込んでください。
貼り付け先

図4 「元の書式を保持」では、コピー元の書式がそのまま貼り付け先でも保持される。貼り付け先とは別の書式になるので違和感が生じることもある

2 書式を結合

導入に先立ち全社的な生成AIセミナーを行います
生成AIセミナー申し込み受け付けは3月1日から10日まで。申し込み用フォームからお願いします。各部署から2名以上参加してください。参加人数によって会議室を準備します…て申し込んでください。
貼り付け先

図5 「書式を結合」では、貼り付け先の書式に合わせられるが、太字など一部の書式は残る

3 図

導入に先立ち全社的な生成AIセミナーを行います

生成AIセミナー

申し込み受け付けは3月1日から10日まで。申し込み用フォームからお願いします。各部署から2名以上参加してください。参加人数によって会議室を準備しますので、期間を守って申し込んでください。

貼り付け先

図6 「図」では、文字列が画像として貼り付けられる。画像サイズを調整したり、枠を付けたりといった加工ができる

4 テキストのみ保持

導入に先立ち全社的な生成AIセミナーを行います

生成AIセミナー申し込み受け付けは3月1日から10日まで。申し込み用フォームからお願いします。各部署から2名以上参加してください。参加人数によって会議室を準備しますので、期間を守って申し込んでください。

貼り付け先

図7 「テキストのみ保持」では、コピー元の書式がすべて削除されたテキストとして貼り付けられるため、貼り付け先の書式が適用される

「図」は、テキストを画像に変換して貼り付ける形式。画像として貼り付けられるため、貼り付け後に文字の修正などはできない。原文の書式を変えずに引用したいときや、回転や罫線といった画像特有の設定をしたいときに使うとよい（**図6**）。

「テキストのみ保持」は、コピー元のすべての書式設定を破棄し、テキストデータとして貼り付ける形式（**図7**）。貼り付け先として指定したカーソル位置の直前にある文字の書式がそのまま適用される。貼り付け先の書式に完全に合わせたいときはこれを選択する。コピーしたデータに含まれる画像や罫線などは削除されるので注意しよう。

段落書式を残すなら段落記号までコピー

ところで、文字列を貼り付けたら貼り付け先の段落書式が変わってしまった、あるいは見出しをコピペしたのに段落書式がコピーされなかった、といった経験はないだろうか。コピペしたときに、段落書式が引き継がれるかどうかは、コピーする際に段落記号（改行を示す矢印マーク）を含めたかどうかがポイントになる（**図8**）。

段落記号を含めてコピーした文字列を貼り付けると、貼り付け形式が「元の書式を保持」の場合、コピー元の段落書式が貼り付け先の段落全体に適用される。段落書式をコピーしたくない場合は、段落記号を含めずにコピーするか、貼り付け後に「テキストのみ保持」などの段落書式を削除する形式を選択する。

なお、文字列を選択したときに段落記号まで含まれてしまった場合は、「Shift」キーを押しながら「←」キーを押すと、1文字分選択を解除できる。

既定の貼り付け形式をWordのオプションで設定

Wordの初期設定では、貼り付けの形式として「元の書式を保持」が選択されている。毎回のようにほかの形式に変更しているのなら時間の無駄。初期設定を変更すれば、次回から自動でその形式が選ばれるようになる。「ファイル」タブで「オプション」を選んで「詳細設定」を開く（**図9**）。文書内でのコピペが多いなら、「同じ文書内の貼り付け」の形式を変更すればよい。

W 段落記号を含めるかどうかで変わる貼り付けの結果

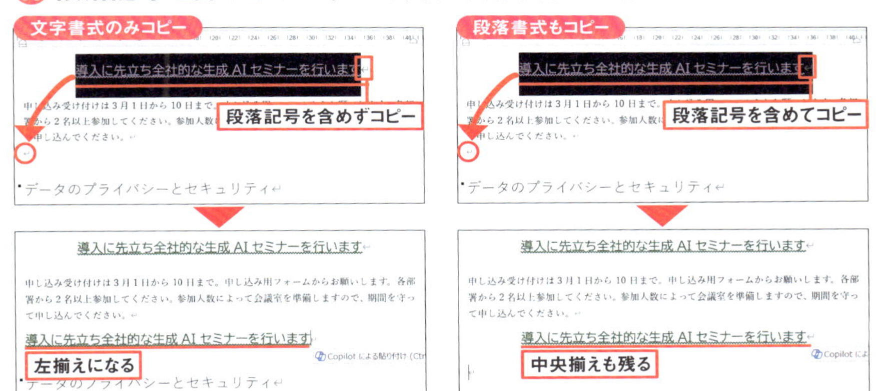

図8 同じように「元の書式を保持」を選択しても、コピー時に段落記号を含めていたかどうかによって、貼り付け後の結果が変わる。段落記号を含めると段落設定もコピーされるので、用途に応じて使い分けよう

W よく使う貼り付けの形式を既定にする

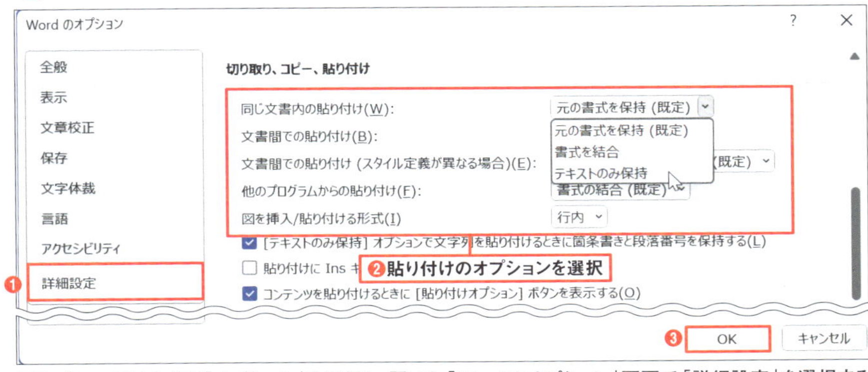

図9 「ファイル」タブで「オプション」を選択し、開いた「Wordのオプション」画面で「詳細設定」を選択する（❶）。貼り付けの形式を確認し、必要に応じて変更する（❷❸）

Word

Section 05

5分時短

Excelの表を見た目を崩さずに貼り付ける

データ管理をExcelで行っている職場では、Excelで作成した表やグラフをWord文書に貼り付ける機会が多い。表を貼り付ける場合、選択できる貼り付け形式が文字列のときとは異なる。形式によっては、せっかくExcelできれいに作った表が崩れてしまうことがある。また、貼り付け後にWordで表の内容を修正できない形式もあるので、貼り付け後にどう使うかも考えてコピーしないと、思わぬ手間がかかったりする。

Excelの表は、文字列と同じように「Ctrl」+「C」キーでコピーして、Word文書に「Ctrl」+「V」キーで貼り付けることができる。初期設定では貼り付ける形式として「元の書式を保持」が選択され、Excelで指定したフォントや罫線などが引き継がれるのだが、微妙にズレが生じることが多い（**図1**）。列幅などを調整すれば済む話だが、その手間を省くのが時短術だ。

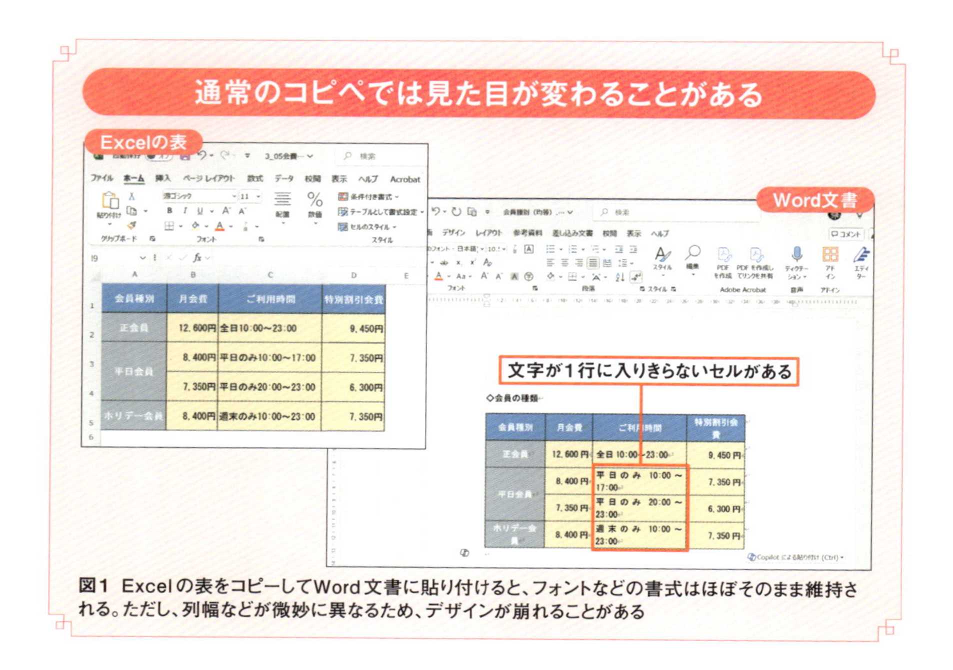

図1 Excelの表をコピーしてWord文書に貼り付けると、フォントなどの書式はほぼそのまま維持される。ただし、列幅などが微妙に異なるため、デザインが崩れることがある

Wordで選べる表の貼り付け形式

Excelの表をWord文書に貼り付けると、文字列と同様に「貼り付けのオプション」ボタンが表示され、6つの形式を選択できる（**図2**）。具体的には「元の書式を保持」「貼り付け先のスタイルを使用」「リンク（元の書式を保持）」「リンク（貼り付け先のスタイルを使用）」「図」「テキストのみ保持」の6つ。簡単に説明しよう。

「元の書式を保持」はExcelの書式設定をできる限り再現しつつ、Wordの表として貼り付ける形式（**図3**）。書式を引き継ぎつつ、Word上でさらに編集したいときに向く。「貼り付け先のスタイルを使用」は、貼り付け先の文字書式や段落書式が適用される。通常の文字列の間に表を貼り付けた場合、枠内の塗り色などはすべて解除されるため、再設定が必要になる。この形式は、Wordで作成中の表にExcelの表を継ぎ足すといった場合に使うと効果的だ。「リンク（元の書式を保持）」と「リンク（貼り付け先のスタイルを使用）」は、元のExcelファイルとのリンクを保持した形式で貼り付けられる（42ページ）。

「貼り付けのオプション」ボタンで選べる6つの形式

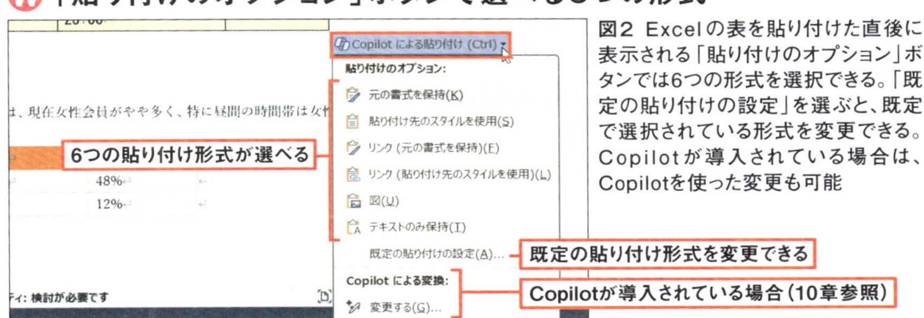

図2 Excelの表を貼り付けた直後に表示される「貼り付けのオプション」ボタンでは6つの形式を選択できる。「既定の貼り付けの設定」を選ぶと、既定で選択されている形式を変更できる。Copilotが導入されている場合は、Copilotを使った変更も可能

「元の書式を保持」と「貼り付け先のスタイルを使用」の違い

会員種別	月会費	ご利用時間
正会員	12, 600 円	全日 10:00～23:00
平日会員	8, 400 円	平日のみ 10:00～17:00
	7, 350 円	平日のみ 20:00～23:00
ホリデー会員	8, 400 円	週末のみ 10:00～23:00

会員種別	月会費	ご利用時間	特別割引会費
正会員	12,600 円	全日 10:00～23:00	9,450 円
平日会員	8,400 円	平日のみ 10:00～17:00	7,350 円
	7,350 円	平日のみ 20:00～23:00	6,300 円
ホリデー会員	8,400 円	週末のみ 10:00～23:00	7,350 円

図3 図1左の例で「元の書式を保持」を選んだ場合（左）と「貼り付け先のスタイルを使用」を選んだ場合（右）では、これだけの違いが出る

「図」は表を画像データとして貼り付ける形式（**図4**）。Excelの表を写真で撮って貼り付けるようなものなので、元表のレイアウトが崩れることはないが、Wordで表内のデータ修正はできない。見た目を崩さずにとにかく簡単に貼り付けたいなら、この形式でもよいだろう。

「テキストのみ保持」は、文字データのみが貼り付けられる（**図5**）。データだけを貼り付けて、Wordで表にするとか、箇条書きで見せるといった場合、この形式にすると扱いやすい。

このように、6つの形式の中でExcelの表をそのままの形で貼り付けられる形式は「図」だけだ。ただし「図」の場合、前述の通り後からデータの修正ができないので、変更の必要がない場合のみ選択肢となる。

「図」として貼り付ければ見た目は崩れない

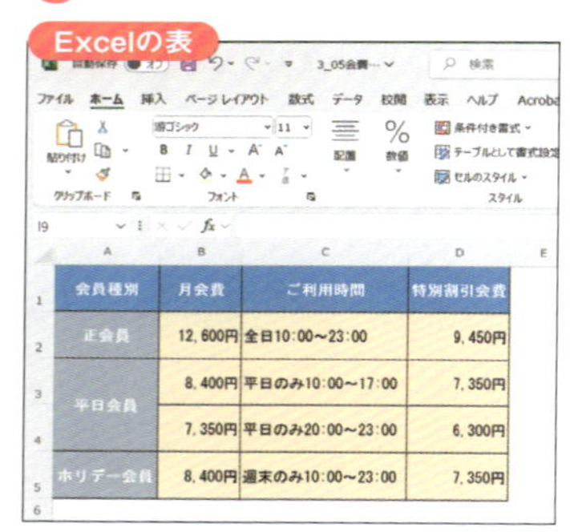

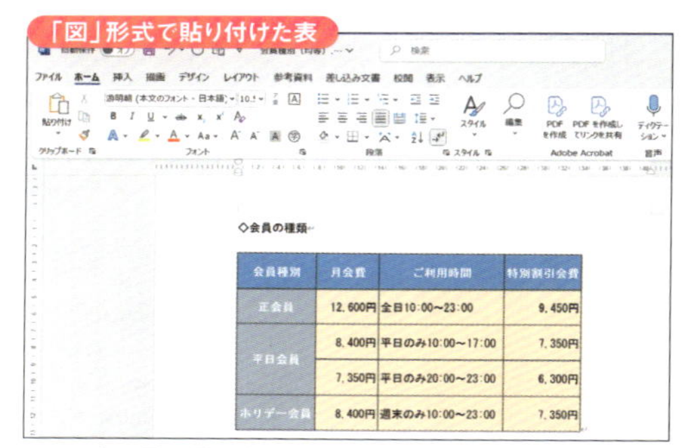

図4 貼り付けのオプションを「図」にすると、Excelの表の見た目はそのまま、Wordの文書に画像として貼り付けることができる。貼り付けた表は拡大／縮小はできるものの、内容や書式の修正はできない

「テキストのみ保持」は文字データだけを貼り付け

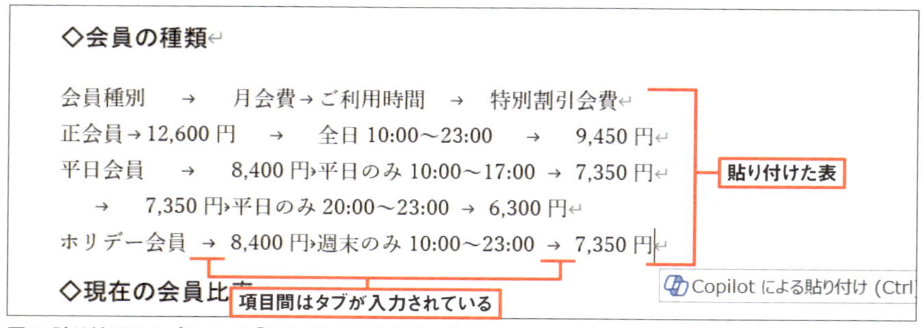

図5 貼り付けのオプションを「テキストのみ保持」にすると、Excelの表の文字データのみが貼り付けられる。表の枠線などは削除され、項目間はタブが入力されている

崩れず編集もできる「Microsoft Excelワークシートオブジェクト」

表のレイアウトを崩さず、後から表の編集もできる形式で貼り付けたければ、「ホーム」タブにあるボタンを使うのがポイント。貼り付ける際に、「貼り付け」ボタンの下にある「∨」をクリックし、「形式を選択して貼り付け」を選択する（**図6**）。表示されたダイアログボックスで、「Microsoft Excelワークシートオブジェクト」を選択する。

この方法だと、Wordの中にExcelの表をそのまま貼り付けることができ、レイアウトが崩れることはない。見た目だけでなく、表をダブルクリックするとWordの中でExcelが起動し、Excelの高度な表計算機能をそのまま使って編集ができる（**図7、図8**）。後から編集したい表であれば、この形式がベストだ。

「Microsoft Excelワークシートオブジェクト」として貼り付け

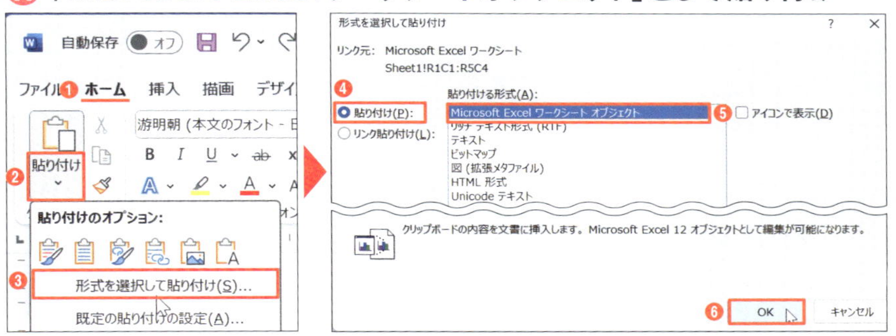

図6 Excelの表をコピーしたら、Wordの「ホーム」タブで「貼り付け」ボタンの「∨」をクリック（❶❷）。「形式を選択して貼り付け」を選ぶ（❸）。開く画面で「貼り付け」を選び、「Microsoft Excelワークシートオブジェクト」を選択して「OK」ボタンをクリックする（❹～❻）

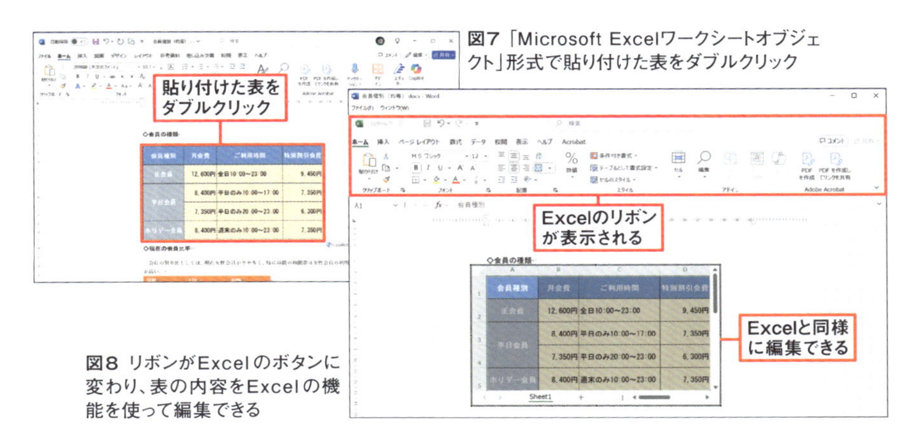

図7 「Microsoft Excelワークシートオブジェクト」形式で貼り付けた表をダブルクリック

図8 リボンがExcelのボタンに変わり、表の内容をExcelの機能を使って編集できる

第2章 コピペを極めて超速編集

Excelファイルが更新されたらWordでも自動更新

随時データが更新される売上表や名簿などは、Excelの元ファイルが更新されたらWordに貼り付けた表も自動的に更新されるように設定すれば、書き換えの手間を省ける。そんなときに利用したいのが「リンク貼り付け」だ。

前ページ図6右で貼り付け形式を選択する際、「リンク貼り付け」を選択すれば、Excelファイルとのリンクを保持できる（**図9**）。リンク貼り付けをした表を修正する場合、Wordに貼り付けた表をダブルクリックすると元のExcelファイルが開き、両方のデータを同時に修正できる。

リンク貼り付けをしたWord文書を閉じた状態でExcelの元ファイルを修正すると、次回Word文書を開くとき、最新情報に更新するかどうかを選択できる（**図10**）。Excelの元ファイルとWord文書の両方を開いた状態でコピー元のファイルを修正した場合、Word文書は自動的には更新されない。更新するにはリンク貼り付けをした表を右クリックし、「リンクの設定」を選ぶ（**図11**）。元ファイルの更新をすぐ反映させる場合は、「今すぐ更新」を選ぶ（**図12**）。「選択したリンクの更新方法」で更新方法を変更したり、「リンク元の変更」でリンク元のファイルを変更したりできる。

リンクを保持するように設定

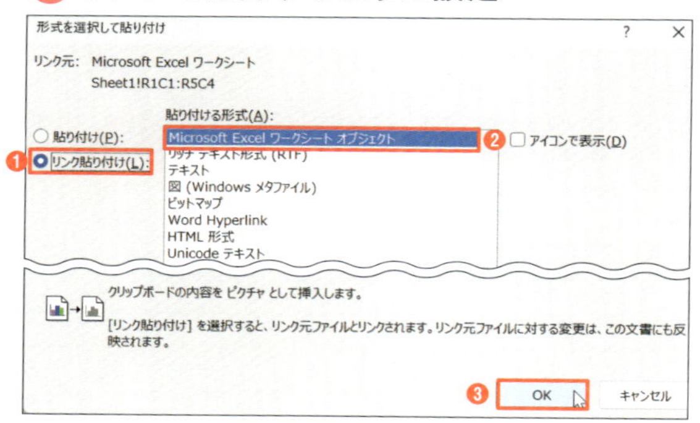

図9 前ページ図6右の画面で「リンク貼り付け」を選んで、「Microsoft Excelワークシートオブジェクト」を選択（❶❷）。「OK」ボタンを押す（❸）

Wordファイルを開く際に、更新するかどうかを選択

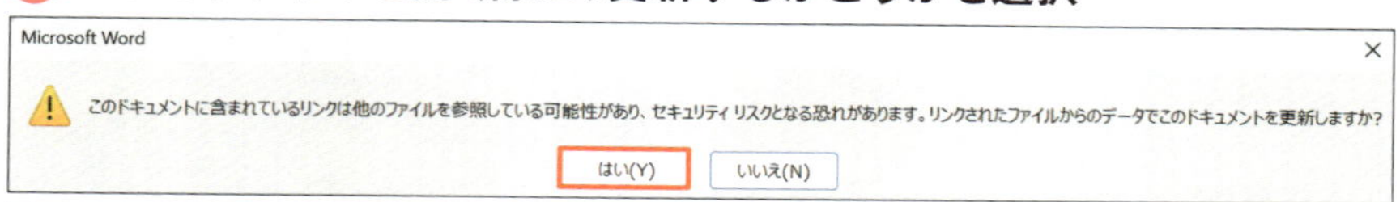

図10 Excelの元ファイルを変更した後にリンク貼り付けが設定されたWord文書を開くと、最新データに更新するかどうかの確認画面が表示される。「はい」を選べば更新できる

リンクの設定はいつでも変更可能

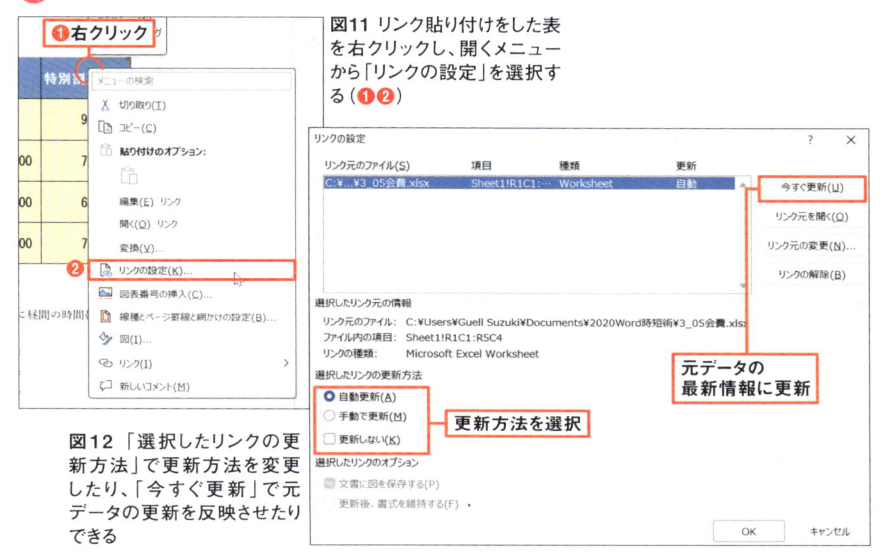

図11 リンク貼り付けをした表を右クリックし、開くメニューから「リンクの設定」を選択する（❶❷）

図12 「選択したリンクの更新方法」で更新方法を変更したり、「今すぐ更新」で元データの更新を反映させたりできる

グラフの標準はリンク貼り付け

なお、ExcelのグラフをWord文書に貼り付けると、初期設定では「貼り付け先テーマを使用しデータをリンク」という形式が選択され、自動的に元のExcelファイルとのリンクが保持される（**図13**）。データを編集するときには、グラフを右クリックし、「データの編集」から「Excelでデータを編集」を選べばよい。

グラフはリンクが基本

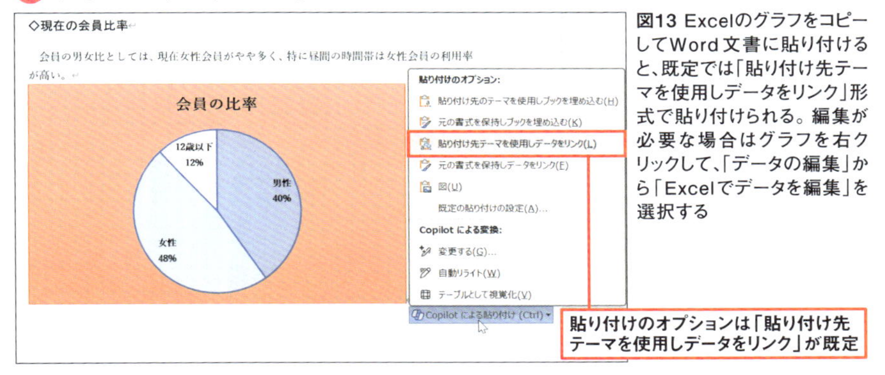

図13 ExcelのグラフをコピーしてWord文書に貼り付けると、既定では「貼り付け先テーマを使用しデータをリンク」形式で貼り付けられる。編集が必要な場合はグラフを右クリックして、「データの編集」から「Excelでデータを編集」を選択する

Word

Section 06

Webページからのコピーはショートカットキーで

1分時短

Webページの情報を利用する場合、コピーしたいアイテムをWordのウインドウにドラッグ・アンド・ドロップするだけでもWord文書にコピペできる（**図1**）。しかし、両方のウインドウが見えるように調整するなど、別のアプリからのドラッグコピーは手間がかかる。また、この方法だと「貼り付けのオプション」ボタンは表示されない（**図2**）。

Webページからのコピーを簡単に済ませるなら、ショートカットキーを使うのがお勧め（**図3**）。「貼り付けのオプション」ボタンも表示され、「元の書式を保持」「書式を結合」「テキストのみ保持」の3つの形式から選択できる（**図4、図5**）。

Webページのデータを利用する場合は、著作権に十分配慮するのはいうまでもない。Webページのデータにはハイパーリンクが設定されていることも多いので、不要な場合は解除するのを忘れずに（**図6**）。

W ドラッグでコピーもできるが操作性はイマイチ

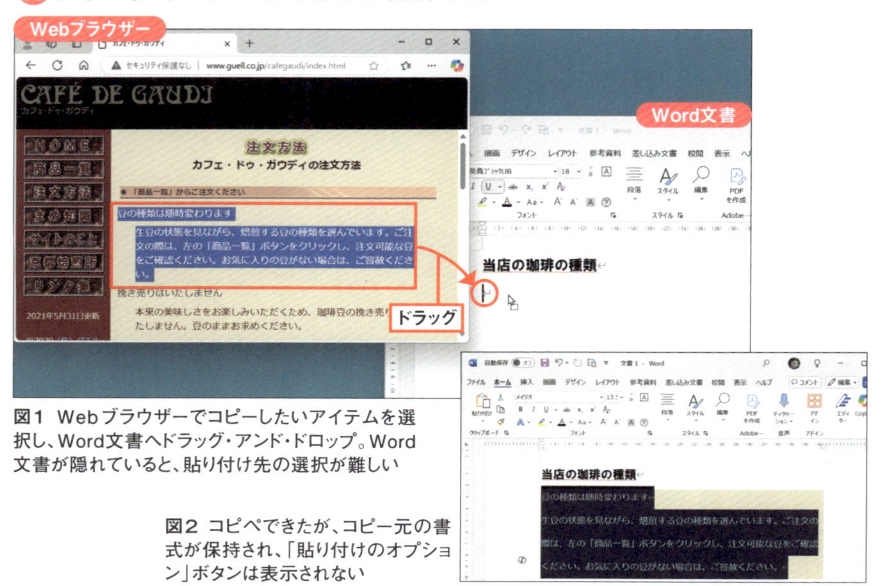

図1 Webブラウザーでコピーしたいアイテムを選択し、Word文書へドラッグ・アンド・ドロップ。Word文書が隠れていると、貼り付け先の選択が難しい

図2 コピペできたが、コピー元の書式が保持され、「貼り付けのオプション」ボタンは表示されない

「Ctrl」+「C」キーでコピーすれば形式選択が楽

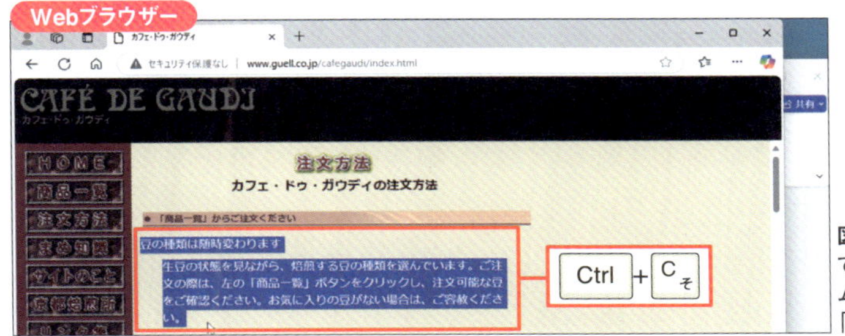

図3 Webブラウザーでコピーしたいアイテムを選択し、「Ctrl」+「C」キーでコピーする

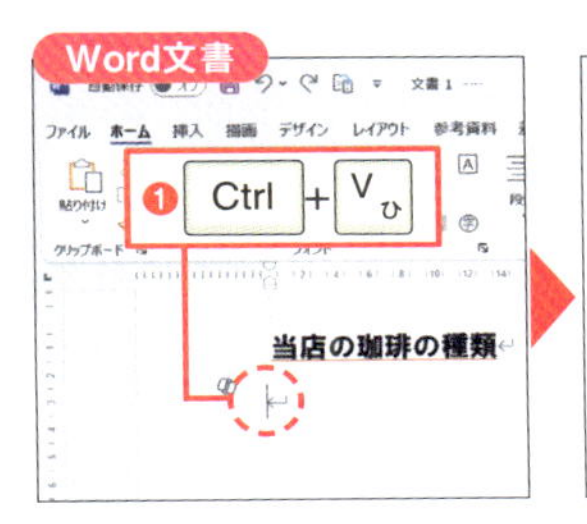

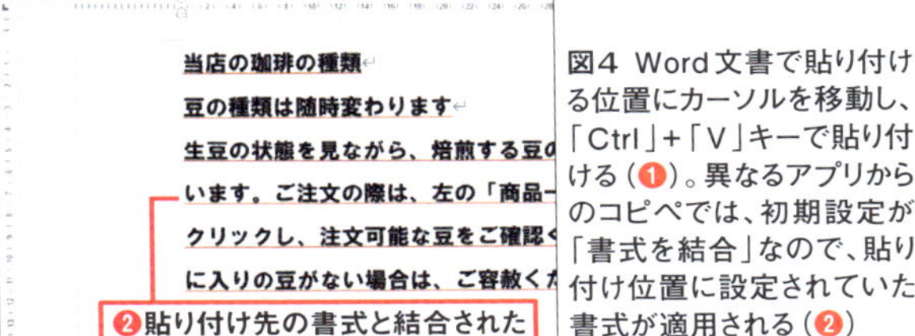

図4 Word文書で貼り付ける位置にカーソルを移動し、「Ctrl」+「V」キーで貼り付ける（❶）。異なるアプリからのコピペでは、初期設定が「書式を結合」なので、貼り付け位置に設定されていた書式が適用される（❷）

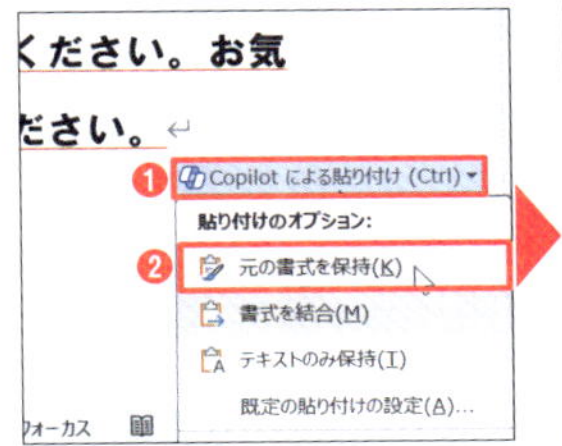

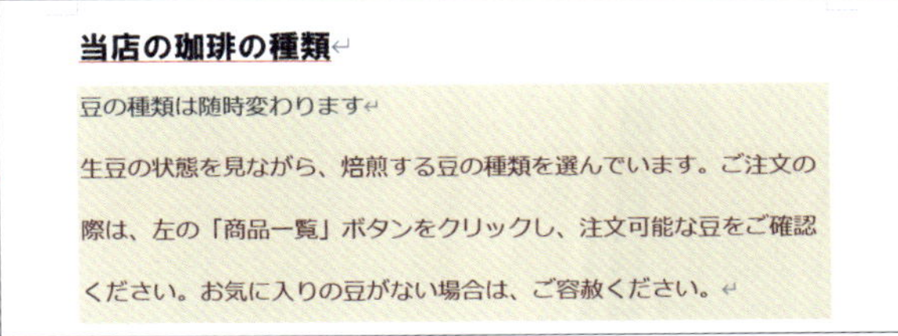

図5 貼り付けたアイテムの右下に表示される「貼り付けのオプション」ボタンをクリック（❶）。コピー元の書式に戻すなら「元の書式を保持」を選択（❷）。貼り付け先に書式を合わせるなら「テキストのみ保持」を選ぶ

ハイパーリンクは右クリックから解除

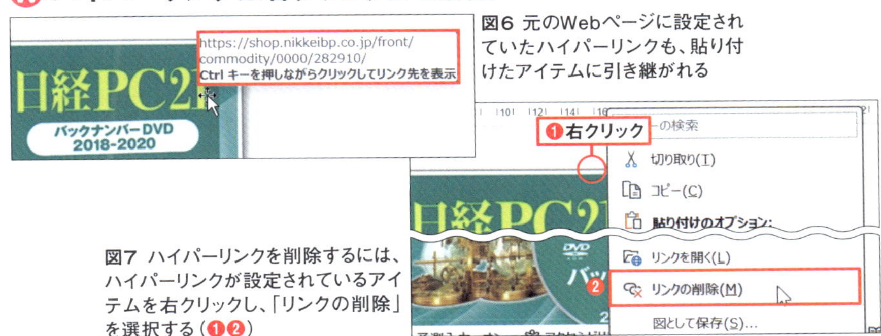

図6 元のWebページに設定されていたハイパーリンクも、貼り付けたアイテムに引き継がれる

図7 ハイパーリンクを削除するには、ハイパーリンクが設定されているアイテムを右クリックし、「リンクの削除」を選択する（❶❷）

Word

Section 07

書式設定の繰り返しは「書式のコピー」で解決

文書をわかりやすくするために、見出しのフォントや段落書式を変更するのはよくある。同じ書式にしたい文字列が繰り返し出てくる場合は、「書式のコピー」機能で書式だけをコピペすれば手間が省ける（**図1**）。

コピー元の段落にカーソルを置いて、「ホーム」タブの「書式のコピー／貼り付け」ボタンをクリックする（**図2**）。続けて貼り付け先をクリックすれば、コピー元の文字書式と段落書式が貼り付けられる（**図3**）。ショートカットキーなら、書式コピーが「Alt」+「Ctrl」+「C」キー、貼り付けが「Alt」+「Ctrl」+「V」キーだ［注］。貼り付け先の選択時に、クリックではなくドラッグで文字列を選択すると、文字書式のみを貼り付けられる（**図4**）。「書式のコピー／貼り付け」ボタンをダブルクリックすると、再度「書式のコピー／貼り付け」ボタンをクリックするまで繰り返し貼り付けできることも覚えておこう。

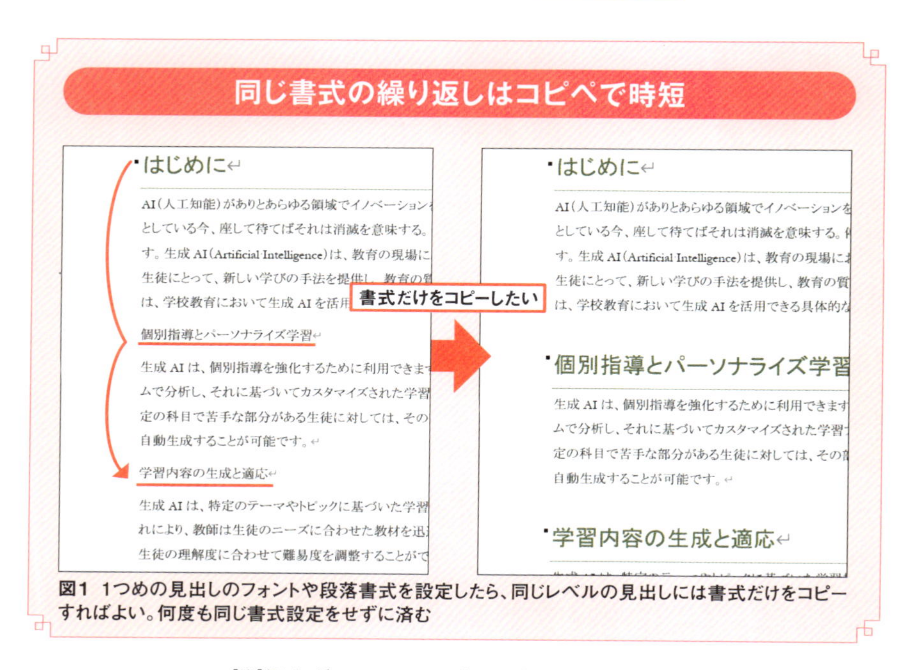

図1　1つめの見出しのフォントや段落書式を設定したら、同じレベルの見出しには書式だけをコピーすればよい。何度も同じ書式設定をせずに済む

［注］旧バージョンのWordでは、「Ctrl」+「Shift」+「C」キーで書式のコピー、「Ctrl」+「Shift」+「V」キーで書式の貼り付けを行っていたが、最新版ではキーの割り当てが変わっている

書式だけをコピーして貼り付ける

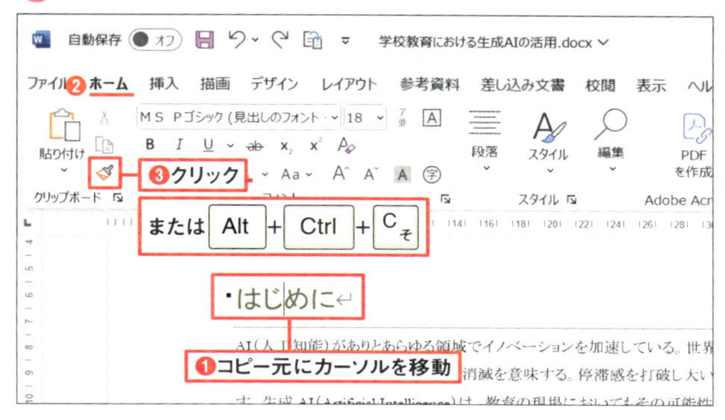

図2 書式のコピー元のどこかにカーソルを移動する（❶）。「ホーム」タブの「書式のコピー/貼り付け」ボタンをクリックする（❷❸）。クリックの代わりに、「Alt」+「Ctrl」+「C」キーを押してもよい

図3 ポインターがハケの形に変わったら、貼り付け先の段落のどこかをクリックする（❶）。クリックの代わりに、「Alt」+「Ctrl」+「V」キーを押してもよい。段落全体に書式が貼り付けられる（❷）

文字書式だけをコピーするならドラッグで貼り付け

図4 図2で書式をコピーした後、貼り付け先の文字列をドラッグすると、ドラッグした文字列だけに書式が貼り付けられる（❶❷）

Word

Section 08

箇条書きのコピペは記号や番号の引き継ぎに注意

1分時短

行頭に自動で記号や番号が付いた「箇条書き」をコピーした場合、貼り付け先で記号や番号を引き継ぐかどうかで貼り付け形式の選択が変わる。選択肢は、「リストを結合する」「リストを結合しない」「テキストのみ保持」の3つだ。

作成中のリストの途中に貼り付ける場合、最適な選択肢は「テキストのみ保持」だ(**図1、図2**)。書式なしのテキストを貼り付けることで、貼り付け先の書式にすべて統一され、箇条書きの記号や番号も引き継ぐことができる。

リストの最後に貼り付ける場合は、どの貼り付け形式を選択しても、コピー元の書式が残ってしまうので、形式はどれでもよい。貼り付け後に「書式のコピー/貼り付け」で書式を統一するとよいだろう。

W 書式が異なる箇条書きは、「テキストのみ保持」で貼り付け

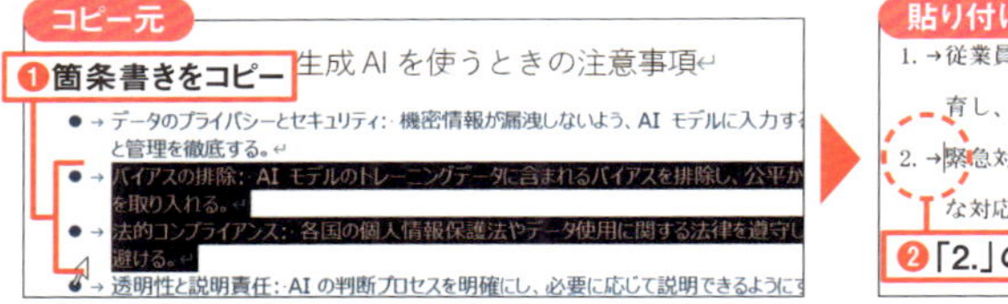

図1 コピー元の箇条書きを選択して、「Ctrl」+「C」キーを押すなどしてコピーする(❶)。続けて、貼り付け先の先頭の位置までカーソルを移動する(❷)

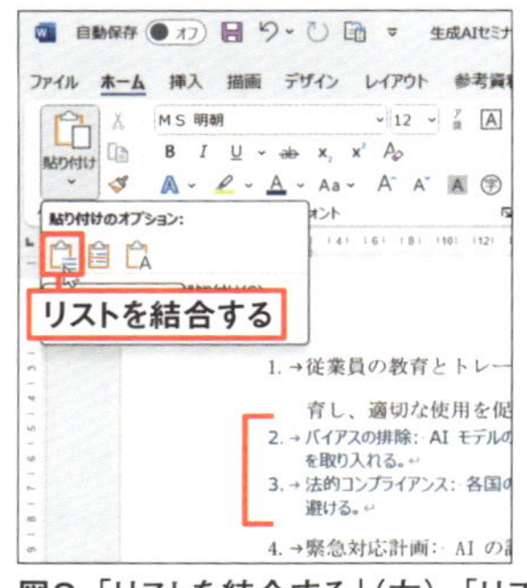

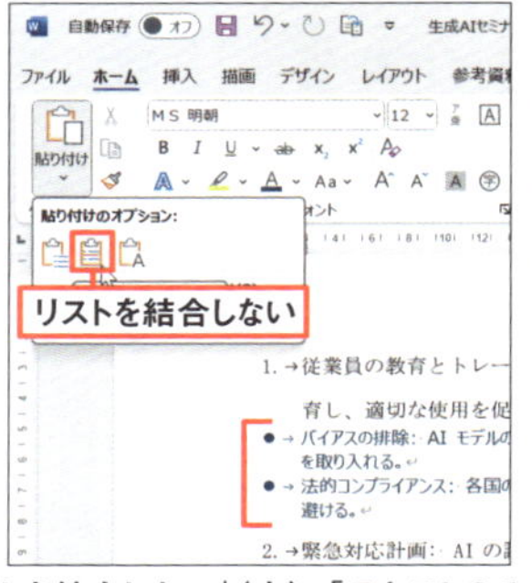

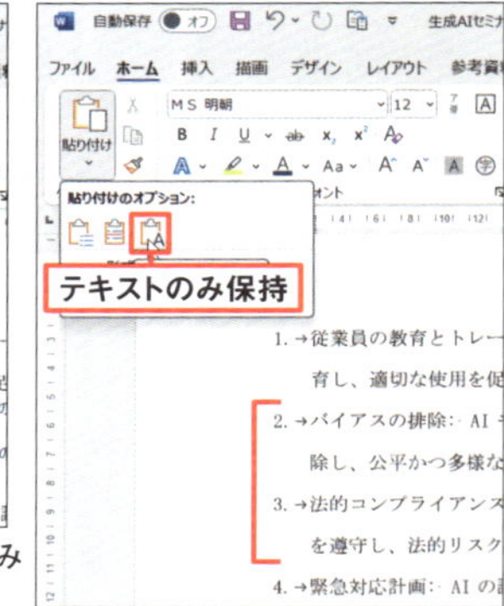

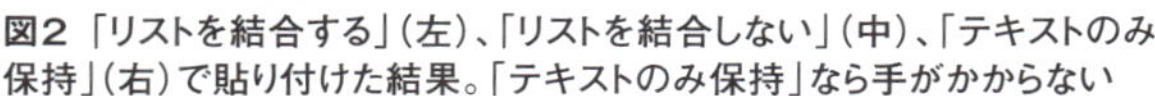

図2 「リストを結合する」(左)、「リストを結合しない」(中)、「テキストのみ保持」(右)で貼り付けた結果。「テキストのみ保持」なら手がかからない

Word

第3章

見やすいレイアウトを最速で実現

ビジネス文書は中身が命。とはいえ、レイアウトが見づらいという理由で誰にも読んでもらえないようでは困る。華美なデザインは不要だが、読みやすくビジネス文書らしいレイアウトにする必要はあるということだ。そんなレイアウトを最短の時間で作成するための機能をまとめて紹介しよう。

- タブとインデントで文字配置をコントロール
- 箇条書きで簡潔にまとめる
- スタイル機能で長文を楽にレイアウト
- 段組みや縦組みにする　ほか

Word

Section 01

4種類のタブをマスター 思い通りに文字配置

項目名とその内容を並べて列挙する場合などに、**項目名と内容の間に空白を入れて縦を揃えるのはご法度だ**（**図1**）。半角文字が入ればきれいに揃わないし、揃ったとしても修正するたびに位置の調整が必要になる。**タブ機能を使えば、そんな苦労をせずにピタリと文字列を揃えることができる**（**図2**）。

タブは文字列の位置を揃えるための機能。タブの設定にはルーラーを使用する。ルーラーは、編集画面上の位置を示す定規のようなもの。「表示」タブで「ルーラー」にチェックを入れると表示される（**図3**）。タブ記号は既定では非表示になっているので、「編集記号の表示/非表示」をオンにしておく。これで準備は完了。

初期設定では「Tab」キーを押すたびにカーソルが右に動いていく（**図4**）。**タブは目に見えないストッパーのようなもので**、初期設定では4文字ごとに設定されている。

タブには「左揃え」「中央揃え」「右揃え」「小数点揃え」の4種類があり、**図5**で設

「スペース」キーでの文字揃えは時間の無駄

空白使用

商品名□□□□□□説明□□□□□□□□□□分類□□□□単価□□□購入比率
Guell ブレンド□□オリジナルブレンド□中深煎り□□□980 円□□□49.3%
ブルーマウンテン□希少価値の高い豆□□中煎り□□□1700 円□□□□5.2%
コロンビア Special□円熟した味わい□□□深煎り□□□1200 円□□□18%
ケニア□□□□□□明るく華やかな香り□深々煎り□□1500 円□□□10.8%
アイスコーヒー□□スッキリした味わい□□深煎り□□□980 円□□□22%

微妙にズレている

□□□□□分類□□□□単価□□□購入比率
ブレンド□中深煎り□□□1080 円□□□49.3%
い豆□□中煎り□□□1700 円□□□□5.2%
わい□□□深煎り□□□1200 円□□□18%
な香り□深々煎り□□1500 円□□□10.8%
味わい□□深煎り□□□980 円□□□22%

文字修正のたびに位置がズレる

図1 項目間を「スペース」キーで空けると、微妙にズレていることがある（左）。半角スペースで大まかに揃えることはできるが、文字を修正するたびに文字揃えが崩れて揃え直すのに手間がかかる（右）

タブ使用

商品名	説明	分類	単価	購入比率
Guell ブレンド	オリジナルブレンド	中深煎り	980 円	49.3%
ブルーマウンテン	希少価値の高い豆	中煎り	1700 円	5.2%
コロンビア Special	円熟した味わい	深煎り	1200 円	18%
ケニア	明るく華やかな香り	深々煎り	1500 円	10.8%
アイスコーヒー	スッキリした味わい	深煎り	980 円	22%

左揃え　中央揃え　右揃え　小数点揃え

図2 タブ機能を使って揃えれば、左揃えだけでなく右揃えや中央揃え、小数点揃えなど多彩な文字揃えが可能。多少文字数が変わってもズレることはなく、大きな修正でもタブ位置を変えれば済む

定されているのは左揃えのタブだ。タブ入力後に入力した文字はタブ位置から左揃えで表示される。初期設定のタブ位置は仮であり、自分でタブ設定を行うと4文字ごとのタブは自動的にクリアされる。揃えたい文字列に応じてタブの種類や位置を設定していくのが、タブの正しい使い方だ。

ルーラーとタブ記号を表示する設定に

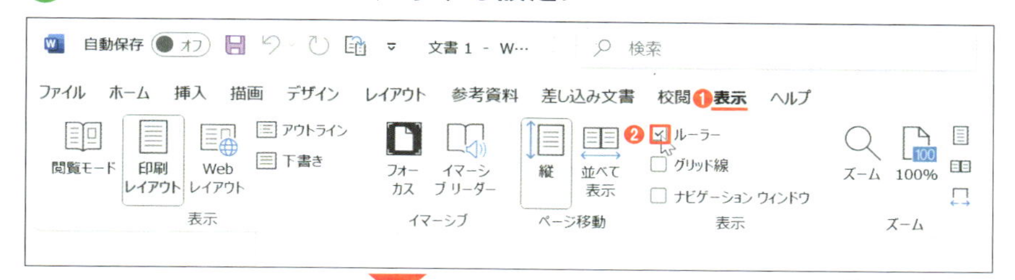

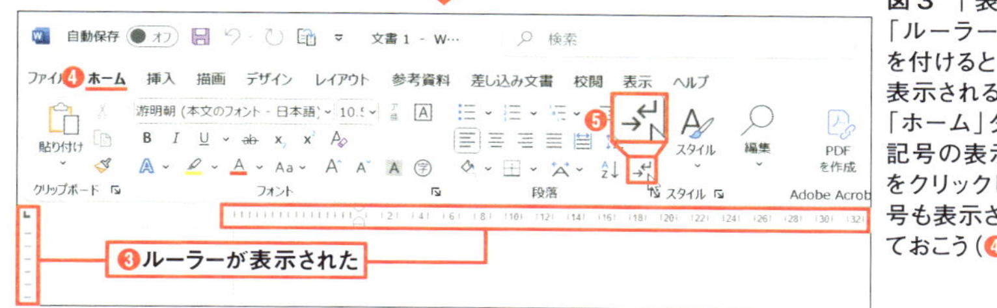

図３　「表示」タブで「ルーラー」にチェックを付けると、ルーラーが表示される（❶〜❸）。「ホーム」タブで「編集記号の表示／非表示」をクリックして、タブ記号も表示されるようにしておこう（❹❺）

初期設定の「Tab」キーの動きを確認

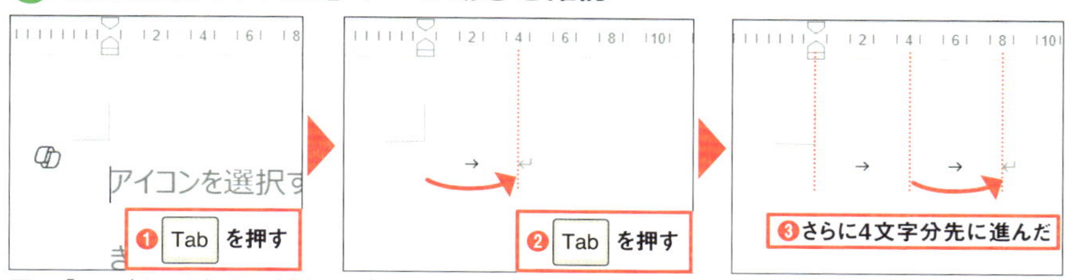

図4　「Tab」キーを押すと（❶）、タブ記号（→）が入力され、4文字分右の次のタブ位置までカーソルが移動する。再度「Tab」キーを押すと（❷）、さらに4文字分先に進む（❸）。初期設定では4文字ごとに左揃えのタブが設定されているため、「Tab」キーを押すたびに4文字分ずつ右に移動する

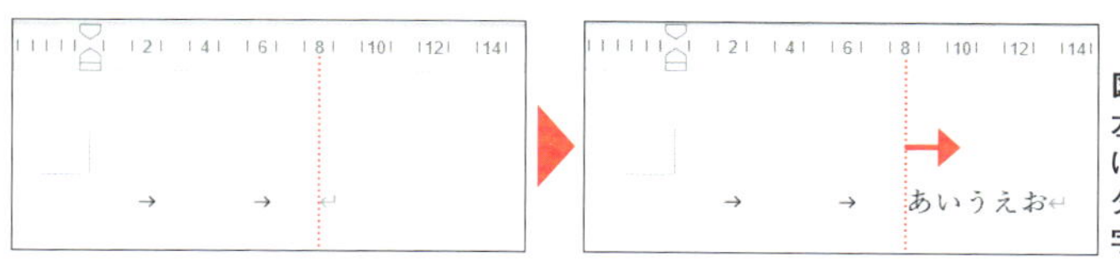

図5　タブの初期設定は左揃えだ。タブ記号に続けて文字を入力すると、タブ位置を左端として文字列が表示される

4種類のタブを使い分けて配置を自在にコントロール

タブの種類は、ルーラー左上隅にあるボタンで選択する（**図6**）。クリックするたびに種類が切り替わるので、設定したいタブが表示されるまでクリックする（**図7**）。実際にタブを設定する手順を見ていこう。

タブを設定する位置は文字列の長さ次第で変わるので、入力を先に済ませたほうが効率が良い。揃えたい項目の前にタブ記号を入力しておくのを忘れずに（**図8**）。入力が済んだら、タブで揃えたい段落を選択する。

ルーラー上でタブ位置を指定する（**図9**）。タブ位置はクリックでも指定できるが、正確に指定したいときにはマウスのボタンを押したままにして、タブ位置を示す点線を設定したい位置まで動かしてからボタンを離すとうまく設定できる。

W タブの種類と位置を指定して文字を配置

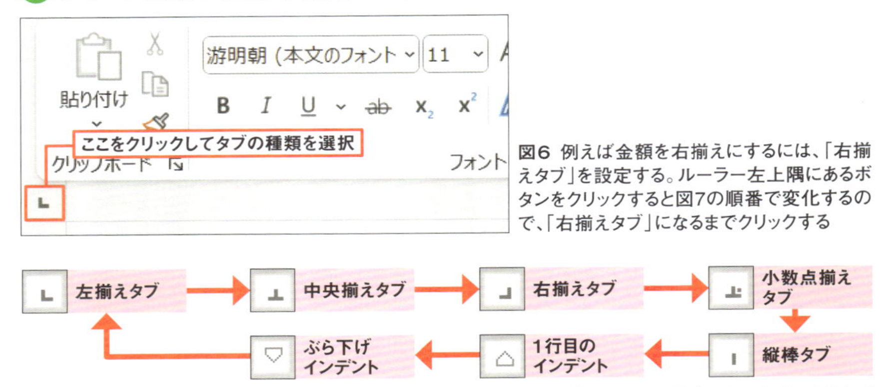

図6 例えば金額を右揃えにするには、「右揃えタブ」を設定する。ルーラー左上隅にあるボタンをクリックすると図7の順番で変化するので、「右揃えタブ」になるまでクリックする

図7 左上隅にあるボタンの表示とタブの種類。クリックで順番に切り替わるので、設定したいタブに応じたボタンになるまでクリックしてから、ルーラー上で設定する位置をクリックする。なお、「1行目のインデント」と「ぶら下げインデント」は、ボタンの向きがルーラー上の表示と逆になっているので注意

W 項目間にタブ記号を入力

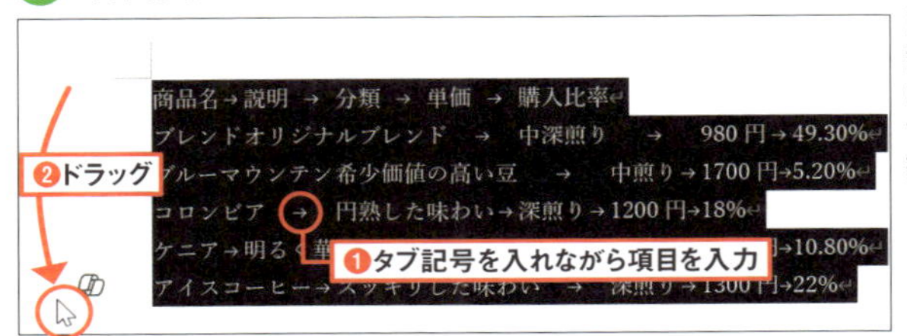

図8　先に入力を済ませたほうが設定しやすい。揃えたい項目の前に「Tab」キーでタブ記号を入力しておく（❶）。文字列を揃えたい段落をドラッグで選択（❷）

この例では項目の行にそれぞれ、左揃え、右揃え、中揃え、小数点揃えのタブを設定した（**図10〜図12**）。

図7を見るとわかるように、タブの設定ボタンをクリックすると、通常のタブ以外に「縦棒タブ」とインデントも設定できる。縦棒タブは、通常のタブと異なり、指定した位置に縦線を表示させる機能だ（**図13**）。インデントについては56ページで説明する。

4種類のタブを設定

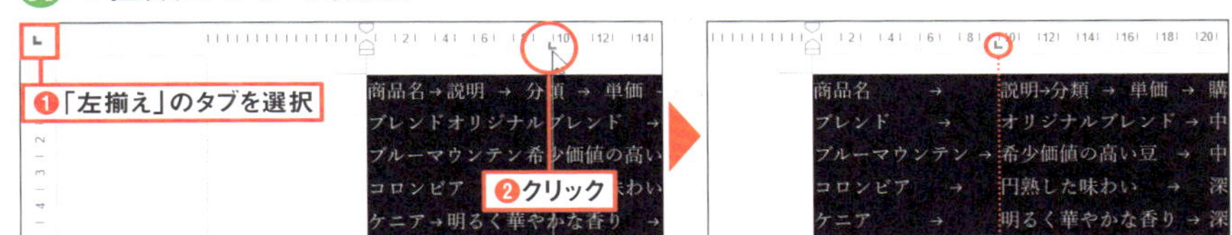

図9 ルーラー上で目盛りの少し下をクリックすると、タブを設定できる。既定では「左揃え」が選択されているので、設定する位置をクリックすると、タブ記号以降の文字列が左揃えで表示される（❶❷）。クリックで指定しづらい場合は、マウスのボタンを押したまま目安の点線を移動してからボタンを離すとうまく設定できる

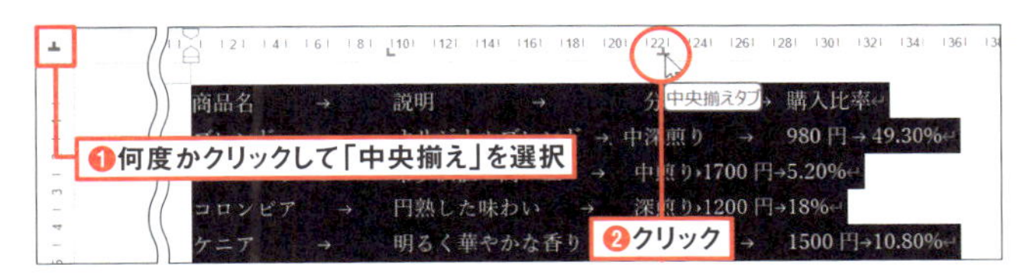

図10 同様に、中央揃えのタブを設定する（❶❷）

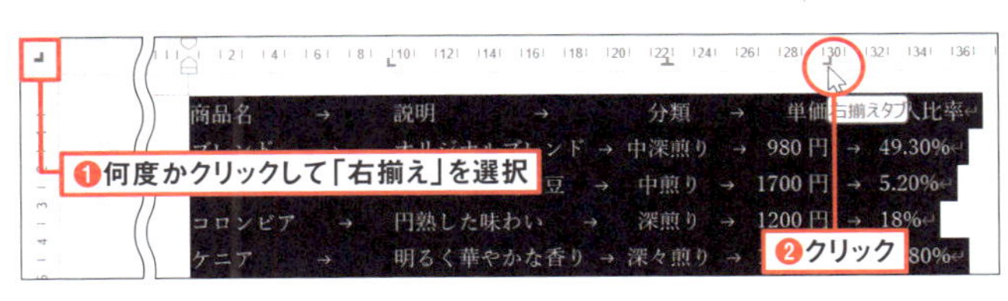

図11 右揃えのタブを設定するには、ルーラー左上隅にあるボタンをクリックして「右揃え」にしてから、ルーラー上の設定位置をクリックする（❶❷）

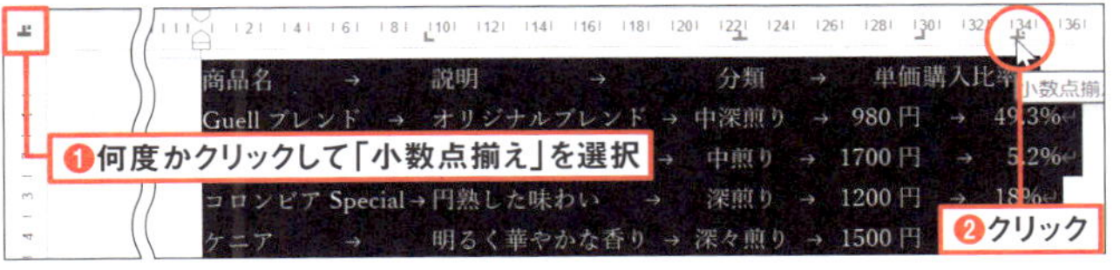

図12 同様に、小数点揃えのタブを設定する（❶❷）

縦棒タブで縦線を表示

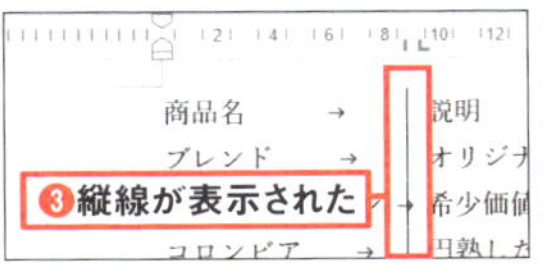

図13 「縦棒」を選択し、ルーラー上で線を引きたい位置をクリックする（❶❷）。選択中の段落に区切り線が表示される（❸）

設定したタブは、タブマーカーをドラッグすれば位置をずらせるし、削除したければルーラーの外にドラッグすればよい（**図14**）。標準の書式に戻したければ、「すべての書式をクリア」ボタンでタブと書式を一括削除できる（**図15**）。

タブで区切れば作表も簡単

タブで項目を揃えてみたものの、「やっぱり表形式にすればよかった」ということもあるだろう。表を作る場合、通常は先に表の枠を作ってから文字列を入力するが、その手順だと文字数に合わせて後から列幅などを調整する必要がある。タブ区切りで入力した文字列を表にすれば、文字列に応じた列幅になるため手間が省ける。表に入れる文字列を選択し、「挿入」タブの「表」から「文字列を表にする」を選択すれば、表の枠を自動作成できる（**図16**）。

項目間をつなぐ点線は「リーダー」でワンタッチ

項目同士の間隔が離れている場合、間に「リーダー」（線）を入れるとわかりやすい。「…」や「.」を手入力してリーダーを書くと揃えづらいが、タブが入っていれば話は簡単。タブにリーダーを設定すれば、点線や下線で項目間を結ぶことができる（**図17**）。なお、図17右の画面ではリーダーを設定するだけでなく、「すべてクリア」でタブをまとめて削除したり、「既定値」で既定のタブ位置を変更したりもできる。

設定したタブをクリアするには

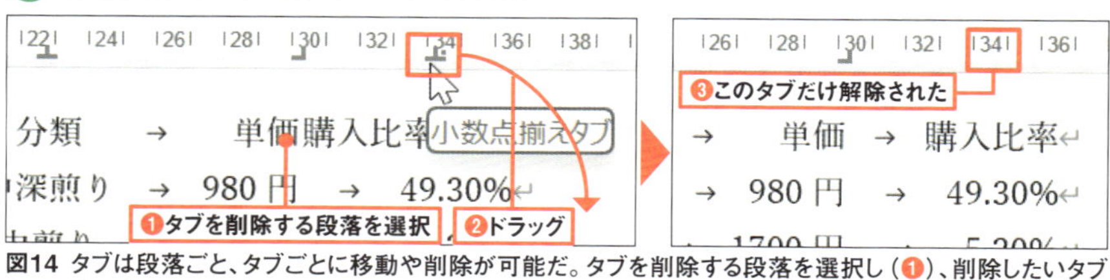

図14 タブは段落ごと、タブごとに移動や削除が可能だ。タブを削除する段落を選択し（❶）、削除したいタブのマーカーをルーラー外にドラッグすると（❷）、そのタブだけが解除される（❸）

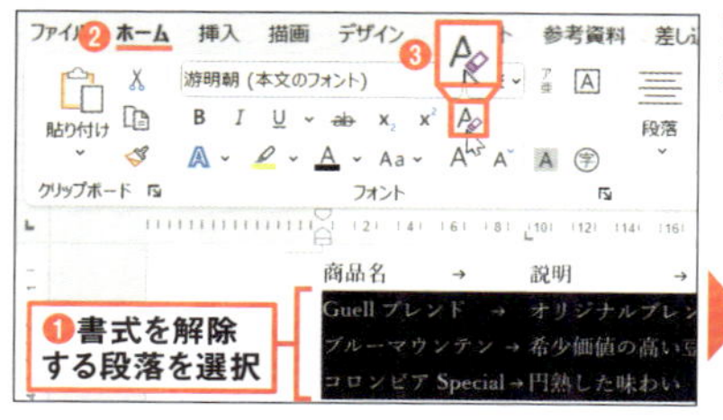

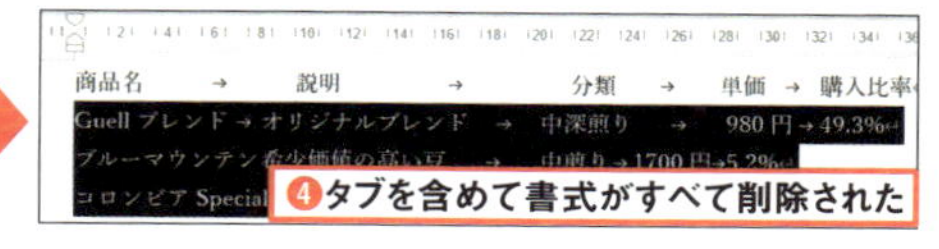

図15 タブを含めて設定した書式をすべて削除するには、該当する段落を選択し、「ホーム」タブの「すべての書式をクリア」ボタンを押す（❶～❹）

タブで区切っておけば表にするのも簡単

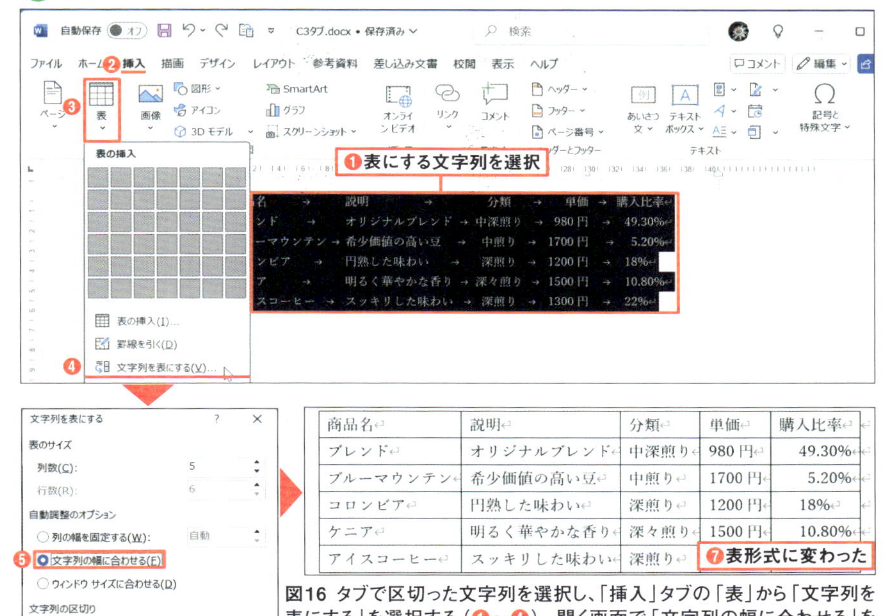

商品名	説明	分類	単価	購入比率
ブレンド	オリジナルブレンド	中深煎り	980円	49.30%
ブルーマウンテン	希少価値の高い豆	中煎り	1700円	5.20%
コロンビア	円熟した味わい	深煎り	1200円	18%
ケニア	明るく華やかな香り	深々煎り	1500円	10.80%
アイスコーヒー	スッキリした味わい	深煎り		

図16 タブで区切った文字列を選択し、「挿入」タブの「表」から「文字列を表にする」を選択する（❶〜❹）。開く画面で「文字列の幅に合わせる」を選択して「OK」ボタンを押すと（❺❻）、選択していた文字列が表形式になる（❼）

項目を結ぶ点線をワンタッチで挿入

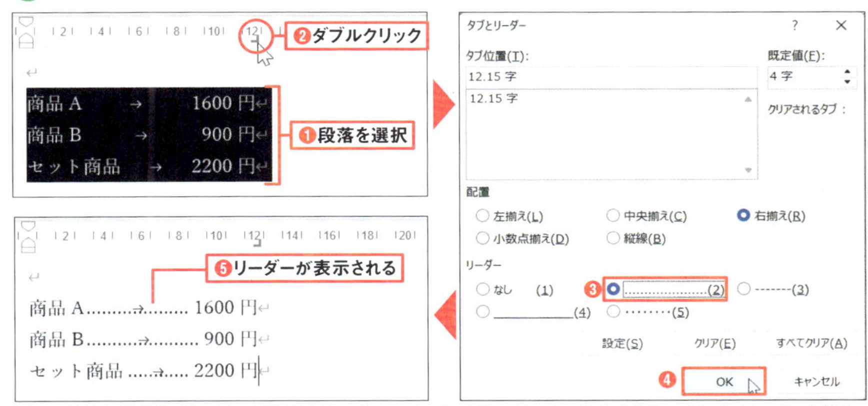

図17 段落を選択し、リーダーを設定するタブマーカーをダブルクリックする（❶❷）。「タブとリーダー」ダイアログボックスが開くので、「リーダー」で線の種類を選択して「OK」ボタンをクリックする（❸❹）。これでタブの位置にリーダーが表示される（❺）

Word

Section 02

インデントで階層化すれば文書の構造は一目瞭然

3分時短

ビジネス文書はひと目で内容を把握できるレイアウトが望ましい。文字数が多い場合は小見出しを立てるなど、わかりやすく見せる工夫が必要だ。小見出しと本文の始まる位置が同じだと、せっかくの小見出しが埋もれてわかりづらい。小見出し、本文、引用文など、文章の役割ごとに段落の開始位置を変えることでこの問題は解決する。左右の余白を増減して配置を調整するインデント機能を使おう。

左インデント、右インデントはリボンから簡単設定

インデントは、段落の開始位置と終了位置を変更する機能。日本語でよく使われるインデントには、段落の始まりを1文字分下げる「1行目のインデント」、見出しと本文などを区別するための「左インデント」、箇条書きのように最初の行だけ左に飛び出させる「ぶら下げインデント」がある(**図1**)。

インデントはルーラーで確認や修正ができるので、ここではルーラーを表示した画

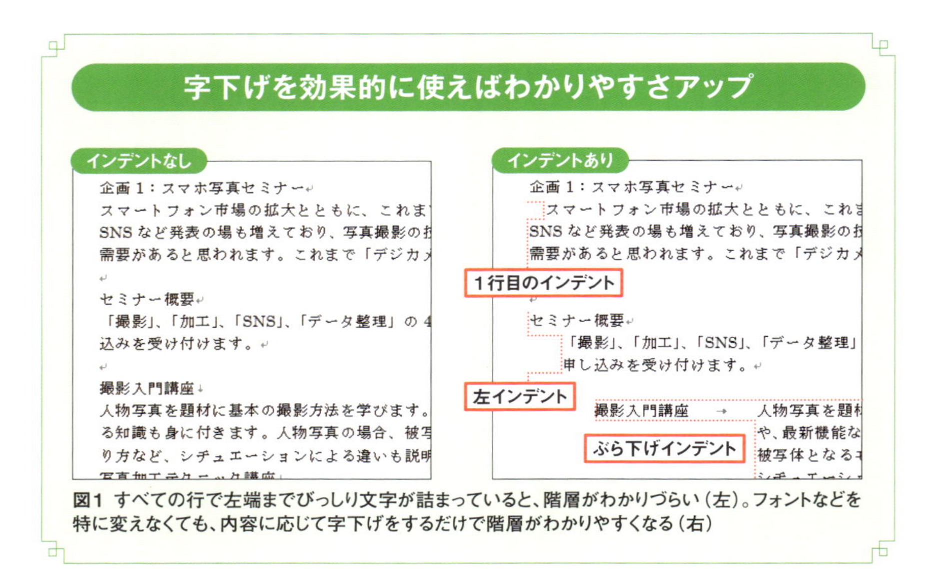

図1 すべての行で左端までびっしり文字が詰まっていると、階層がわかりづらい(左)。フォントなどを特に変えなくても、内容に応じて字下げをするだけで階層がわかりやすくなる(右)

面で説明する（51ページ図3）。

開始位置をずらして左余白を広げる「左インデント」はよく使われるため、「ホーム」タブの「インデントを増やす」ボタンや「インデントを減らす」ボタンで1文字分ずつ増減できる（**図2**）。右インデントを設定する場合は、「レイアウト」タブの「インデント」を使う（**図3**）。初期設定では、インデントの設定は1字単位だが、「10mm」のように入力すればミリ単位でも設定できる。左右の余白を広げると1行の文字数が減り、可読性が上がる効果も期待できる。

Ⓦ 左右のインデントをリボンから設定

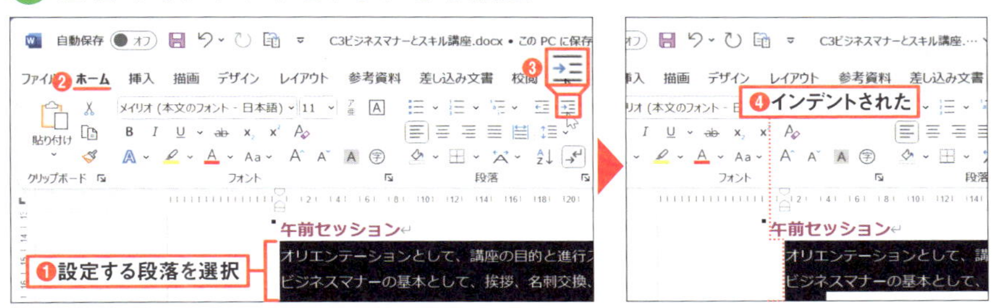

図2 設定する段落を選択する（❶）。「ホーム」タブの「インデントを増やす」ボタンを1回クリックするごとに、1文字分左インデントが増える（❷～❹）。減らす場合は「インデントを減らす」ボタンをクリックする

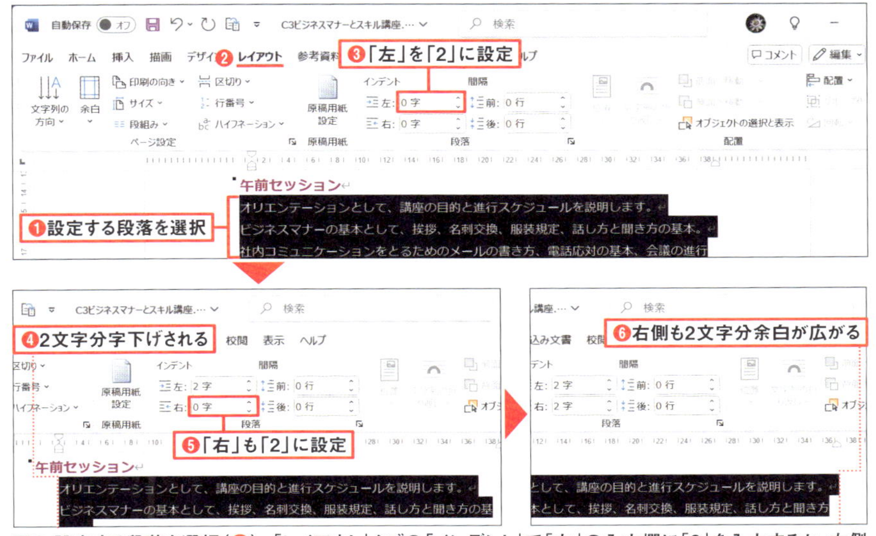

図3 設定する段落を選択（❶）。「レイアウト」タブの「インデント」で「左」の入力欄に「2」を入力するか、右側の「∧」をクリックして「2」に設定する（❷❸）。すると段落の左側が2文字分字下げされる（❹）。同様に「右」を「2」に設定すると、右側の余白も2文字分増える（❺❻）

「1字下げ」と「ぶら下げ」で段落区切りを明確に

インデントはルーラー(50ページ)上のインデントマーカーとして表示され、このマーカーをドラッグしてもインデントを変更できる(**図4**)。

段落の最初を1字下げる「1行目のインデント」は、段落の最初に全角の空白を入力するだけで設定できる(**図5**)。改行すると同時に空白が1行目のインデントに変わり、次の段落も1字下げになる。インデントを解除するには「Ctrl」+「Q」キーを押す。

字下げとは逆に、1行目だけを左に飛び出させる「ぶら下げインデント」は、ルーラーで「ぶら下げインデント」マーカーをドラッグして設定すると簡単だ(**図6**)。左に飛び出させる項目名の後にタブ記号を入力しておくのがポイント。

ルーラーでの設定がわかりづらい場合は、「段落の設定」ダイアログボックスを使えば左右と1行目のインデントをまとめて設定することも可能だ(**図7**)。

「1　商品名　価格　説明文」のように、複数の項目が並び、最後の説明文が複数行にわたる場合、インデントとタブを組み合わせるとうまく設定できる(**図8**)。

改行後、タブやインデントの設定をすべてクリアして本文の設定に戻したいときには、「ホーム」タブの「すべての書式をクリア」ボタンを使うと簡単だ(54ページ図15)。

ルーラーでインデント位置を確認、変更

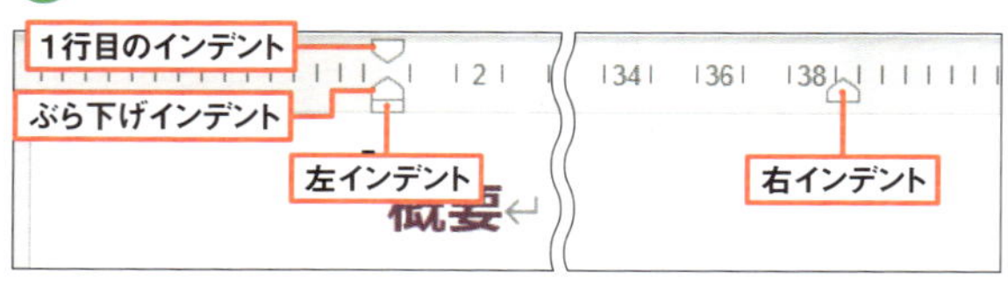

図4 ルーラーに表示されるインデントマーカーで設定を確認したり、ドラッグで変更したりできる

1行目のインデントは「スペース」キーで簡単設定

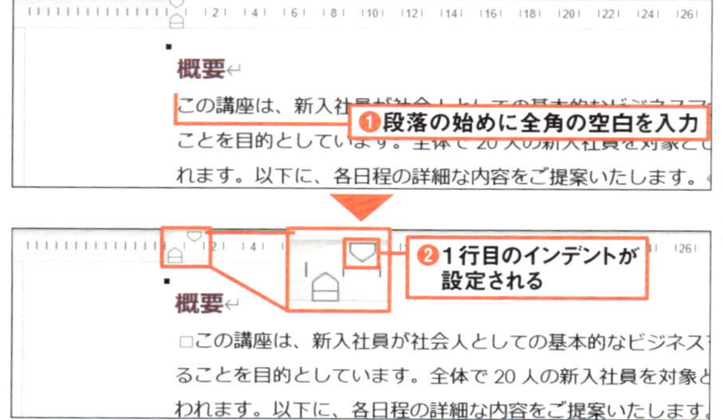

図5 段落の先頭で「スペース」キーを押して全角の空白を入力すると、自動的に1行目のインデントが設定される(❶❷)[注]

[注]Wordのオプションで「入力オートフォーマット」の設定を変更している場合は、空白を入力してもインデントが設定されないことがある。171ページ図4の画面で「行の始まりのスペースを字下げに変更する」をオンにする

1行目だけ左に残すぶら下げインデントはルーラーで設定

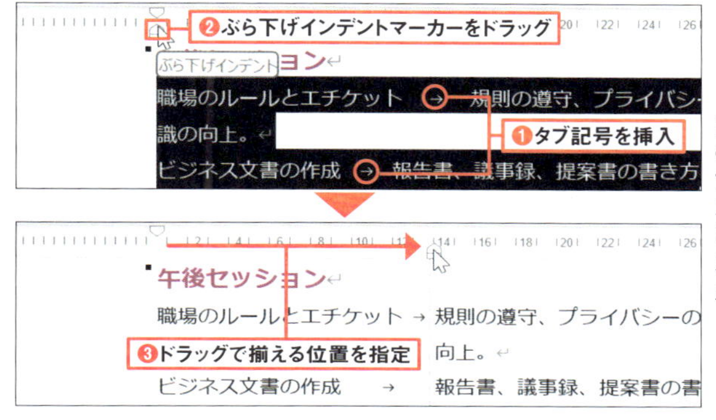

図6 各項目の見出しと説明文の間で「Tab」キーを押して、タブ記号を入力しておく（❶）。インデントを設定する段落を選択し、ルーラーで「ぶら下げインデント」マーカーをドラッグして、揃える位置を指定する（❷❸）

インデントを数値で指定

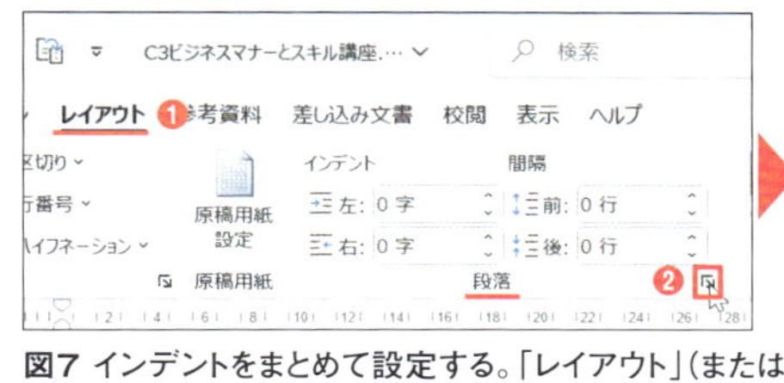

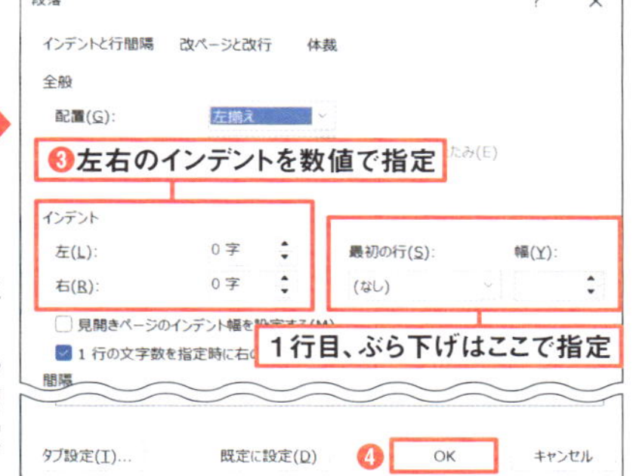

図7 インデントをまとめて設定する。「レイアウト」（または「ホーム」）タブの「段落の設定」ボタンをクリック（❶❷）。「左」で左インデント、「右」で右インデントを指定する（❸）。1行目のインデントとぶら下げインデントは「最初の行」で選び、インデント幅を「幅」欄に入力する。指定できたら「OK」ボタンを押す（❹）

複雑な文字揃えはインデントとタブの合わせ技で実現

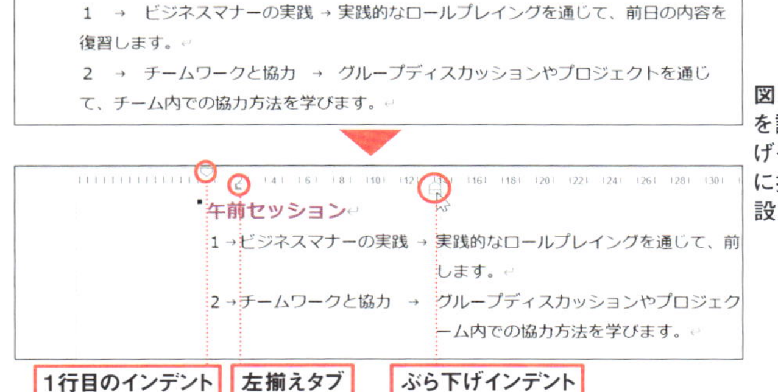

図8 左端に1行目のインデントを設定し、説明文の頭をぶら下げインデントで揃える。それ以外に揃える文字列があればタブを設定する

Word

Section 03

3分時短

箇条書きの活用で項目や手順を見やすく列挙

文書を伝わりやすくするポイントの1つは、「箇条書き」にまとめることだ。長々と文章で説明するより、箇条書きで要点を列記したほうが、わかりやすくなるビジネス文書は多い（**図1**）。

文章に箇条書き記号や番号を設定

先頭に「1.」や「a.」が付いた行を改行したり、「●」や「■」などの記号とスペースを入力したりすると、自動的に箇条書きの書式が適用される（**図2**）。必要のないときにこの機能が働くと邪魔になるので、166ページではその解除方法を紹介する。しかし、本当に連番や箇条書きを利用したいなら話は別。自動的に段落にぶら下げインデントが設定され、2行目以降も記号や数字に続く文章がきれいに揃うので、箇条書きをよく使う人にとってはありがたい機能だ。上手に利用するとよい。

長文より箇条書きで要点をズバリ

毎週水曜日、定時間退社後の2時間を有意義に使うチャンスです。1人1台のパソコンを使い、業務に応じたサンプルを実際に作成しながら、さまざまなテクニックをご紹介します。参加費は1回1000円で、都合のよいときに参加できます。

お申し込みは総務部（内線102）担当：鈴木までお願いします。前日まで申し込みやキャンセルが可能です。

セミナーは2024年4月12日より毎週午後6時から第2会議室にて開催。定員は10名です。講師はビジネススクール講師をされている川島由美子先生。パソコンは準備してありますが持ち込みも可能です。

文章だと全部読まないとわからない

- ■→2024年4月12日より毎週水曜日 午後6時から2時間
- ■→1回1000円
- ■→講師：ビジネススクール講師□川島由美子先生
- ■→場所：第2会議室
- ■→定員：10名
- ■→申し込み：総務部（内線102）担当：鈴木まで
- ■→パソコン持ち込み可能

図1 文章でダラダラ説明されると、要点がわかりづらい（左）。箇条書きにまとめると短時間で伝わりやすい（下）

後から「やっぱり箇条書きにすればよかった」と思った場合も心配ご無用。入力済みの文字列を箇条書きにするのも簡単だ。箇条書きにする段落を選択し、「箇条書き」ボタンか「段落番号」ボタンから記号や番号を選ぶだけで、箇条書きとなり、ぶら下げインデントの設定も自動的に行われる（**図3**）。

記号や番号を入力して箇条書き設定に

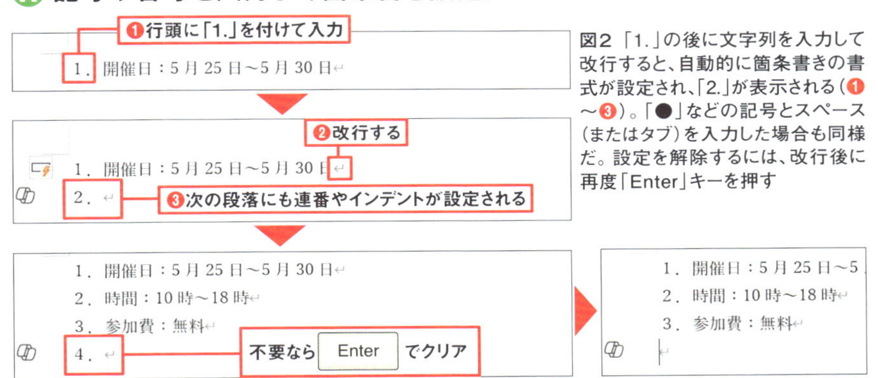

図2 「1.」の後に文字列を入力して改行すると、自動的に箇条書きの書式が設定され、「2.」が表示される（❶～❸）。「●」などの記号とスペース（またはタブ）を入力した場合も同様だ。設定を解除するには、改行後に再度「Enter」キーを押す

後から箇条書きに変更するのも簡単

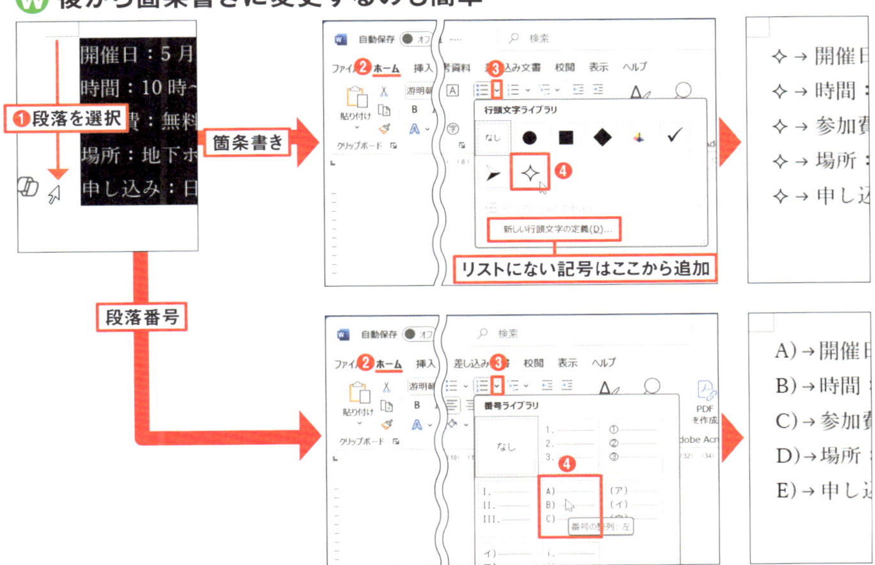

図3 箇条書きにしたい段落を選択する（❶）。「ホーム」タブで「箇条書き」または「段落番号」の「∨」をクリックする（❷❸）。行頭の記号や番号の形式を選択する（❹）

箇条書き機能の最大のメリットは修正・変更への対応力

「記号や番号くらい自分で入力する」という人は、確実に損をしている。なぜなら、手入力した記号や番号は、修正するときに手間がかかるからだ。

箇条書きの途中に項目を追加する場合、手入力だと番号をずらさなくてはならないが、箇条書き機能を使っていれば自動的に番号がずれる（**図4**）。記号や番号が気に入らなければ、箇条書きのどこかを選んで図3の手順で選び直せばよい。

箇条書きの位置は、記号や数字をドラッグするだけで移動できる（**図5**）。記号から項目までの間隔はルーラーでインデント設定を変えてもよいが、「リストのインデントの調整」を使うとミリ単位で正確に指定できる（**図6**）。

W 箇条書き機能なら修正が楽

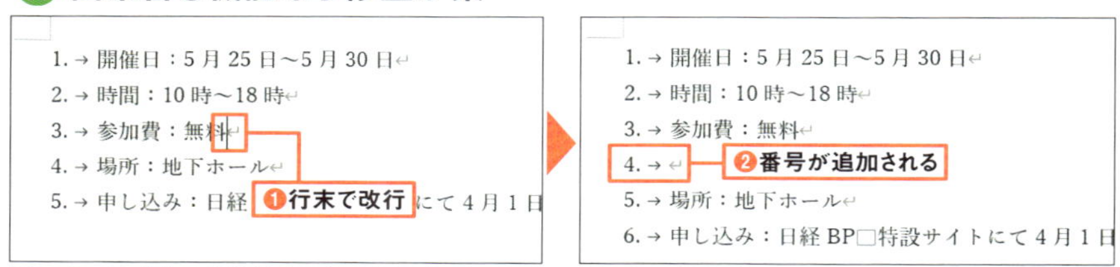

図4 「4.」に新しい行を追加したいなら、「3.」の行末で改行する（❶）。「4.」の行が追加され、以降の番号が順にずれる（❷）

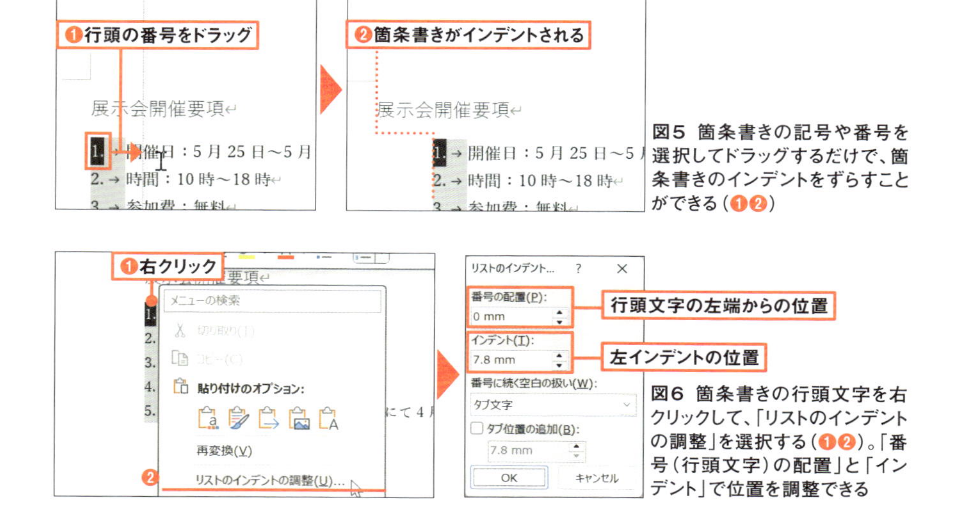

図5 箇条書きの記号や番号を選択してドラッグするだけで、箇条書きのインデントをずらすことができる（❶❷）

図6 箇条書きの行頭文字を右クリックして、「リストのインデントの調整」を選択する（❶❷）。「番号（行頭文字）の配置」と「インデント」で位置を調整できる

段落内改行やレベル指定で多彩な箇条書きに対応

行頭に記号があって、その後に説明が続くのが基本的な箇条書きだが、なかには1行目に箇条書きの見出しを置き、改行して説明を入力したいこともある。そんなときは、1行目の入力後に「Shift」+「Enter」キーで改行すればよい。すると同じ段落と見なされ、文字列がきれいに揃う（**図7**）。

箇条書きの項目がさらに細分化している場合は、項目ごとにレベルを指定して、階層化すればよい。レベルは「Tab」キーか「ホーム」タブの「インデントを増やす」ボタンで下げることができる（**図8**）。レベルを上げるときは「Shift」+「Tab」キーか、「ホーム」タブの「インデントを減らす」ボタンを押す（**図9**）。

Ⓦ 箇条書きの見出しだけを1行目に残す

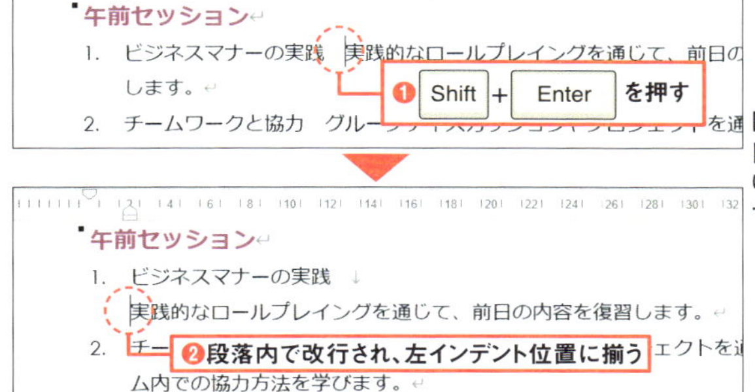

図7 箇条書きの見出しだけを1行目に残し、説明文を2行目以降に送りたいときは、「Shift」+「Enter」キーで段落内改行を行う（❶❷）

Ⓦ 複数階層の箇条書きを作る

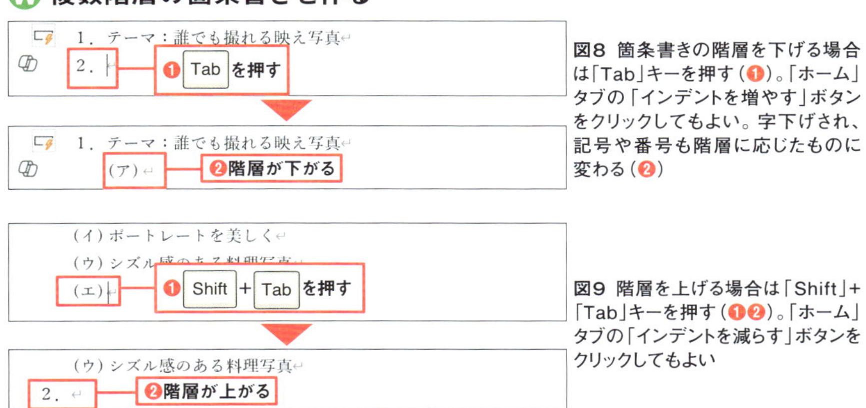

図8 箇条書きの階層を下げる場合は「Tab」キーを押す（❶）。「ホーム」タブの「インデントを増やす」ボタンをクリックしてもよい。字下げされ、記号や番号も階層に応じたものに変わる（❷）

図9 階層を上げる場合は「Shift」+「Tab」キーを押す（❶❷）。「ホーム」タブの「インデントを減らす」ボタンをクリックしてもよい

Word

Section 04

「スタイル」を使えば長文もサクサクとレイアウト

10分時短

見出しが出てくるたびにフォントや段落の設定をするのは手間がかかるうえ、「この見出しだけ大きさが違う!」といったミスにもつながる。短い文書なら「書式のコピー」で揃えてもよいが、長文であれば「スタイル」機能を使うのが時短のポイントだ。Wordには、見出しや引用など、用途別のスタイルが既定で登録されているので、スタイルを選ぶだけで、さっと書式設定を済ませることができる(**図1**)。

連続してスタイルを適用するなら、「スタイル」ウインドウを表示するとよい(**図2**)。このウインドウにはリボンより多くのスタイルが表示されるので選びやすい。スタイルには、「段落」「文字」「リンク(段落と文字)」の3種類がある。「リンク(段落と文字)」スタイルは、段落を選択していると段落全体にスタイルが適用されるが、文字列を選択しているとその文字列だけ書式が変わる。「文字」スタイルは文字書式のみのスタイルで、選択中の文字列のみ書式が変わる。「段落」スタイルは、文字列を選んでいても段落全体の書式が変わってしまうので注意が必要だ(**図3**、**図4**)。

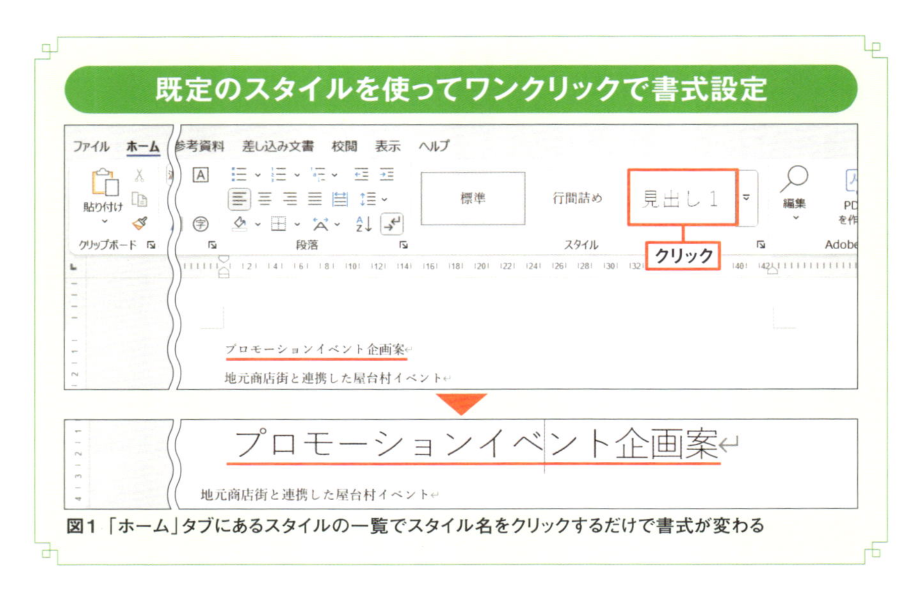

図1 「ホーム」タブにあるスタイルの一覧でスタイル名をクリックするだけで書式が変わる

スタイルを使うならリボンより「スタイル」ウインドウが便利

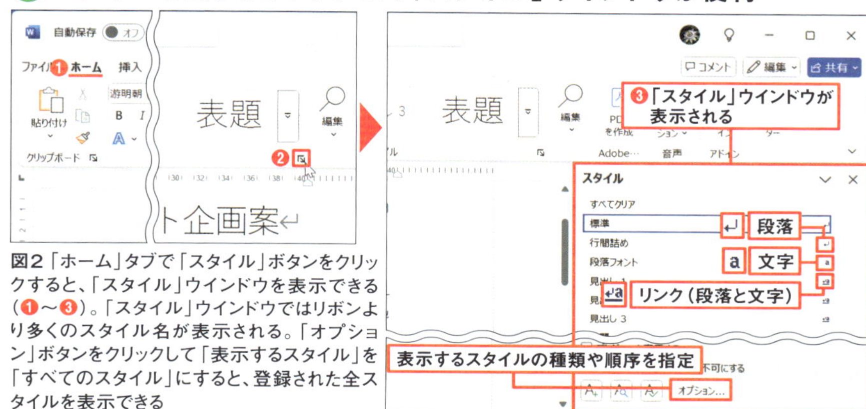

図2 「ホーム」タブで「スタイル」ボタンをクリックすると、「スタイル」ウインドウを表示できる（❶～❸）。「スタイル」ウインドウではリボンより多くのスタイル名が表示される。「オプション」ボタンをクリックして「表示するスタイル」を「すべてのスタイル」にすると、登録された全スタイルを表示できる

段落スタイル、文字スタイルを使い分け

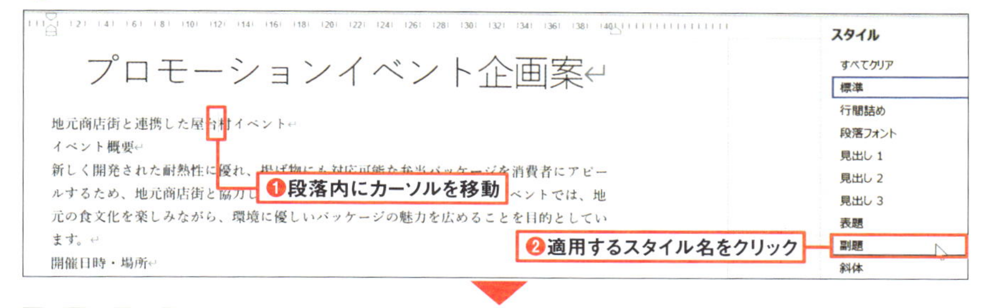

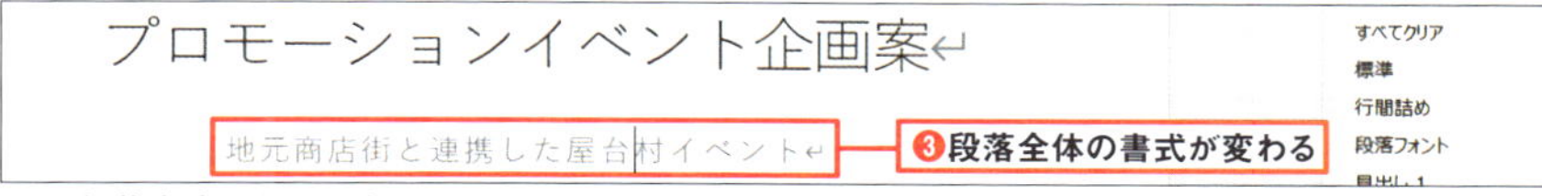

図3 段落書式を含めて適用するには、段落内にカーソルを置くか、段落記号まで含めて選択（❶）。「段落」か「リンク（段落と文字）」のスタイルを選ぶ（❷❸）

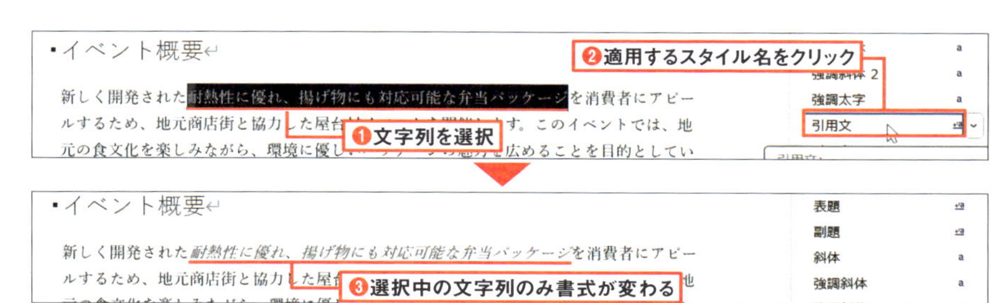

図4 一部の文字列にだけスタイルを適用する場合は、文字列を選択して、「文字」か「リンク（段落と文字）」のスタイルを選択する（❶～❸）

スタイルなら最短で修正可能

既定のスタイルを使うポイントは、用途優先で選ぶこと。見出しであれば、階層ごとに「見出し1」「見出し2」といったスタイルを適用する。「見出しはもっと目立たせたい」といった場合は、「テーマ」で文書全体の書式を一新できる（**図5**、**図6**）。

スタイルごとに登録された書式を変更することも可能だ（**図7**）。文書全体の書式をスタイルでコントロールしていれば、「見出しは青じゃなくて緑!」といった急な指示があっても臨機応変に対応できる。

テーマ変更でイメージ一新

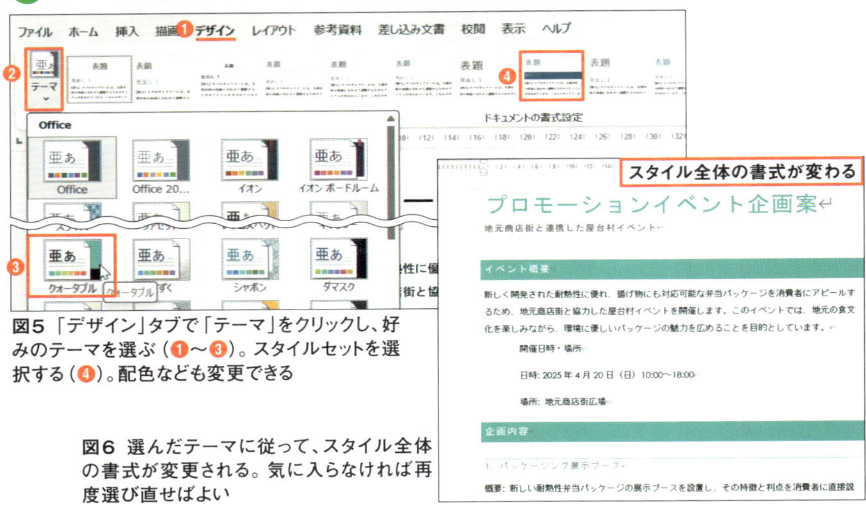

図5 「デザイン」タブで「テーマ」をクリックし、好みのテーマを選ぶ（❶〜❸）。スタイルセットを選択する（❹）。配色なども変更できる

図6 選んだテーマに従って、スタイル全体の書式が変更される。気に入らなければ再度選び直せばよい

既定のスタイルを「自分好みの書式」に変更

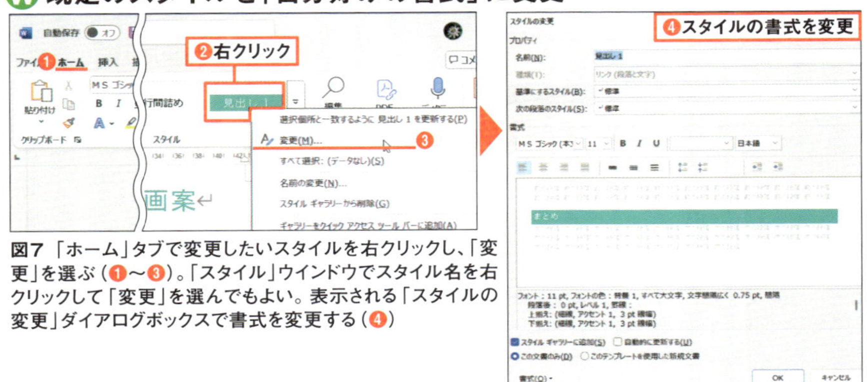

図7 「ホーム」タブで変更したいスタイルを右クリックし、「変更」を選ぶ（❶〜❸）。「スタイル」ウインドウでスタイル名を右クリックして「変更」を選んでもよい。表示される「スタイルの変更」ダイアログボックスで書式を変更する（❹）

図7右の画面では、「基準にするスタイル」と「次の段落のスタイル」を指定できる。例えば、「基準にするスタイル」を「標準」にした場合、「標準」スタイルを変更すると、連動して変更される。「(スタイルなし)」にしておけば、そのような意図しない変更を防げる。見出し用のスタイルであれば、「次の段落のスタイル」として本文用のスタイルを指定しておくのも時短ポイント。そのスタイルを適用して見出しを入力後、改行すると自動的に本文用のスタイルに変わるので、スタイル切り替えの手間が省ける。

新規にオリジナルスタイルを作成

よく使う書式をオリジナルのスタイルとして登録しておけば、書式変更は確実に楽になる。登録したい書式を設定した文字列を選択して作業を始める(**図8、図9**)。スタイルギャラリー右端にある「スタイル」ボタンをクリックして、「スタイルの作成」を選ぶ。表示される画面で新しいスタイル名を入力し、「OK」を押す。

オリジナルのスタイルを新規作成

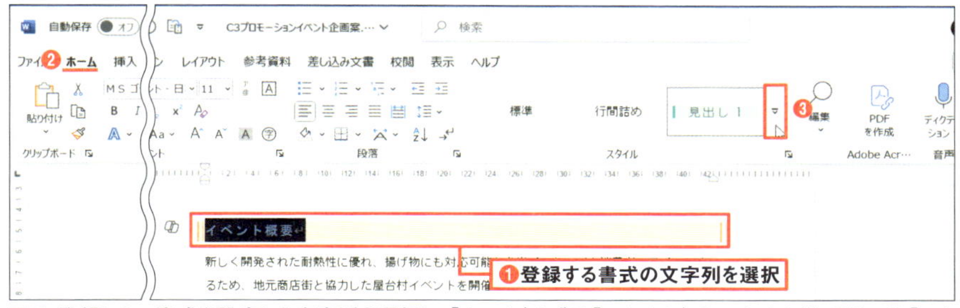

図8 登録したい書式を設定した文字列を選択し、「ホーム」タブの「スタイル」で、スタイルギャラリーの「スタイル」ボタンをクリックする(❶〜❸)

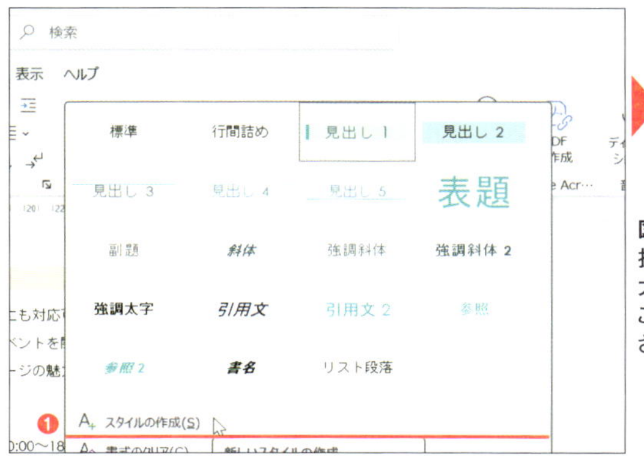

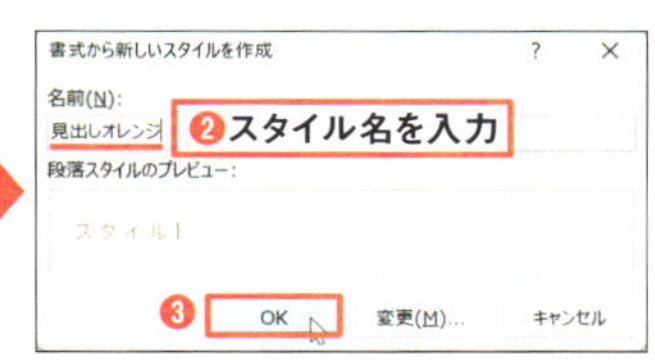

図9 メニューから「スタイルの作成」を選択する(❶)。「名前」欄にスタイル名を入力して「OK」ボタンを押す(❷❸)。以降、このスタイルがスタイルギャラリーに表示される

Word

Section 05

ページ番号は選ぶだけ 書式も開始番号も自在に設定

1分 時短

ビジネス文書では、複数ページであればページ番号を付けるのがマナー。ページ番号は、「挿入」タブの「ページ番号」から、場所と書式を選んで挿入する（**図1**）。この方法であれば、次項で紹介する手順でヘッダーやフッターに移動しなくても、余白にページ番号を入れることができる。ページ番号だけのノーマルなものから、罫線などで飾ったものまで、さまざまなスタイルを選択可能だ。すべてのページに同じ書式で自動入力されるので、番号が飛ぶようなミスもない。

ページ番号は「挿入」タブからワンタッチ

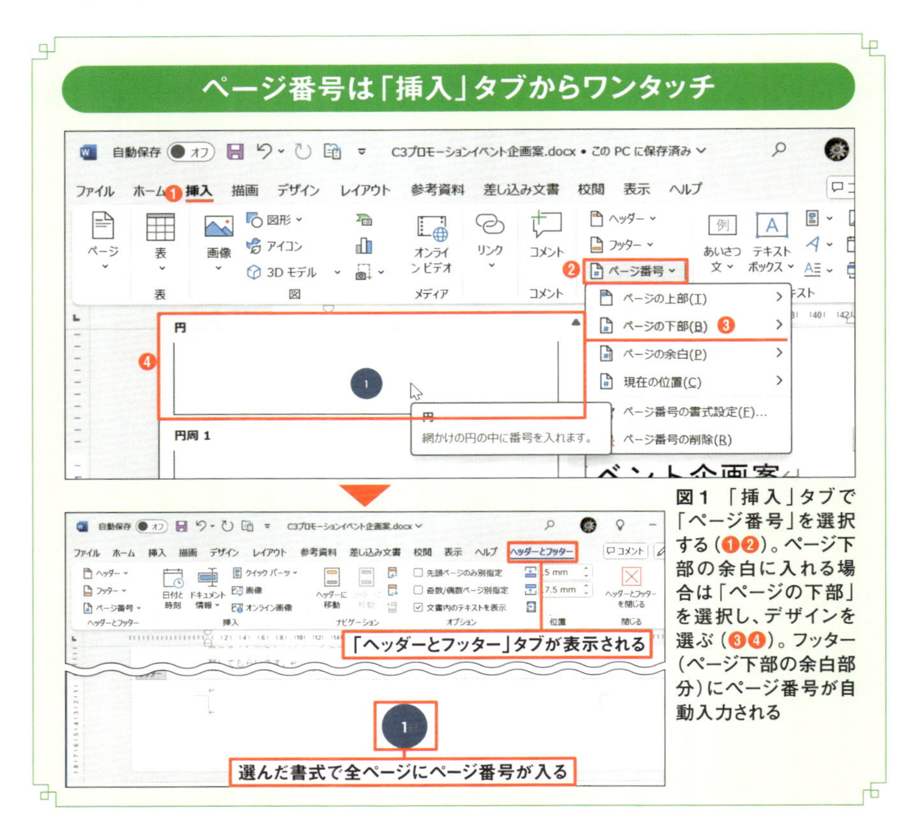

図1 「挿入」タブで「ページ番号」を選択する（❶❷）。ページ下部の余白に入れる場合は「ページの下部」を選択し、デザインを選ぶ（❸❹）。フッター（ページ下部の余白部分）にページ番号が自動入力される

ページ番号機能なら変更も楽

書式などの変更が楽にできるのも、ページ番号機能を使う利点の1つだ。書式を変えたいなら、どこかのページで変更すれば全ページに反映される（**図2**）。

表紙にはページ番号を入れたくない場合は「ヘッダーとフッター」タブで「先頭ページのみ別指定」にチェックを付ける（**図3**）。これで表紙のページ番号は消えるが、次のページ（本文の1ページ目）のページ数は「2」のままだ。ページ番号の書式設定画面を表示させ、開始番号を「0」にすることで、2ページ目のページ番号を「1」に変えられる（**図4**）。

ページ番号の変更は全ページに自動適用

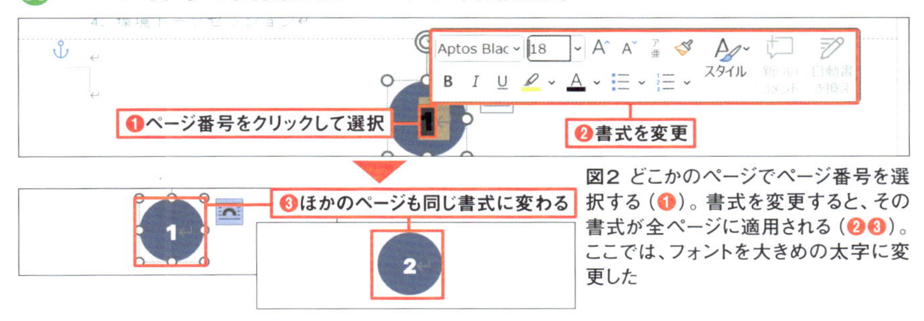

図2 どこかのページでページ番号を選択する（❶）。書式を変更すると、その書式が全ページに適用される（❷❸）。ここでは、フォントを大きめの太字に変更した

開始ページや開始番号も設定可能

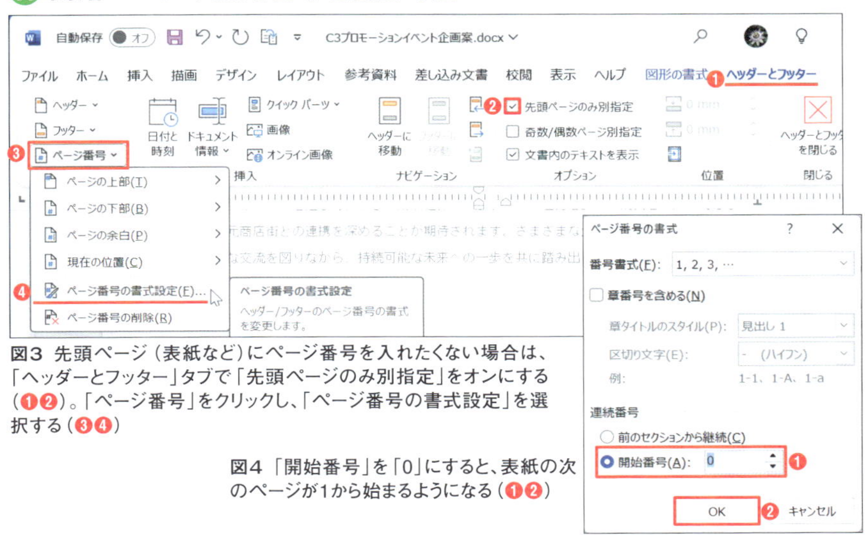

図3 先頭ページ（表紙など）にページ番号を入れたくない場合は、「ヘッダーとフッター」タブで「先頭ページのみ別指定」をオンにする（❶❷）。「ページ番号」をクリックし、「ページ番号の書式設定」を選択する（❸❹）

図4 「開始番号」を「0」にすると、表紙の次のページが1から始まるようになる（❶❷）

Word

Section 06

3分時短

日付やファイル名はヘッダーやフッターで一括入力

ビジネス文書では、作成年月日や文書名といった補足的な情報を、ページの欄外に表記することがよくある（**図1**）。これらの欄外文字は、「ヘッダー」と「フッター」の領域に入力しよう。ヘッダーはページ上部、フッターはページ下部の余白内に設定された別領域。本文を編集しても位置がずれる心配がなく、一度設定すれば全ページに自動的に表示されるので手間いらずだ。

ヘッダーやフッターの入力は、専用の編集モードで行う。上下にある余白部分をダブルクリックすることで、編集モードが切り替わる（**図2～図4**）。

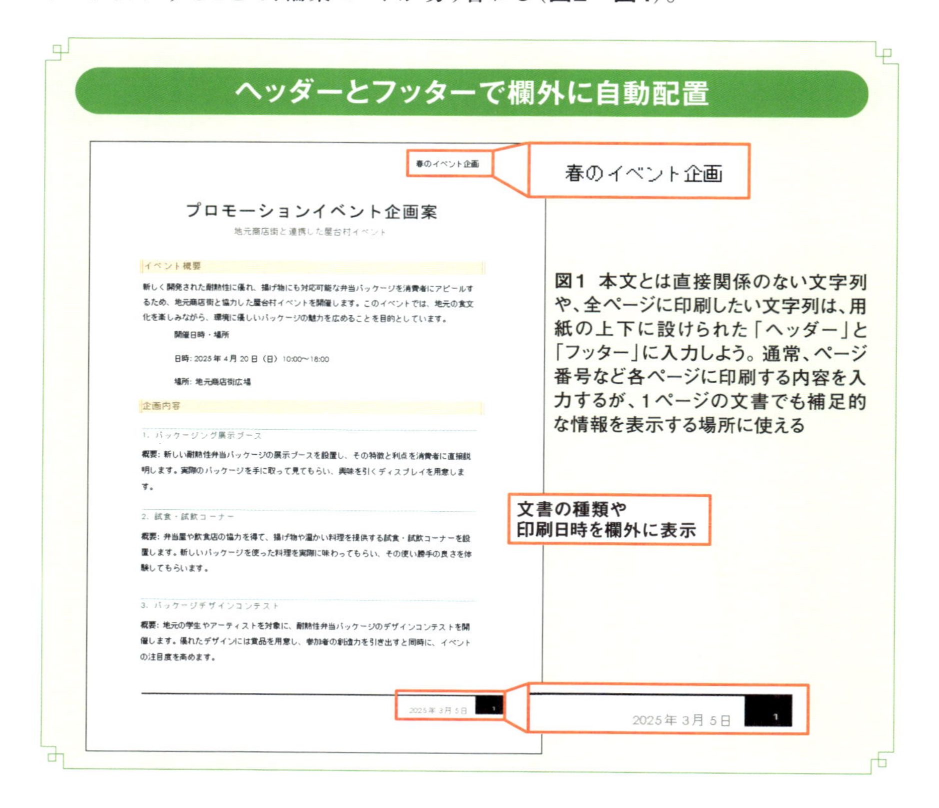

図1 本文とは直接関係のない文字列や、全ページに印刷したい文字列は、用紙の上下に設けられた「ヘッダー」と「フッター」に入力しよう。通常、ページ番号など各ページに印刷する内容を入力するが、1ページの文書でも補足的な情報を表示する場所に使える

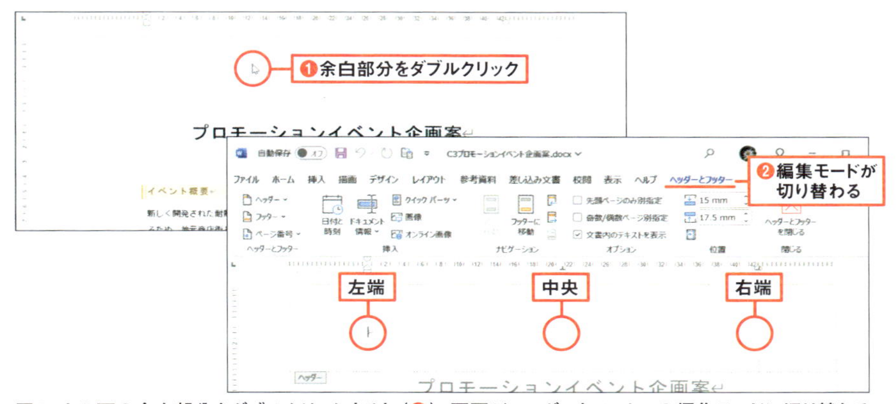

図2 上か下の余白部分をダブルクリックすると（❶）、画面がヘッダーとフッターの編集モードに切り替わる（❷）。本文は淡い表示になり、編集できなくなる。カーソルはヘッダーやフッターの1行目に表示され、文字を入力できる。そのまま入力すると左端に入力されるが、右端をダブルクリックすれば右寄せ、中央部分をダブルクリックすれば中央揃えで入力できる

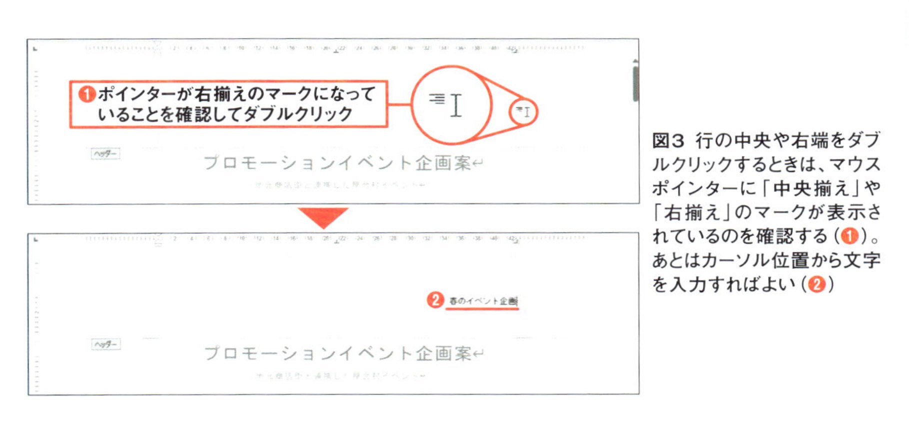

図3 行の中央や右端をダブルクリックするときは、マウスポインターに「中央揃え」や「右揃え」のマークが表示されているのを確認する（❶）。あとはカーソル位置から文字を入力すればよい（❷）

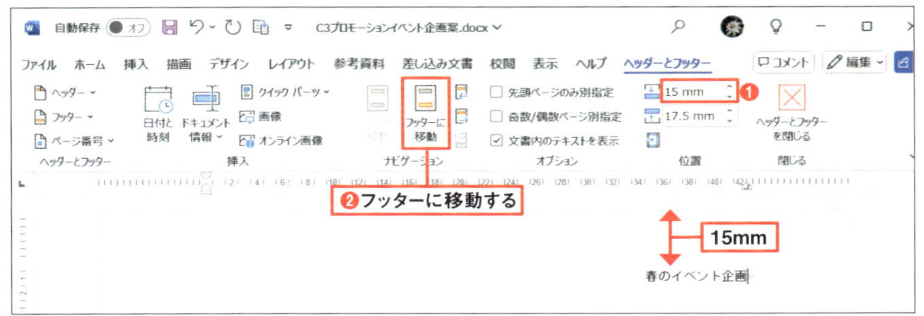

図4 用紙の上端からヘッダーの1行目までの距離を「上からのヘッダー位置」で指定する（❶）。この例では文書の上余白が25mmなので、バランスを考えて「15mm」にした。「フッターに移動」ボタンをクリックすると（❷）、カーソルがフッターへ移動する

日付や文書タイトルをフッターに簡単入力

ビジネス文書でヘッダーやフッターに入れる文言には、日付、文書タイトル、作成者など、いくつかの定番がある。ヘッダーやフッターの編集中に表示される「ヘッダーとフッター」タブには、こうした情報を自動入力するためのボタンがあるので、使ってみよう。

ファイル名や作成者など、ファイルのプロパティに登録されている情報は、「ドキュメント情報」から選択するだけで入力できる（**図5**）。凝った書式にしたいなら、「ヘッダー」や「フッター」を使うと、項目とデザインを組み合わせたスタイルから選択できる（**図6**）。日付はカレンダーから選ぶだけでよい（**図7**）。編集を終えるには、「ヘッダーとフッターを閉じる」ボタンをクリックするか、本文領域をダブルクリックする（**図8**）。

Ⓦ「ヘッダーとフッター」タブで入力の手間いらず

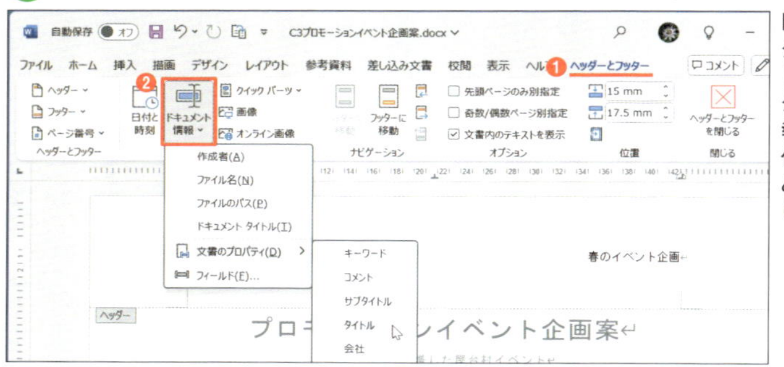

図5 ヘッダーかフッターの領域を選択中、「ヘッダーとフッター」タブで「ドキュメント情報」をクリックすると、作成者やファイル名などを簡単に挿入できる（❶❷）

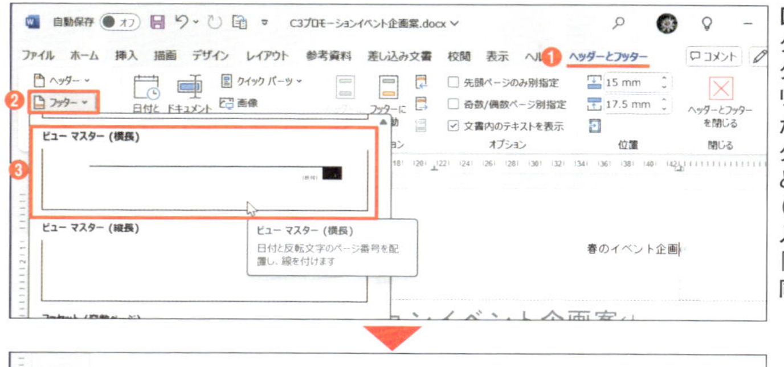

図6 「ヘッダーとフッター」タブで「ヘッダー」や「フッター」をクリックすると、登録されたスタイルからヘッダーやフッターの項目とデザインを選択できる（❶～❸）。なお、「挿入」タブの「ヘッダー」「フッター」ボタンでも、同様の操作が可能

日付はカレンダーから選択

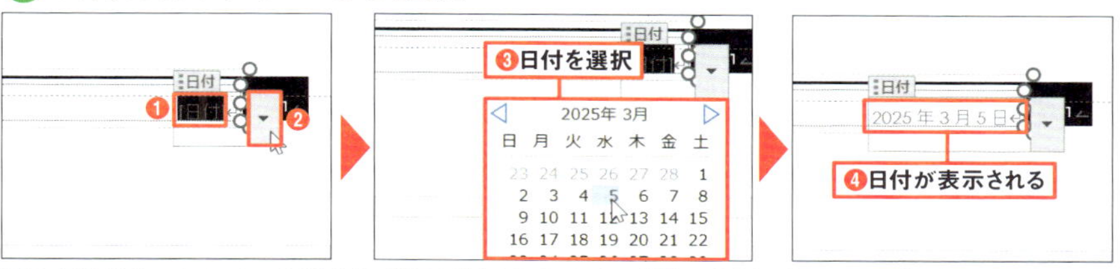

図7 日付が入ったフッターの場合は、「[日付]」をクリックする（❶）。右側に表示される「▼」をクリックするとカレンダーが開くので（❷）、日付をクリックして選ぶと日付を入力できる（❸❹）

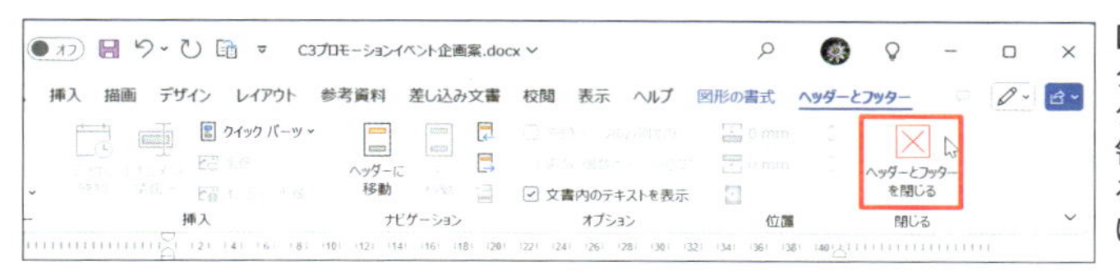

図8 「ヘッダーとフッターを閉じる」ボタンをクリックするか、本文の領域をダブルクリックすると、通常の編集モードに戻る

文書の途中でヘッダーとフッターを切り替え

長文の場合、章ごとにヘッダーやフッターを変更したいこともある。そんなときは、変更したい区切りの位置に「セクション区切り」を挿入する（**図A**）。「ヘッダーとフッター」タブで「前と同じヘッダー／フッター」をオフにすれば、セクションごとにヘッダーとフッターを指定できるようになる（**図B**）。

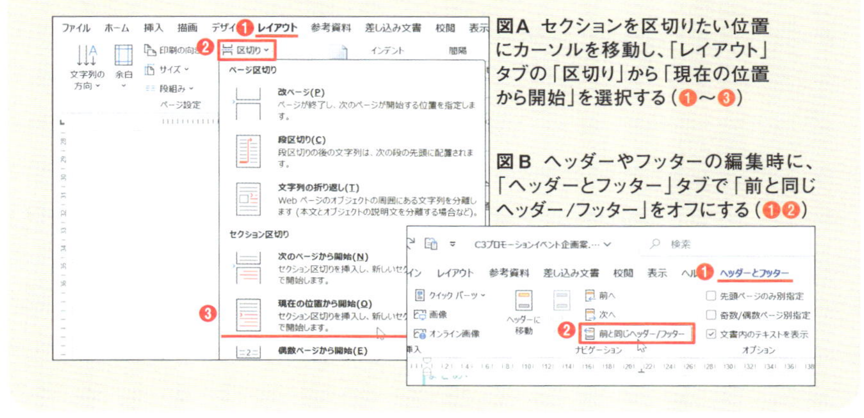

図A セクションを区切りたい位置にカーソルを移動し、「レイアウト」タブの「区切り」から「現在の位置から開始」を選択する（❶～❸）

図B ヘッダーやフッターの編集時に、「ヘッダーとフッター」タブで「前と同じヘッダー／フッター」をオフにする（❶❷）

Word

Section 07

長い文章、小さい文字は段組みで読みやすく

1分 時短

小さい文字がびっしりと詰まった文書は読みづらい。少しでも見やすくしようと思うなら、インデントや段組みを使って1行の文字数を減らすとよい。

段組みは、1行を2列以上に区切って表示する機能（**図1、図2**）。1行の文字数が減るのはもちろん、段の間隔がページ内に空白部分を作ることで詰まった印象を軽減できるというメリットもある。

設定は簡単だ。「レイアウト」タブの「段組み」ボタンから、段の数を選ぶ（**図3、図4**）。文書全体を段組みにする場合はどこにカーソルがあってもよい。一部の段落だけを段組みにする場合は、対象となる段落を選択してから作業する（**図5**）。段組みの開始位置や段の幅などを指定する場合は、「段組みの詳細設定」を選択して表示されるダイアログボックスで設定する（**図6**）。

段組みで長文を読みやすく

1段組み

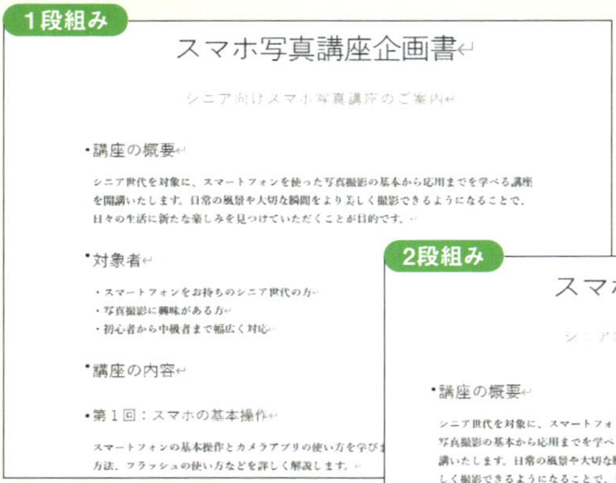

スマホ写真講座企画書

シニア向けスマホ写真講座のご案内

・講座の概要

シニア世代を対象に、スマートフォンを使った写真撮影の基本から応用までを学べる講座を開講いたします。日常の風景や大切な瞬間をより美しく撮影できるようになることで、日々の生活に新たな楽しみを見つけていただくことが目的です。

・対象者

・スマートフォンをお持ちのシニア世代の方
・写真撮影に興味がある方
・初心者から中級者まで幅広く対応

・講座の内容

・第１回：スマホの基本操作

スマートフォンの基本操作とカメラアプリの使い方を学び
方法、フラッシュの使い方などを詳しく解説します。

図1　文字が主体のビジネス文書では、左右に長い文章は目で追いづらい

2段組み

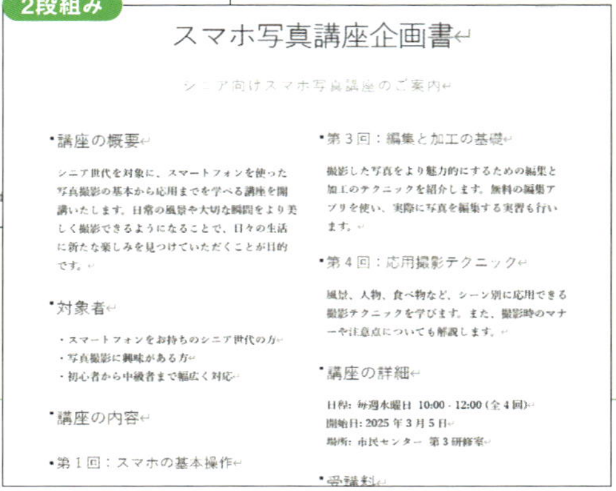

スマホ写真講座企画書

シニア向けスマホ写真講座のご案内

・講座の概要

シニア世代を対象に、スマートフォンを使った写真撮影の基本から応用までを学べる講座を開講いたします。日常の風景や大切な瞬間をより美しく撮影できるようになることで、日々の生活に新たな楽しみを見つけていただくことが目的です。

・対象者

・スマートフォンをお持ちのシニア世代の方
・写真撮影に興味がある方
・初心者から中級者まで幅広く対応

・講座の内容

・第１回：スマホの基本操作

・第３回：編集と加工の基礎

撮影した写真をより魅力的にするための編集と加工のテクニックを紹介します。無料の編集アプリを使い、実際に写真を編集する実習も行います。

・第４回：応用撮影テクニック

風景、人物、食べ物など、シーン別に応用できる撮影テクニックを学びます。また、撮影時のマナーや注意点についても解説します。

・講座の詳細

日程: 毎週水曜日 10:00 - 12:00（全４回）
開始日: 2025 年 3 月 5 日
場所: 市民センター 第３研修室

・受講料

図2　段組みにすることで、1行の文字数が減り可読性が上がる。段間に空間ができるのも見やすくなるポイントだ

文書全体を2段組みにする

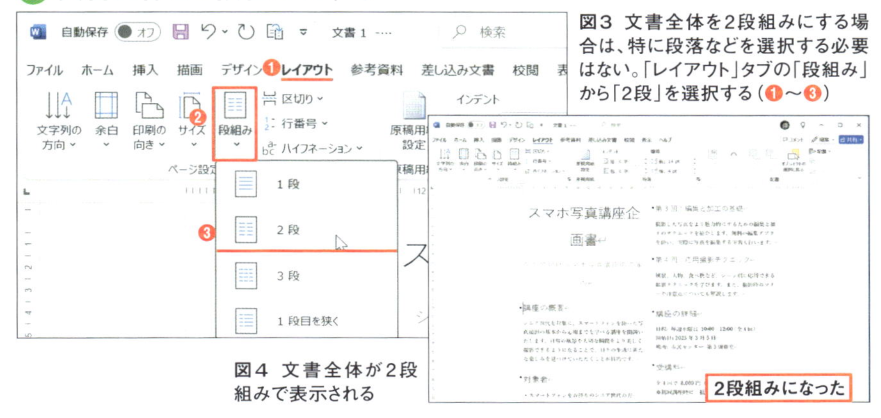

図3 文書全体を2段組みにする場合は、特に段落などを選択する必要はない。「レイアウト」タブの「段組み」から「2段」を選択する（❶〜❸）

図4 文書全体が2段組みで表示される

一部の段落を2段組みにする

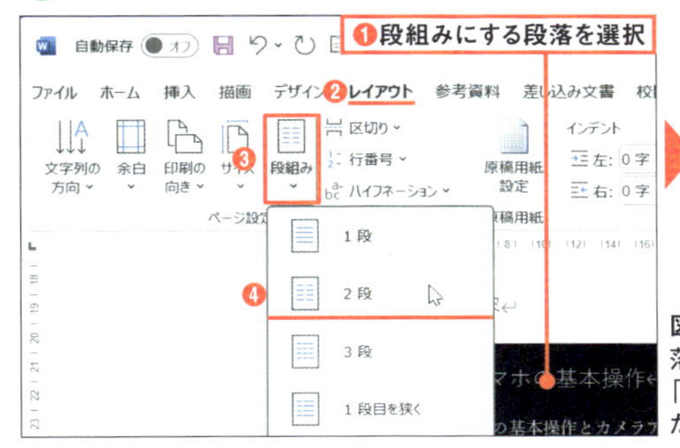

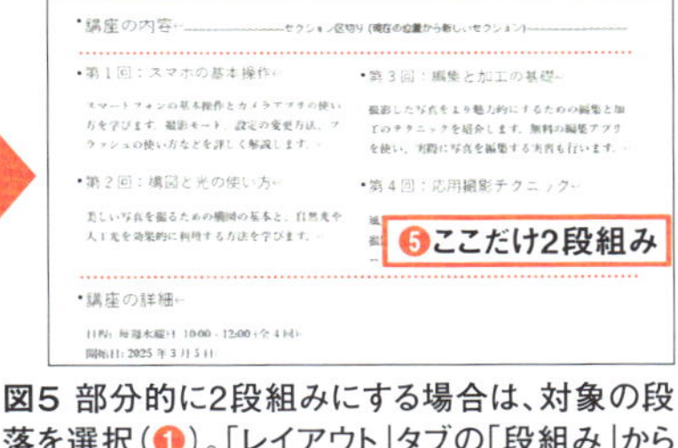

図5 部分的に2段組みにする場合は、対象の段落を選択（❶）。「レイアウト」タブの「段組み」から「2段」を選択する（❷〜❹）。選択していた段落だけが、2段組みになる（❺）

文書の途中から段組みを変える

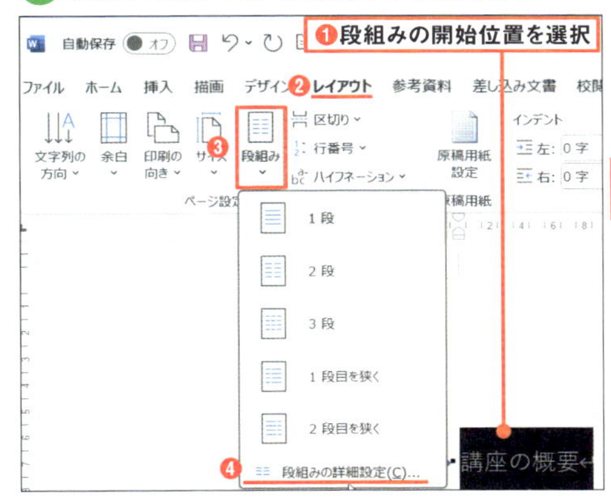

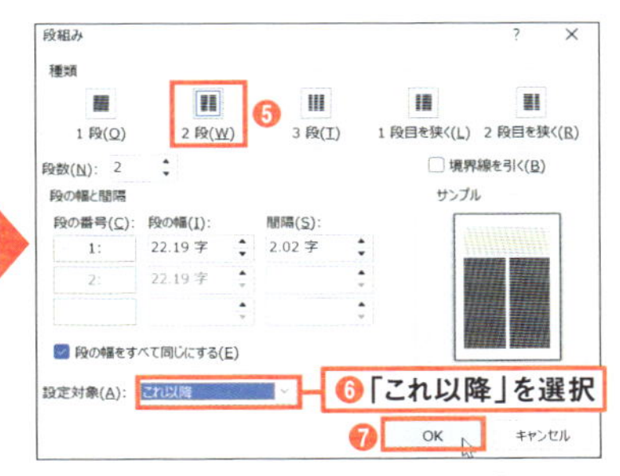

図6 段組みを変更する位置を選択し、「レイアウト」タブの「段組み」から「段組みの詳細設定」を選ぶ（❶〜❹）。段組みを選択し、「設定対象」を「これ以降」にして「OK」を押す（❺〜❼）

Word

Section 08

3分時短

罫線と背景色で際立つ見出しを簡単作成

通常のビジネス文書であれば色付けや飾りは不要だが、プレゼン時の企画書のように見た目が重要な文書もある。気の利いたタイトルデザインくらいは、パパッと作れるようにしておきたい。そこで役立つのが罫線機能だ。

見出しに線を引くとき、フォントの下線機能を使うと文字と線がくっついて見栄えが悪い（**図1**）。かといって図形の四角形を重ねると、ピタリと揃えるのが難しく、修正時にズレたりもする。罫線機能なら上下左右の好きな位置に罫線を引き、背景色も付けられる（**図2、図3**）。段落スタイルや書式のコピーにも対応しているので、繰り返し出てくる見出しでも安心して指定できる。

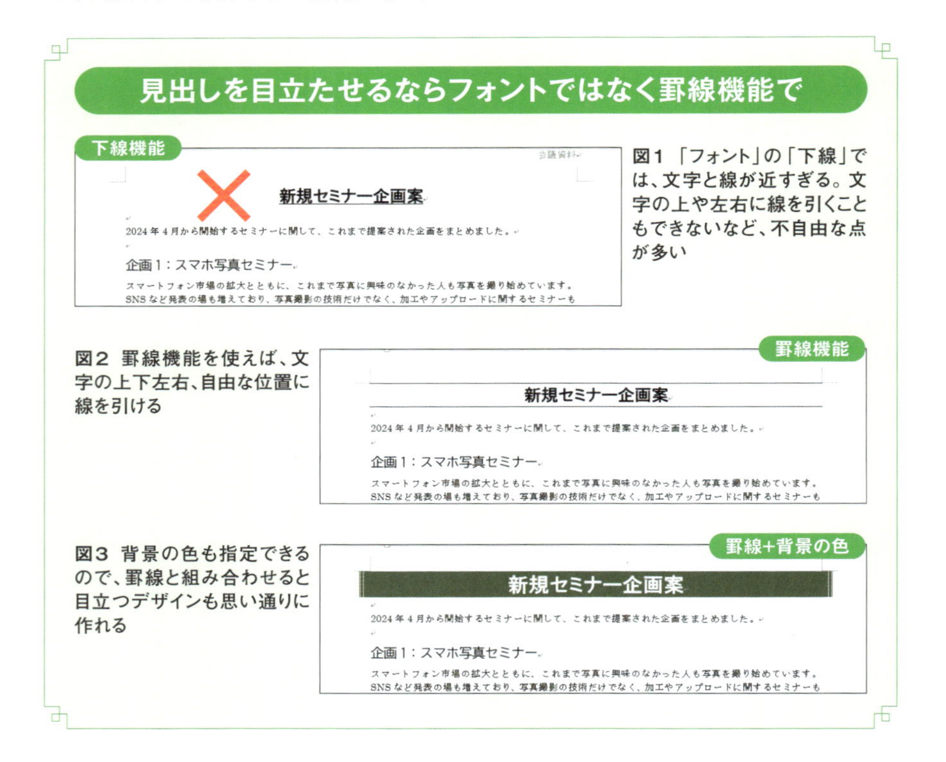

図1 「フォント」の「下線」では、文字と線が近すぎる。文字の上や左右に線を引くこともできないなど、不自由な点が多い

図2 罫線機能を使えば、文字の上下左右、自由な位置に線を引ける

図3 背景の色も指定できるので、罫線と組み合わせると目立つデザインも思い通りに作れる

設定する際は、段落記号まで含めて段落全体を選択するのがコツだ（**図4**）。文字単位で選択すると、文字を囲む罫線になってしまう。「罫線」で「下罫線」を指定すると、文字から少し離れた下側に、左右の余白まで罫線を引くことができる。「上罫線」も同様に指定できるので、手軽に目立つタイトルを作れる。文字列が上下の罫線のどちらかに寄ってしまう場合は、段落設定で「1ページの行数を指定時に文字を行グリッド線に合わせる」をオフにしてみよう（14ページ）。

段落全体に下の罫線を指定すると、左右の余白までの罫線になる。長すぎる場合は、インデント機能で余白を広げることで罫線を短くすることもできる（**図5**）。

段落の下に罫線を引く

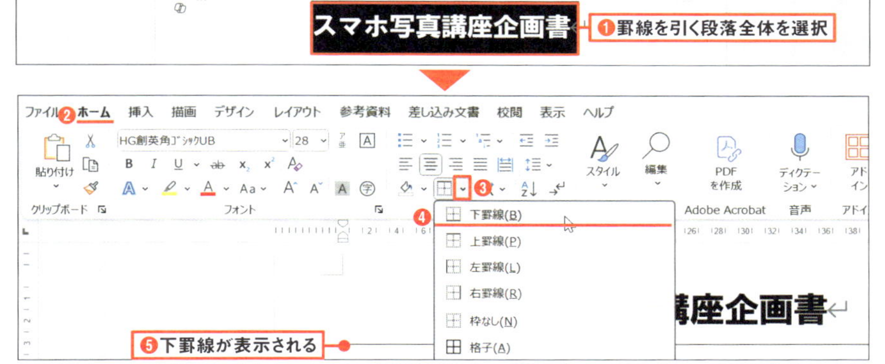

図4 設定したい段落の左余白をクリックし、全体を選択する（❶）。「ホーム」タブにある「罫線」ボタン右の「∨」から付けたい線を選ぶ（❷～❹）。この例では「下罫線」を選んだ（❺）

インデントで罫線の長さをコントロール

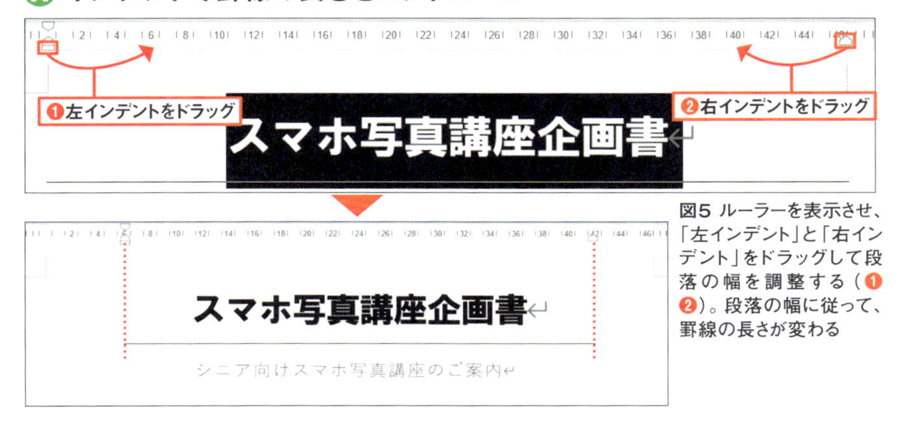

図5 ルーラーを表示させ、「左インデント」と「右インデント」をドラッグして段落の幅を調整する（❶❷）。段落の幅に従って、罫線の長さが変わる

複数段落を罫線でまとめる

サブタイトルやリードが付く場合、上下の罫線を付けるとタイトルとのまとまりが出る。黒い細枠では味気ないので、太めの青いラインを上下に設定してみよう。

線の種類を指定する場合は、「罫線」ボタンで「線種とページ罫線と網かけの設定」ダイアログボックスを表示する（**図6**）。上下だけに罫線を引くには、「種類」で「指定」を選択し、線の種類、色、太さを指定する（**図7**）。「プレビュー」にあるボタンで上下の罫線だけを指定すれば設定完了だ。

W 色付きの罫線や太い罫線を指定

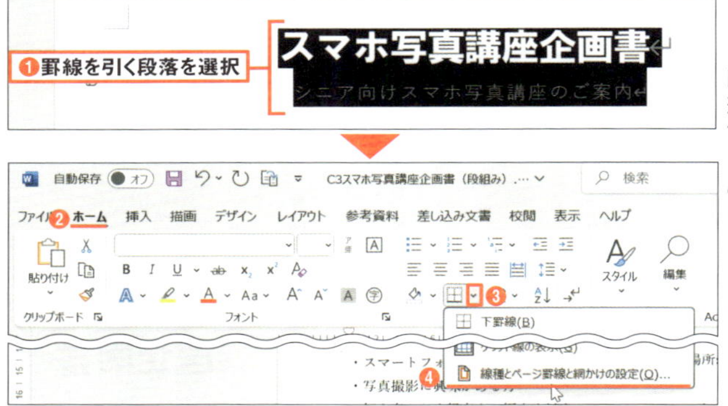

図6 罫線を設定する段落を選択する（❶）。「ホーム」タブにある「罫線」ボタン右の「∨」から「線種とページ罫線と網かけの設定」を選択する（❷～❹）

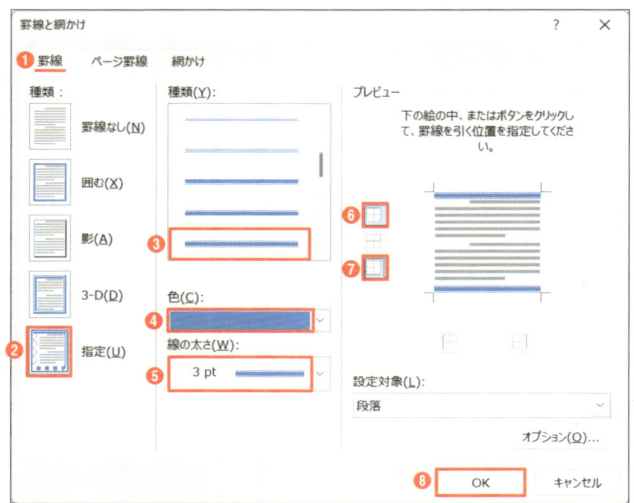

図7 「罫線」タブで「指定」を選択（❶❷）。「種類」「色」「線の太さ」を指定する（❸～❺）。「プレビュー」の「上罫線」と「下罫線」をクリックして「OK」ボタンを押す（❻～❽）

背景色と罫線で目立つタイトルに

文字列に背景色を付けるには、罫線機能で「網かけ」(塗り色)を指定する。罫線や文字色と組み合わせれば、凝ったタイトルも作れそうだ。「線種とページ罫線と網かけの設定」ダイアログボックスで「網かけ」タブを選び、背景色を指定する(**図8**)。

ただし、設定した罫線によっては、罫線と文字列との間隔が気になったり、罫線が左右の余白にはみ出したりすることがある。そんなときは、罫線の設定画面で「オプション」を選び、「文字列との間隔」で調整するとよい(**図9**)。

段落に背景色を設定

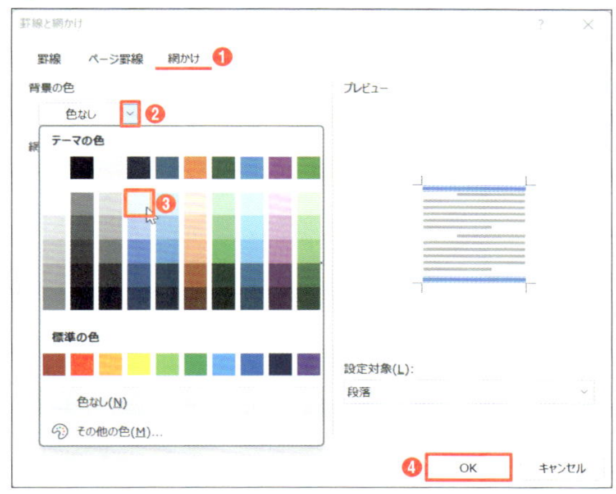

図8 背景色を指定する場合は、図7の画面で「網かけ」タブを選択(❶)。「背景の色」を指定する(❷❸)。「OK」ボタンをクリックする(❹)。この例では、文字と罫線の間隔が狭いので調整したい

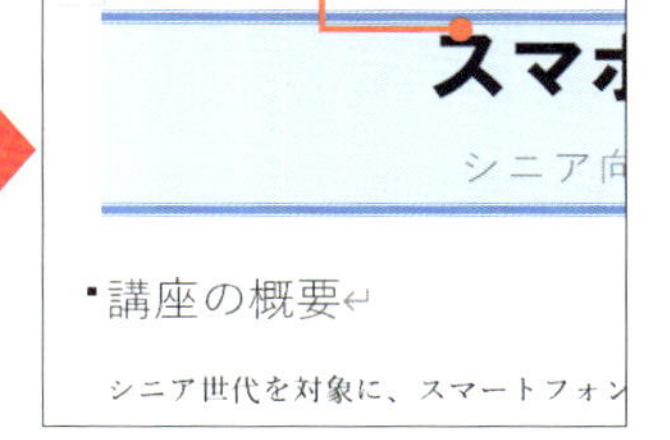

罫線と文字の間隔を調整

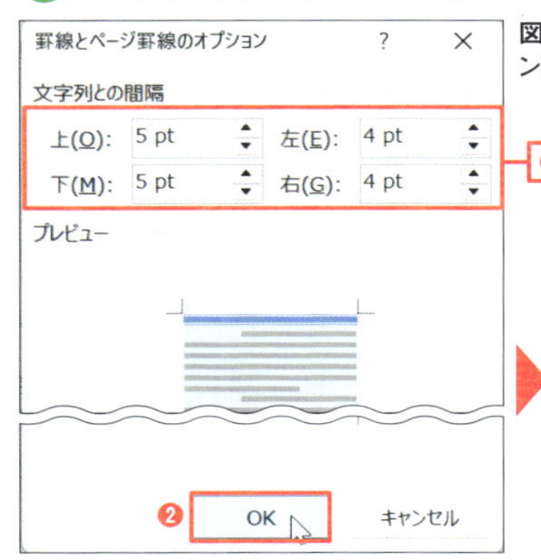

図9 図7の画面で「オプション」をクリック。表示されるオプション設定画面で「文字列との間隔」を調整する(❶❷)

❶プレビューを見ながら間隔を指定する

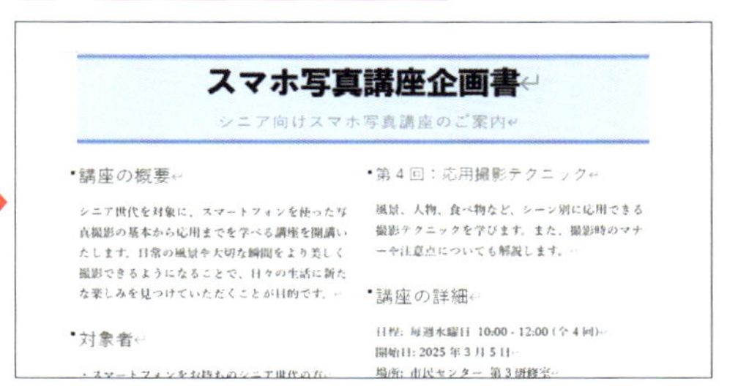

Word

Section 09

縦横混在もコラム作りもテキストボックスで解決

1つの文書の中で縦書きと横書きを混在させたり、本文から独立したコラムを作ったりするとき、役に立つのがテキストボックスだ。テキストボックスは文字を入力できる特殊な枠で、文書内の好きな場所に配置できる。縦書き用と横書き用があり、色やサイズも指定できるので、変則的なレイアウトも簡単に作れる（**図1、図2**）。

横書きのコラムなら、「挿入」タブの「図形」から「テキストボックス」（横書き用）を選択し、ドラッグで位置を指定する（**図3**）。ボックス内にカーソルが表示されるので、そのまま文字を入力すればよい。中の文字列に合わせてテキストボックスの大きさを調整するには、上下左右と四隅にあるハンドル（小さい円）をドラッグする。

初期設定では、黒枠の四角形になっているので、「図形のスタイル」から目的に応じた色や枠線を指定する（**図4**）。本文とコラムが重なっている場合は、「レイアウトオプション」を使ってテキストボックスの周囲に本文を回り込ませる（**図5**）。

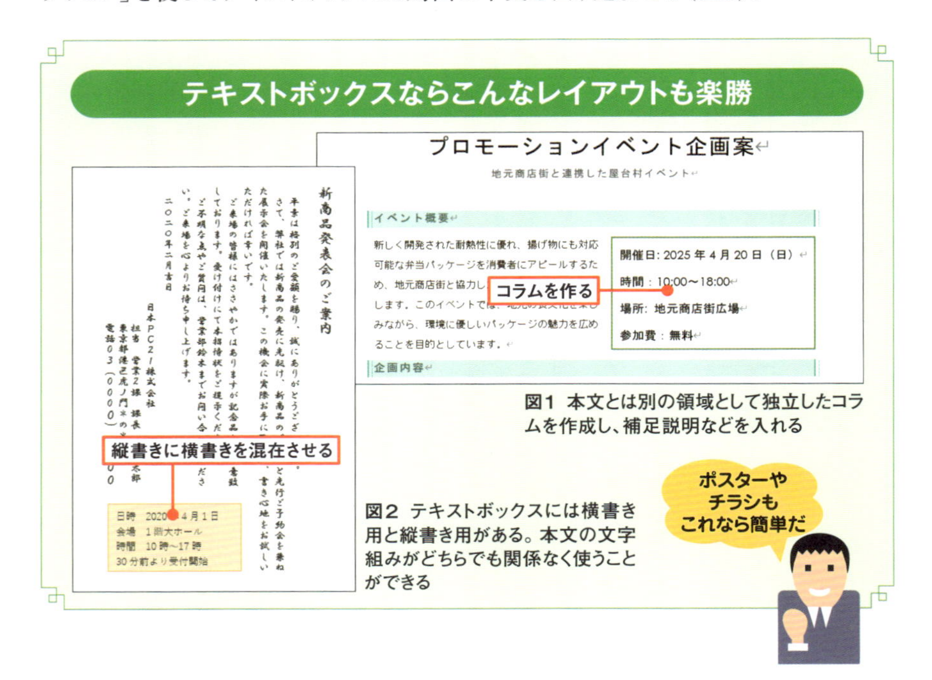

図1 本文とは別の領域として独立したコラムを作成し、補足説明などを入れる

図2 テキストボックスには横書き用と縦書き用がある。本文の文字組みがどちらでも関係なく使うことができる

新しいテキストボックスを作成

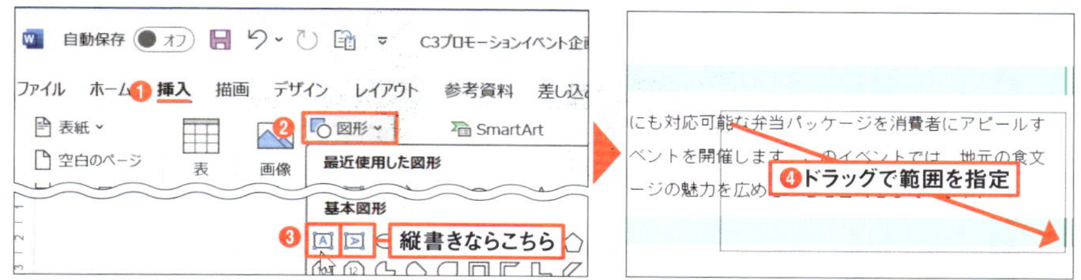

図3 「挿入」タブの「図形」から「テキストボックス」を選択（❶～❸）。コラムを作りたい位置をドラッグで指定し（❹）、ボックスができたら文字を入力して文字列に合わせてボックスの大きさを調整する

テキストボックスの枠線と塗り色を設定

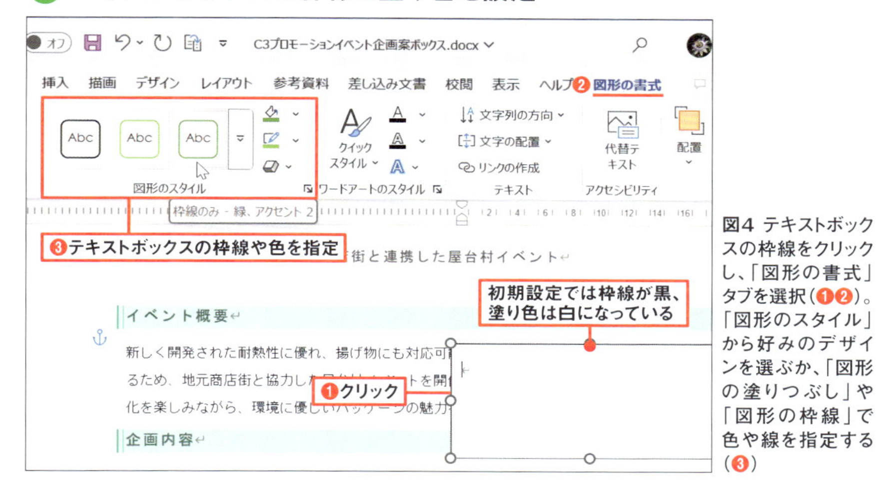

図4 テキストボックスの枠線をクリックし、「図形の書式」タブを選択（❶❷）。「図形のスタイル」から好みのデザインを選ぶか、「図形の塗りつぶし」や「図形の枠線」で色や線を指定する（❸）

本文をテキストボックスの周囲に回り込ませる

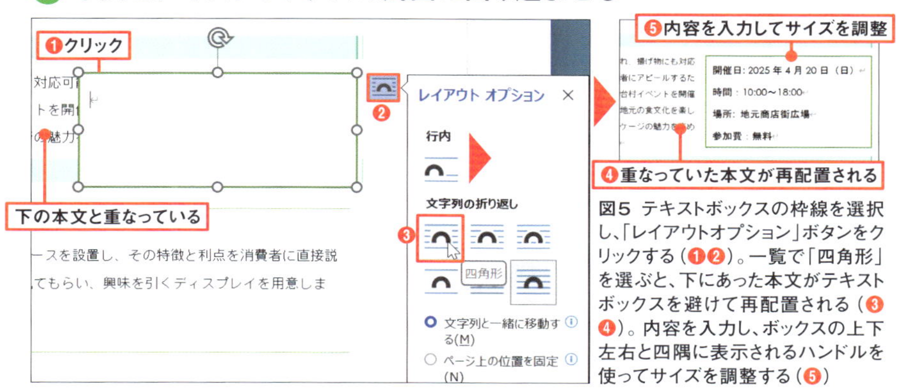

図5 テキストボックスの枠線を選択し、「レイアウトオプション」ボタンをクリックする（❶❷）。一覧で「四角形」を選ぶと、下にあった本文がテキストボックスを避けて再配置される（❸❹）。内容を入力し、ボックスの上下左右と四隅に表示されるハンドルを使ってサイズを調整する（❺）

Word

Section 10

中央揃え、右揃えはダブルクリックで切り替え

Wordの基本は「左揃え」だが、見出しは中央揃え、日付は右揃えにするのがビジネス文書の基本だ。行揃えが変わるたびに「中央揃え」や「右揃え」のボタンを押す手間を省くのが、「クリック・アンド・タイプ」だ。

右揃えで入力したいなら、行の右端付近にマウスポインターを合わせ、ポインターに右揃えのマークが表示されたところでダブルクリックする（**図1**）。これでカーソルが右端に移動するので、そのまま入力すればよい。

クリック・アンド・タイプは、カーソルを左右に移動するだけではない。「2〜3行空けて入力したい」といった場合は、「この辺かな」と思うあたりでダブルクリックしてみよう（**図2**）。すると、その位置にカーソルが移動する。

右揃えにするなら右端でダブルクリック

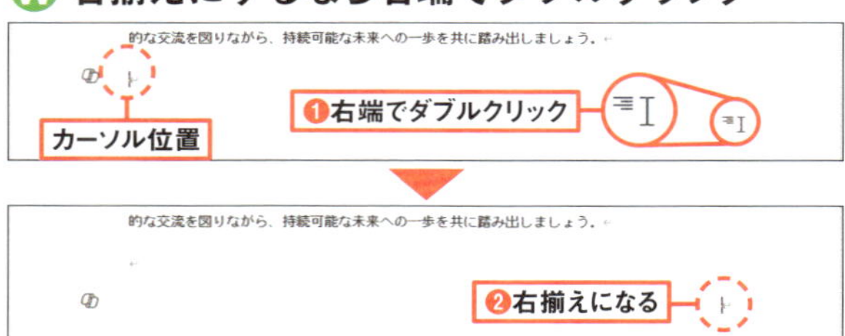

図1 新規文書は「左揃え」が基本だ。右揃えにするなら、右端にマウスポインターを合わせる。カーソルに「右揃え」のマークが出た位置でダブルクリックすると右揃えで入力できる（❶❷）

タイトルは少し下に中央揃え

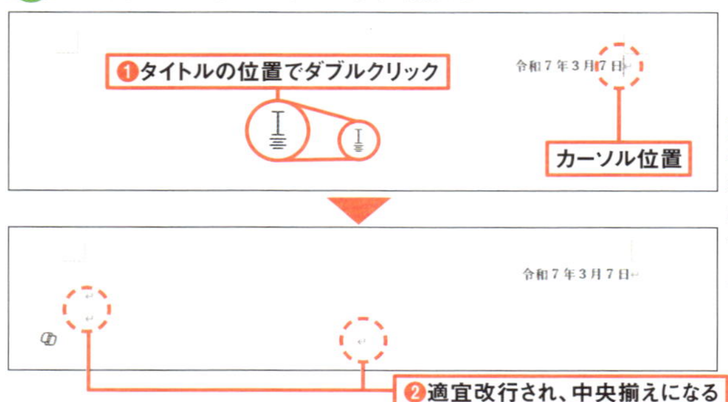

図2 中央揃えのタイトルを入力する。日付とは少し空けたいので、2行くらい下の中央部分をダブルクリック（❶）。するとその位置にカーソルが置かれ、間には空白行が挿入される（❷）

Word

第4章

タイプ練習いらずの入力時短術

文字入力のスピードをアップするには、タイピングを練習するしかない、などと思っているなら大きな勘違いだ。Wordや日本語入力ソフトの機能をうまく活用すれば、文字の入力は格段に速くなる。ここでは、入力に関する時短テクニックをまとめて紹介していこう。

- 定型文は登録して簡単入力
- 予測入力の使いこなしが効率化のカギ
- 変換を楽にするキー操作
- 検索と置換を活用して一括修正　ほか

Word

Section 01

5分 時短

単語だけじゃない 長文も単語登録で簡単入力

ビジネス文書ではよく使う言い回しがある。頻繁に入力する言葉は、「IME」(日本語入力ソフト)の辞書に登録することで、入力時に変換候補として表示されるようになる(**図1**)。通常のかな漢字変換と同じ操作で入力でき、Word以外のソフトでも利用できるので時短に効果的だ。

Windows標準の「Microsoft IME」では、「単語の登録」機能でユーザー辞書に登録できる。「単語の登録」という名称ではあるが、単語だけでなく60文字以内なら文章も登録可能。句読点が入っても問題ないので、定型文の登録にはもってこいだ。ただし、60文字を超える文字列や書式などを含む場合はこの機能では登録できないので、Wordの「クイックパーツ」(112ページ)を使うとよいだろう。

登録は、タスクバーの通知領域にあるIMEの入力モードボタンから始める(**図2**)。Microsoft IMEの入力モードボタンから「単語の追加」を選ぶと「単語の登録」画面が開くので、「単語」欄に登録する文字列を入力する(**図3**)。

「よみ」は通常、漢字の読み仮名だが、定型文の場合は呼び出すためのキーワード。「よみ」の文字数が多いと入力時に手間取るので、2〜3文字が最適。「ほn」のよ

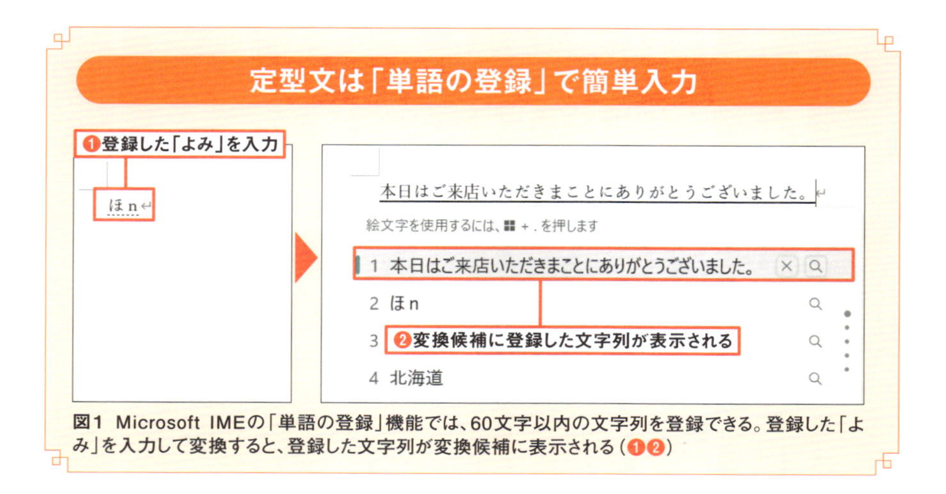

図1 Microsoft IMEの「単語の登録」機能では、60文字以内の文字列を登録できる。登録した「よみ」を入力して変換すると、登録した文字列が変換候補に表示される(❶❷)

うにアルファベットを含めると、ほかのよみがなとかぶらず、一発で変換しやすい。

文章を登録する場合、「品詞」には「短縮よみ」を選択する。例えば、「見積書をお送りいたします。」を「みつ」という読み仮名で登録した場合、品詞が「短縮よみ」であれば、「みつを」と入力した場合の変換候補には表示されない。しかし、品詞を「人名」にすると、「見積書をお送りいたします。を」といった妙な候補が表示され、余計な手間がかかる。正しい品詞で登録しておこう。

Ⓦ IMEの単語登録で定型文を登録

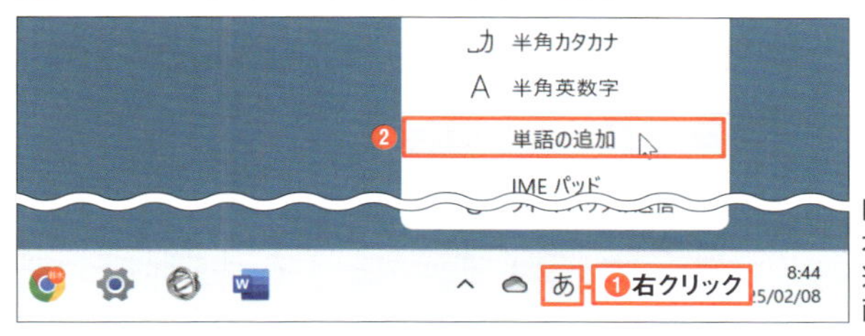

図2 IMEの入力モードボタンを右クリックして「単語の追加」を選択すると、単語登録の設定画面が開く(❶❷)

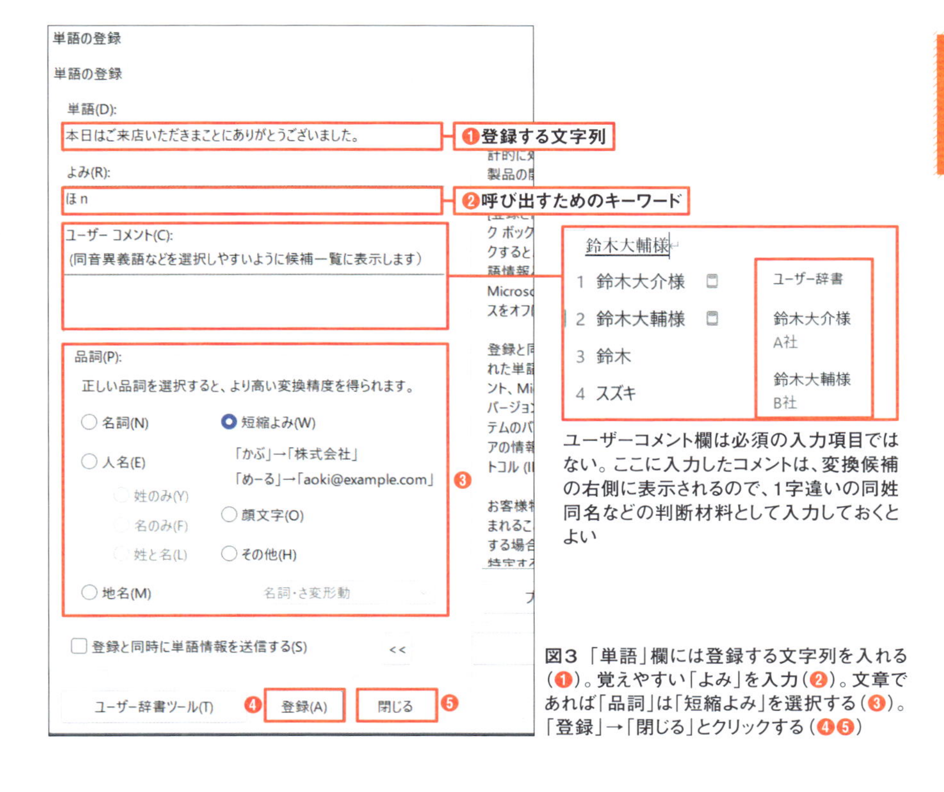

ユーザーコメント欄は必須の入力項目ではない。ここに入力したコメントは、変換候補の右側に表示されるので、1字違いの同姓同名などの判断材料として入力しておくとよい

図3 「単語」欄には登録する文字列を入れる(❶)。覚えやすい「よみ」を入力(❷)。文章であれば「品詞」は「短縮よみ」を選択する(❸)。「登録」→「閉じる」とクリックする(❹❺)

Word

Section 02

現在の日付や時刻は自動入力で手間いらず

送り状や申請書のように、日付などを書き換えて繰り返し使用する文書がある。正確な作成日時を印刷することが重要な文書では、文書を開いた日付や時刻が自動的に入力されるようにすると手間を省ける（**図1**）。Wordでは、現在の日付や時刻を「日付と時刻」ダイアログボックスから簡単に入力できる。自動更新を選ぶと文書を開くたびに書き換わるので、作成したらすぐ印刷やPDF出力を行う（**図2〜図4**）。時刻の入力は、図3の画面で「グレゴリオ暦」を選択するのがポイントだ。

自動で書き換わる必要がないなら、「予測入力」（次項参照）を使って日時を入力しよう。「きょう」で日付、「いま」で現在時刻を入力できる（**図5**）。

自動更新で毎回正確な日時を入力

申請者の面接メモ·フォーム

面接の詳細			
日付:	令和7年1月11日(土)	時刻:	午前10時05分
面接官の名前:	面接官の名前を入力		
応募す…	…入力		
必要なスキル:	必要なスキルを入力		

面接官への質問事項

現在の日付を挿入　現在の時刻を挿入

申請者の面接メモ·フォーム

面接の詳細			
日付:	令和7年2月8日(土)	時刻:	午前8時59分
面接官の名前:	面接官の名前を入力		
応募する職位:	応…		
必要なスキル:	必要なスキルを入力		

面接官への質問事項

文書を開くたびに更新される

図1 申込書や届出書など、日時を書き入れる書類は多い。文書を開いたときに現在の日付が自動表示されるようにしておけば、正確な日時を入力できる

開いた時点で更新される日付・時刻を入力

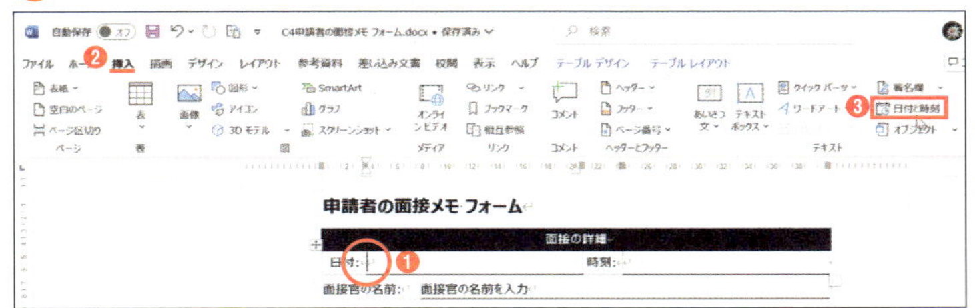

図2 カーソルを入力位置に移動して（❶）、「挿入」タブの「日付と時刻」をクリックする（❷❸）

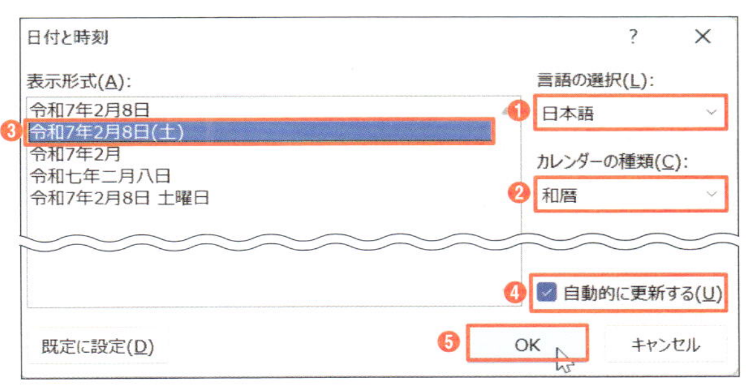

図3 「言語の選択」から「日本語」または「英語（米国）」を選択する（❶）。「日本語」を選んだときは「カレンダーの種類」で「和暦」か「グレゴリオ暦」を選択（❷）。「表示形式」から日付のスタイルを選ぶ（❸）。日時を自動更新したい場合は、「自動的に更新する」にチェックを付ける（❹）。「OK」ボタンをクリックする（❺）。カーソル位置に現在の日付が表示される

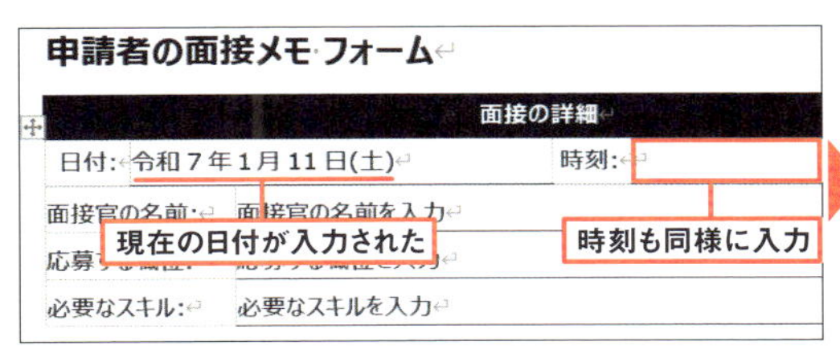

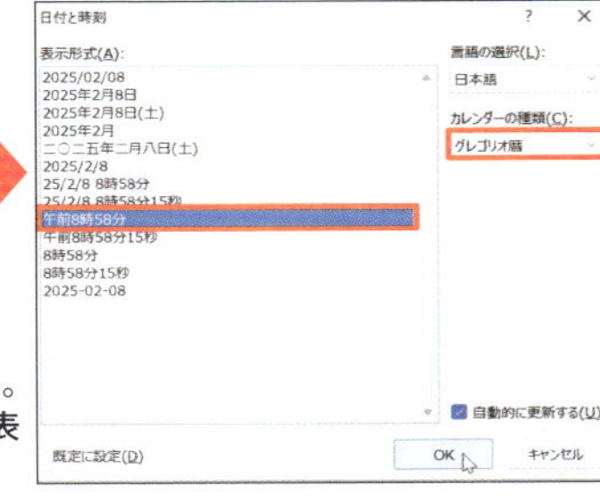

図4 現在の日付が入力されたら、同様の手順で時刻を入力する。「カレンダーの種類」で「グレゴリオ暦」を選択すると、時刻用の表示形式を選べるようになる

日付は「きょう」、時刻は「いま」で入力も可能

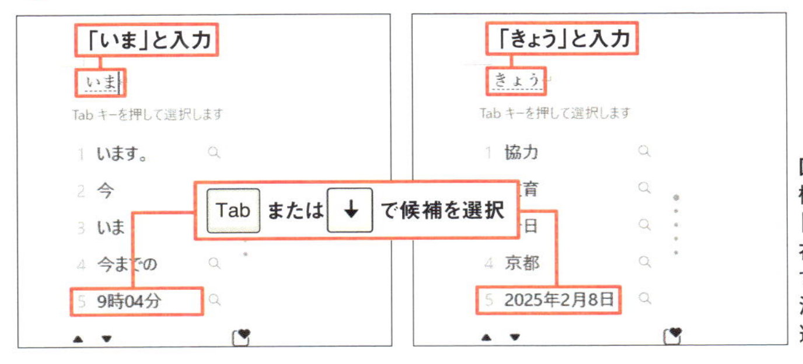

図5 IMEの予測入力機能を使う方法もある。「いま」と入力すれば現在時刻、「きょう」と入力すれば現在の日付が予測入力の変換候補から選べる

Word

Section 03

省エネ入力のポイントは予測入力の使いこなし

5分時短

「あ」と入力するだけで「ありがとうございました」のように「あ」で始まる変換候補が自動表示される「予測入力」は、スマホでおなじみの機能。Windowsの「IME」(日本語入力ソフト)にも搭載されており、1文字でも入力すれば変換候補を表示してくれる(**図1**)。予測候補に目的の文字列がなければそのまま入力を続け、「スペース」キーで変換して通常の変換候補から選択する。

すべての文字を入力する従来の変換と違い、予測入力は少ない文字数で入力できる便利な機能。入力の手間を省きたければ、予測入力と通常の変換をうまく組み合わせるのがポイントだ。

かな漢字変換は予測入力と通常変換の2段構え

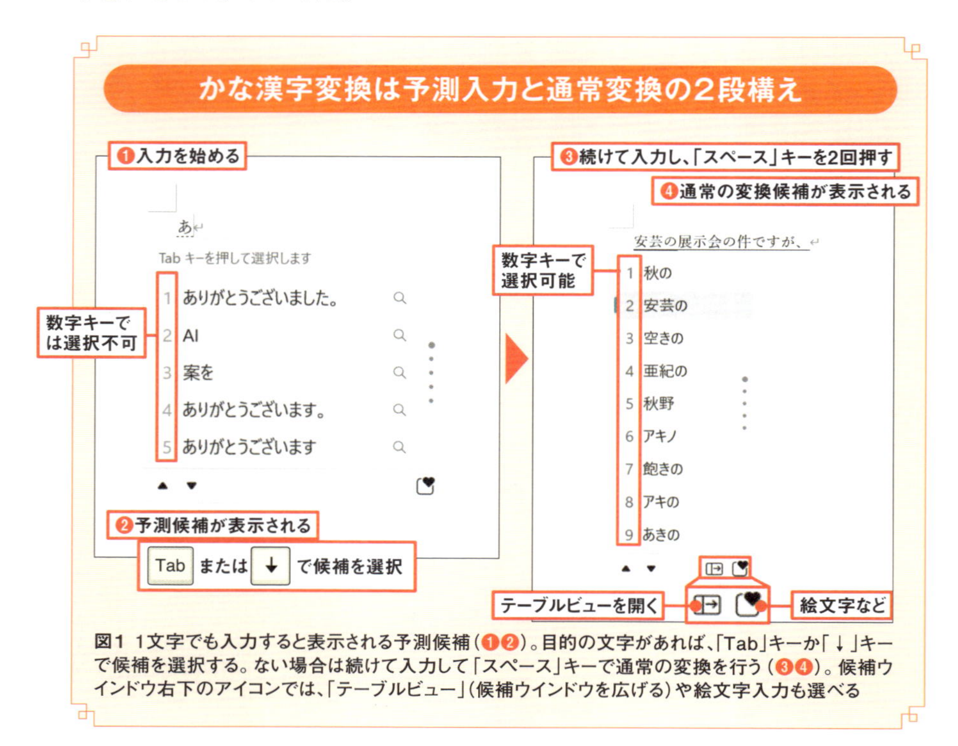

図1 1文字でも入力すると表示される予測候補(❶❷)。目的の文字があれば、「Tab」キーか「↓」キーで候補を選択する。ない場合は続けて入力して「スペース」キーで通常の変換を行う(❸❹)。候補ウインドウ右下のアイコンでは、「テーブルビュー」(候補ウインドウを広げる)や絵文字入力も選べる

文で入力するほど便利になる予測入力

予測入力では入力履歴が優先され、最近入力した文字列ほど上位に表示される。また、単語だけでなく句読点の入った文まで表示される。この2点を考えると、日ごろから文節で区切らず文単位で変換していれば、予測候補に文が表示される確率が高くなる。「い」の1文字で「いつも大変お世話になっております。」に変換できれば、入力の手間はかなり省ける（**図2、図3**）。

予測入力には、通常の変換にはない機能もある。前項でもふれたように「きょう」や「いま」で現在の日時を入力でき、ほかにも「あした」「あさって」「ことし」「きょねん」などで、実際の日や年を入力することができる（**図4**）。

文単位の入力で変わる予測候補

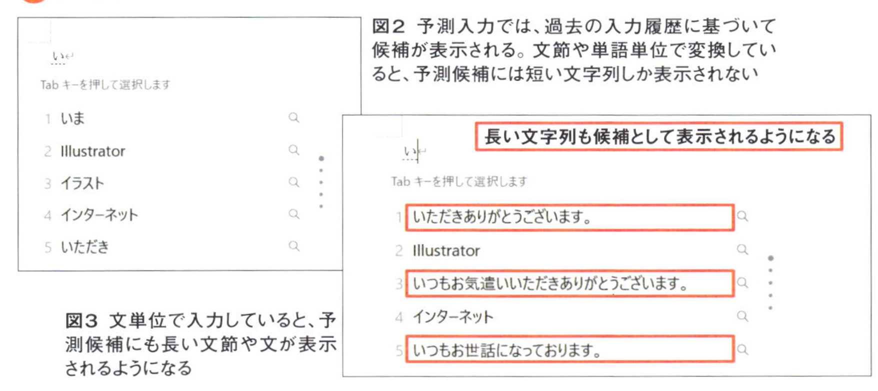

図2 予測入力では、過去の入力履歴に基づいて候補が表示される。文節や単語単位で変換していると、予測候補には短い文字列しか表示されない

図3 文単位で入力していると、予測候補にも長い文節や文が表示されるようになる

予測入力なら日付の入力が簡単

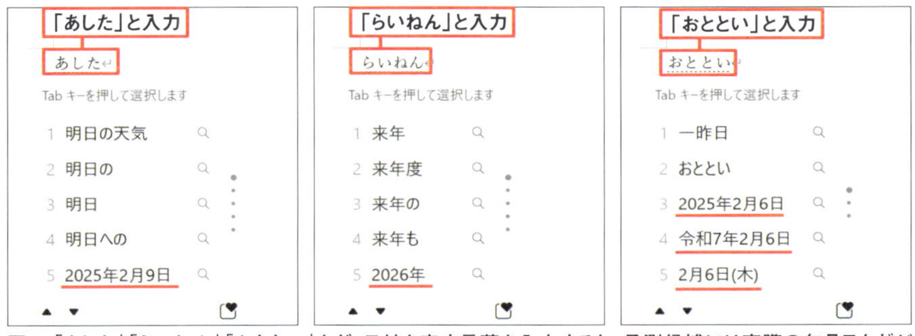

図4 「あした」「らいねん」「おととい」など、日付を表す言葉を入力すると、予測候補には実際の年月日などが表示される。「あさっては何日だっけ？」などと考える必要はない

設定で予測入力をより快適に

便利な予測入力だが、1文字だけで目的の文字列が候補になる確率は高くない。すぐに予測候補が表示されるのをうっとうしいと感じるなら、2〜3文字くらいで表示されるように変更して使ってみよう(**図5、図6**)。時短に効果的な予測入力だが、「通常の変換以外使わない」という場合は、予測入力をオフにすればよい。セキュリティの問題などで入力履歴を残したくない場合は、履歴の使用をオフにして、これまでの入力履歴を消去することもできる(**図7**)。

最新の用語などを入力するなら、「クラウド候補」をオンにすると変換時の候補にマイクロソフトの検索エンジン「Bing」からの予測候補を含められる(**図8**)。

入力履歴から候補が表示される予測入力では、誤変換がそのまま表示されることもある。その候補を選択しなければ自然消滅していくが、ほかの人に見られたくない、表示されると煩わしいと感じるなら、その場で削除すればよい(**図9**)。

W 予測候補が表示されるまでの文字数は2〜3文字が妥当

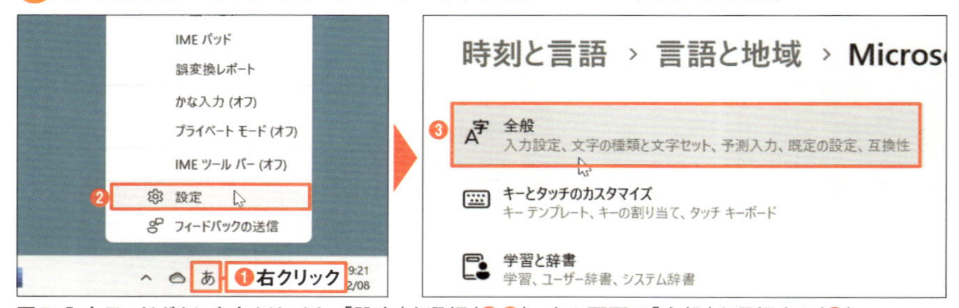

図5 入力モードボタンを右クリックし、「設定」を選択(❶❷)。次の画面で「全般」を選択する(❸)

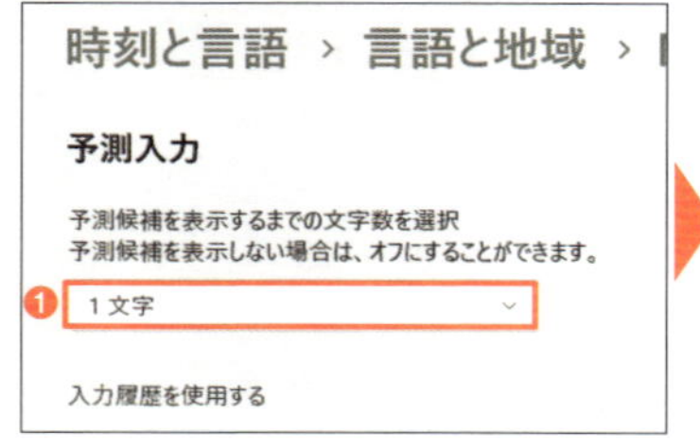

図6 「予測入力」の文字数をクリックし(❶)、予測入力が起動するまでの文字数を変更する(❷)。この画面で「オフ」を選べば、予測入力をオフにできる

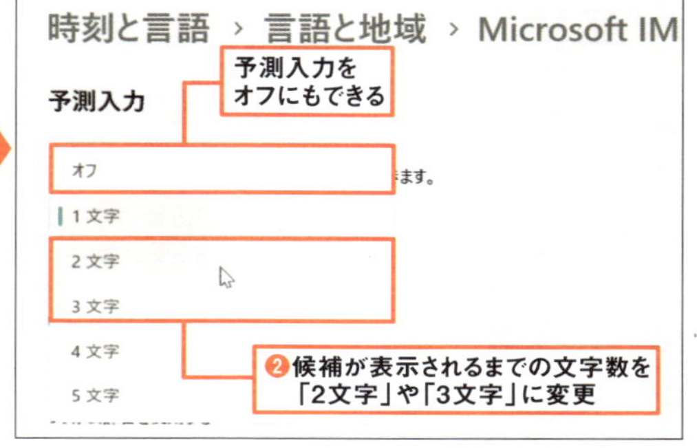

入力履歴を使うかどうかは設定次第

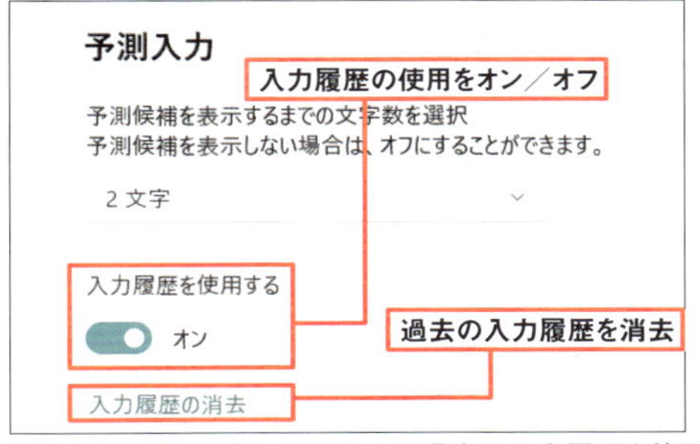

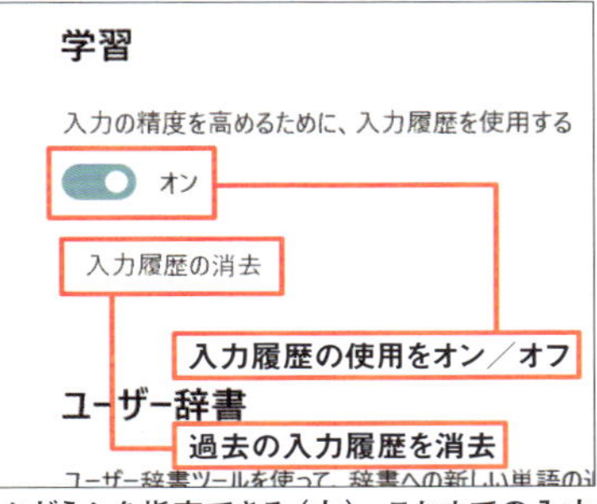

図7 図6の画面では、予測入力に過去の入力履歴を使用するかどうかを指定できる（左）。これまでの入力履歴の消去も可能だ。日本語入力全体の学習機能をオフにするには、図5右の画面で「学習と辞書」を選び、同様にオフにする（右）

最新の用語や名称は「クラウド候補」から

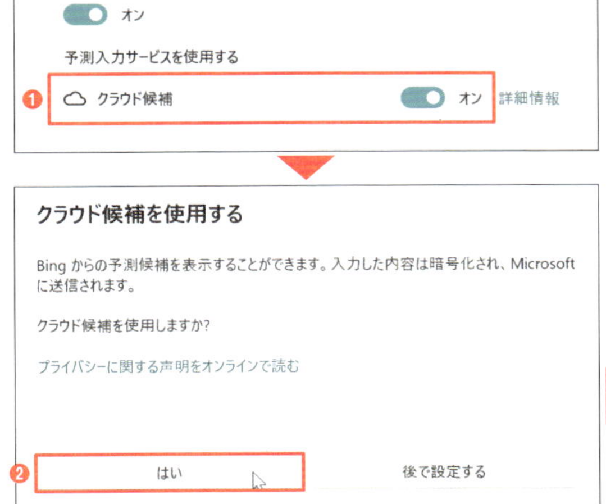

図8 図6の画面で「クラウド候補」をオンにする（❶）。確認画面で「はい」を選択すると（❷）、予測候補にクラウド候補が表示されるようになる。候補の右側に雲のマークが表示されるのがクラウド候補だ

間違った入力履歴を個別に削除

図9 誤変換も変換候補として表示されてしまう。削除したい変換候補を選択して右端の「×」をクリックするか（❶❷）、「Ctrl」+「Delete」キーを押せば削除できる

Word

Section 04

10分 時短

思い付くままに入力するなら音声入力と再変換

読み仮名を入力して変換するのが日本語入力の常識だが、考えることに集中したいときやキーボード操作が苦手な人なら、試してほしいのが音声入力だ。Wordの音声入力機能はかなり優秀で、ビジネス文書に出てくるような文章であれば、かなりの確率で正確に変換できる（**図1**）。パソコンに付属のマイクでも問題ない。アイデアを思い付くままに入力したいときなどに利用するとよさそうだ。

Wordの音声入力機能には、「ディクテーション」と「トランスクリプト」の2種類がある。1人で話す言葉をテキストデータとして入力するなら、ディクテーション機能を使う。トランスクリプトは、話者の識別やタイムスタンプもあり、会議や座談会などで役立つ機能だが、無料で利用できるのは1カ月に5時間という制限がある。

ディクテーション機能を選ぶと、すぐにマイクがオンになる（**図2、図3**）。マイクのオン／オフはいつでも切り替えられる。句読点は自動入力もできるが、ちょっと間を置くと「。」が入力されてしまうので、使い勝手を見て選択しよう。変換ミスした文字列を再変換の機能で修正すれば完了だ（**図4**）。

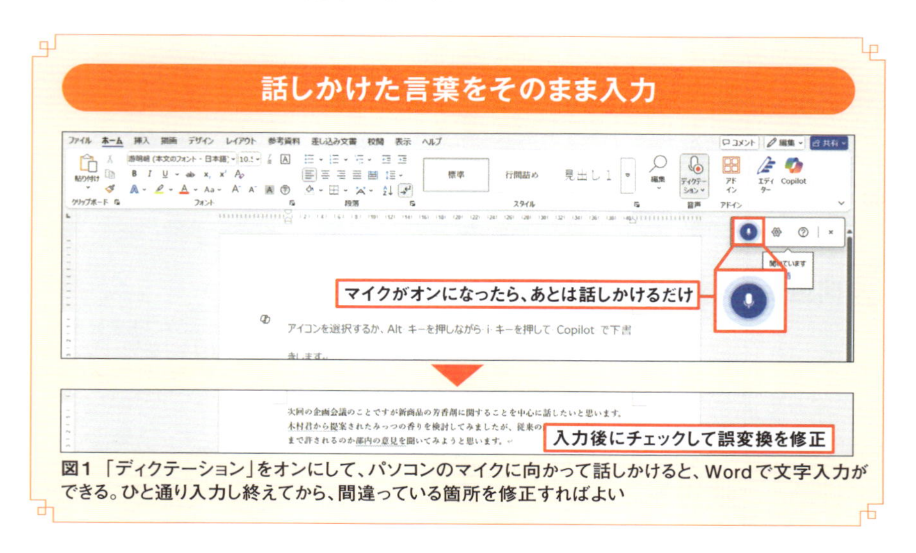

図1 「ディクテーション」をオンにして、パソコンのマイクに向かって話しかけると、Wordで文字入力ができる。ひと通り入力し終えてから、間違っている箇所を修正すればよい

音声入力は「ディクテーション」機能を使う

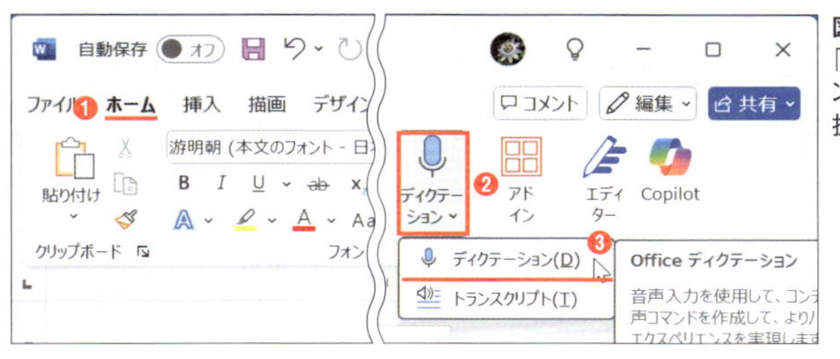

図2 音声入力を始めるには、「ホーム」タブの「ディクテーション」から「ディクテーション」を選択する(❶〜❸)

「。」は「くてん」、「、」は「とうてん」で入力

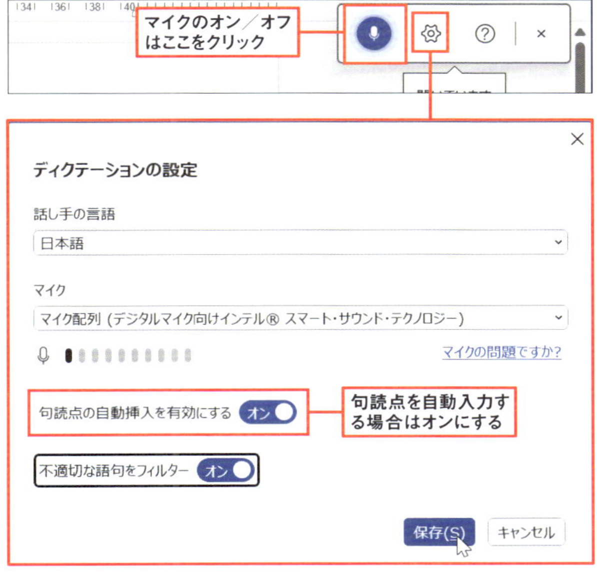

図3 音声入力用のツールバーが表示される。マイクのボタンをクリックすれば、音声入力のオン／オフを切り替えられる。マイクに話しかけると、Wordに入力される。音声入力中でもマウスやキーボードで文字修正は可能だが、一気に入力して後から修正するほうが効率的だ。句読点は音声でも入力できるし、「設定」ボタンから自動入力の設定にもできる

間違った言葉は再入力せず再変換で対応

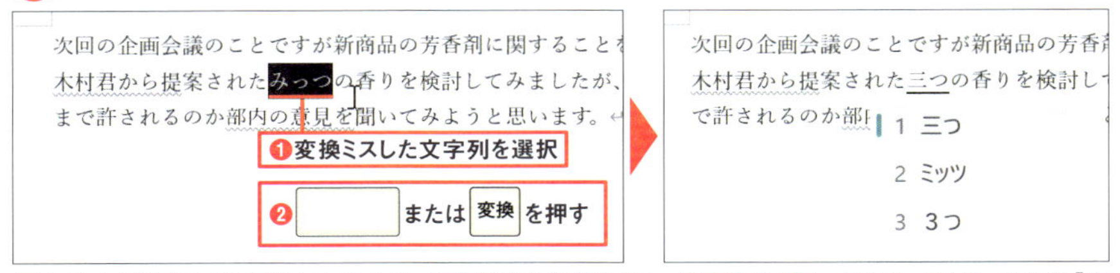

図4 後から変換ミスに気付いた場合は、再変換する範囲をドラッグで選択(❶)。「スペース」キーまたは「変換」キーを押せば再変換が可能だ(❷)

Word

Section 05

3分時短

変換操作は押しやすいキー優先

入力する文字種に応じて日本語入力ソフトのオン／オフを切り替えるときには、「半角／全角」キーを使うのが一般的だ。しかし、ホームポジションに指を置いていて「半角／全角」キーが押しづらいなら、「CapsLock」キーでも切り替えられる（**図1**）。このキーはホームポジションのすぐ横にあり、キーが大きめで押しやすい。また、「カタカナ ひらがな」キーでも日本語入力ソフトをオンにすることはできる。ただし、オフにはできない（**図2**）。使いやすいキーを選ぶのがスピードアップのコツだ。

ひらがなをカタカナや英字などに変換する場合、「スペース」キーを何度も押すより、ショートカットキーを使ったほうが楽。文字種変換のショートカットキーとしては、「F6」～「F10」キーを使う人が多いが、「Fn」キーを押さないとファンクションキーが

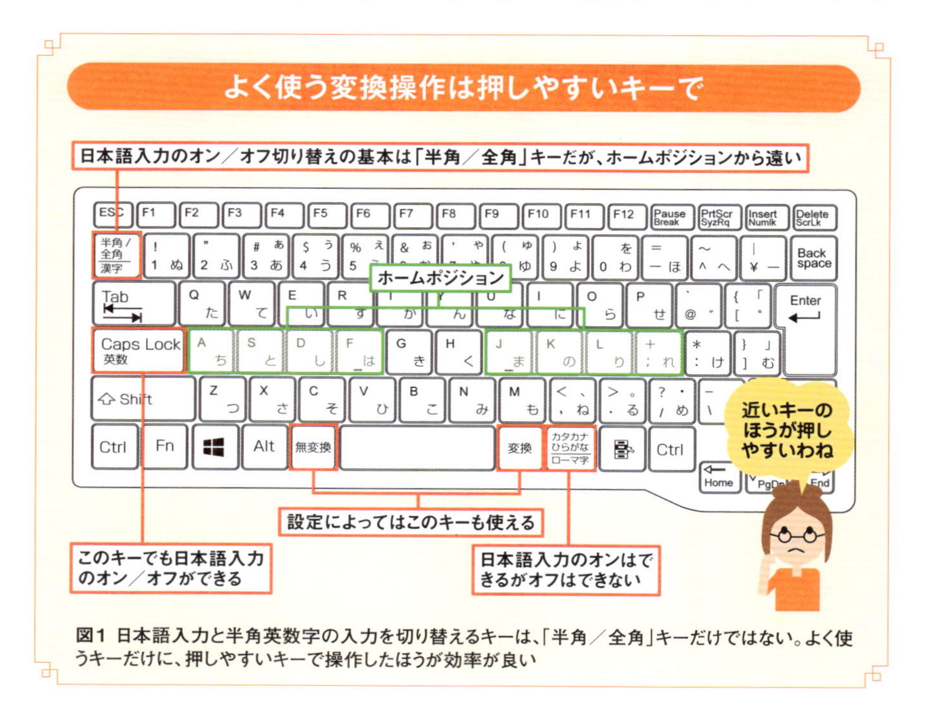

図1 日本語入力と半角英数字の入力を切り替えるキーは、「半角／全角」キーだけではない。よく使うキーだけに、押しやすいキーで操作したほうが効率が良い

機能しない機種もある。「Fn」キーはファンクションキーとかなり離れていて、手元を見ずに両方のキーを押すのは難しい。「Ctrl」キーを使ったショートカットキーもあるので試してみよう(**図3**)。

「スペース」キーの両隣にある「無変換」キーと「変換」キーは、押しやすい場所にありながらあまり使われないキーでもある。「無変換」キーは、ひらがなとカタカナの切り替えに使える(**図4**)。この機能を利用しないなら、「無変換」キーと「変換」キーの設定を変更して、日本語入力のオン／オフ切り替えにも使える(**図5**)。

入力に利用できるキーは複数ある

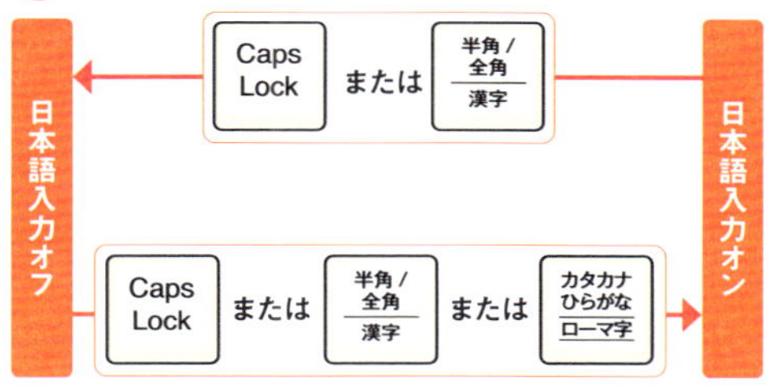

図2 日本語入力のオン／オフは、「半角／全角」キーだけでなく、「CapsLock」キーでも可能。また、オンにするだけなら「カタカナ ひらがな」キーも使える

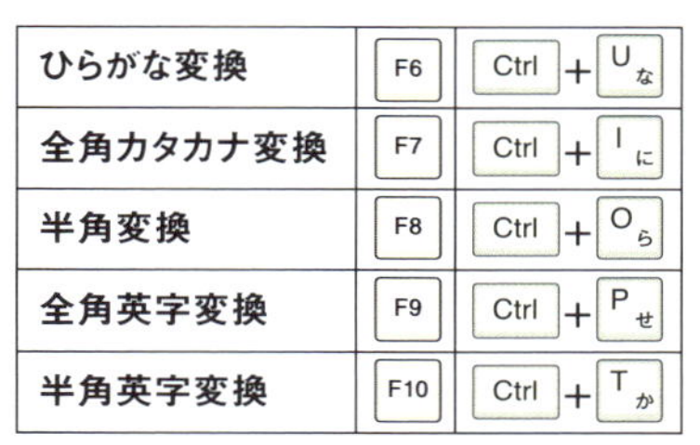

ひらがな変換	F6	Ctrl＋U(な)
全角カタカナ変換	F7	Ctrl＋I(に)
半角変換	F8	Ctrl＋O(ら)
全角英字変換	F9	Ctrl＋P(せ)
半角英字変換	F10	Ctrl＋T(か)

図3 ファンクションキーが押しづらい場合、カタカナや英字への変換は、「Ctrl」キーを使ったショートカットキーでも可能だ

「無変換」キーで入力モードを切り替え

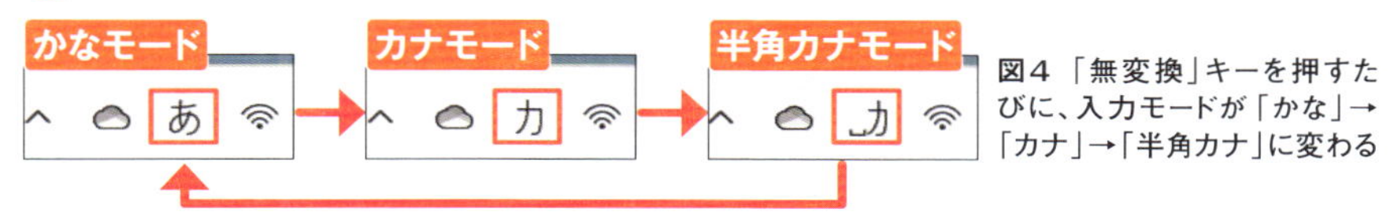

図4 「無変換」キーを押すたびに、入力モードが「かな」→「カナ」→「半角カナ」に変わる

「変換」キーと「無変換」キーでIMEをオン／オフ

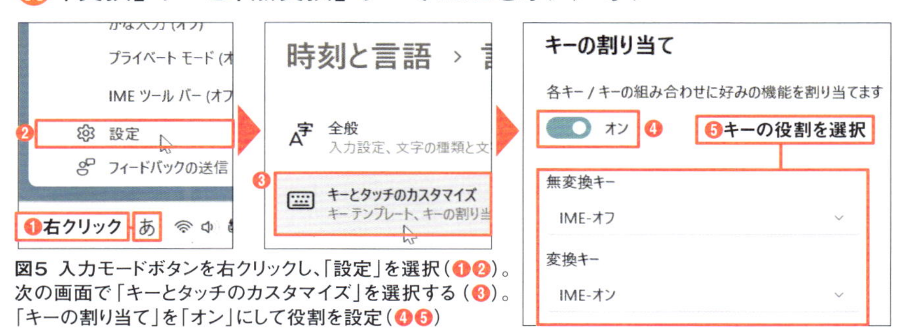

図5 入力モードボタンを右クリックし、「設定」を選択(❶❷)。次の画面で「キーとタッチのカスタマイズ」を選択する(❸)。「キーの割り当て」を「オン」にして役割を設定(❹❺)

Word

Section 06

あいさつ文で悩まない 入力せずに選ぶだけ

3分時短

招待状など、改まった文書に欠かせないのがあいさつ文。季節に応じて気の利いた文面がすぐに浮かべばよいのだが、インターネットで調べたりしているくらいなら、Wordの「あいさつ文」機能に頼るのが賢い方法だ。

「挿入」タブの「あいさつ文」から起動して、文書を発送する月を選べば、適したあいさつ文候補が表示されるので、選ぶだけでよい（**図1、図2**）。

「あいさつ文」では、本題を始めるときの「起こし言葉」と、本文入力後の締めとして入力する「結び言葉」も同様の手順で挿入することができる。

季節のあいさつ文を選ぶだけで入力

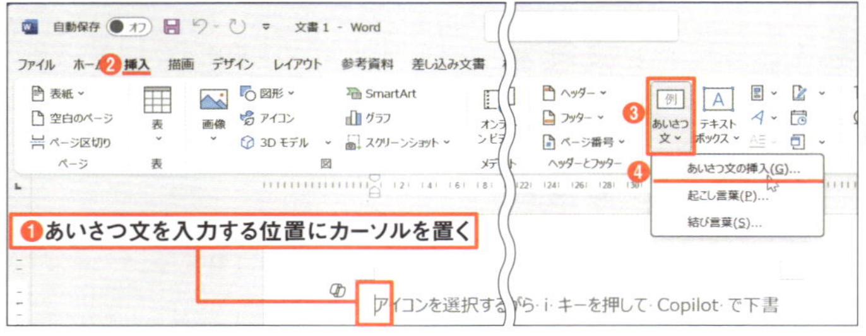

図1 入力する位置を選択し、「挿入」タブの「あいさつ文」から「あいさつ文の挿入」を選択する（❶〜❹）

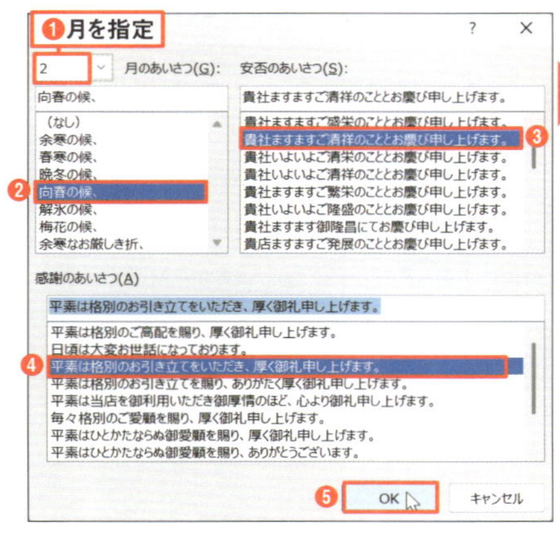

向春の候、貴社ますますご清祥のこととお慶び申し上げます。平素は格別のお引き立てをいただき、厚く御礼申し上げます。

❻指定したあいさつ文が入力できた

図2 文書を作成または送付する月を選択する（❶）。選んだ月に応じたあいさつ文が表示されるので、季節のあいさつ、安否のあいさつ、感謝のあいさつをそれぞれ選択する（❷〜❹）。「OK」ボタンをクリックすると、指定したあいさつ文が入力される（❺❻）

Section 07

よく使う記号はショートカットキーで入力

「〇」や「〒」などの一般的な記号は、「まる」や「ゆうびん」といった読みで変換できる。しかし、使用頻度の少ない記号や読みのわからない記号は、「記号と特殊文字」の一覧から探して選択することになり、入力に手間がかかる（**図1**）。

「この記号はよく使う」と思ったら、入力するだけでなく、ショートカットキーに登録すると、そのキーを押すだけで入力できるようになる（**図2**）。

記号は「単語の登録」で日本語入力ソフトの辞書に登録することもできるので、使用頻度などを考えて使いやすい方法を選ぼう（84ページ）。

ショートカットキーで記号を入力できるようにする

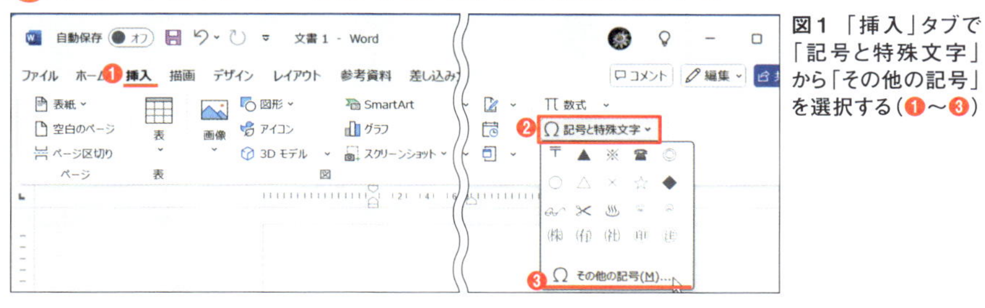

図1　「挿入」タブで「記号と特殊文字」から「その他の記号」を選択する（❶～❸）

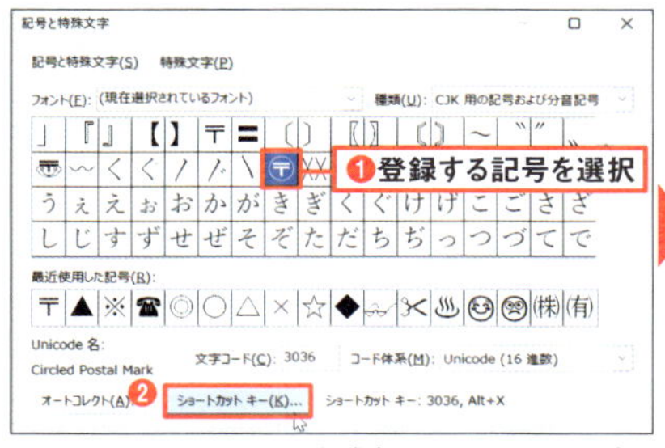

キーボードのユーザー設定
コマンドの指定
分類(C):
記号/文字
コマンド(O):
キー ストロークの指定
現在のキー(U):
割り当てるキーを押してください(N):
Alt+Shift+Y
❸この入力欄を選択後、割り当てるキーを押す
現在の割り当て：［未定義］
保存先(V): Normal.dotm
説明
ANSI 文字 〶 を挿入
割り当て(A)
削除(R)
すべて元に戻す(S)...
閉じる

図2　ショートカットキーを登録したい記号を選択し、「ショートカットキー」をクリックする（❶❷）。「割り当てるキーを押してください」の入力欄を選択して、割り当てるキーを実際に押す（❸）。「割り当て」をクリックし、登録できたら「閉じる」を押す（❹❺）

Word

Section 08

PDFをWord文書に変換 直接開いて再利用

資料の受け渡しなどに「PDF」が使われることがある。メールで受け取ったりWebサイトからダウンロードしたりする資料の多くがPDFファイルだ。紙の書類をスキャンして作成したPDFも少なくない。それらを再利用したいときに、文字列をうまくコピーできなかったり、Wordに貼り付けた後、レイアウトに苦労したりする場合は、WordでPDFを直接開けばよい。すると文字の編集も可能なWordファイルに変換できる（**図1**）。紙をスキャンしたPDFでも、文字認識の処理によりテキスト化される。

PDFファイルは、通常のWordファイルと同様に「ファイル」タブの「開く」で開くことができる（**図2、図3**）。また、エクスプローラーで該当するPDFを右クリックし、「プログラムから開く」からWordを選んでもよい（**図4**）。どちらの方法でも、同じ確認画面が表示され、Wordで開くことができる（**図5**）。

PDFによっては正確に読み込めないこともあるので、必ず内容を確認し、適宜修正を行う。それでもイチから入力するよりずっと速く作業できるはずだ。ただし、著作権などには十分配慮し、必要に応じて出典などを明記するなどしよう。

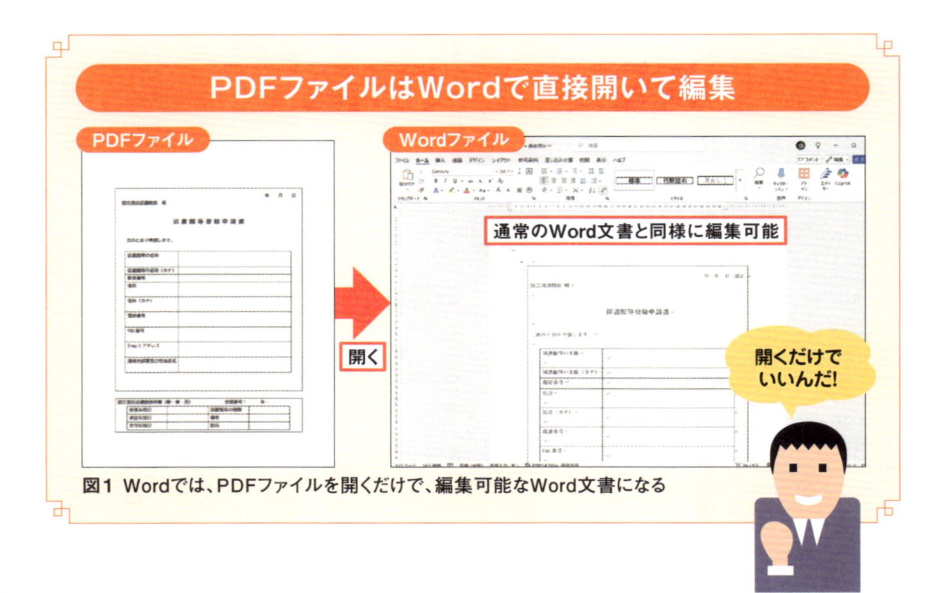

図1 Wordでは、PDFファイルを開くだけで、編集可能なWord文書になる

PDFをWordで開く2つの方法

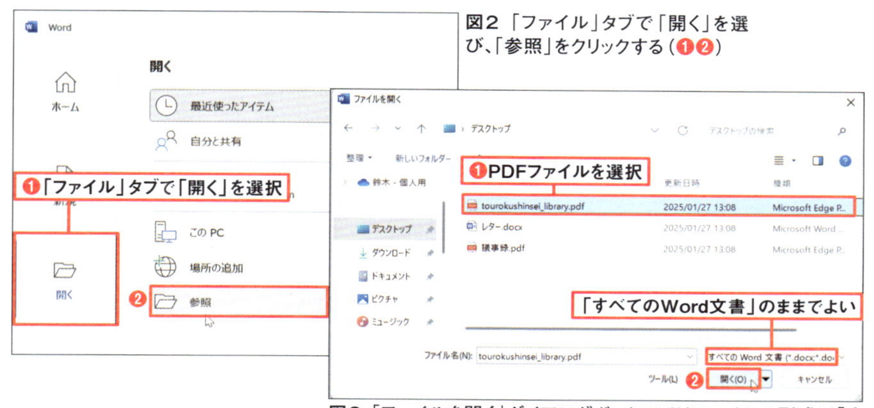

図2 「ファイル」タブで「開く」を選び、「参照」をクリックする（❶❷）

図3 「ファイルを開く」ダイアログボックスではファイルの形式が「すべてのWord文書」となっているが、PDFファイルも表示される。PDFファイルを選択して「開く」をクリックする（❶❷）

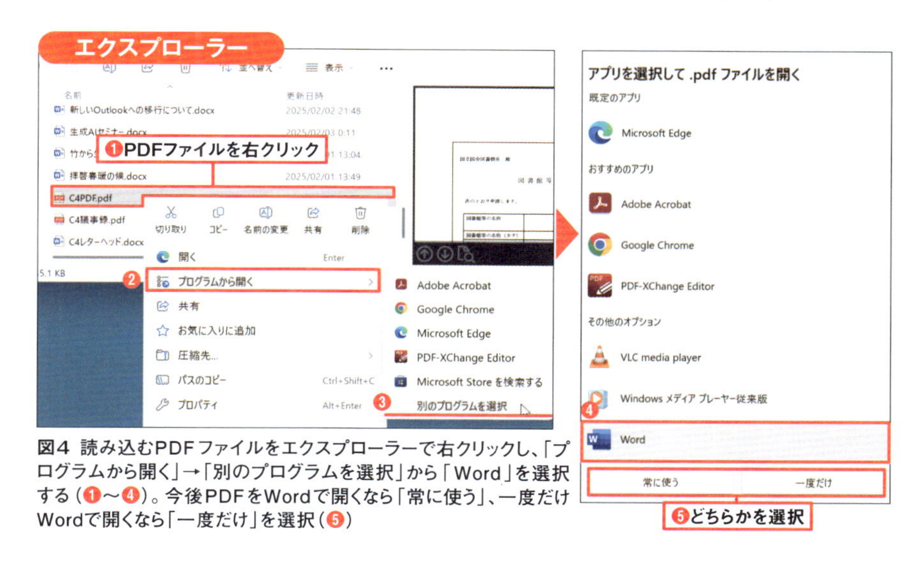

図4 読み込むPDFファイルをエクスプローラーで右クリックし、「プログラムから開く」→「別のプログラムを選択」から「Word」を選択する（❶～❹）。今後PDFをWordで開くなら「常に使う」、一度だけWordで開くなら「一度だけ」を選択（❺）

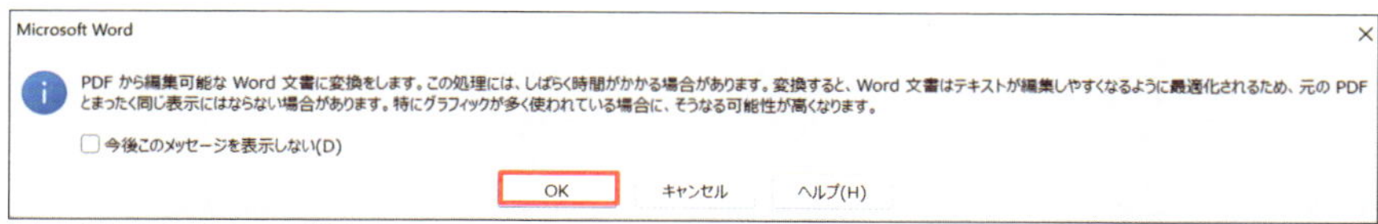

図5 図3または図4の手順でPDFファイルを開くと確認画面が表示され、「OK」ボタンを押すとWordファイルとして開く。テキスト情報が保存されていないPDFでも、文字認識の処理によりテキスト化される

Word

Section 09

全角の英数字を半角に一括変換

10分時短

数字やアルファベットを全角で入力したものの、全体のバランスを考えると半角のほうがよかった。こんな場合、いちいち文字を半角で入力し直すのは面倒だ（**図1**）。「文字種の変換」機能を使って、半角文字に一括変換しよう（**図2**、**図3**）。

「文字種の変換」では、半角文字を全角文字に変えたり、英字の大文字を小文字に変換するといったこともできる。ただし、カタカナや空白が交じっているとそれらも半角になってしまう（**図4**）。これを避けるには、半角にしたい文字列だけを選択するか（**図5**）、次項以降の検索機能で英数字だけを選択するとよいだろう。

全角英数字をまとめて半角に変換

全角

◇会員種別のご案内

会員種別	月会費	ご利用時間	特別割引会費
正会員	１２，６００円	全日１０：００～２３：００	９，４５０円
平日会員	８，４００円	平日のみ１０：００～１７：００	７，３５０円
	７，３５０円	平日のみ２０：００～２３：００	６，３００円
ホリデー会員	８，４００円	週末のみ１０：００～２３：００	７，３５０円

半角

◇会員種別のご案内

会員種別	月会費	ご利用時間	特別割引会費
正会員	12,600円	全日 10:00~23:00	9,450円
平日会員	8,400円	平日のみ 10:00~17:00	7,350円
	7,350円	平日のみ 20:00~23:00	6,300円
ホリデー会員	8,400円	週末のみ 10:00~23:00	7,350円

図1 特別な意図がない限り、横書きの英数字は半角文字で入力したほうがスッキリ見える。全角文字で入力した英数字は「文字種の変換」機能で半角文字に変更できる

選択範囲内の全角英数字を半角に変換

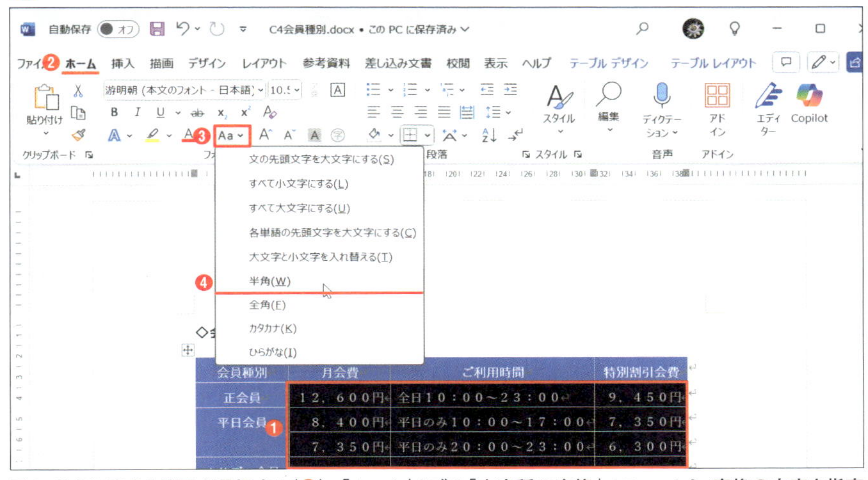

図2 半角に変える範囲を選択する（❶）。「ホーム」タブの「文字種の変換」メニューから、変換の内容を指定する。ここでは全角を半角に変換するので「半角」を選ぶ（❷～❹）

会員種別	月会費	ご利用時間	特別割引会費
正会員	12,600 円	全日 10:00~23:00	9,450 円
平日会員	8,400 円	平日のみ 10:00~17:00	7,350 円
	7,350 円	平日のみ 20:00~23:00	6,300 円
ホリデー会員	8,400 円	週末のみ 10:00~23:00	7,350 円

図3 選択範囲内にある全角の数字や記号が半角に変わる。表の場合はバランスが悪くなることがあるので、列幅などを整える

カタカナが含まれる場合は「Ctrl」キーで範囲選択

なお、６０歳以上の方は、シルバー会員として「特別割引会費」が適用になります。正会員の場合、通常１２，６００円の会費が９，４５０円となります。シルバー会員へのお申し込みには、健康保険証など年齢を確認できる書類が必要で

数字だけを半角にしたい

なお､60 歳以上の方は､ｼﾙﾊﾞｰ会員として｢特別割引会費｣が適用になります｡正会員の場合､通常 12,600 円の会費が 9,450 円となります｡ｼﾙﾊﾞｰ会員へのお申し込みには､健康保険証など年齢を確認できる書類が必要ですのでご注意くださ

カタカナまで半角になった

図4 数字だけを半角にしたいと思っても、全体を選択して「文字種の変換」を行うと、カタカナ、記号、アルファベット、空白も半角に変わってしまう

なお、６０歳以上の方は、シルバー会員として「特別割引会費」が適用になります。正会員の場合、通常１２，６００円の会費が９，４５０円となります。シルバー会員へのお申し込みには、健康保険証など年齢を確認できる書類が必要

❶最初の数字をドラッグで選択

❷以降の数字は「Ctrl」キーを押しながら選択

❸「文字種の変換」機能で「半角」にする

なお、60 歳以上の方は、シルバー会員として「特別割引会費」が適用になります。正会員の場合、通常 12,600 円の会費が 9,450 円となります。シルバー会員へのお申し込みには、健康保険証など年齢を確認できる書類が

❹選択していた文字だけが半角になった

図5 半角にしたい文字列の1つを選択し、2つめ以降は「Ctrl」キーを押しながら選択する（❶❷）。その後、「文字種の変換」で半角にすれば、数字のみを半角にできる（❸❹）

Word

Section 10

文字列はもちろん、書式も検索・置換で一括処理

10分 時短

パンフレットを作ったのに、商品名や用語が変更になって何カ所も書き換えが必要になるといったことはよくある。特定の語句を置き換える場合、目視で探して手作業で修正すると、手間がかかるだけでなく見逃す危険もある。「検索」と「置換」を使うことで手間を省き、修正漏れを防ぐのがWordの常識だ。

検索は指定した条件に合う文字列を探し、置換は検索で探し出した文字列を別の文字列に置き換えるのが基本的な使い方だ（**図1**）。ただし、文字列の置き換えだけが置換の機能ではない。置換機能を使いこなせば、指定した書式を別の書式に置き換えるなど、さまざまな文書編集の効率が格段にアップする（**図2**）。逆に、「文字列を置き換えるだけの単純な機能」と思って使うと、「あるはずの文字列が見つからない」「別の文字列まで置換された」といったトラブルの原因になることもあるので、基本からきちんと押さえていこう。

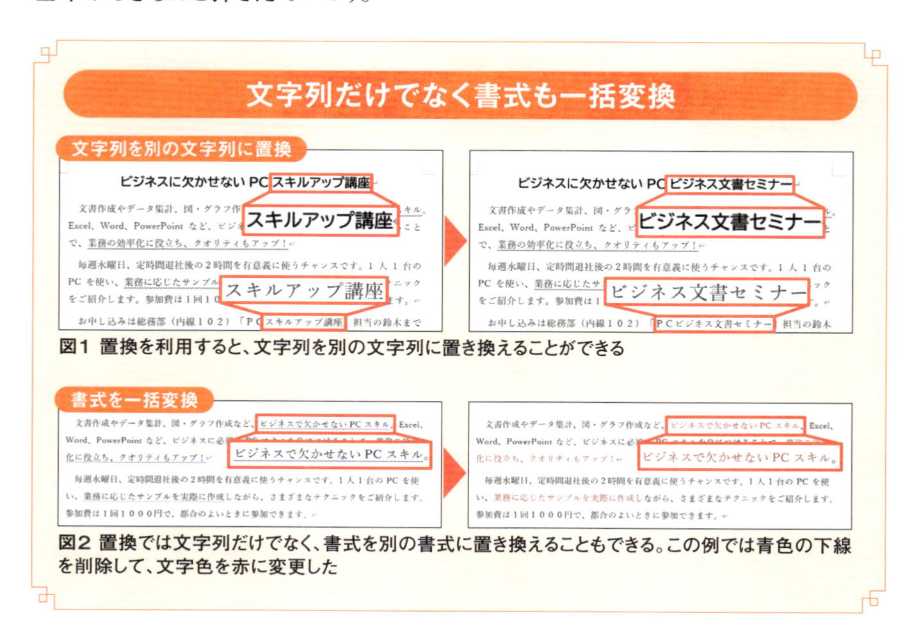

図1 置換を利用すると、文字列を別の文字列に置き換えることができる

図2 置換では文字列だけでなく、書式を別の書式に置き換えることもできる。この例では青色の下線を削除して、文字色を赤に変更した

検索や置換は「ホーム」タブのボタンから実行するのが基本だが、置換なら「Ctrl」+「H」キーで簡単にダイアログボックスを開ける（**図3**）。「検索する文字列」と「置換後の文字列」を入力して置換すれば、検索条件に合う文字列が置き換わる（**図4**）。

簡単に思える置換の操作だが、ここで注目したいのが置換結果だ（**図5**）。図3で「検索する文字列」に指定した「シュミレーション」だけでなく、「シュミレーシヨン」（「ヨ」が通常の大きさの文字）も置換され、「シミュレーション」に統一されている。

Wordでは検索のオプションとして「あいまい検索」が既定でオンになっているため、似た文字も検索の対象に含められる。大文字と小文字、全角と半角、新字体と旧字体などは同じ文字として扱われる。そのおかげで、表記揺れがある文書でも、置換機能で簡単に用語を統一できる。

ただし、このあいまい検索のせいで、困った事態が起きることもある。

「あいまい検索」で似た文字列をまとめて置換

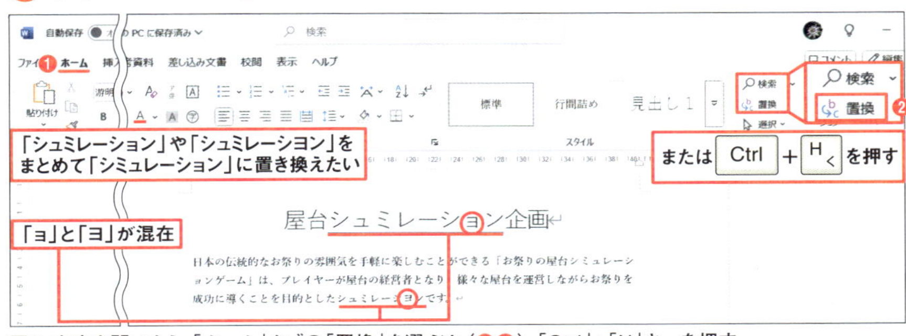

図3 文書を開いたら、「ホーム」タブの「置換」を選ぶか（❶❷）、「Ctrl」+「H」キーを押す

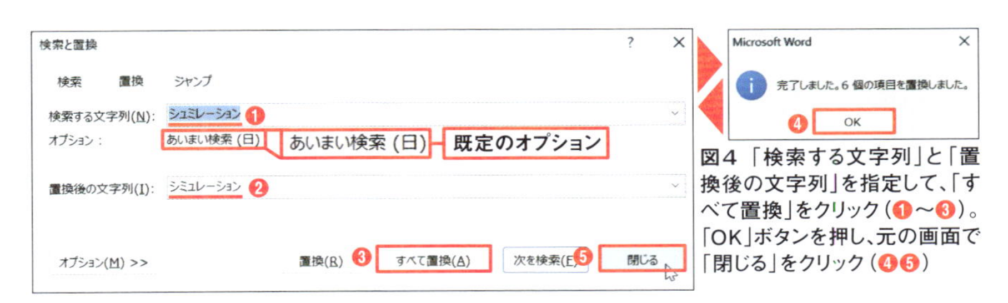

図4 「検索する文字列」と「置換後の文字列」を指定して、「すべて置換」をクリック（❶～❸）。「OK」ボタンを押し、元の画面で「閉じる」をクリック（❹❺）

屋台シミュレーション企画

日本の伝統的なお祭りの雰囲気を手軽に楽しむことができる「お祭りの屋台シミュレーションゲーム」は、プレイヤーが屋台の経営者となり、様々な屋台を運営しながらお祭りを成功に導くことを目的としたシミュレーションです。

図5 置換の結果、「シュミレーション」も「シュミレーシヨン」も「シミュレーション」に置換できた

正確な検索・置換は条件設定がポイント

あいまい検索がオンになっていると大文字と小文字の区別がないので、「SDGS」を「SDGs」に置換したくてもできない（**図6**）。検索対象を正確に指定したいときには、あいまい検索をオフにして、区別したい条件を指定する（**図7、図8**）。

検索のオプション設定を使うと、文字列ではなく、書式の置換も可能だ。重要語句に波線を付けたものの「やっぱり直線に変えよう」と思ったとき、1カ所ずつ設定し直すのは効率が悪い。置換機能を使って、一気に変更しよう（**図9〜図11**）。「検索する文字列」に何も入力しなければ、書式のみを変更できる。

W あいまい検索で置換できないときのオプション指定

図6 通常の方法で「検索する文字列」に「SDGS」、「置換後の文字列」に「SDGs」を指定。すべて置換した結果、何も変わっていない。これは、オプションであいまい検索がオンになっているのが原因だ

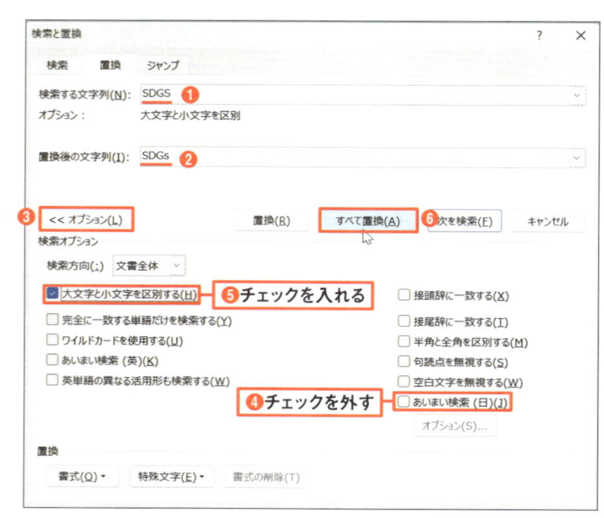

図7 「検索する文字列」と「置換後の文字列」を指定し、「オプション」をクリック（❶〜❸）。「あいまい検索（日）」のチェックを外し、「大文字と小文字を区別する」にチェックを入れてから、「すべて置換」をクリック（❹〜❻）。確認画面が表示されたら「OK」ボタンをクリックする

- SDGs に向けた気運の高まり
  - 急増するプラスチックゴミを減らす SDGs 推進活動
  - 海洋プラスチックゴミの約８割が容器との報告も
  - SDGs を目標として掲げる企業の増加

図8 正しく置換され、「S」が小文字になった

「検索する文字列」の書式を指定

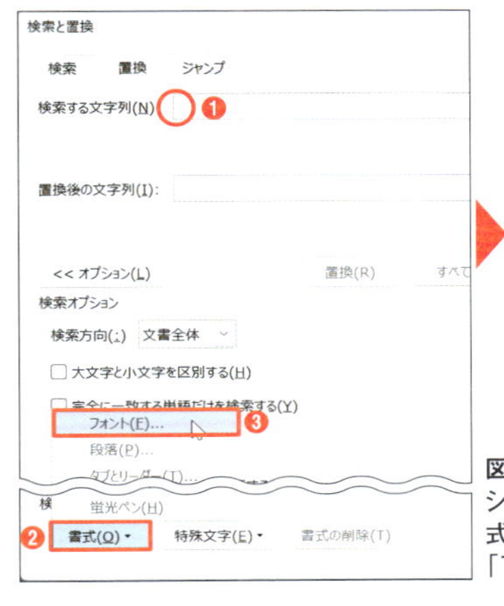

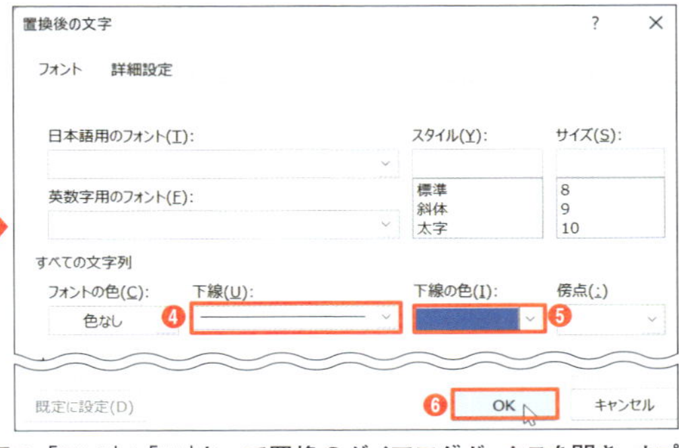

図9 「Ctrl」+「H」キーで置換のダイアログボックスを開き、オプションを表示する。「検索する文字列」欄にカーソルを置き、「書式」メニューから「フォント」を選ぶ（❶〜❸）。検索する条件として、「下線」と「下線の色」を指定し、「OK」ボタンをクリック（❹〜❻）

「置換後の文字列」に変更後の書式を指定

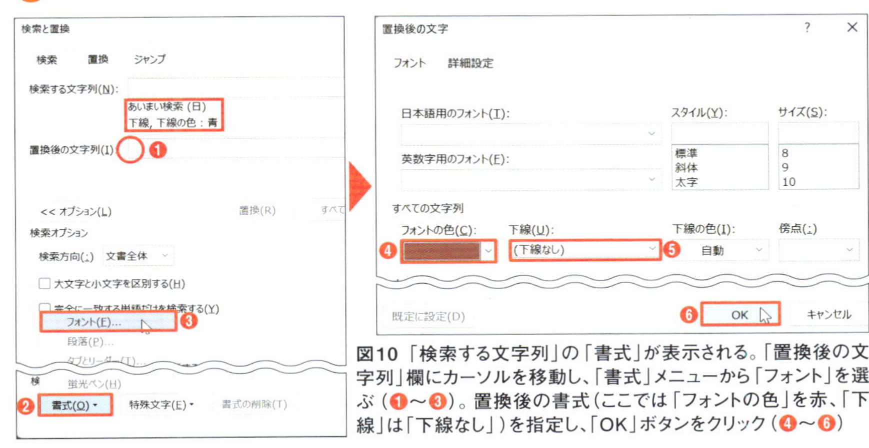

図10 「検索する文字列」の「書式」が表示される。「置換後の文字列」欄にカーソルを移動し、「書式」メニューから「フォント」を選ぶ（❶〜❸）。置換後の書式（ここでは「フォントの色」を赤、「下線」は「下線なし」）を指定し、「OK」ボタンをクリック（❹〜❻）

検索と置換
検索　置換　ジャンプ
検索する文字列(N):
オプション：　あいまい検索 (日)
書式：　下線, 下線の色：青
置換後の文字列(I):
書式：　下線なし, 下線の色：自動, フォントの色：アクセント 2
<< オプション(L)　置換(R)　すべて置換(A)　次を検索(F)　キャンセル
検索オプション

図11 「置換後の文字列」の「書式」に設定した内容が表示される。「すべて置換」をクリックすると、該当する文字列の書式が置き換わる

10分時短

ワイルドカードと特殊文字でもっと自由に検索・置換

検索機能では、特殊な条件を指定する方法も用意されている。それが、「ワイルドカード」と「特殊文字」だ。ワイルドカードは、任意の文字や、「3から5」のような範囲指定での検索を可能にする機能。ワイルドカードを使えば、「第1回、第2回、… 第10回」のように「第○回」の「○」の部分が異なる文字列をまとめて検索・置換できる（**図1**）。特殊文字は、改行、タブ、脚注などの記号を検索したり、ワイルドカードのような任意の文字を検索する機能。文書内の「数字だけを選択する」など、ワイルドカードとは異なる機能も持つ（**図2**）。

ワイルドカードと特殊文字で検索の自由度をアップ

ワイルドカードで条件に合う文字列を一括置換

開催日時　第１回　５月13日、第２回　５月27日、第３回　６月３日、
第４回　６月10日、第５回　６月17日、第６回　６月24日
第７回　７月８日、第８回　７月15日、第９回　７月22日、
第10回　８月12日

第９回

開催日時　**第１回**　５月13日、**第２回**　５月27日、**第３回**　６月３日、
第４回　６月10日、**第５回**　６月17日、**第６回**　６月24日
第７回　７月８日、**第８回**　７月15日、**第９回**　７月22日、
第10回　８月12日

第９回

図1 ワイルドカードを利用して、「第○回」（○は任意の文字）の文字列を選択。緑の太字に置換する

数字だけを半角に一括変換

毎週水曜日、定時間退社後の２時間を有意義に使う
い、業務に応じたサンプルを実際に作成しながら、さ
参加費は１回１０００円で、都合のよいときに参加で
お申し込みは総務部（内線１０２）「ＰＣスキルア

毎週水曜日、定時間退社後の 2 時間を有意義に使う
い、業務に応じたサンプルを実際に作成しながら、さ
参加費は 1 回 1000 円で、都合のよいときに参加でき
お申し込みは総務部（内線 102）「ＰＣスキルアッ

図2 特殊文字を利用して数字だけを検索。まとめて半角にすることができる

検索条件の自由度を広げる「ワイルドカード」

まず紹介したいのがワイルドカード。ワイルドカードとして使える記号は複数あり、任意の文字は「*」(半角アスタリスク)か「?」(半角クエスチョン)で指定する。

「セ」で始まり「ト」で終わる文字列は、「セ*ト」のように指定する。「セメント」や「セグメント」などが検索できる。間に入る文字数を正確に指定する場合は、「セ?ト」のように「?」を使う。間が1文字の「セット」や「セント」は検索され、「セメント」は含まない。

「第○回」を検索する場合、「ワイルドカードを使用する」のオプションをオンにしてから「第*回」のように指定する(**図3、図4**)。「*」なので、「第1回」「第100回」「第十回」など、桁数や数字の文字種に制限なく検索できる。

ワイルドカードで「第○回」を目立つフォントに置換

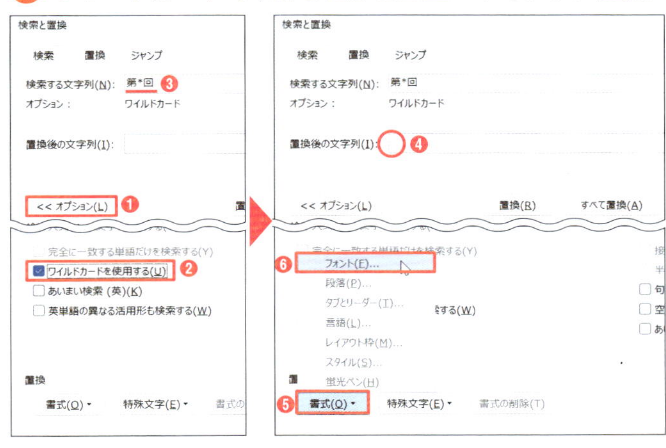

図3 「Ctrl」+「H」キーで置換ダイアログボックスを開きし、オプションを表示する(❶)。「ワイルドカードを使用する」にチェックを付けてから、「検索する文字列」欄に「第*回」(「*」は半角)と入力(❷❸)。「置換後の文字列」欄をクリックし、「書式」から「フォント」を選択する(❹〜❻)

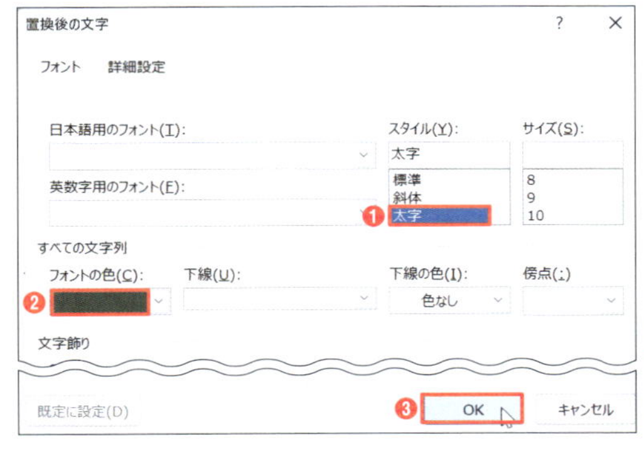

図4 置換後の書式を指定する。ここでは「太字」を選択し、「フォントの色」を緑に変更した(❶❷)。「OK」ボタンをクリックし(❸)、図3の画面に戻ったら「すべて置換」を選択する

Wordで使えるワイルドカード

ワイルドカード	意味	使用例
*	任意の文字(列)	「C*t」と指定すると、「Cat」「Chat」は検索されるが、小文字の「cat」や「count」は検索されない
?	任意の1文字	「ワ?ド」と指定すると、「ワード」「ワイド」は検索されるが、「ワイルド」などは検索されない
[ ]	角かっこ内で指定した文字のいずれか1つ	「[大石]田」と指定すると、「大田」または「石田」を検索できる
[-]	角かっこ内で指定した範囲の文字のいずれか1つ	「[3-5]00」と指定すると、「300」「400」「500」を検索できる
[!]	角かっこ内で指定した文字以外の任意の文字	「古[!川]市」と指定すると、「古河市」や「古賀市」は検索されるが、「古川市」は検索されない
#	任意の1つの数字	「3#5」と指定すると、「305」「355」などを検索できる

図5 Wordでの検索時に使えるワイルドカード。ワイルドカードの記号は半角で入力する。すべて覚える必要はないが、「*」や「?」はよく使われるので覚えておくと重宝する

Wordで使えるワイルドカードは「*」と「?」だけではない(**図5**)。検索・置換を使いこなしたいなら、よく使うものだけでも覚えておこう。

特殊文字で「任意の数字」をまとめて検索し変換

特殊文字は、段落記号(改行)やタブ文字など、特殊な記号を検索したいときに役立つ。ワイルドカードと同様の機能もあるので、「ワイルドカードの記号、何だっけ?」といった場合にも使える。さらに、特殊文字には「文書内の該当する文字をすべて選択する」という機能がある。

例えば、文書中に全角と半角の数字が混在していると見づらいものだ。桁数の多い数字は半角にすると見やすいので、すべての数字を半角で統一したい。置換には半角に変換する機能はないが、「文字種の変換」機能を使えば半角にできる。ただし、文書全体を対象に半角変換を行うと、カタカナまで半角になってしまう。そんなときは、まず検索機能を使って数字だけを選択する。特殊文字を使うので、「高度な検索」機能を呼び出す(**図6**)。「検索する文字列」に特殊文字の「任意の数字」を入力したら、「検索する場所」として「メイン文書」を選ぶ(**図7**)。これで、文書内の数字だけが選択された状態になる。続いて「文字種の変換」機能で半角に統一すれば、文書全体の数字だけが半角になる(**図8**)。1つの機能でできない作業でも、複数の機能を組み合わせて自動化することで時短になる。

特殊文字を使って文書内の数字をまとめて選択

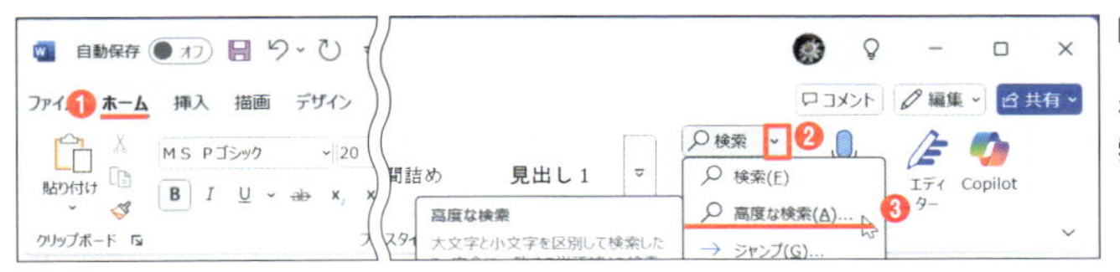

図6 「ホーム」タブにある「検索」ボタン右の「∨」をクリックし、「高度な検索」を選択する（❶〜❸）

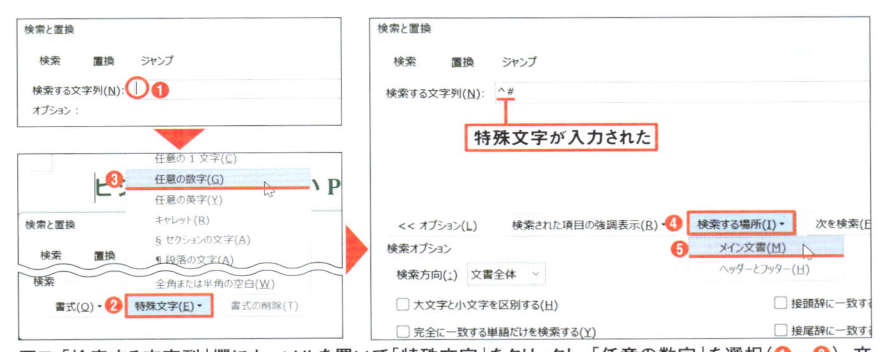

図7 「検索する文字列」欄にカーソルを置いて「特殊文字」をクリックし、「任意の数字」を選択（❶〜❸）。文書中のすべての数字を選択したいので、「検索する場所」を「メイン文書」と指定する（❹❺）。検索が始まり、文書中のすべての数字が選択されたら「検索と置換」画面を閉じる

選択した数字を半角に一括変換

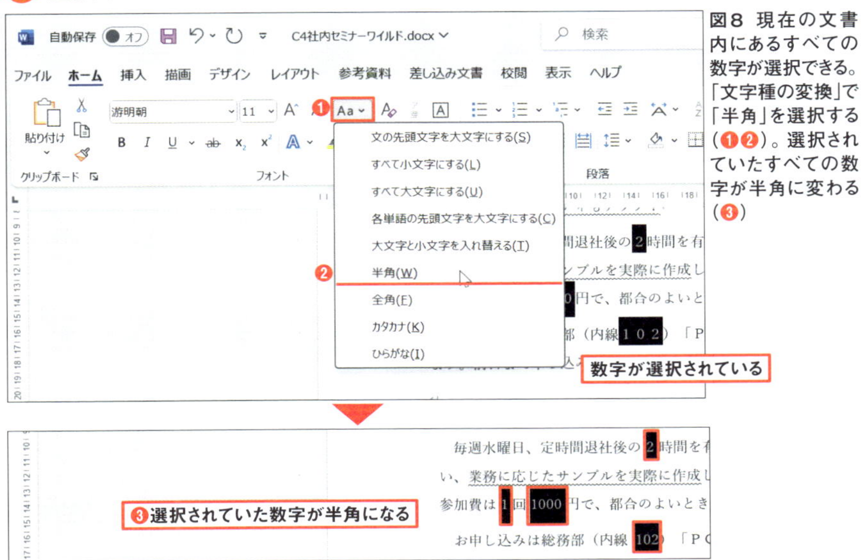

図8 現在の文書内にあるすべての数字が選択できる。「文字種の変換」で「半角」を選択する（❶❷）。選択されていたすべての数字が半角に変わる（❸）

Word

Section 12

頻繁に使う定型文書はテンプレートから簡単に作成

3分時短

報告書や案内状など、仕事で作成する文書には同じフォーマットを使う定型文書が多い。定型文書を作成するたびにイチから作っている人はいないと思うが、前回作成したファイルを探し、前回の内容を消して書き換えているようでは効率が悪く、間違って上書き保存してしまう危険もある。頻繁に使う定型フォームは、「テンプレート」として保存しておくのが一番だ。次回からは、テンプレートを開くと自動的に新規文書として表示されるので、テンプレートを上書きする心配がない（**図1**）。テンプレートとして保存する文書は、毎回書き換えが必要な部分を「○」などの記号にしておくと、次回以降使うときにわかりやすい。

テンプレートとして保存するには、「名前を付けて保存」を選択し、「ファイルの種類」を「Wordテンプレート」に変更してからファイルを保存すればよい（**図2、図3**）。初期設定では、テンプレートの保存先が「ドキュメント」フォルダー内にある「Officeのカスタムテンプレート」フォルダーと決まっている。保存したテンプレートファイルを開くと、新規文書として表示される（**図4、図5**）。

定型文書はテンプレートとして保存

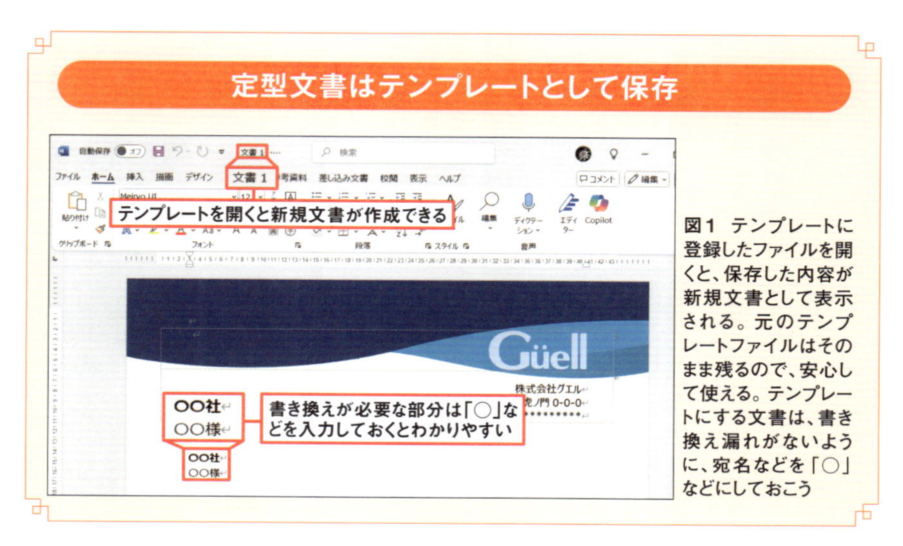

図1 テンプレートに登録したファイルを開くと、保存した内容が新規文書として表示される。元のテンプレートファイルはそのまま残るので、安心して使える。テンプレートにする文書は、書き換え漏れがないように、宛名などを「○」などにしておこう

Word文書をテンプレートとして保存

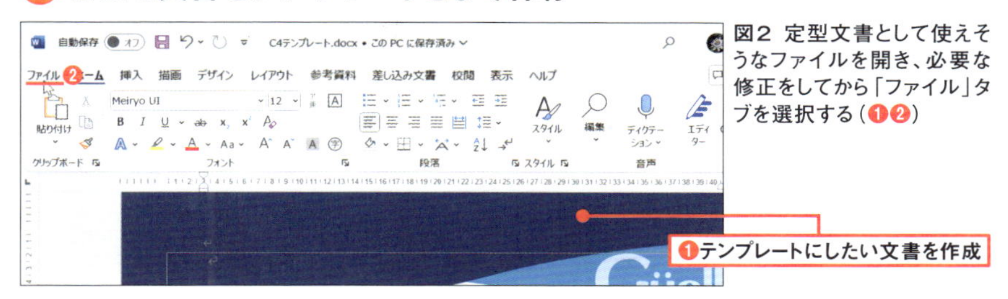

図2 定型文書として使えそうなファイルを開き、必要な修正をしてから「ファイル」タブを選択する(❶❷)

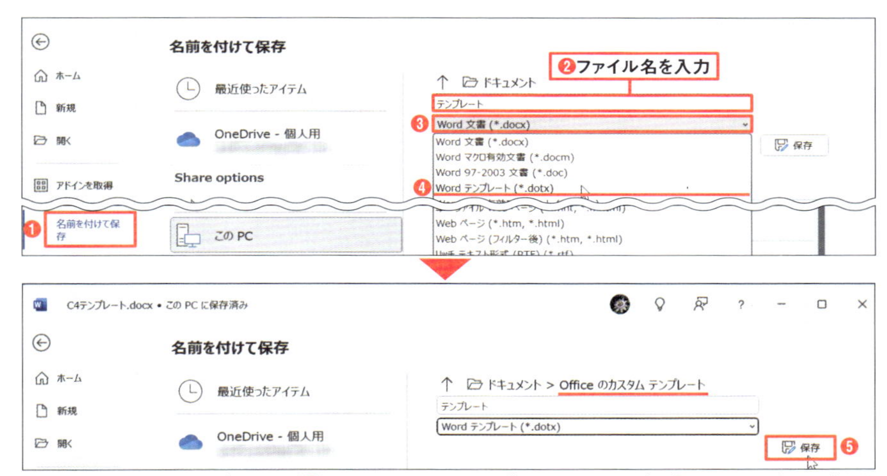

図3 「名前を付けて保存」を選択(❶)。ファイル名を付けて、「ファイルの種類」で「Wordテンプレート」を選択(❷〜❹)。「保存」をクリックすると、テンプレートとして保存できる(❺)

テンプレートから文書を作成

図4 Wordの「ファイル」タブで「新規」をクリック(❶)。「個人用」をクリックすると保存したテンプレートの一覧が表示される(❷)。開くテンプレートをクリック(❸)

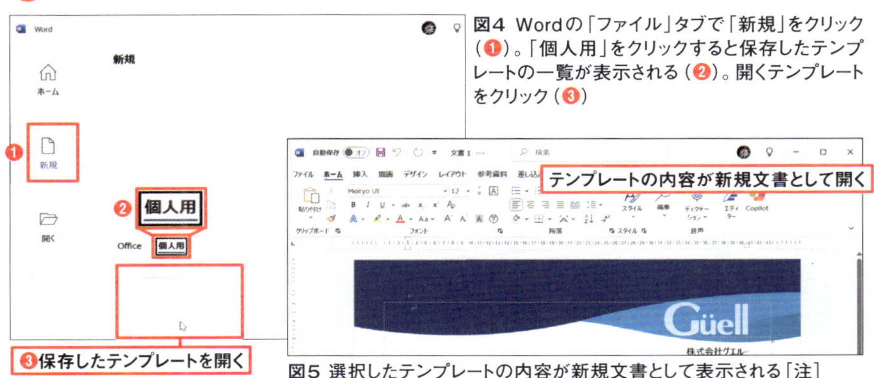

図5 選択したテンプレートの内容が新規文書として表示される[注]

[注]テンプレート自体を修正する場合は、Wordの「ファイルを開く」ダイアログボックスからテンプレートファイルを開き、修正した後で上書き保存する

Word

Section 13

図表も書式もOK 定型文はクイックパーツに登録

3分 時短

文書を作成するたびに入力する社名や住所のように、ビジネス文書ではよく使う定型文がある。文字列だけなら、日本語入力ソフトの辞書に登録するという手もあるが、登録できる文字数は60文字以内、書式も指定できないなど制限が多い。そこで利用したいのが、「クイックパーツ」だ。会社のロゴが入ったヘッダーや、書式付きの文字列などもクイックパーツなら問題なく登録できる（**図1**）。

登録したい文字列などを選択して登録を始める（**図2**）。「挿入」タブの「クイックパーツ」ボタンを押して「定型句」→「選択範囲を定型句ギャラリーに保存」を選択。クイックパーツのタイトルを入力して、文書内で使うパーツであれば「定型句」ギャラリーに保存する（**図3**）。

登録したクイックパーツを使うには、「挿入」タブの「クイックパーツの表示」を選択して、使いたいパーツを選択すればよい（**図4**）。

クイックパーツなら画像も含めて簡単登録

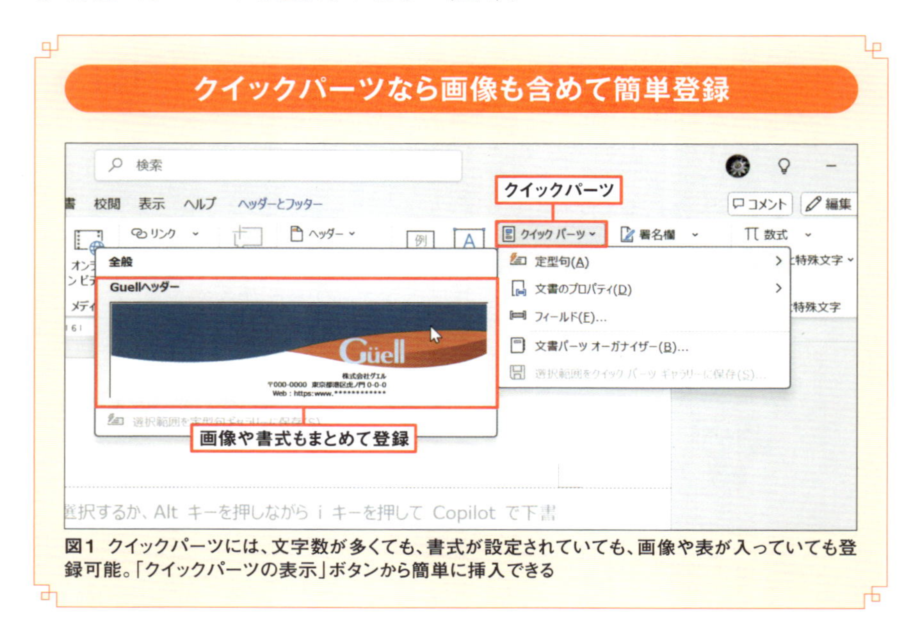

図1 クイックパーツには、文字数が多くても、書式が設定されていても、画像や表が入っていても登録可能。「クイックパーツの表示」ボタンから簡単に挿入できる

定型文をクイックパーツに登録

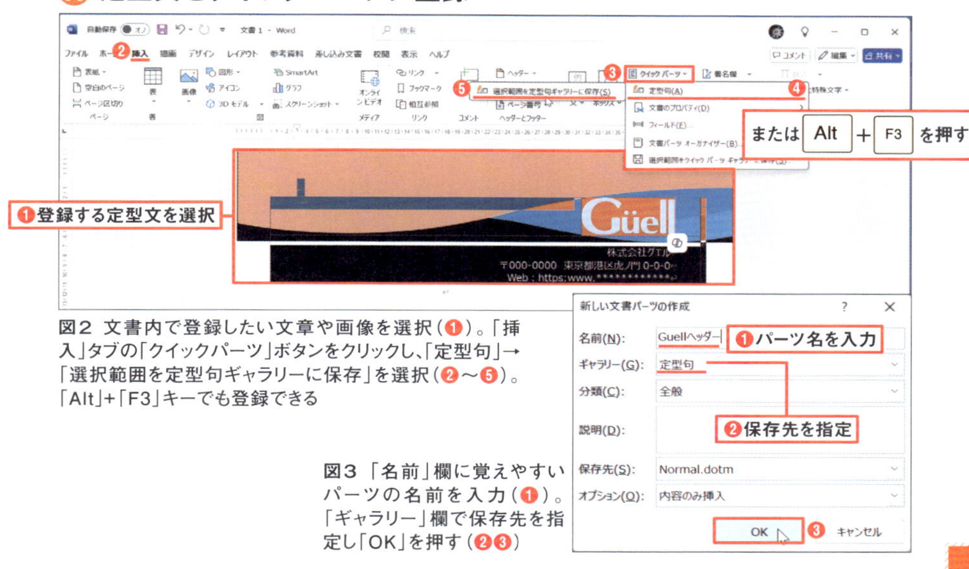

図2 文書内で登録したい文章や画像を選択（❶）。「挿入」タブの「クイックパーツ」ボタンをクリックし、「定型句」→「選択範囲を定型句ギャラリーに保存」を選択（❷〜❺）。「Alt」+「F3」キーでも登録できる

図3 「名前」欄に覚えやすいパーツの名前を入力（❶）。「ギャラリー」欄で保存先を指定し「OK」を押す（❷❸）

登録したクイックパーツを文書内に挿入する

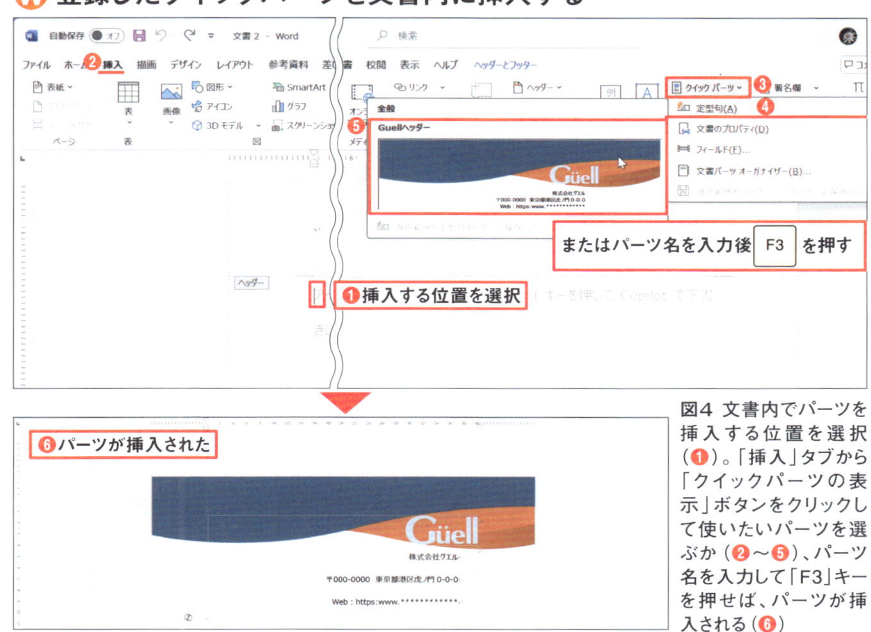

図4 文書内でパーツを挿入する位置を選択（❶）。「挿入」タブから「クイックパーツの表示」ボタンをクリックして使いたいパーツを選ぶか（❷〜❺）、パーツ名を入力して「F3」キーを押せば、パーツが挿入される（❻）

図3では「定型句」のクイックパーツとして登録したが、「ギャラリー」で「ヘッダー」を選べば、ヘッダー専用のパーツとして保存することも可能だ（**図5**）。ヘッダーに登録したパーツは、「挿入」タブの「ヘッダー」から挿入でき、自動的に文書のヘッダーに配置される。

登録したクイックパーツを修正する場合は、正しい定型文を同じ名前で登録することで上書きするとよい。不要なパーツの整理など、クイックパーツの管理は「文書パーツオーガナイザー」で行う（**図6**）。

ヘッダー用のクイックパーツに登録

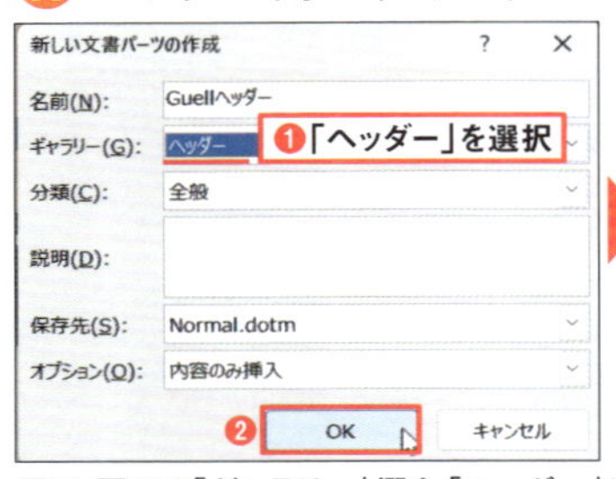

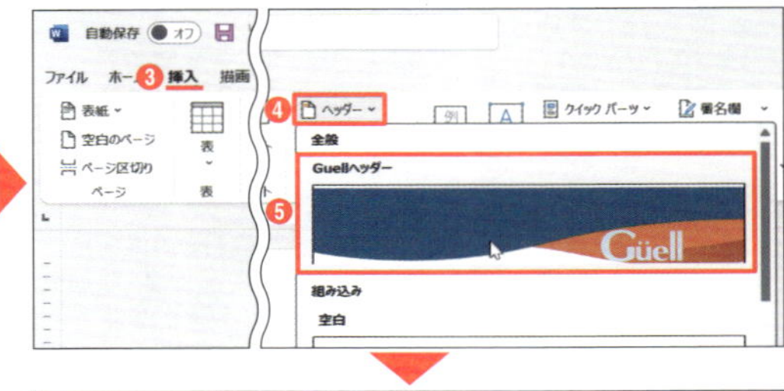

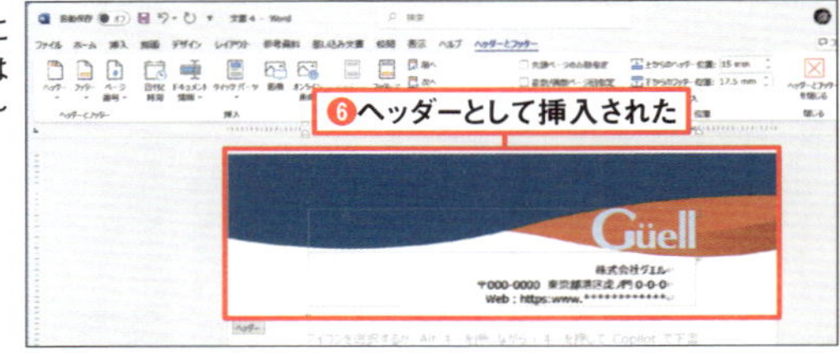

図5 図3で「ギャラリー」欄を「ヘッダー」に変更して登録する（❶❷）。挿入するときは「挿入」タブの「ヘッダー」から選択（❸〜❺）。自動的にヘッダーに配置される（❻）

クイックパーツの削除はオーガナイザーから

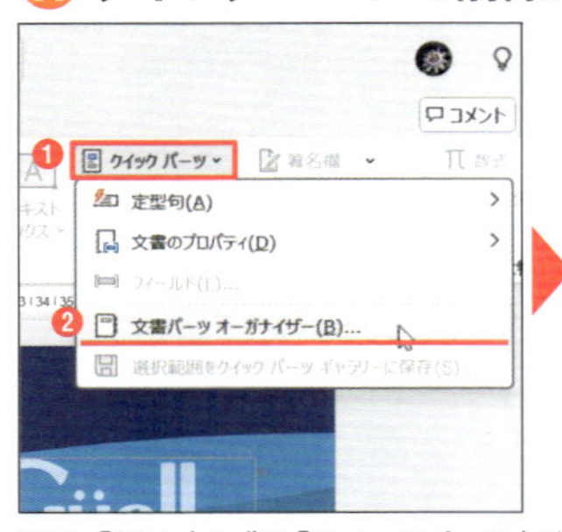

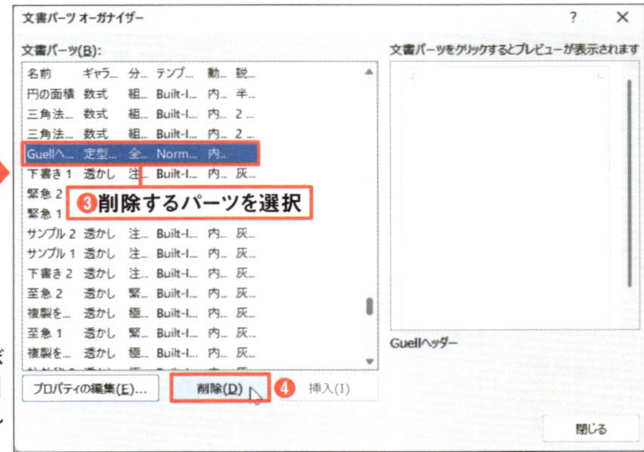

図6 「挿入」タブの「クイックパーツ」ボタンから「文書パーツオーガナイザー」を選択（❶❷）。削除するパーツを選んで「削除」を押す（❸❹）

Word

第5章

画像や図形を手早く挿入&配置

ビジネス文書といえど、写真や概念図を使ってわかりやすく示す必要はある。例えば、写真は貼り付けただけでは自由な場所に移動することさえできないが、作法がわかれば移動も切り抜きも自由自在だ。余計な時間をかけずに、必要な図版を文書に入れるための知識を身に付けよう。

- 写真を自由に動かせない原因と対処法
- 図形をキレイに描く、均等に並べる
- 作図はオブジェクトの順番を意識する
- 組織図や概念図を簡単に作れる便利機能　ほか

Word

Section 01

画像の配置設定は「行内」ではなく「四角形」に

文書に画像を挿入した後、思い通りにいかなくて苦労した経験はあるだろう。画像の横には大きな空白ができるし、ドラッグ・アンド・ドロップで自由に移動できない（**図1**）。これは、画像挿入時の「レイアウトオプション」が「行内」になっているのが原因だ。画像が1つの文字と同等に扱われるため、設定によっては行間が大きく広がったり、逆に行間が固定されている場合は画像が一部しか見えなかったりする（**図2**）。

この問題は、「文字列の折り返し」を「四角形」に設定することで解消する（**図3～図5**）。画像が文字とは別のものとして扱われ、画像の周囲に文字列が回り込む。画像をドラッグで移動するとそれに連れて回り込んだ文字列も再配置される。

画像と文字との間隔は、レイアウトオプションの「詳細表示」から設定できる。「文字列の折り返し」タブで上下左右の間隔を指定する（**図6**）。

画像の横に空白が！ ドラッグしても動かせない！

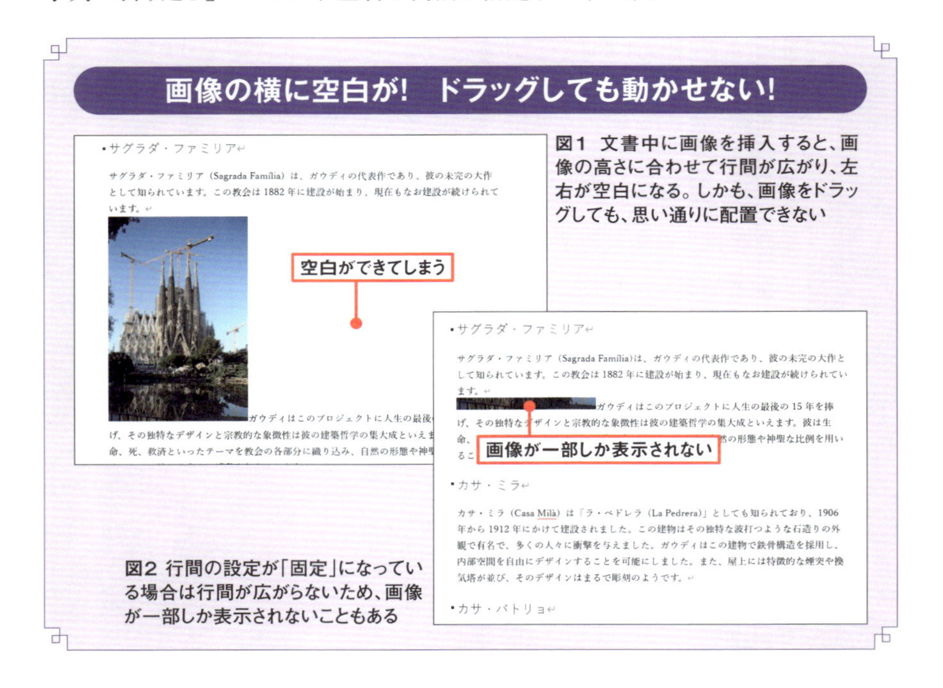

図1 文書中に画像を挿入すると、画像の高さに合わせて行間が広がり、左右が空白になる。しかも、画像をドラッグしても、思い通りに配置できない

図2 行間の設定が「固定」になっている場合は行間が広がらないため、画像が一部しか表示されないこともある

「文字列の折り返し」を「四角形」に変更

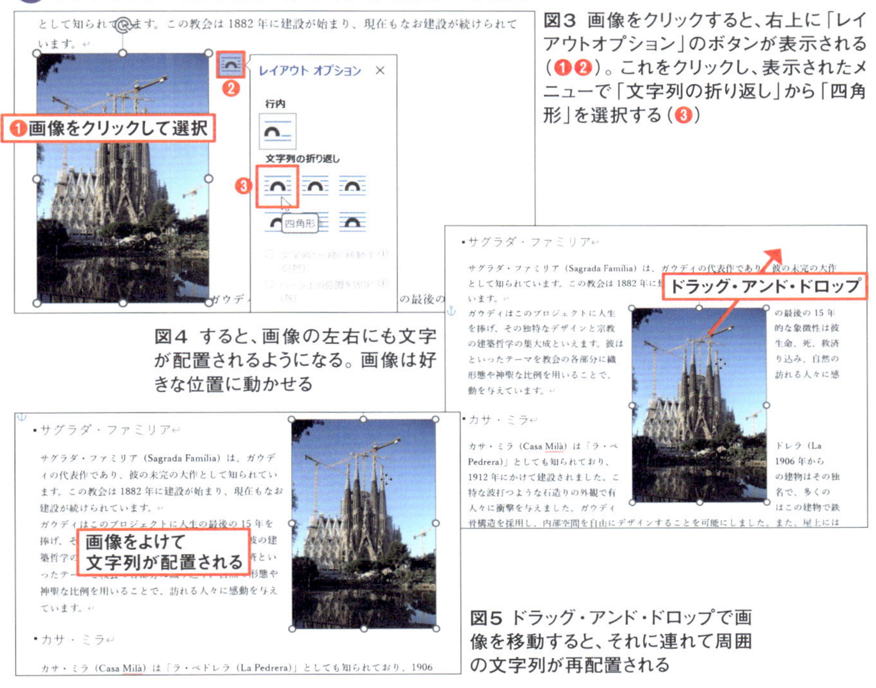

図3　画像をクリックすると、右上に「レイアウトオプション」のボタンが表示される（❶❷）。これをクリックし、表示されたメニューで「文字列の折り返し」から「四角形」を選択する（❸）

図4　すると、画像の左右にも文字が配置されるようになる。画像は好きな位置に動かせる

図5　ドラッグ・アンド・ドロップで画像を移動すると、それに連れて周囲の文字列が再配置される

文字列と画像との間隔を調整

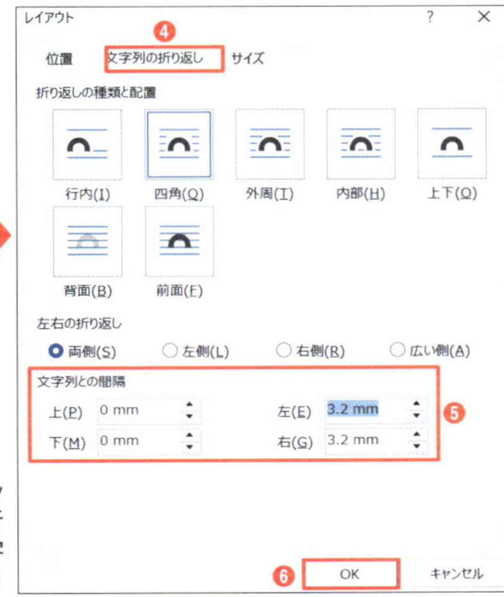

図6　画像を選択し、レイアウトオプションのボタンをクリックする（❶❷）。「詳細表示」をクリックして、「文字列の折り返し」タブを選択（❸❹）。「文字列との間隔」欄で文字列と画像の間隔を指定したら「OK」ボタンを押す（❺❻）

レイアウトオプションで変わる画像と文字列の関係

レイアウトオプションでは、画像の配置を「行内」「四角形」「狭く」「内部」「上下」「背面」「前面」の7種類から選べる。**初期設定は「行内」なので、画像が文字と同じように行内に挿入され、文字がある場所にしか移動できない**。そのほかのオプションは、以下のように文字列の配置が変わる（**図7～図12**）。**「行内」以外であれば、画像をドラッグ・アンド・ドロップで移動することが可能だ**。

W 6つのレイアウトオプションの違い

図7 画像の周囲に四角形の余白を作って文字列を配置する

図8 画像の形に合わせて文字列を配置する。長方形の画像では「四角」と変わらない

図9 「狭く」とほぼ同様。「折り返し点の編集」を行うと、画像の内部まで文字列が回り込む

図10 文字列を画像の上下の行に配置し、画像のある行には文字列が入らない

図11 文字列の背面に画像を配置。文字と画像が重なるため、画像を薄い色にしないと文字が読みづらい

図12 文字列の前面に画像を配置。文字と画像が重なるため、画像の「透明度」を上げないと文字が読めない

挿入時のレイアウトオプションを「四角」に設定

レイアウトオプションの初期設定は「行内」になっているが、ほかのオプションに変えることが多いなら、よく使うレイアウトオプションを既定にすることで、変更する手間を省こう。設定済みの画像があるなら、その画像を選択して「図の形式」タブで「文字列の折り返し」から「既定のレイアウトとして設定」を選ぶ（**図13**）。Wordのオプション画面からレイアウトオプションの設定を変更しても、初期設定を変更できる（**図14**）。ただし、既定として設定できるのは画像を挿入する形式のみで、文字列との間隔などはその都度指定する必要がある。

Ⓦ よく使うレイアウトオプションを既定に設定

図13 既定にしたいレイアウトオプションを設定した画像があるなら、その画像を選んで「図の形式」タブをクリックする（❶❷）。「文字列の折り返し」から「既定のレイアウトとして設定」を選択する（❸❹）

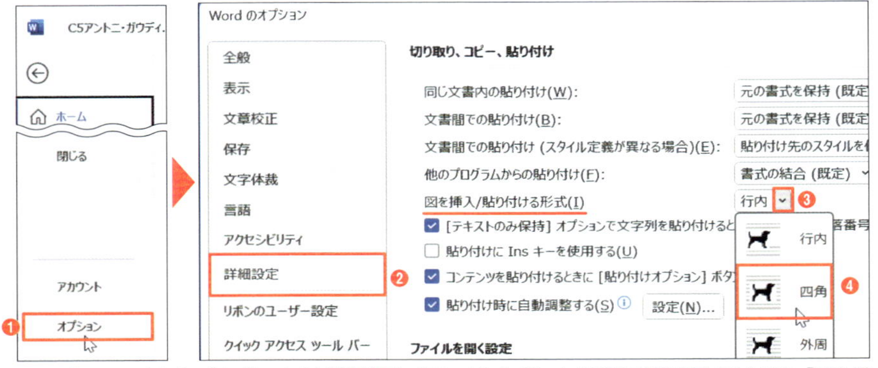

図14 「ファイル」タブで「オプション」を選択（❶）。「Wordのオプション」画面で「詳細設定」を開き、「図を挿入/貼り付ける形式」欄を「行内」から「四角」などに変更する（❷～❹）

Word

Section 02

勝手に動く画像を指定した位置に固定

画像のレイアウトオプションで「行内」を選んだ場合はもちろん、「四角形」や「背面」などを選択した場合でも、文章を追加したときに画像の位置が勝手に動いたり、文章を削除したら画像まで消えるといったトラブルが発生することがある（**図1**）。

ページ内の画像は特定の段落に連結されていて、その段落と一緒に動く仕組みになっている。説明文と画像といった組み合わせであれば、文章の増減に応じて画像が移動してくれるのは便利なのだが、デザイン重視で「ページの中央に画像を貼りたい」といった場合は勝手に動かれると困ってしまう。

連結された段落は、画像の選択時に表示される「アンカー」記号で確認できる（**図2**）。画像が動くと困る場合は、レイアウトオプションで「文字列と一緒に移動する」ではなく、「ページ上の位置を固定」を選ぶ。これでページ内での位置を固定できる。ただし、連結先の段落が次のページに移動すると、画像も次のページの同じ位置に移動する。また、連結先の段落を削除すれば画像も消えるので注意しよう。

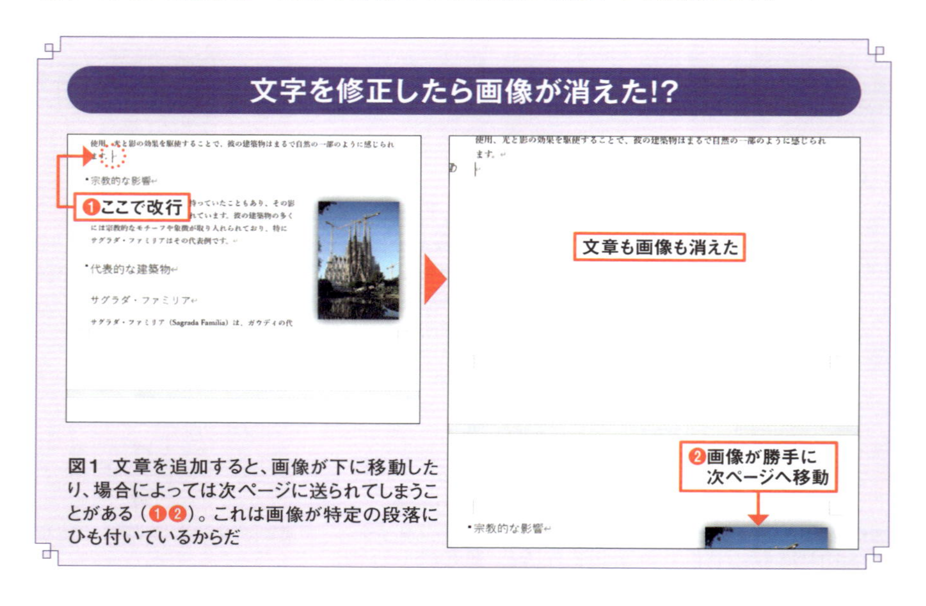

図1 文章を追加すると、画像が下に移動したり、場合によっては次ページに送られてしまうことがある（❶❷）。これは画像が特定の段落にひも付いているからだ

画像の配置は、「ページの真ん中」や「左上隅」にピタリと揃えたり、「上から30mm」のように数値で正確に指定したりもできる。レイアウトオプションが「四角形」でよければ、「位置」から揃えたい配置を選ぶ（**図3**）。ほかのレイアウトオプションを使う場合や、数値で指定する場合には、「その他のレイアウトオプション」から指定するとよい。

ページ内の特定の位置に画像を固定

図2　画像をクリックすると、連結された段落を示す「アンカー」が表示される。レイアウトオプションから「ページ上の位置を固定」を選択すると（❶～❸）、文章を追加しても画像が動かなくなる

ページの右上隅に画像を固定

図3　画像を選択し、「図の形式」タブで「位置」をクリックする（❶～❸）。「右上に配置し、四角の枠に…」を選択すると、画像がページ内の右上隅に移動し、文字列の折り返しは「四角形」になる（❹❺）

図形を描く際のポイントは「Shift」キーと「Ctrl」キー

3分時短

ビジネス文書で凝ったイラストを使うことは少ないかもしれないが、タイトルの装飾や簡単な説明図を作れると、作成できる文書の幅が広がる。Wordには円や四角形だけでなく、吹き出しや矢印なども豊富に揃っており、ドラッグするだけで文書内の好きな位置に描くことができる。どうせなら、同じ手間できれいに描けるコツをつかんでおけば、修正の時間を減らせる。そのポイントが、「Shift」キーと「Ctrl」キーの使い方だ。図形を描く際、「Shift」キーを押していると、正円や正方形など縦横の長さが等しい図形を描ける（**図1**）。「Ctrl」キーを押しながらドラッグすれば、中心から図形を描けるので、文字列を囲む図形を描くときなどに重宝する（**図2**）。

サイズ変更時にも役立つ「Shift」キーと「Ctrl」キー

描いた図形を選択すると、枠線の上下左右と四隅にハンドル（小さい円）が表示される。このハンドルをドラッグすることでサイズを変更できるのだが、写真などの画像ファイルと図形とでは動作が異なる。画像は四隅にあるハンドルをドラッグすると縦横比を変えずにサイズ変更ができる（**図3**）。図形だと同じ操作では縦横比が変わってしまうので、縦横比を変えたくない場合は「Shift」キーを押しながらドラッグする（**図4**）。また、「Ctrl」キーを押せば、図形の中心を動かさずにサイズ変更ができる（**図5**）。

「Shift」キーで正円や正多角形を描く

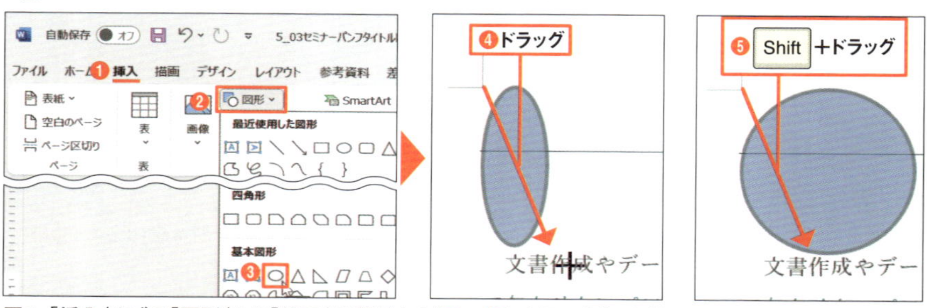

図1 「挿入」タブの「図形」から「楕円」を選択する（1～3）。ドラッグすると楕円を描ける（4）。「Shift」キーを押しながらドラッグすると、正円を描ける（5）

「Ctrl」キーで図形を中心から描く

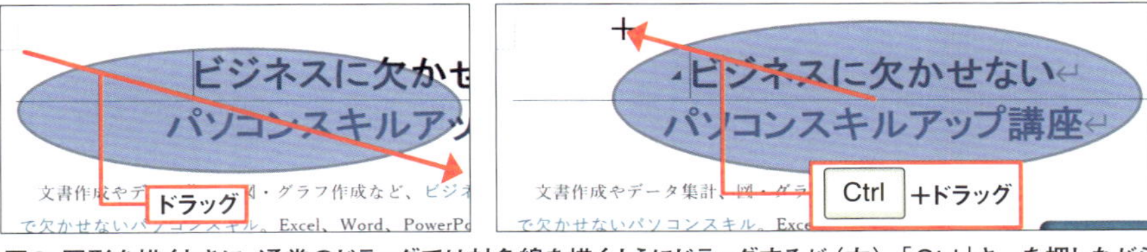

図2 図形を描くときに、通常のドラッグでは対角線を描くようにドラッグするが（左）、「Ctrl」キーを押しながらドラッグすると、中心から図形を描くことができる（右）。文字列などと中心を合わせて図形を描くときに便利

「Shift」で縦横比を変えず、「Ctrl」で中心を変えずにサイズ変更

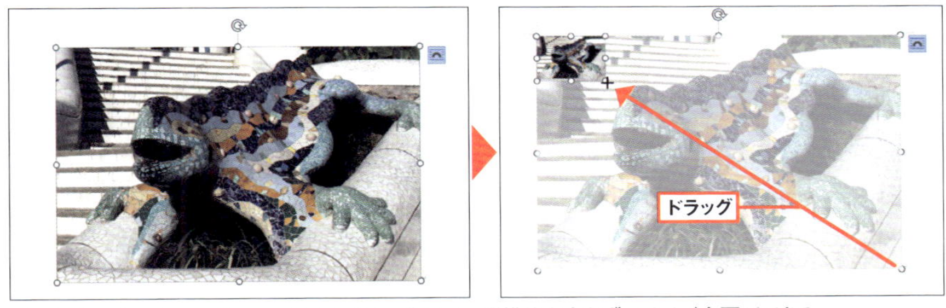

図3 画像の場合は、四隅のハンドルをドラッグすると、縦横比を変えずにサイズ変更ができる

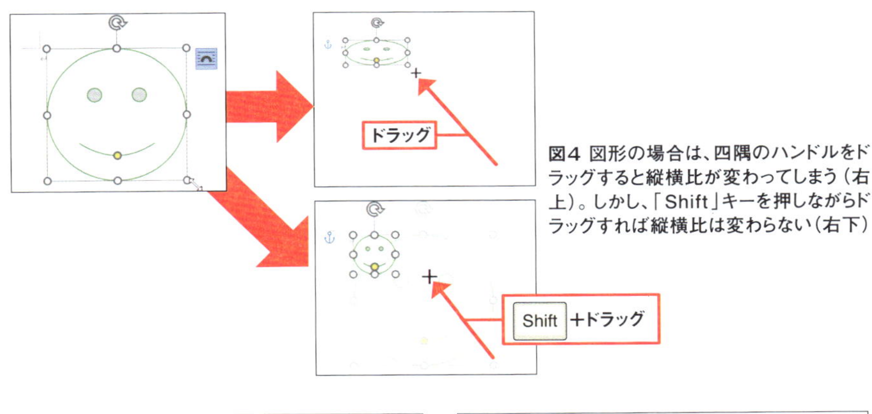

図4 図形の場合は、四隅のハンドルをドラッグすると縦横比が変わってしまう（右上）。しかし、「Shift」キーを押しながらドラッグすれば縦横比は変わらない（右下）

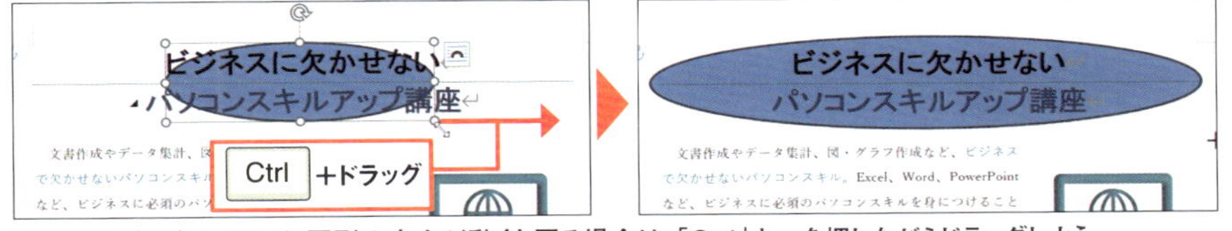

図5 サイズは変えたいが、図形の中心が動くと困る場合は、「Ctrl」キーを押しながらドラッグしよう

Word

Section 04

複数の図形や画像をワンタッチで整然と配置

図形はドラッグで移動できるが、ドラッグ操作で複数の図形をきれいに並べるのには時間がかかる。ましてや複数の図形を均等な間隔で並べるのは手作業では無理がある。図形の上下を揃えたり、均等に配置したりするなら、「配置」機能を使えば簡単にピタリと揃えることができる（**図1**）。

複数の図形を揃えるには、まず揃える図形をすべて選択しなくてはならない。最初の図形をクリックで選択し、2個目以降は「Shift」キーまたは「Ctrl」キーを押しながらクリックすれば、複数の図形を選択できる。選択したい図形が多い場合は、「選択」ツールを使うとまとめて選択できる（**図2**）。

選択後、図形を縦1列に揃えて等間隔で並べるのなら、「配置」から「左右中央揃え」を選び、「上下に整列」を選べばよい（**図3**）。

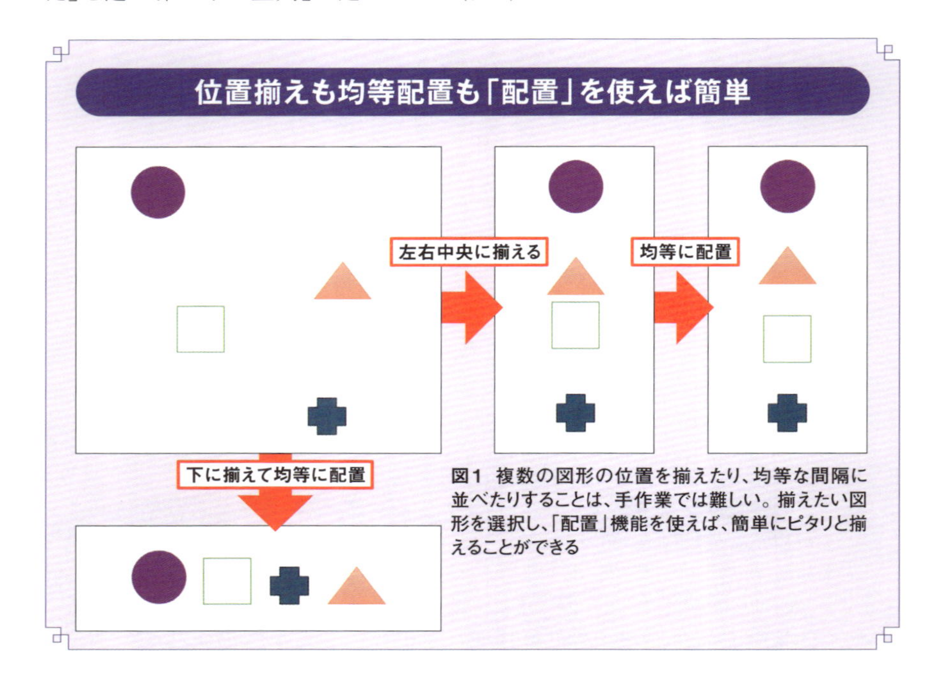

図1 複数の図形の位置を揃えたり、均等な間隔に並べたりすることは、手作業では難しい。揃えたい図形を選択し、「配置」機能を使えば、簡単にピタリと揃えることができる

図形をドラッグで移動するときに「Shift」キーを押していると移動方向を水平・垂直に固定できる。また、「Ctrl」キーを押していると移動ではなくコピーになる。水平・垂直方向に同じ図形を複数並べるには、1つめの図形を描いた後、「Shift」キーと「Ctrl」キーを押しながらドラッグすればよい（**図4**）。

「選択」ツールで一括選択

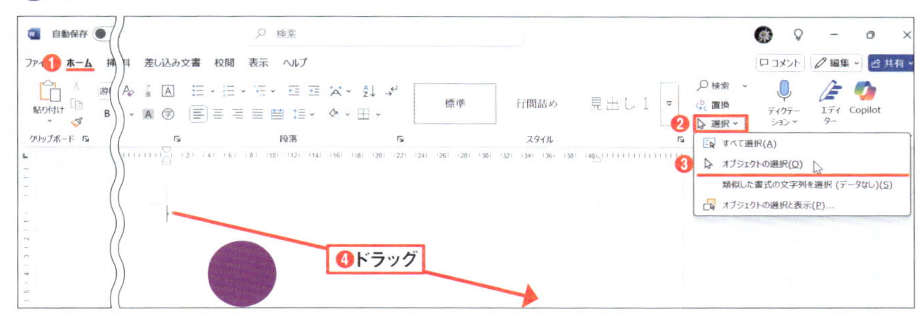

図2 「ホーム」タブの「選択」から「オブジェクトの選択」を選び、選択する図形をすべて囲む長方形を描くようにドラッグ（❶～❹）。追加したい図形や選択を解除したい図形があれば、「Shift」キーを押しながらクリックする

「配置」を使って左右中央揃え→均等配置

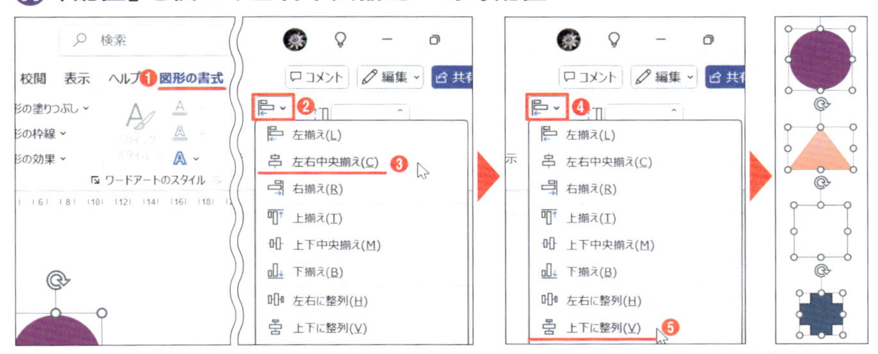

図3 「図形の書式」タブで「オブジェクトの配置」から「左右中央揃え」を選択すると、図形が左右中央揃えになる（❶～❸）。続いて「オブジェクトの配置」から「上下に整列」を選択すると、図形の間隔が均等に揃う（❹❺）

「Shift」＋「Ctrl」＋ドラッグで同じ図形を横並びで作成

図4 水平・垂直に図形をコピーして並べるには、「Shift」キーと「Ctrl」キーを押しながらドラッグする（❶❷）

Word

Section 05

円形や星形に切り抜きも画像を一瞬でトリミング

画像はただ貼ればよいというものではない。何を見せたいかがわかるように、必要な部分だけをトリミング（切り取り）することも重要だ。パンフレットなど、印象やデザインが重要視される文書では、画像を円形や星形に切り抜いたり、画像の周囲をぼかしてなじませたりといったテクニックが求められることもある。そんなときも心配ご無用。「図のスタイル」と「トリミング」の機能を使えば、豊富なデザインや切り抜きたい図形を選ぶだけで自由に画像を切り取れる（**図1**）。

通常のトリミングでは、長方形で切り抜くことしかできない（**図2**）。円形、角丸、ぼかし、影付きなどは、「図のスタイル」から選べばトリミングと特殊効果を同時に設定できる（**図3**）。選んだスタイルが気に入らなければ、何度でも選び直したり、枠線、色、効果などを個別に指定することもできるので、気軽に選んでみよう。

吹き出しや星形など、「図のスタイル」にはない形で画像を切り抜くなら、「図形に合わせてトリミング」から、形状を選択する（**図4**）。「図のスタイル」を選択後に「図形に合わせてトリミング」で形状を選べば、枠線や効果などがそのまま残るので、ちょっと変わったフレームも簡単に作れる。

Wordで選べるさまざまなフレーム

図1 「図のスタイル」は、既定のスタイルから画像の切り抜きと特殊効果を選べる（上段）。「図形に合わせてトリミング」を使うと、好みの図形で画像を切り抜ける（下段）

基本のトリミングで必要な部分だけを切り取る

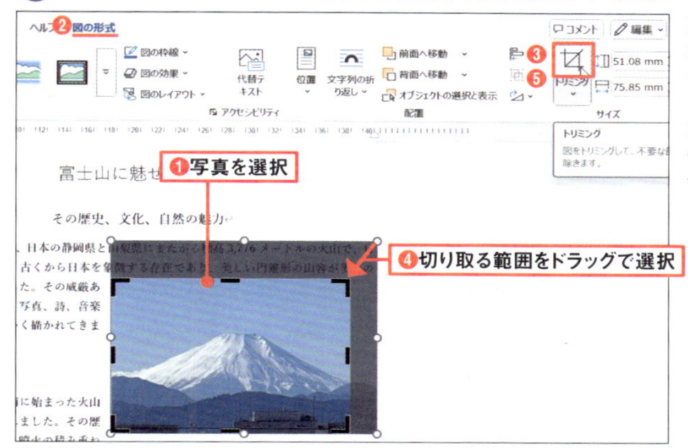

図2 トリミングする画像を選択し、「図の形式」タブで「トリミング」(上の部分)をクリックする(❶〜❸)。切り取りたい部分の端にマウスポインターを合わせ、内側に向けてドラッグして切り取り範囲を指定する(❹)。範囲が確定したら、再度「トリミング」をクリックする(❺)

「図のスタイル」で効果付きフレームを選択

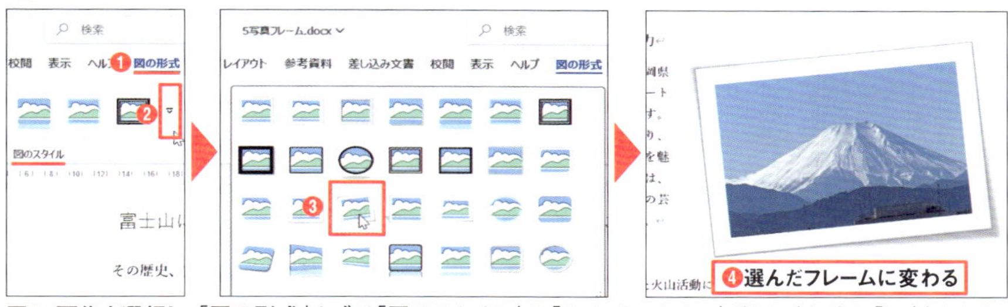

図3 画像を選択し、「図の形式」タブで「図のスタイル」の「クイックスタイル」ボタン（右端の「▼」）をクリックする（❶❷）。スタイル一覧からフレームを選択すると、選んだスタイルで画像が切り抜かれ、効果や枠線が適用される（❸❹）

台形や星形などの図形で写真を切り抜く

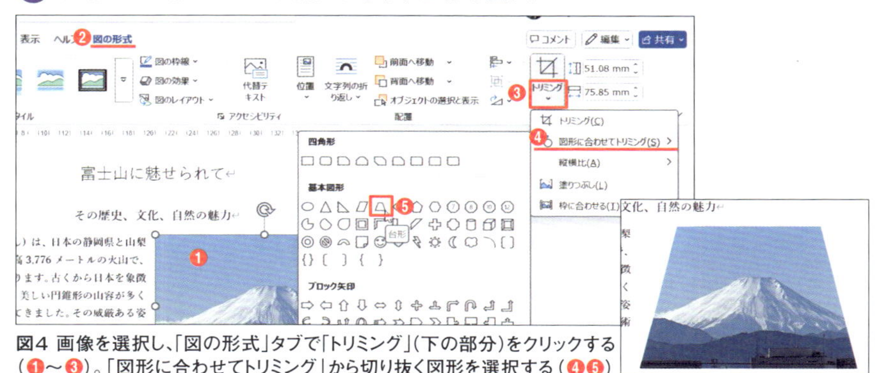

図4 画像を選択し、「図の形式」タブで「トリミング」(下の部分)をクリックする（❶〜❸）。「図形に合わせてトリミング」から切り抜く図形を選択する（❹❺）

Word

Section 06

図形や吹き出しの中には直接文字列を入力できる

ポイントになる文字列を枠で囲んだり、吹き出しで目立たせたりするのはよくあることだが、吹き出しを描くときに「吹き出し」の図形とテキストボックスを組み合わせているなら、使い方を間違えている。なぜなら、Wordで描ける吹き出しなどの図形には、直接文字列を入力できるからだ（**図1**）。

図形を描いたら、そのまま文字列を入力するだけでテキストボックスに早変わり（**図2**）。図形内に文字列が表示される。形が気に入らないときには、図形を選び直せば、中の文字列はそのままで形だけを変えることができる（**図3**）。

図形の中に入力した文字列は、はみ出したり、片寄ったりせず、きれいに収めたい。しかし、図形のサイズ調整でピタリと合わせるのは意外と難しい。手間を省いてきれいに整えたいなら、文字列の配置を調整するのがお勧めだ（次項参照）。

図形の場合は単語を入力することが想定されているせいか、文字列は中央に表示されるが、文章を入力することが多いテキストボックス（横書き）では文字列が左上から表示される（**図4**）。初期設定の色も両者でまったく異なるので、用途に応じて修正の手間がかからないほうを選ぼう。文字列を上下中央に配置する場合は、「図形の書式」タブの「文字の配置」から変更するとよい（**図5**）。中央からズレる場合は、行間や段落設定で調整する。

図形はすべてテキストボックスになる

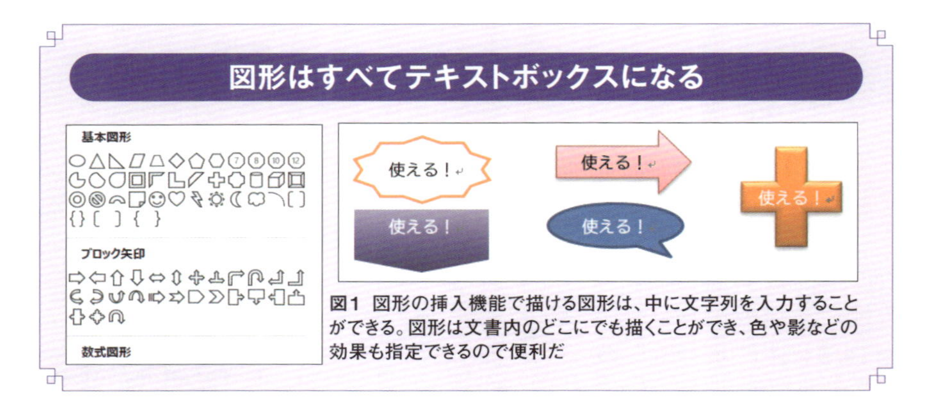

図1 図形の挿入機能で描ける図形は、中に文字列を入力することができる。図形は文書内のどこにでも描くことができ、色や影などの効果も指定できるので便利だ

Ⓦ 図形の中に文字列を入力

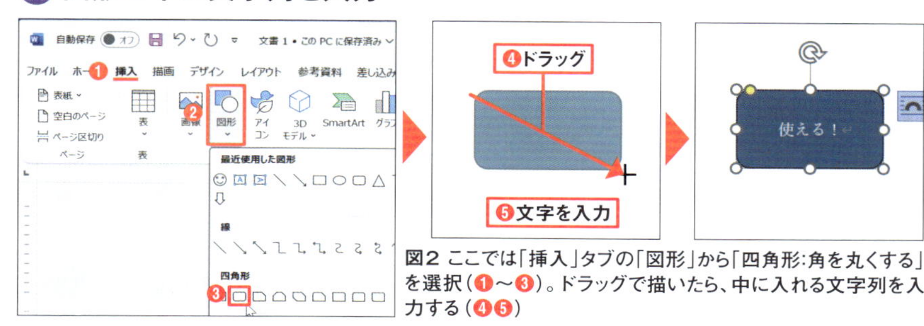

図2 ここでは「挿入」タブの「図形」から「四角形:角を丸くする」を選択（❶～❸）。ドラッグで描いたら、中に入れる文字列を入力する（❹❺）

Ⓦ 枠だけを別の図形に変更する

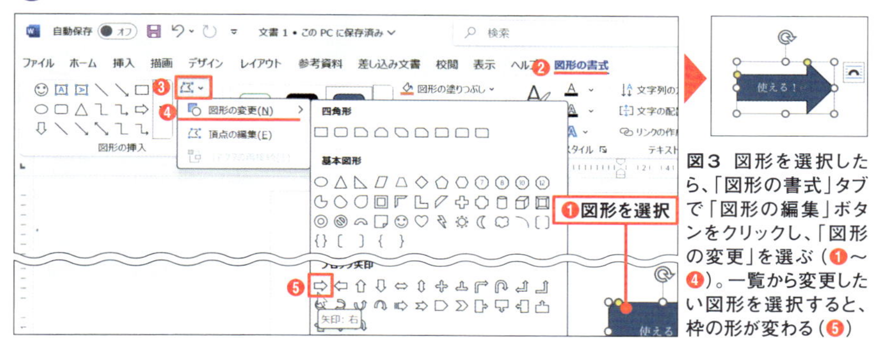

図3 図形を選択したら、「図形の書式」タブで「図形の編集」ボタンをクリックし、「図形の変更」を選ぶ（❶～❹）。一覧から変更したい図形を選択すると、枠の形が変わる（❺）

Ⓦ 「四角形」と「テキストボックス」を使い分け

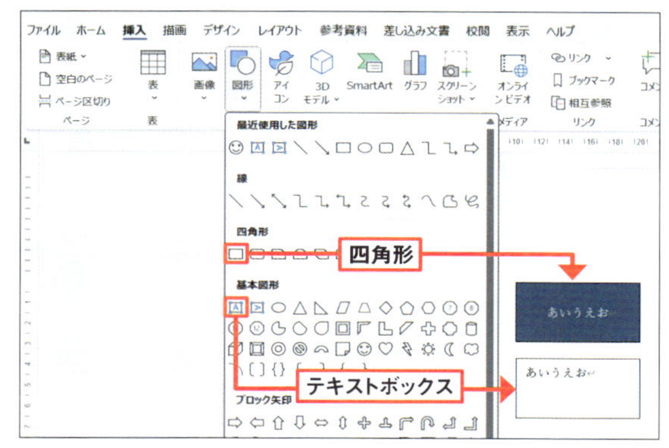

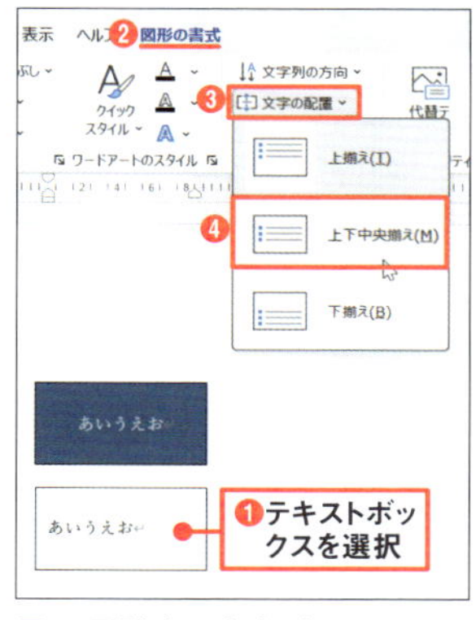

図4 四角形の中に文字列を入力する場合、「四角形」と「テキストボックス」のどちらを選ぶかで文字の配置が異なる。「図形の書式」タブで色などは変更できるが、用途に応じて手間のかからないほうを選ぼう

図5 図形内の文字列の上下の配置は、「図形の書式」タブで「文字の配置」から変更できる（❶～❹）

Word

Section 07

図形内のテキストを読みやすくキレイに配置

3分 時短

図形の中に入力した文字列は、はみ出したり、片寄ったりせず、きれいに収めたいものだ。しかし、図形のサイズ調整でピタリと合わせるのは意外に難しい。手間を省いてきれいに見せたいなら、文字列の配置を調整するのがお勧めだ。

文章を入力することが多いテキストボックス（横書き）では、文字列が左上から表示される（**図1**）。図形の場合は単語を入力すると想定されているせいか、文字列は中央に表示される。文字列が片寄って見える図形の場合は調整が必要だ。

文字配置を調整する方法はいくつかあるが、複数の図形を続けて調整したり、文字配置と余白をまとめて調整したりするなら、「図形の書式設定」ウィンドウを開こう（**図2**）。文字が少しはみ出す程度なら余白を狭めるだけできれいに収まる。

テキストボックスでは文字列が上揃えで表示されるのだが、コラムなどに使うなら「上下中央揃え」にしたほうが見た目が良い（**図3、図4**）。

文字列がどちらかに寄って見える図形では、余白を調整することでバランスを整えることができる（**図5**）。「図形の書式設定」ウィンドウは「閉じる」ボタンを押すまで開いたままなので、連続して図形の書式設定を変更するときに便利だ。

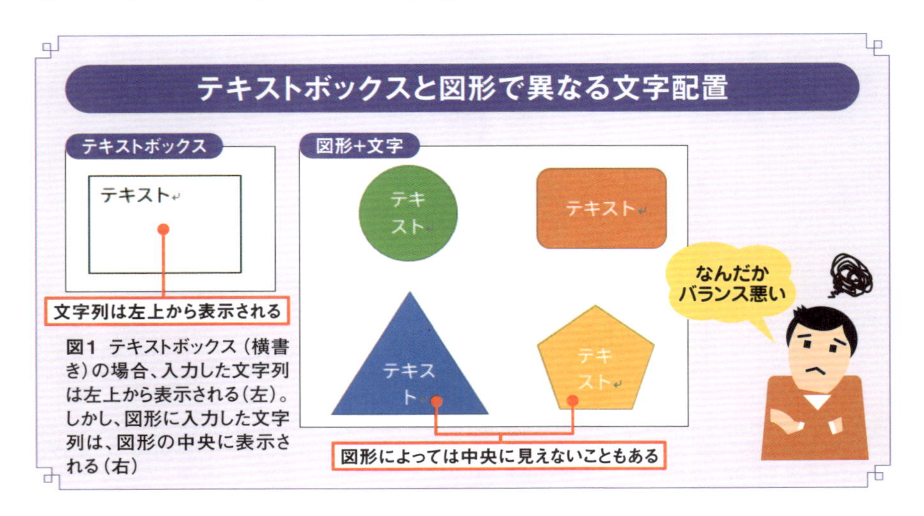

図1 テキストボックス（横書き）の場合、入力した文字列は左上から表示される（左）。しかし、図形に入力した文字列は、図形の中央に表示される（右）

Ⓦ 文字列が少しはみ出すなら余白を狭めて調整

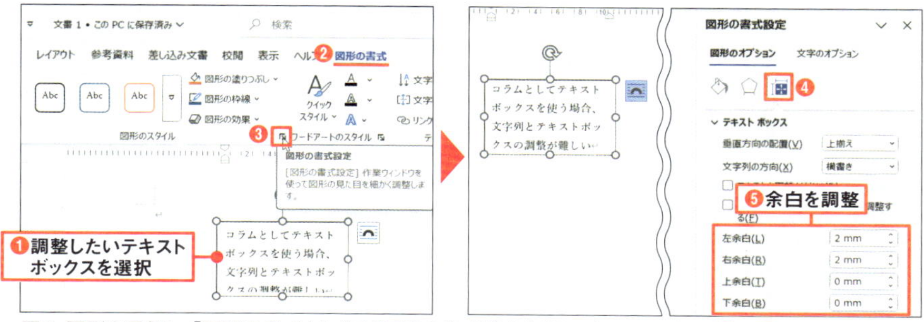

図2 図形を選択し、「図形の書式」タブで「図形の書式設定」ボタンをクリックする（❶～❸）。画面右側に表示される「図形の書式設定」ウィンドウで「レイアウトとプロパティ」を選択し、余白を狭くする（❹❺）

Ⓦ 文字数が少ないテキストボックスは「中央揃え」で表示

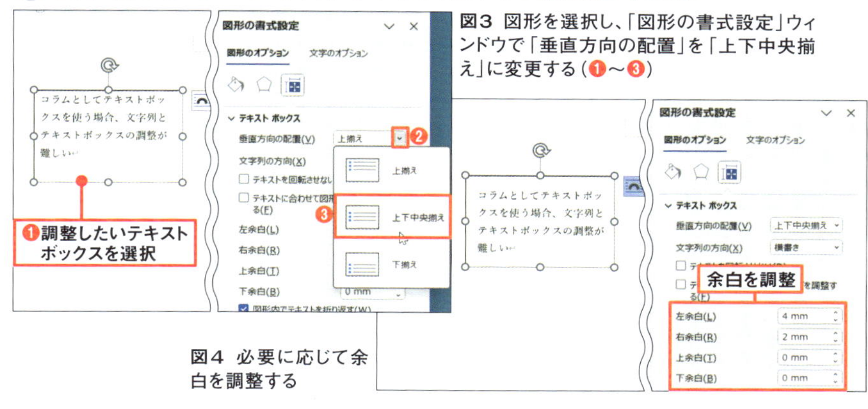

図3 図形を選択し、「図形の書式設定」ウィンドウで「垂直方向の配置」を「上下中央揃え」に変更する（❶～❸）

図4 必要に応じて余白を調整する

Ⓦ 配置の片寄りを余白で調整

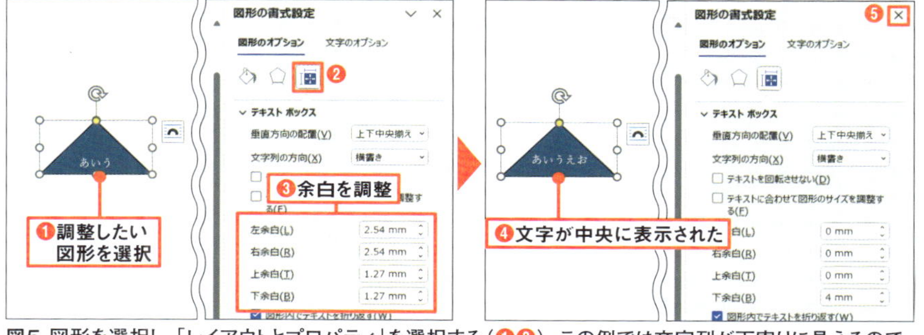

図5 図形を選択し、「レイアウトとプロパティ」を選択する（❶❷）。この例では文字列が下寄りに見えるので、下余白だけを広げ、ほかの余白は「0」にした（❸❹）。最後に「図形の書式設定」ウィンドウを閉じる（❺）

Word

Section 08

3分時短

オブジェクトを一覧表示 重なり順の入れ替えも楽々

Wordの作図機能は豊富で、作ろうと思えばかなり複雑な図も作れる。Wordで多くの図形を組み合わせるときに知っておくと便利な機能が「選択」ウィンドウだ。図形は描いた順に上に重なっていくため、重なりの順序によっては下に隠れてしまったり、選択しようとしても上の図形が邪魔をしてうまく選択できないことがある（**図1**）。そんなとき、「選択」ウィンドウを表示させれば、下に隠れた図形を選択し、表示順序や書式を自由に変更できる（**図2**）。

重なり順を変更する基本的な方法から確認しよう。順序を変えたい図形を選択し、「前面へ移動」「背面へ移動」を使って変更する。「テキストの背面へ移動」を選べば、文章の背面に配置することも可能だ（**図3、図4**）。

描いた図形の重なり順を確認するときは、「選択」ウィンドウを開く（**図5**）。このウィンドウでは、ドラッグで図形の重なり順を変更したり、邪魔な図形を非表示にしたりできる（**図6**）。図形をうまく選択できないときにも利用しよう。

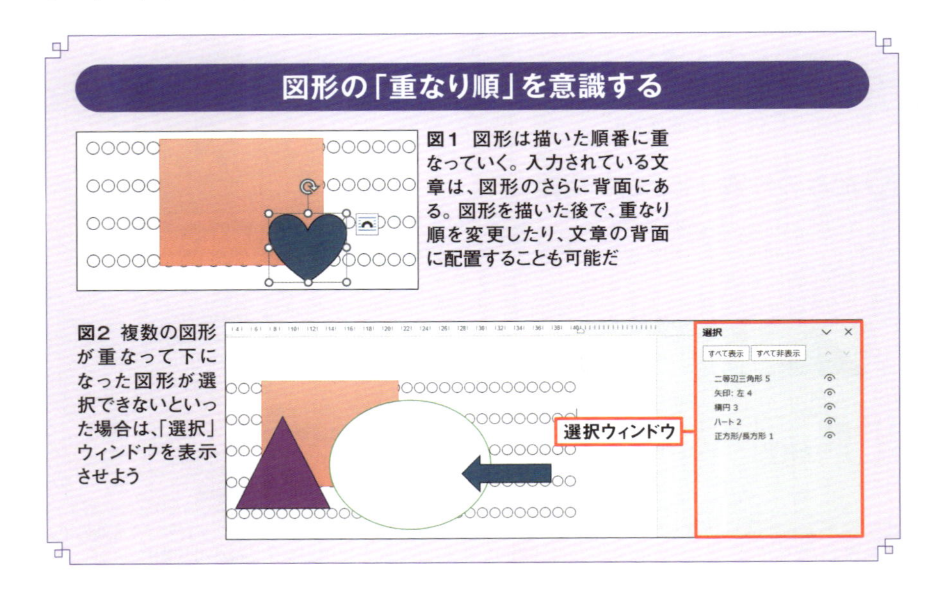

図形の「重なり順」を意識する

図1 図形は描いた順番に重なっていく。入力されている文章は、図形のさらに背面にある。図形を描いた後で、重なり順を変更したり、文章の背面に配置することも可能だ

図2 複数の図形が重なって下になった図形が選択できないといった場合は、「選択」ウィンドウを表示させよう

図形の重なり順を変える

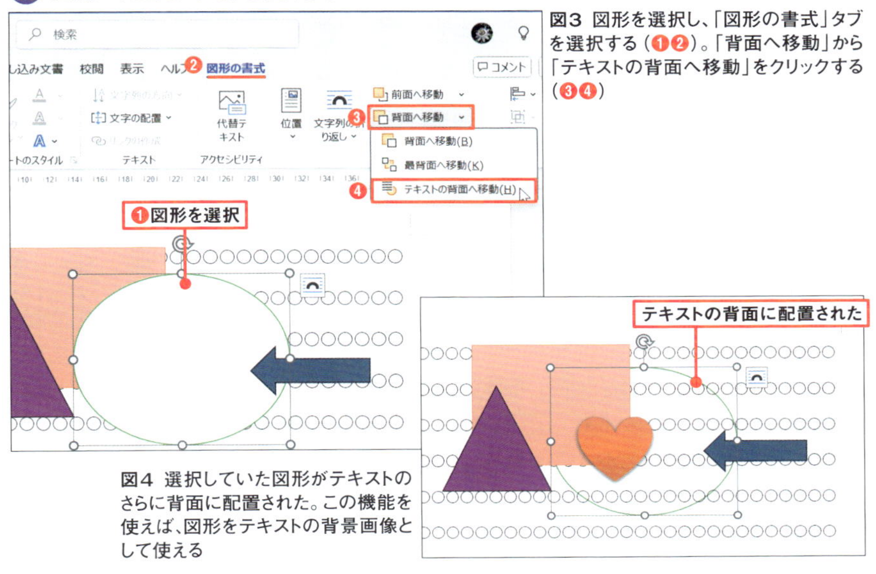

図3 図形を選択し、「図形の書式」タブを選択する（❶❷）。「背面へ移動」から「テキストの背面へ移動」をクリックする（❸❹）

図4 選択していた図形がテキストのさらに背面に配置された。この機能を使えば、図形をテキストの背景画像として使える

「選択」ウィンドウで重なり順を確認・変更

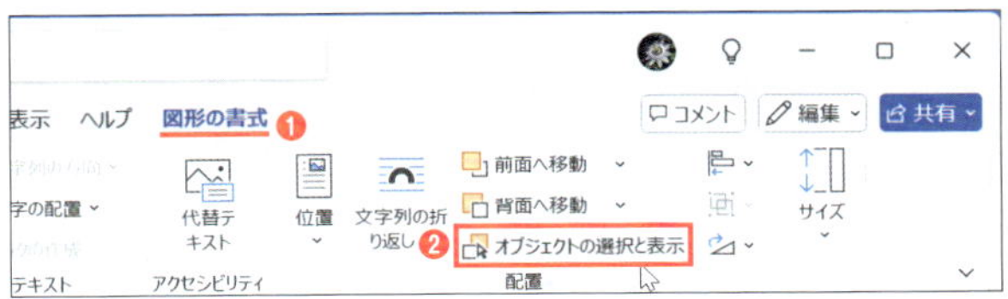

図5 いずれかの図形を選択し、「図形の書式」タブから「オブジェクトの選択と表示」をクリックすると、「選択」ウィンドウが開く（❶❷）

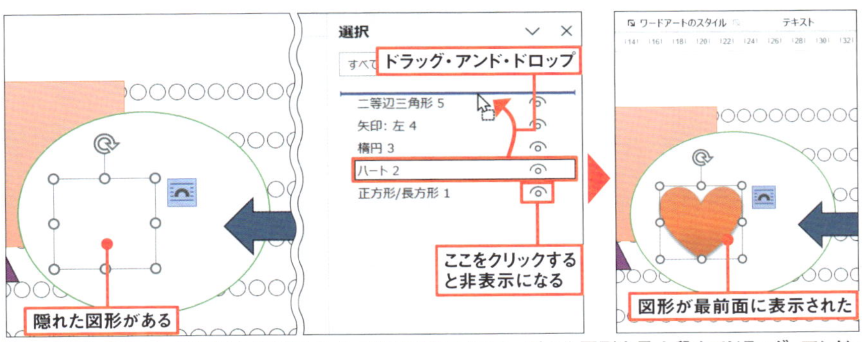

図6 背面に隠れている図形も「選択」ウィンドウには表示される。隠れた図形を最上段までドラッグ・アンド・ドロップすると、最前面に表示できる

Word

Section 09

組織図はSmartArtで手早く作成

組織図は、部課構成や役職名などを示すのに欠かせない。通常は長方形や線を組み合わせて作るため手間がかかり、組織変更の際にはほとんど作り直しになってしまう。Wordなら、「SmartArt（スマートアート）」と呼ばれる図表のひな型を使うことで、デザインを選んで文字を入力するだけで組織図を作れる（**図1**）。デザインやレイアウトもいろいろと選べるので、組織に合う雰囲気に仕上げることも可能だ。

「挿入」タブの「SmartArt」ボタンを押すと、チャート類のひな型が一覧表示される（**図2**）。組織図を作るなら、「階層構造」を選択する。組織の構成や文書の用途などを考えてデザインを選ぼう。ひな型が挿入されたら、表示される「テキストウィンドウ」に文字列を入力すると、組織図に反映される（**図3**）。組織図の図形に直接入力することもできるが、続けて入力するならテキストウィンドウのほうが楽だ。文字数が増えると文字が徐々に小さくなるが、気にせず入力を続けよう。

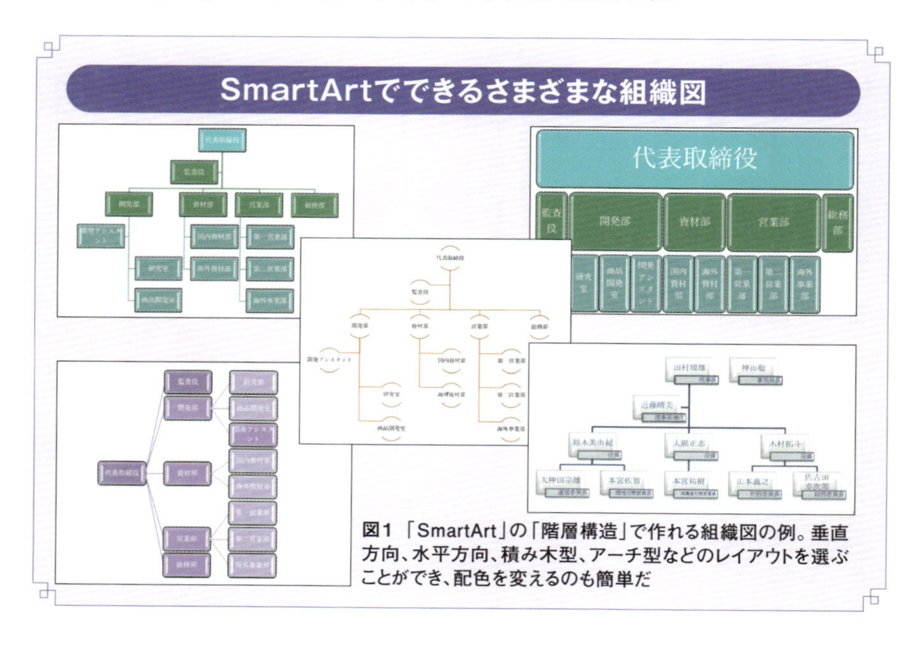

図1 「SmartArt」の「階層構造」で作れる組織図の例。垂直方向、水平方向、積み木型、アーチ型などのレイアウトを選ぶことができ、配色を変えるのも簡単だ

項目が足りない場合は、テキストウィンドウで改行すれば同じ階層に新しい項目を追加できる（**図4**）。下の階層に移動する場合は、「Tab」キーを押す（**図5**）。不要な図形は選択して「Delete」キーを押せば削除できる。

組織図のデザインを決める

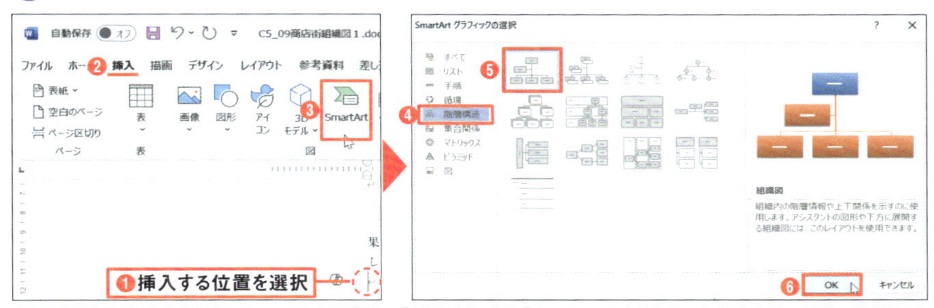

図2 組織図を作る位置にカーソルを移動し、「挿入」タブの「SmartArt」をクリックする（①～③）。左側のカテゴリーで「階層構造」を選択し、枠のレイアウトを選んで「OK」をクリックする（④～⑥）

項目を追加して組織図の構成を整える

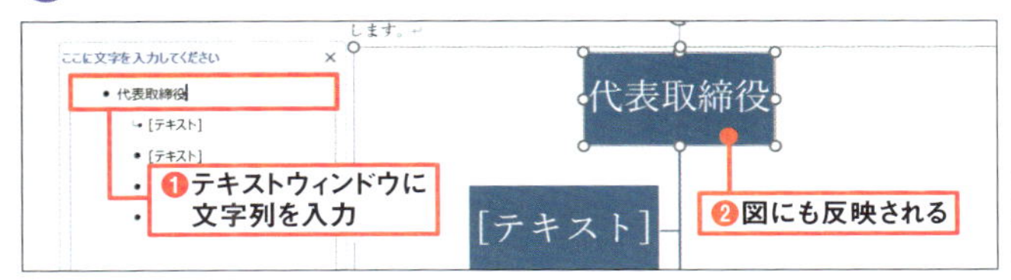

図3 左側に開く「テキストウィンドウ」で上の項目から入力する（①②）［注］

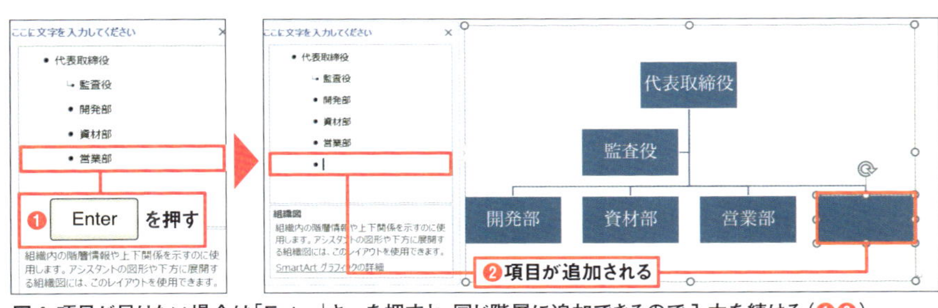

図4 項目が足りない場合は「Enter」キーを押すと、同じ階層に追加できるので入力を続ける（①②）

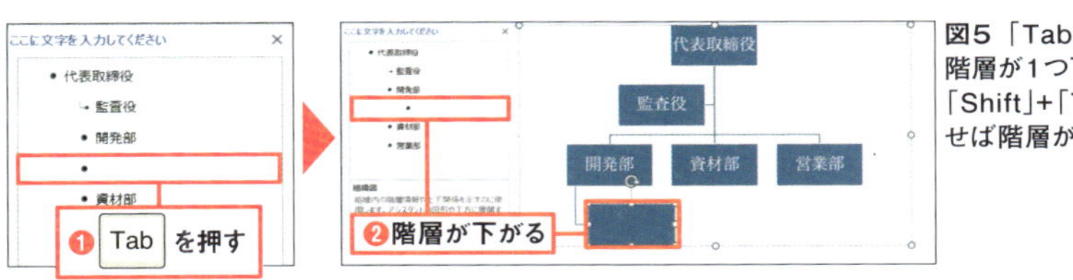

図5 「Tab」キーを押すと階層が1つ下がり（①②）、「Shift」＋「Tab」キーを押せば階層が1つ上がる

［注］テキストウィンドウが表示されない場合は、「SmartArtのデザイン」タブの「テキストウィンドウ」ボタンをクリックする

このひな型には、組織図の本筋とは別に、「アシスタント」と呼ばれる分岐を作れる。この例では、アシスタントに「監査役」を置いた。アシスタントを追加するには、追加する階層を選択し、「図形の追加」ボタンのメニューから「アシスタントの追加」を選択する（**図6**）。必要に応じて図形を追加して、組織図の内容を完成させよう。

組織図のデザインや配色を選ぶ

入力が終わったら、デザインを選ぶ。このひな型はビジネス文書向けのシンプルなデザインだが、プレゼン資料などで目立つデザインが必要な場合は「SmartArtのスタイル」から立体的なデザインを選ぶこともできる（**図7**）。入力後にレイアウトを変更したり、色合いを変えたりすることも可能だ（**図8、図9**）。

関連部署は「アシスタント」で追加

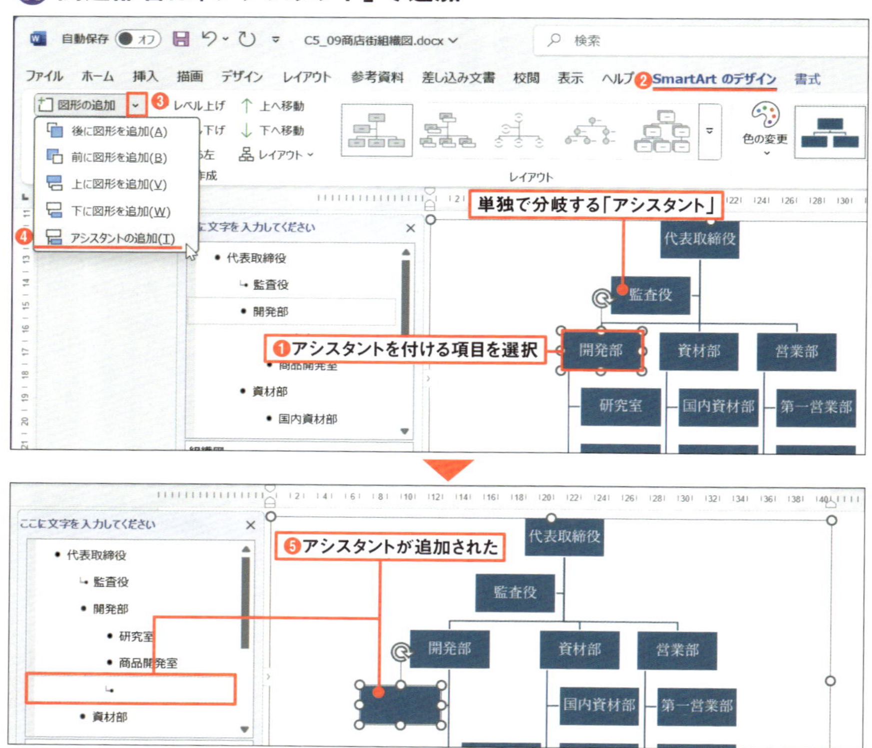

図6 このひな型の場合、単独で分岐する「アシスタント」を追加できる。アシスタントを追加する項目を選び、「SmartArtのデザイン」タブをクリック（❶❷）。「図形の追加」ボタン右の「∨」から「アシスタントの追加」を選択する（❸❹）。選択していた項目にアシスタントが追加される（❺）

Ⓦ クイックスタイルで図形を立体的なデザインに

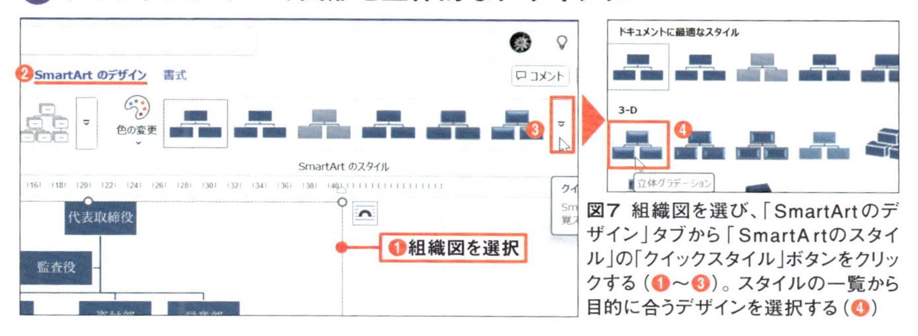

図7 組織図を選び、「SmartArtのデザイン」タブから「SmartArtのスタイル」の「クイックスタイル」ボタンをクリックする（❶～❸）。スタイルの一覧から目的に合うデザインを選択する（❹）

Ⓦ 組織図のレイアウトを水平方向に変更

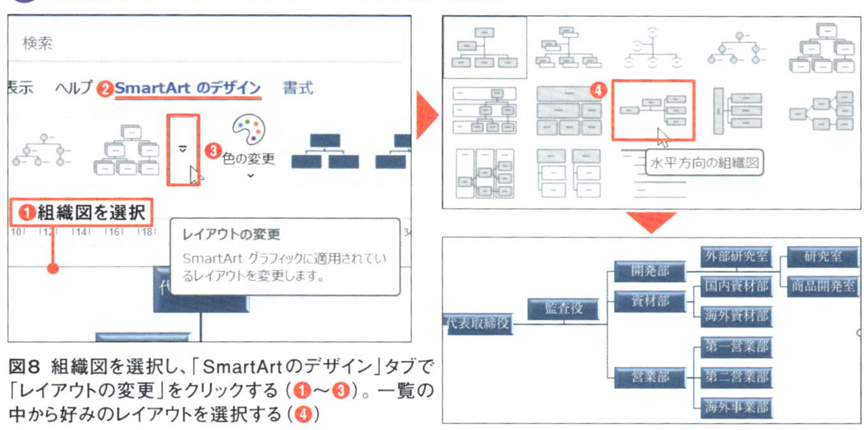

図8 組織図を選択し、「SmartArtのデザイン」タブで「レイアウトの変更」をクリックする（❶～❸）。一覧の中から好みのレイアウトを選択する（❹）

Ⓦ 配色のパターンを変更

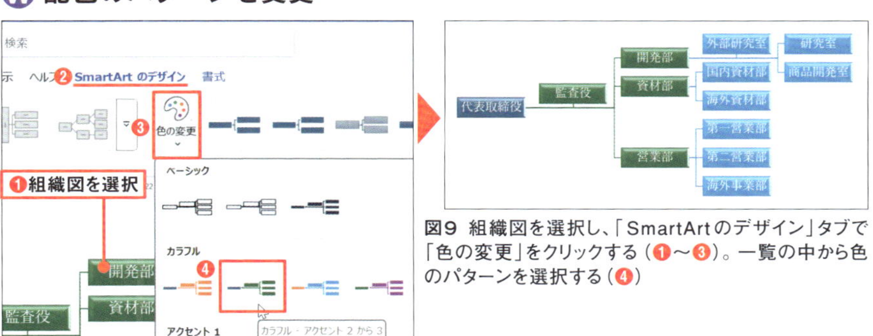

図9 組織図を選択し、「SmartArtのデザイン」タブで「色の変更」をクリックする（❶～❸）。一覧の中から色のパターンを選択する（❹）

Word

Section 10

流れを示すフロー図はSmartArtの得意技

前項ではSmartArtを使って組織図を作ったが、SmartArtではほかにもさまざまな図を作成できる。なかでも作業手順やワークフローを示すフロー図は豊富なデザインが用意されている。文章や箇条書きで説明するよりわかりやすく、インパクトのある図を作れるので、見栄え重視の書類でぜひ使ってみてほしい（**図1**）。

「挿入」タブの「SmartArt」ボタンをクリックし、左側のカテゴリーから「手順」を選ぶ（**図2**）。矢印など、流れを示すひな型が表示されるので、用途に応じてデザインを選ぶ。ここでは「強調ステップ」を選択した。

入力用のテキストウィンドウを使って、左から順に内容を入力していく（**図3**）。項目が足りない場合は、「Enter」キーを押せば同じ階層に項目を追加できる（**図4**）。階層を上げるには、項目を作成後、「Shift」+「Tab」キーを押す（**図5**）。

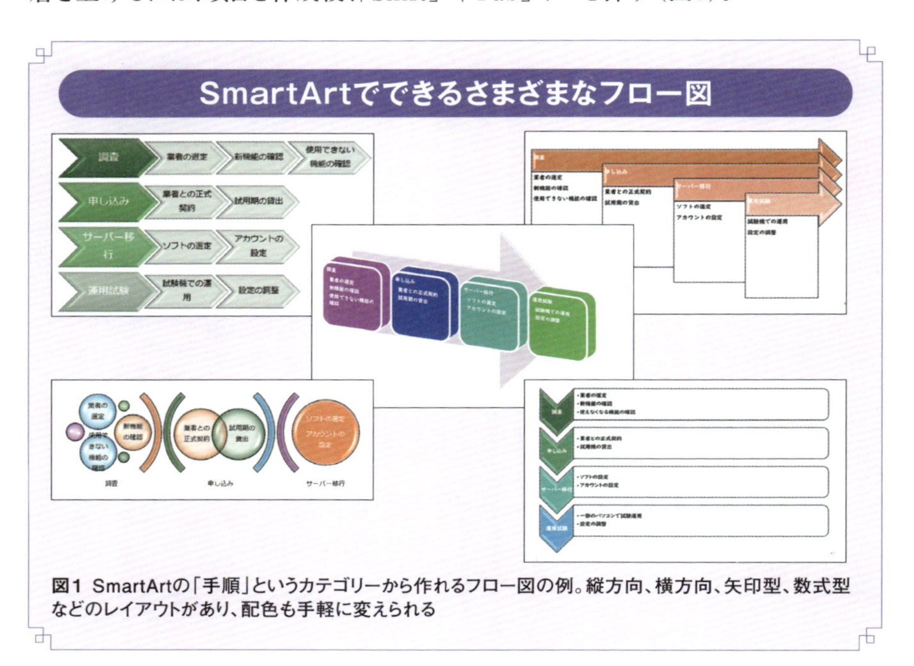

図1 SmartArtの「手順」というカテゴリーから作れるフロー図の例。縦方向、横方向、矢印型、数式型などのレイアウトがあり、配色も手軽に変えられる

フロー図のデザインを決める

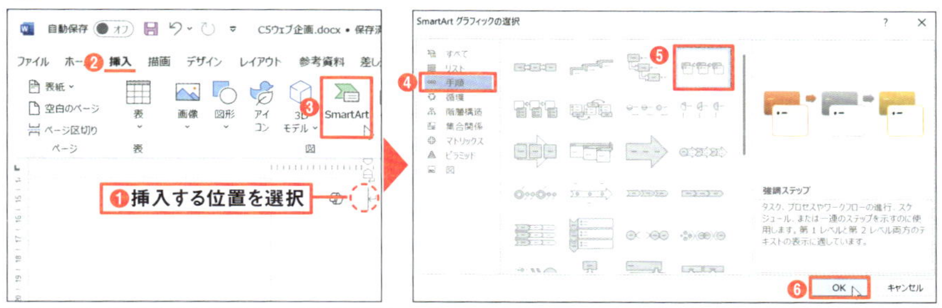

図2 フロー図を作る位置にカーソルを移動し、「挿入」タブの「SmartArt」をクリックする（❶〜❸）。左側のカテゴリーで「手順」を選択し、枠のレイアウト（ここでは「強調ステップ」）を選んで「OK」を押す（❹〜❻）

項目を追加してフロー図の内容を入力する

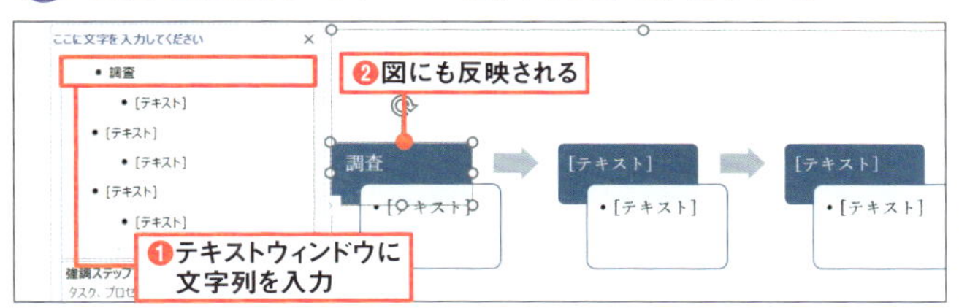

図3 左側に開くテキストウィンドウで左の項目から入力する（❶❷）[注]

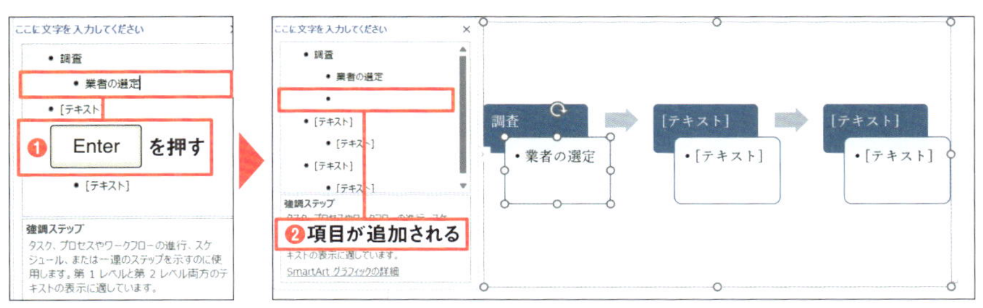

図4 項目が足りない場合は「Enter」キーを押すと、同じ階層に追加できるので入力を続ける（❶❷）

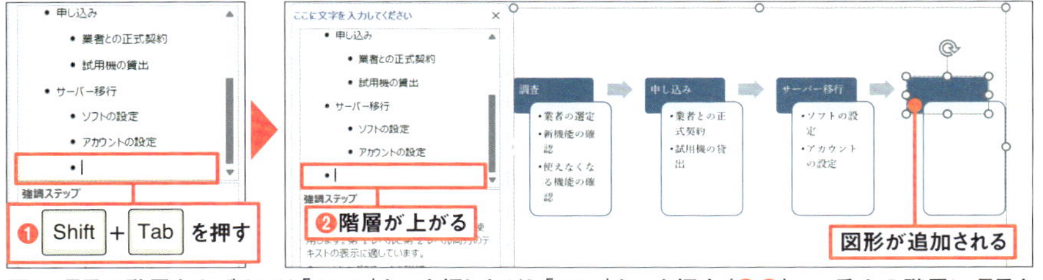

図5 項目の階層を上げるには「Shift」キーを押しながら「Tab」キーを押す（❶❷）。一番上の階層に項目を追加することで、図形を追加することができる

[注]テキストウィンドウが表示されない場合は、「SmartArtのデザイン」タブの「テキストウィンドウ」ボタンをクリックする

この例では、項目ごとの見出しを大きくしたい。外枠をドラッグして図全体の大きさを調整することもできるが、ここでは別のレイアウトに変更した（**図6～図8**）。レイアウト変更は何度でもできるので、文字とのバランスを見て検討しよう。

続いてデザインを選ぶ。「SmartArtのスタイル」から立体的なデザインを選ぶこともできる（**図9**）。色合いを変えたり、全体のフォントをまとめて変えることも可能だ（**図10、図11**）。

図全体のレイアウトを選び直す

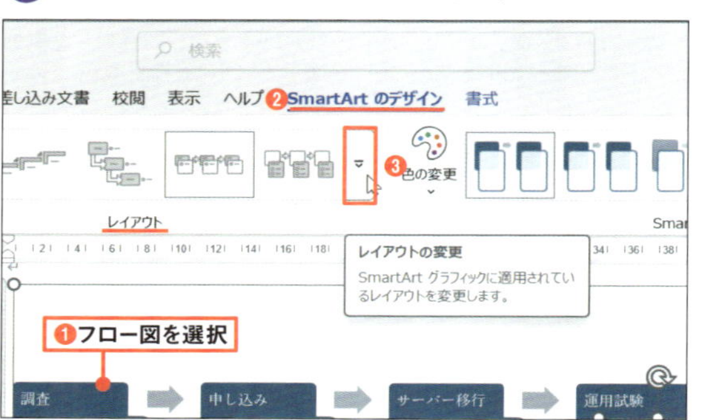

図6 フロー図を選び、「SmartArtのデザイン」タブで「レイアウト」の「レイアウトの変更」ボタンをクリックする（❶～❸）

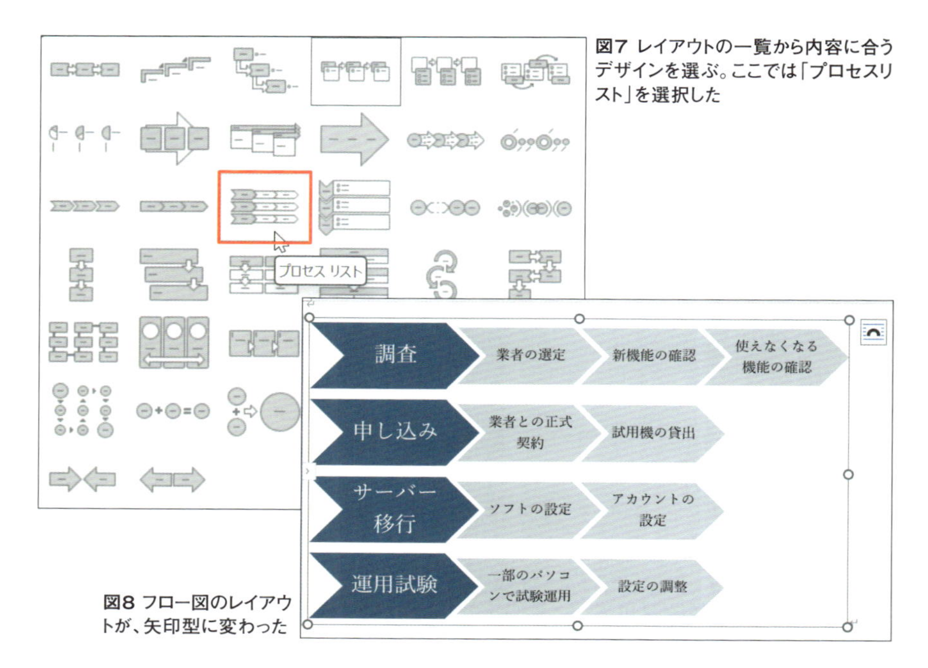

図7 レイアウトの一覧から内容に合うデザインを選ぶ。ここでは「プロセスリスト」を選択した

図8 フロー図のレイアウトが、矢印型に変わった

クイックスタイルで図形のデザインを変更

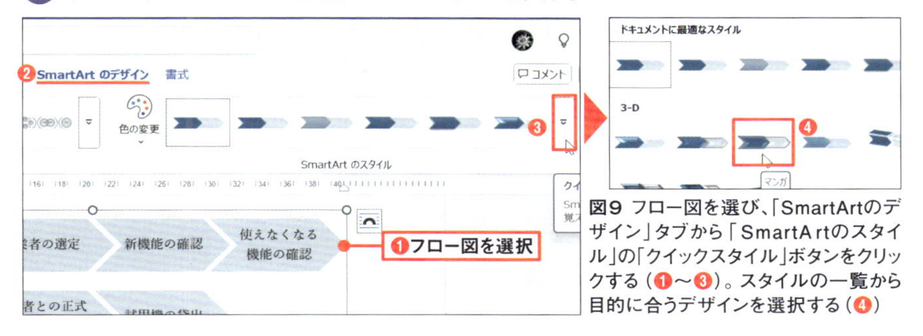

図9 フロー図を選び、「SmartArtのデザイン」タブから「SmartArtのスタイル」の「クイックスタイル」ボタンをクリックする（❶〜❸）。スタイルの一覧から目的に合うデザインを選択する（❹）

配色のパターンを変更

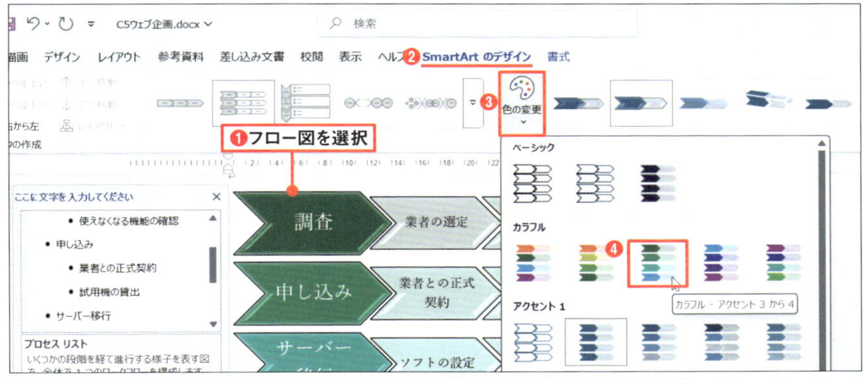

図10 フロー図を選択し、「SmartArtのデザイン」タブで「色の変更」をクリックする（❶〜❸）。一覧の中から色のパターンを選択する（❹）

フロー図全体のフォントを変更

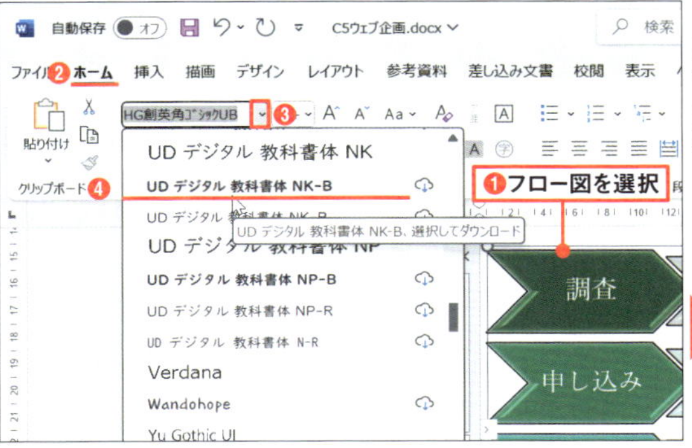

図11 フロー図を選択し、「ホーム」タブで「フォント」の一覧から図に合うフォントを選ぶ（❶〜❹）。フロー全体のフォントが変わる（❺）

SmartArtでリストを循環図にまとめる

複数の項目は箇条書きとしてまとめるのもよいが、プレゼン資料などでインパクトが必要なら循環図にしてみるのはいかがだろう。項目を矢印や線でつなげることで、順序や関わりを示す循環図は、図形で作ろうとすれば面倒だが、SmartArtなら箇条書きと同じくらい簡単に作れる。

SmartArtを起動したら、左側のカテゴリーから「循環」を選ぶ（**図1、図2**）。循環図や放射図のひな型が表示されるので、用途に応じてデザインを選ぶ。ここでは中心の要素との関係を示す「矢印付き放射」を選択した。

入力用のテキストウィンドウを使って、上から順に内容を入力していく（**図3**）。項目が足りない場合は、「Enter」キーを押せば図形を追加できる（**図4**）。

続いてデザインを選ぶ。「SmartArtのスタイル」から立体的なデザインを選ぶこともできる（**図5**）。色合いを変えることも簡単だ（**図6**）。

循環図のデザインを決める

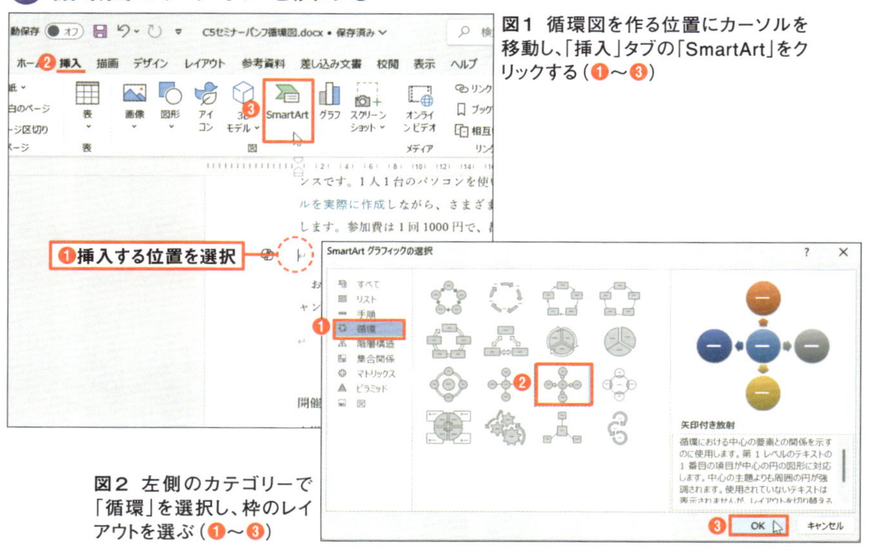

図1 循環図を作る位置にカーソルを移動し、「挿入」タブの「SmartArt」をクリックする（❶～❸）

図2 左側のカテゴリーで「循環」を選択し、枠のレイアウトを選ぶ（❶～❸）

Ⓦ 項目を追加して循環図の内容を入力する

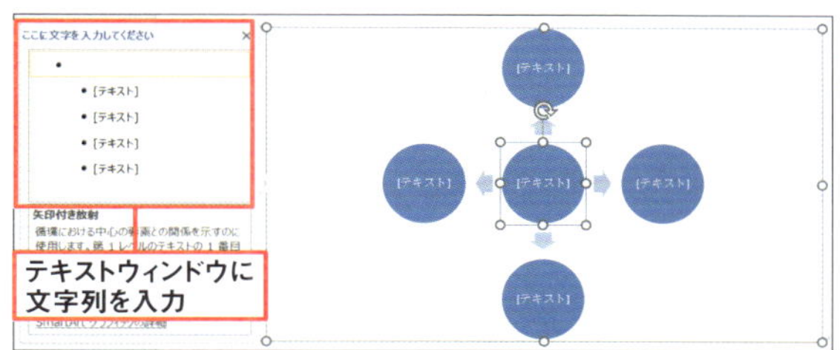

図3 選択したひな型が挿入される。左側に開くテキストウィンドウで文字列を入力すると、循環図に反映される［注］

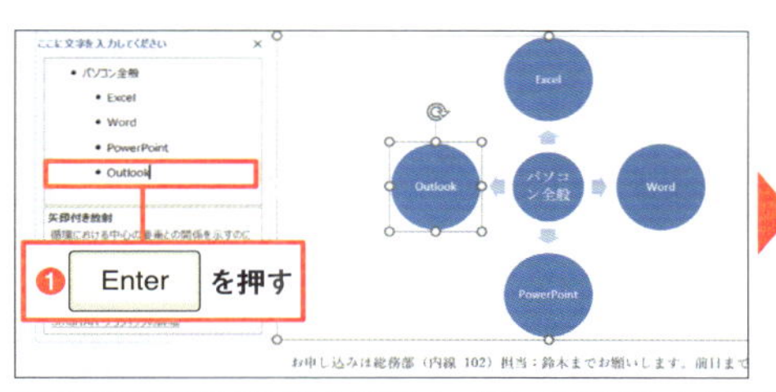

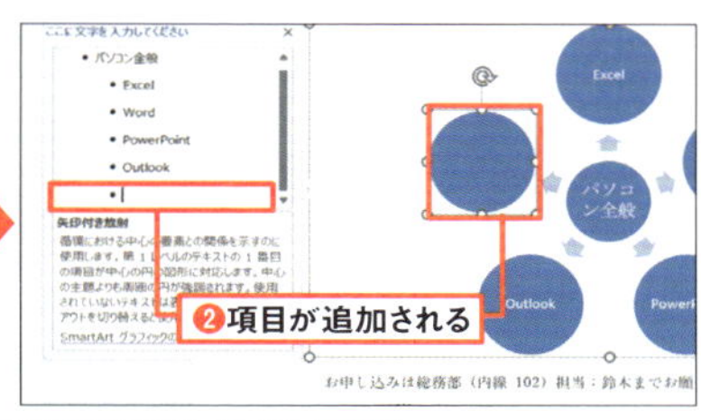

図4 項目が足りない場合は「Enter」キーを押すと、同じ階層に項目を追加できる（❶❷）

Ⓦ クイックスタイルで図形のデザインを変更

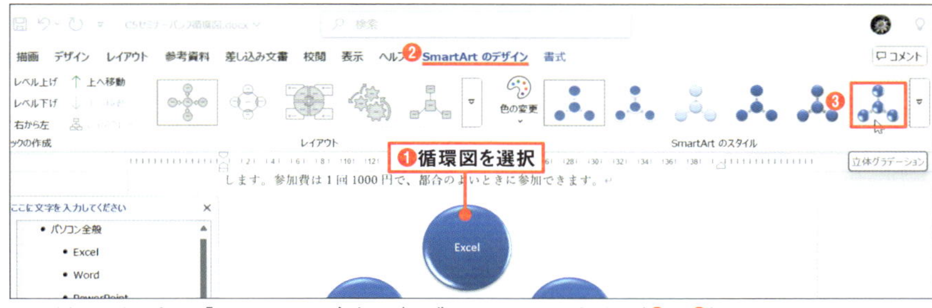

図5 循環図を選択し、「SmartArtのデザイン」タブでスタイルを選択する（❶～❸）

Ⓦ 配色のパターンを変更

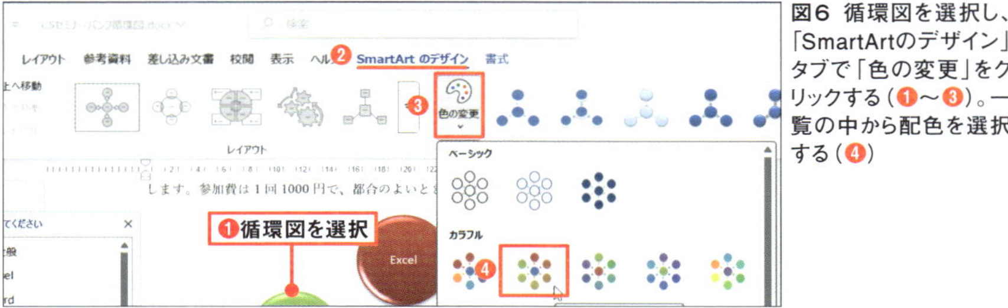

図6 循環図を選択し、「SmartArtのデザイン」タブで「色の変更」をクリックする（❶～❸）。一覧の中から配色を選択する（❹）

［注］テキストウィンドウが表示されない場合は、「SmartArtのデザイン」タブの「テキストウィンドウ」ボタンをクリックする

Word

Section 12

「テーマ」を使えば配色やフォントを瞬時に変更

3分時短

作成した文書を流用するのは時短に効果的だ。「色合いを変えたい」「雰囲気が合わない」といった場合には、「テーマ」を変更してみよう。

テーマには、配色、フォント、スタイルなど、一連のデザイン要素がまとめて登録されている。テーマを変更することで、内容はそのままで、文字デザインや配色がガラッと変わる(**図1、図2**)。

テーマを変えるとイメージが変わる

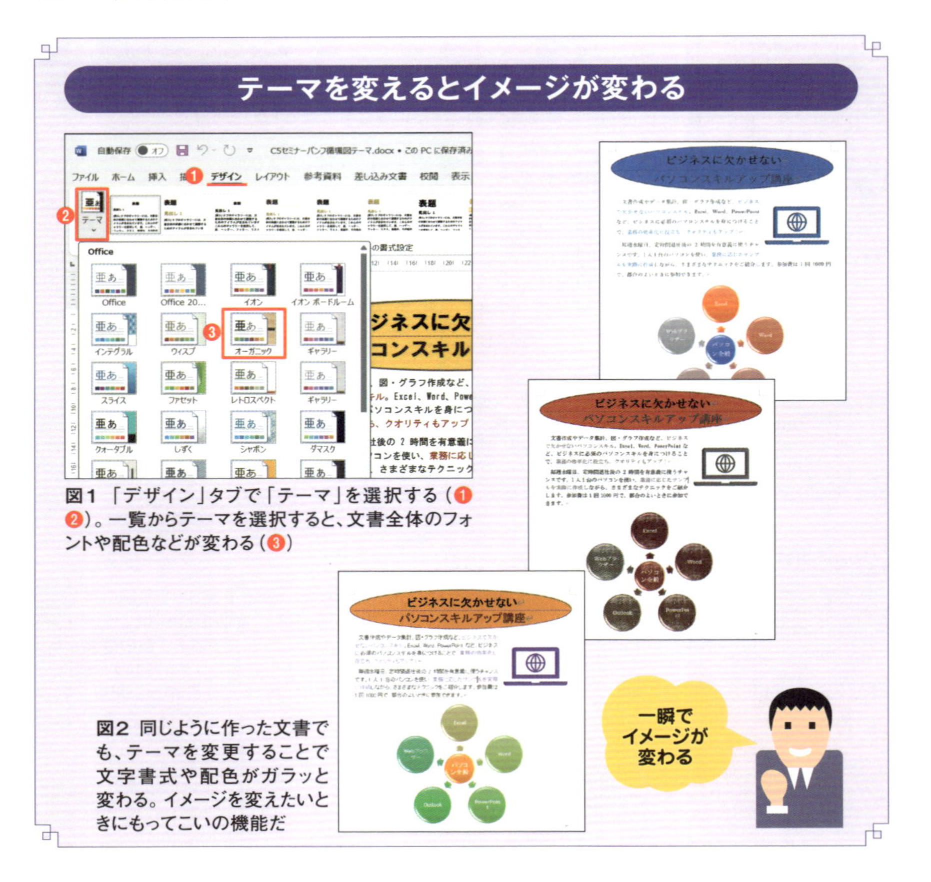

図1 「デザイン」タブで「テーマ」を選択する(❶❷)。一覧からテーマを選択すると、文書全体のフォントや配色などが変わる(❸)

図2 同じように作った文書でも、テーマを変更することで文字書式や配色がガラッと変わる。イメージを変えたいときにもってこいの機能だ

ただし、テーマで変更されるのは、「テーマの色」「テーマのフォント」など、テーマごとに設定された書式のみだ（**図3**）。それ以外の色やフォントを使った場合は、テーマを変えても変更されない。「この文書はほかの機会に流用できそうだな」と思ったら、テーマの色やフォントを使って作成しておくと変更しやすいということだ。

選んだテーマの「色だけ気に入らない」「全体的にフォントを変えたい」といった場合は、「デザイン」タブで一部の設定だけを変更することもできる（**図4、図5**）。

Ⓦ テーマを効果的に使うには、最初の設定が肝心

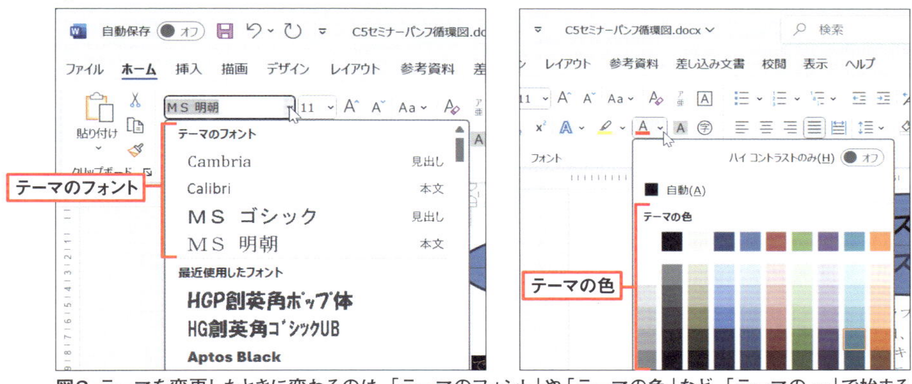

図3 テーマを変更したときに変わるのは、「テーマのフォント」や「テーマの色」など、「テーマの…」で始まる書式だけだ。書式設定時にこれらの書式を使っておくと、テーマ変更の威力を発揮しやすい

Ⓦ テーマの配色やフォントのみを変更

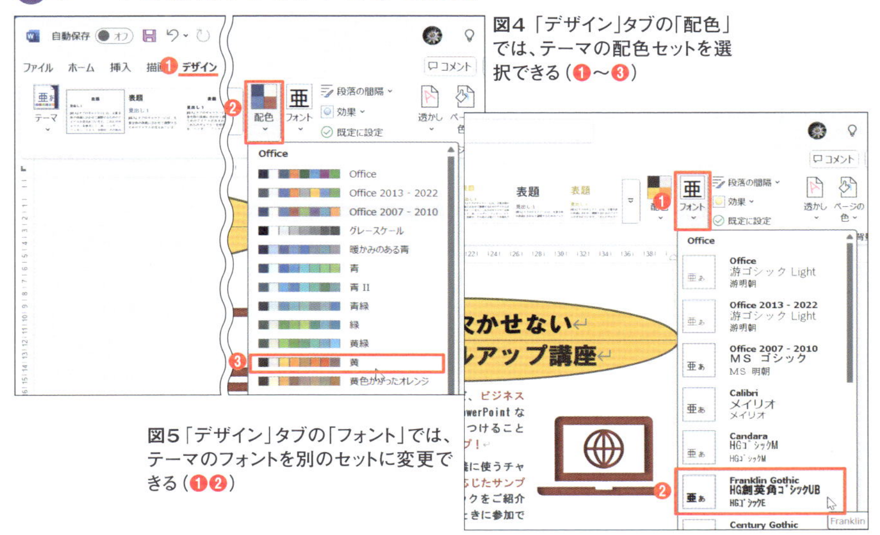

図4 「デザイン」タブの「配色」では、テーマの配色セットを選択できる（❶〜❸）

図5 「デザイン」タブの「フォント」では、テーマのフォントを別のセットに変更できる（❶❷）

Word

Section 13

アイコンや3Dモデルでイラスト作成の手間を省く

ビル、交通機関、パソコンなど、ちょっとしたイラストがあるだけで、印象が和らいだり、内容がわかりやすくなったりするものだ。招待状やプレゼン資料など、ビジネス文書の中でも、イラストが必要な文書は多い。とはいえ、イラストを自作するのは難しいし時間もかかる。そんなときは、「アイコン」を開いてみよう(**図1**)[注]。

アイコンには、ビジネス文書でも使えるスッキリした印象の線画が豊富に用意されている(**図2**)。アイコンは小さな画像だが、拡大したり、色を変えたりすることで、幅広い文書に利用できる。アイコンを挿入する位置を選び、「挿入」タブの「アイコン」をクリックして、一覧から使いたいものを選ぶ。

立体的なイラストも付属している。「3Dモデル」から使いたいイラストを探そう(**図3、図4**)。挿入したイラストのレイアウトオプションは初期設定では「前面」になっているので、本文の文字列をよけて配置したいときには「四角形」などを選択する(**図5**)。3Dモデルはドラッグで角度の変更も可能だ(**図6**)。

Wordに用意されているさまざまなアイコン

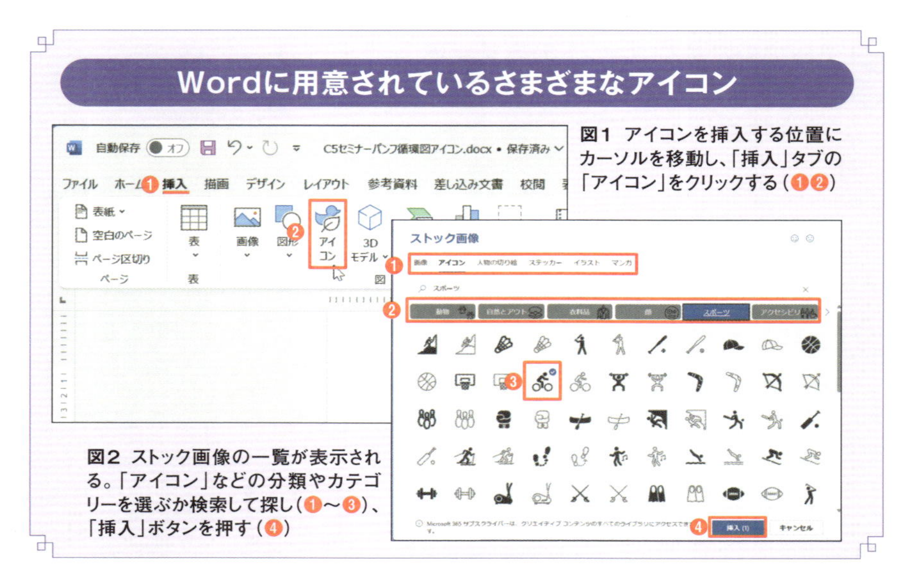

図1 アイコンを挿入する位置にカーソルを移動し、「挿入」タブの「アイコン」をクリックする(❶❷)

図2 ストック画像の一覧が表示される。「アイコン」などの分類やカテゴリーを選ぶか検索して探し(❶〜❸)、「挿入」ボタンを押す(❹)

[注]アイコンや3Dモデルの機能は、Microsoft 365版、または永続ライセンス版のWord 2019以降で利用でき、永続ライセンス版のWord 2016以前では利用できない

3Dモデルを挿入する

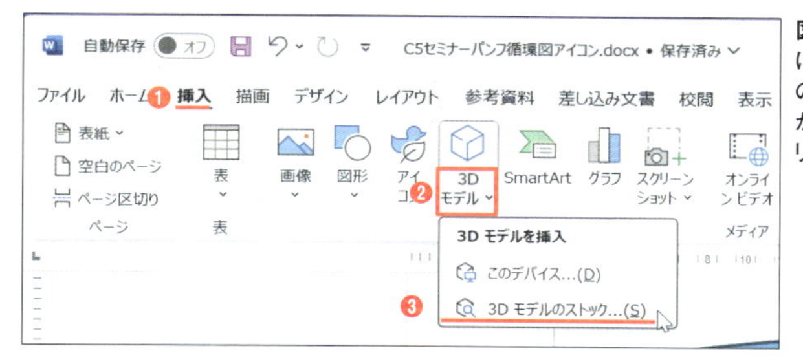

図3 3Dモデルを挿入する位置にカーソルを移動し、「挿入」タブの「3Dモデル」ボタンのメニューから「3Dモデルのストック」をクリックする（❶〜❸）

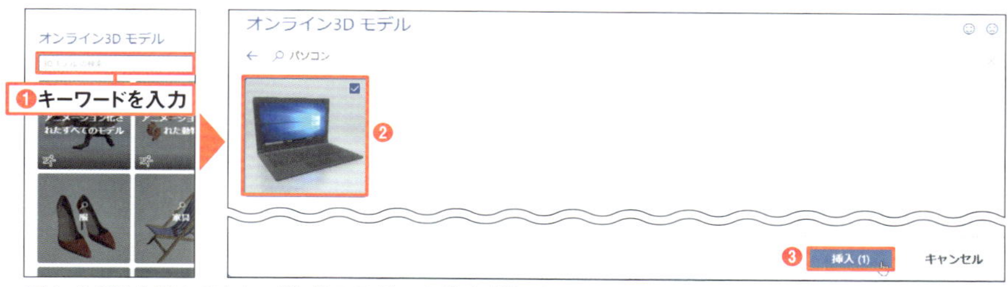

図4 分類から選んでもよいが、「3Dモデルの検索」欄にキーワードを入力して欲しい3Dモデルを探したほうが早い（❶）。3Dモデルが見つかったらクリックで選択し、「挿入」をクリックする（❷❸）

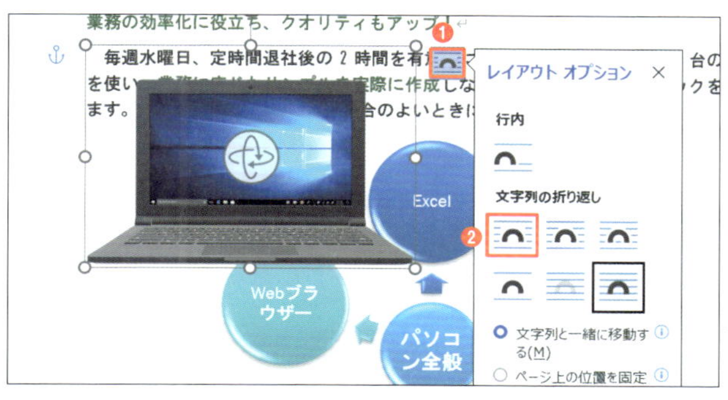

図5 選んだ3Dモデルがカーソル位置に挿入される。「レイアウトオプション」をクリックして「四角形」を選ぶと、本文が3Dモデルをよけて配置される（❶❷）。サイズや位置を調整しよう

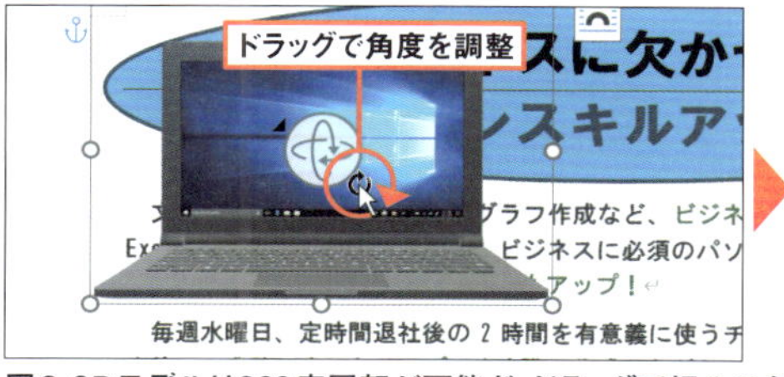

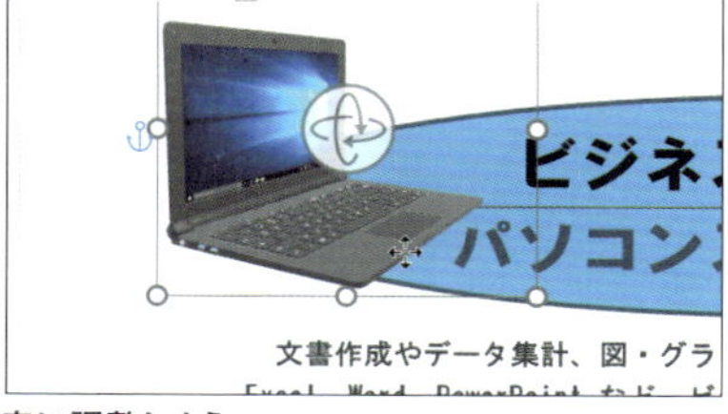

図6 3Dモデルは360度回転が可能だ。ドラッグで好みの角度に調整しよう

Word

Section 14

一緒に動かしたい図形はグループ化してまとめる

1分時短

図形を組み合わせて概念図や地図を作った場合、うっかりドラッグして一部の図形だけがズレてしまうことがある。そうしたミスをしないように、図形は「グループ化」してまとめておこう。すると移動やコピーもまとめてできるようになる（**図1、図2**）。テキストボックスを使って図や写真にキャプション（図番や説明文）を付けた場合も同様だ。図とキャプションがズレないよう、グループ化しておこう。

図形をまとめてグループ化

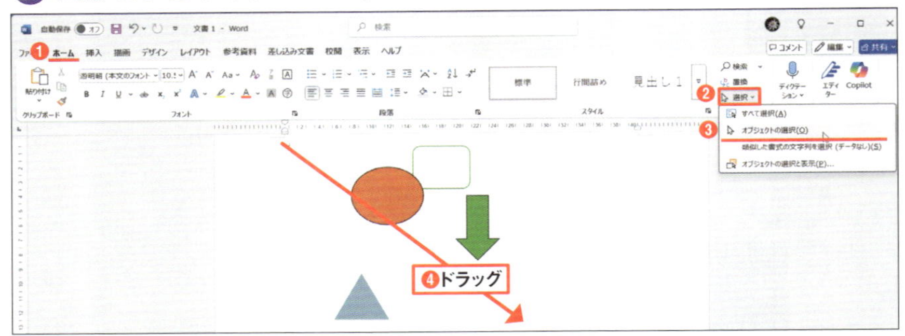

図1 グループ化する図形をすべて選択する。「ホーム」タブの「選択」から「オブジェクトの選択」を選ぶと、ドラッグでまとめて選択できる（❶～❹）。図形の追加や選択解除は「Shift」キーを押しながらクリックする

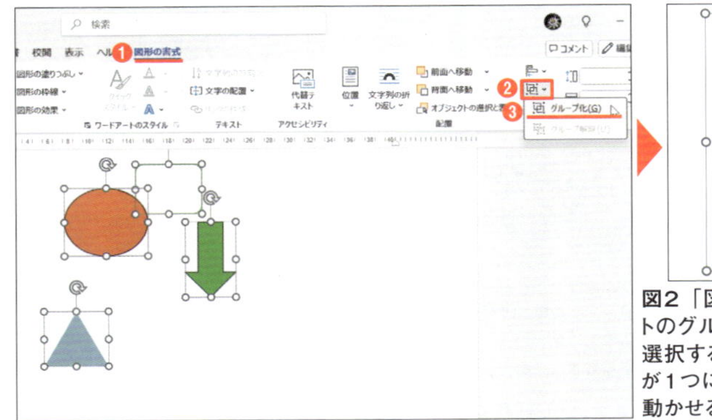

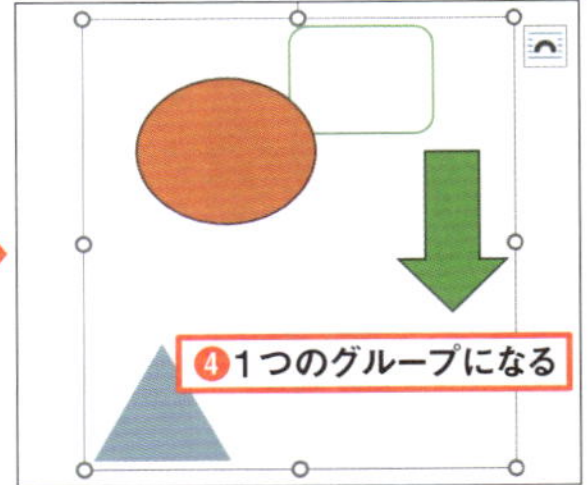

図2 「図形の書式」タブで「オブジェクトのグループ化」から「グループ化」を選択する（❶～❸）。選択していた図形が1つにまとまり、1つの図形のように動かせるようになる（❹）

Word

第6章

厄介な作表機能をマスターして効率化

ビジネス文書では、項目を表にまとめることがよくある。Wordの作表機能は豊富で、コツさえつかめば不規則な表でも手早く作れる。計算機能はExcelに及ばないとはいえ、簡単な計算ならWordでも可能だ。Wordならではの便利な使い方を身に付ければ、Excelとの役割分担もしやすくなる。

- 表のデザインはスタイルから選ぶだけ
- 不規則な表は手書き感覚で簡単作成
- 表内の文字配置をバランス良く整える
- Wordの表でも計算式や関数が使える　ほか

Word

Section 01

表全体のデザインは「表のスタイル」で選ぶだけ

Wordでは「挿入」タブにある「表」ボタンから表を追加できるが、見出し行を目立たせたり、大きい表なら1行置きに塗り色を変えたりすると、わかりやすい表になる。しかし、罫線、色、フォントなどを個別に設定して見やすく仕上げるのは手間がかかる。そこで**「表のスタイル」機能の出番。サンプルから選ぶだけでシンプルな表からカラフルな表まで一瞬でデザインを設定**できる（**図1**）。

表のどこかを選ぶと「テーブルデザイン」タブと「テーブルレイアウト」タブが表示される。「テーブルデザイン」タブの「表のスタイル」から文書に合うスタイルを選べば、表全体にスタイルが適用される（**図2**）。「表のスタイル」では、初期設定で「タイトル行」と「最初の列」が目立つ書式になっているものが多いが、不要な場合は「表スタイルのオプション」で外せばよい（**図3**）。同様に、1行置きの塗り色が不要なら、「縞模様（行）」のチェックを外せば、均一な塗り色になる。適用したスタイルを解除する場合、「表のスタイル」の一覧で「クリア」を選ぶと、基本の罫線までなくなってしまう。罫線だけのデザインに戻すなら、「表のスタイル」から「表（格子）」を選ぼう。

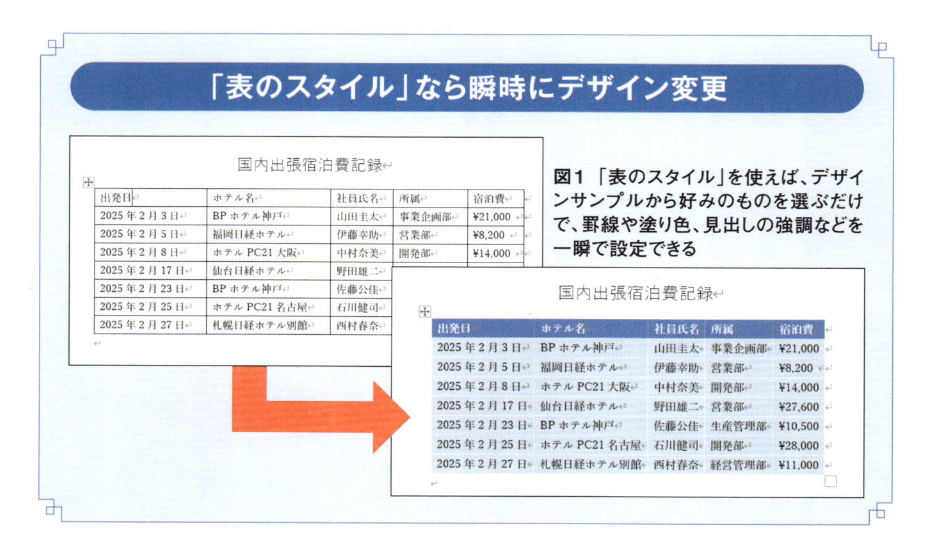

「表のスタイル」なら瞬時にデザイン変更

国内出張宿泊費記録

出発日	ホテル名	社員氏名	所属	宿泊費
2025年2月3日	BPホテル神戸	山田圭太	事業企画部	¥21,000
2025年2月5日	福岡日経ホテル	伊藤幸助	営業部	¥8,200
2025年2月8日	ホテルPC21大阪	中村奈美	開発部	¥14,000
2025年2月17日	仙台日経ホテル	野田雄二		
2025年2月23日	BPホテル神戸	佐藤公佳		
2025年2月25日	ホテルPC21名古屋	石川健司		
2025年2月27日	札幌日経ホテル別館	西村春奈		

国内出張宿泊費記録

出発日	ホテル名	社員氏名	所属	宿泊費
2025年2月3日	BPホテル神戸	山田圭太	事業企画部	¥21,000
2025年2月5日	福岡日経ホテル	伊藤幸助	営業部	¥8,200
2025年2月8日	ホテルPC21大阪	中村奈美	開発部	¥14,000
2025年2月17日	仙台日経ホテル	野田雄二	営業部	¥27,600
2025年2月23日	BPホテル神戸	佐藤公佳	生産管理部	¥10,500
2025年2月25日	ホテルPC21名古屋	石川健司	開発部	¥28,000
2025年2月27日	札幌日経ホテル別館	西村春奈	経営管理部	¥11,000

図1　「表のスタイル」を使えば、デザインサンプルから好みのものを選ぶだけで、罫線や塗り色、見出しの強調などを一瞬で設定できる

表のスタイルからデザインを選ぶ

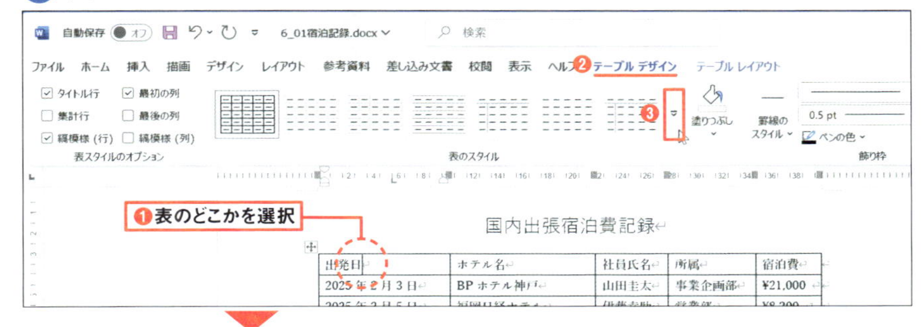

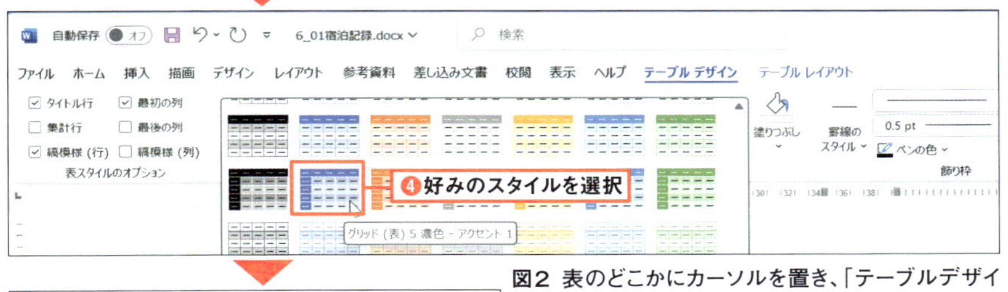

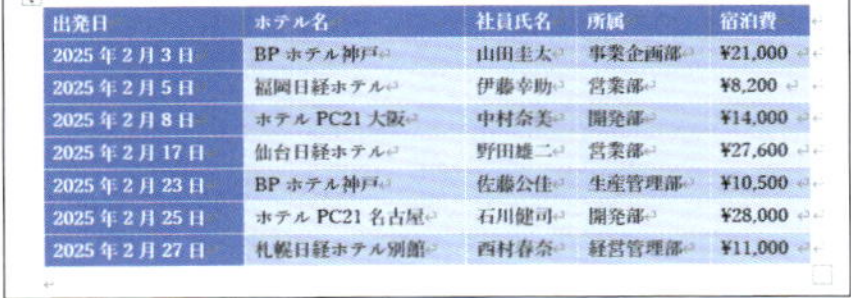

出発日	ホテル名	社員氏名	所属	宿泊費
2025 年 2 月 3 日	BP ホテル神戸	山田圭太	事業企画部	¥21,000
2025 年 2 月 5 日	福岡日経ホテル	伊藤幸助	営業部	¥8,200
2025 年 2 月 8 日	ホテル PC21 大阪	中村奈美	開発部	¥14,000
2025 年 2 月 17 日	仙台日経ホテル	野田雄二	営業部	¥27,600
2025 年 2 月 23 日	BP ホテル神戸	佐藤公佳	生産管理部	¥10,500
2025 年 2 月 25 日	ホテル PC21 名古屋	石川健司	開発部	¥28,000
2025 年 2 月 27 日	札幌日経ホテル別館	西村春奈	経営管理部	¥11,000

図2 表のどこかにカーソルを置き、「テーブルデザイン」タブにある「表のスタイル」の「▼」ボタンをクリックする（❶～❸）。表示されたスタイルの一覧から、文書に合うスタイルを選択する（❹）

不要なスタイルを解除する

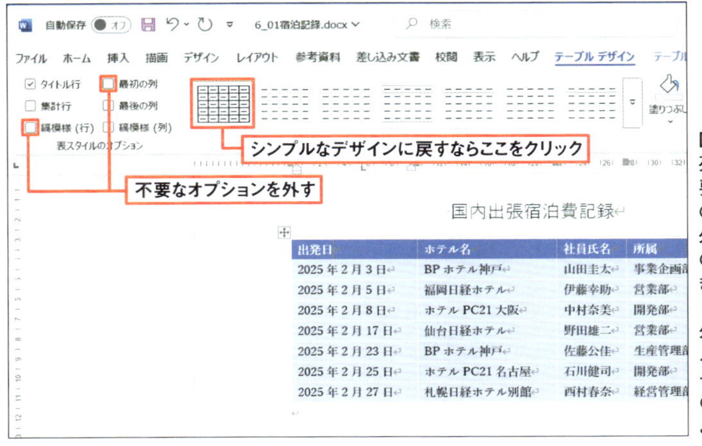

図3 この表では、1列目を強調する必要はないので「最初の列」のチェックを外す。また、1行おきの塗り色は目立ちすぎるので「縞模様（行）」もチェックを外した。「表のスタイル」を解除するなら、一覧から罫線のみのデザインを選ぶとよい

Word

Section 02

表の各列の幅はドラッグするより自動調整

表の列の幅は、罫線をドラッグすれば変更できる。しかし、1つの列幅を広げると、別の列幅が狭まるなど、ドラッグでの調整は思うようにいかないことが多い（**図1**）。一般的な表であれば、「文字列の幅に自動調整」を使って文字列の長さに応じた幅にするのが、手早く列幅を調整するコツだ（**図2**）。

文字列の幅ギリギリだと窮屈に見える場合は、「ウィンドウ幅に自動調整」を選ぶと、表が本文の幅いっぱいまで広がる（**図3**）。これで各列に余白ができ、見やすい表になる。

ドラッグでの列幅調整は楽じゃない

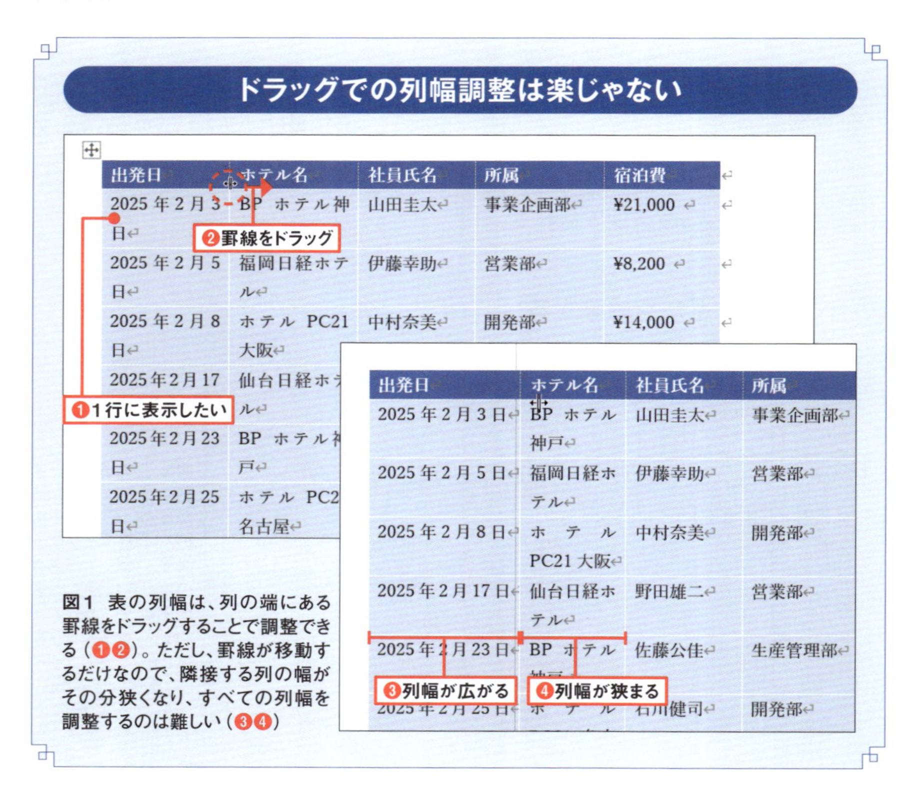

図1 表の列幅は、列の端にある罫線をドラッグすることで調整できる（❶❷）。ただし、罫線が移動するだけなので、隣接する列の幅がその分狭くなり、すべての列幅を調整するのは難しい（❸❹）

文字列の幅に応じて列幅を自動調整

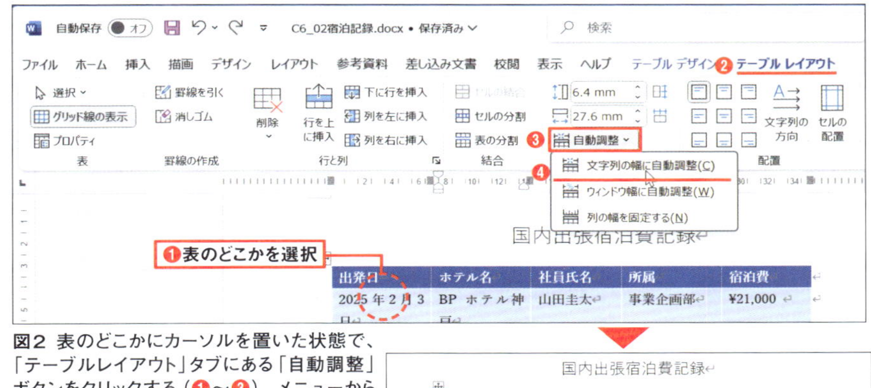

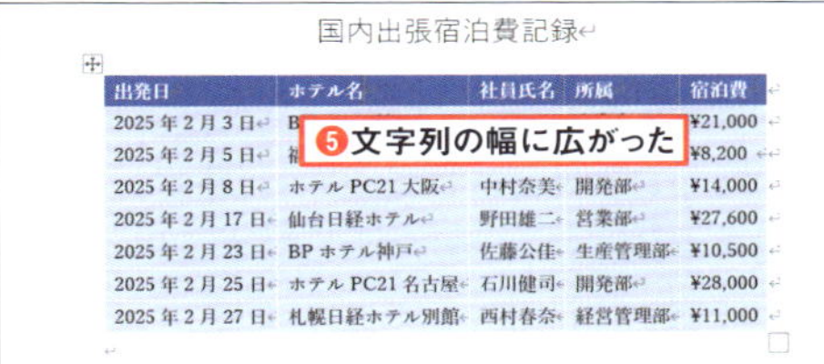

図2 表のどこかにカーソルを置いた状態で、「テーブルレイアウト」タブにある「自動調整」ボタンをクリックする（❶～❸）。メニューから「文字列の幅に自動調整」を選ぶと、文字列の幅に応じて表の列幅が調整される（❹❺）

本文の幅に合わせて列幅を自動調整

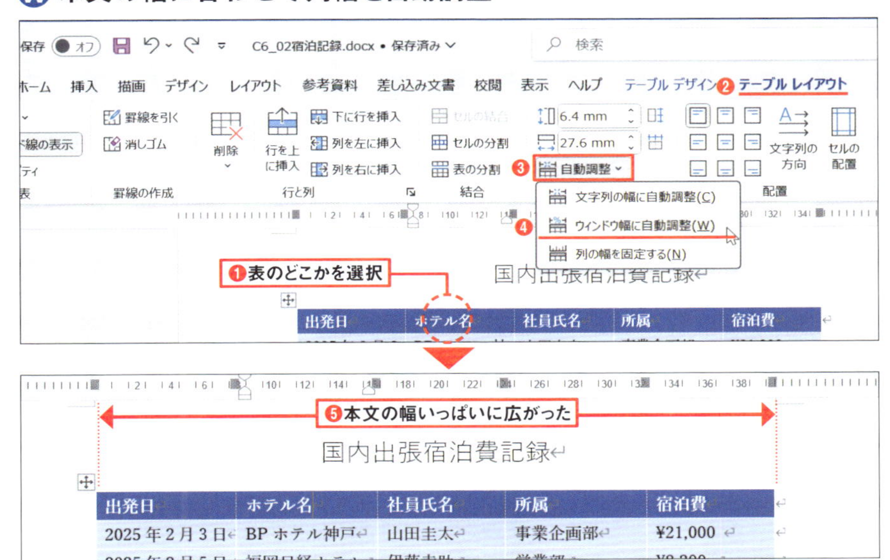

図3 表のどこかにカーソルを置いた状態で、「テーブルレイアウト」タブにある「自動調整」をクリック（❶～❸）。「ウィンドウ幅に自動調整」を選ぶと、表が本文の幅いっぱいになるように調整される（❹❺）

列の幅や行の高さをワンクリックで均等に

行の高さや列の幅がバラついていると、見栄えが悪い。手作業でも、数値指定でも、一度でピタリと揃えるのは難しい。そんなときは、「高さを揃える」ボタンや「幅を揃える」ボタンを使って自動で揃えよう。

表全体で行の高さを均一にしたいなら、表のどこかにカーソルを置いた状態で、「高さを揃える」ボタンを押す（**図1**）。この例では、一部のセルの文字数が多く2行になっているため、その行に合わせて表全体の高さが広がった。

一部の行や列だけを均等にしたいなら、対象となる行や列を選択してから操作する（**図2、図3**）。列の幅を均等にする場合、表全体の幅は変えずに、均等になるよう列幅が調整される。

高さや幅は数値で正確に指定することもできる。揃えたい行や列を選択し、「テーブルレイアウト」タブで「高さ」や「幅」を入力する（**図4、図5**）。

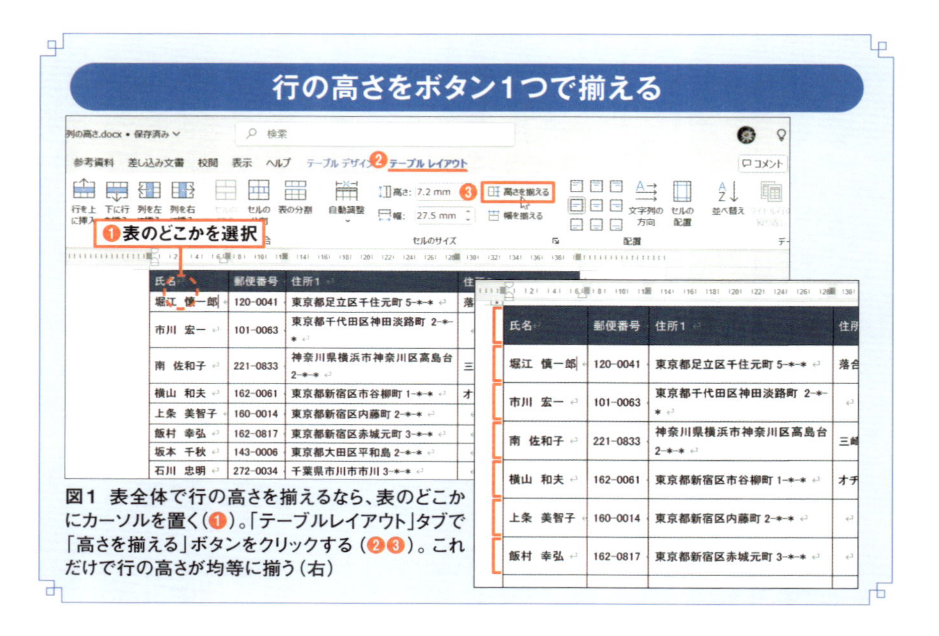

図1 表全体で行の高さを揃えるなら、表のどこかにカーソルを置く（❶）。「テーブルレイアウト」タブで「高さを揃える」ボタンをクリックする（❷❸）。これだけで行の高さが均等に揃う（右）

一部の列幅だけ均等に揃える

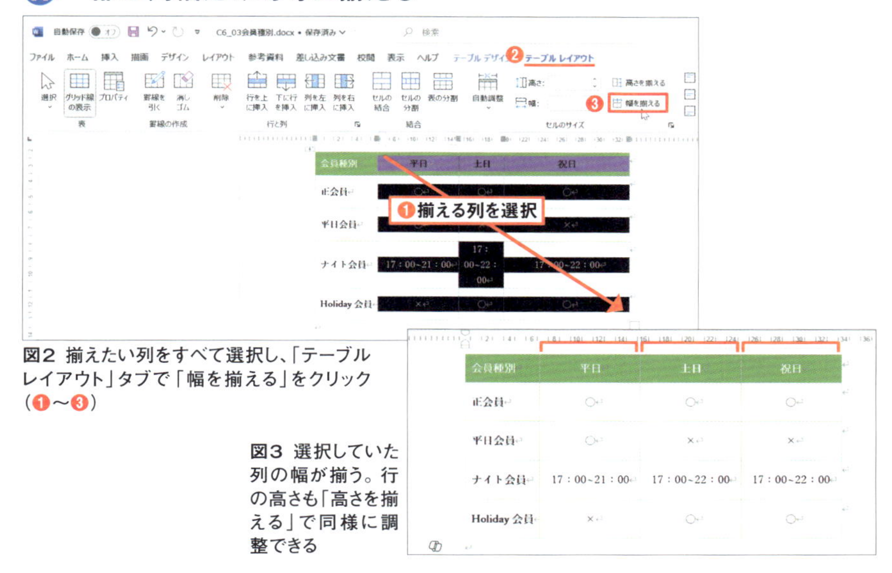

図2 揃えたい列をすべて選択し、「テーブルレイアウト」タブで「幅を揃える」をクリック（❶～❸）

図3 選択していた列の幅が揃う。行の高さも「高さを揃える」で同様に調整できる

列幅を数値で指定する

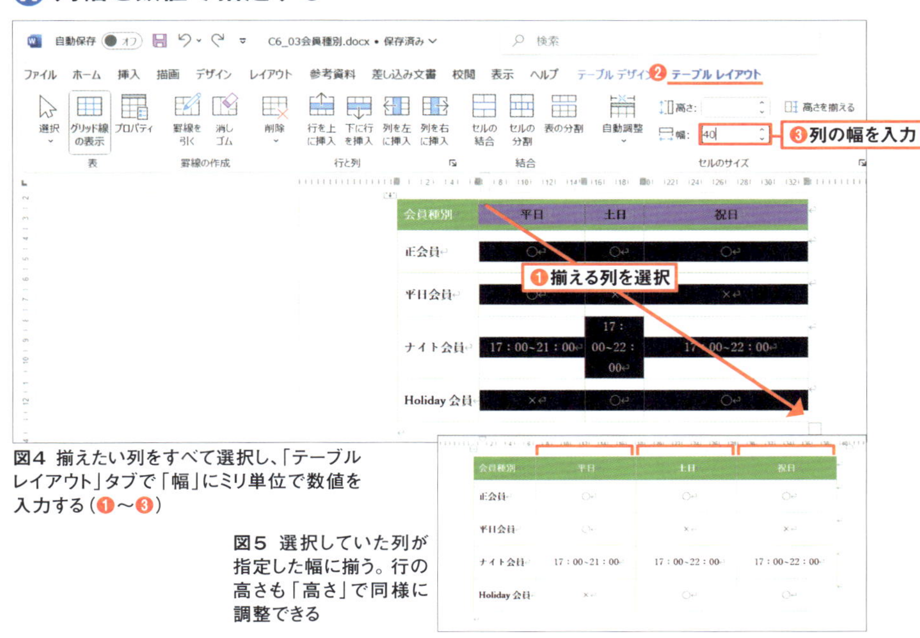

図4 揃えたい列をすべて選択し、「テーブルレイアウト」タブで「幅」にミリ単位で数値を入力する（❶～❸）

図5 選択していた列が指定した幅に揃う。行の高さも「高さ」で同様に調整できる

Section 04 表編集の手際はセルの選択で決まる

表の書式などを変更するには、目的のセルに移動したり、対象となるセル、行、列などを選択したりすることから始まる。的確にセルを選択できないと作業がはかどらず、無駄な時間がかかってしまう。Wordの表で使える移動や選択方法をまとめて紹介するので、この機会によく使うものだけでも覚えておこう。

Excelの場合、クリックするとセルが選択されるが、Wordの場合は中の文字が選択される。セルを選択するには、セルの左端にマウスポインターを移動し、カーソルの形が変わったところでクリックする（**図1**、**図2**）。行や列を選択する場合も、マウスポインターの形がヒントになる（**図3**）。表全体を選択するには、表の左上に表示される十字形の矢印ボタンをクリックする。

選択中のセルから上下左右のセルに移動するには、Excelと同様、進みたい方向のカーソルキーを押せばよい。ドラッグでセル範囲を選択できる点や、「Ctrl」キーを押しながらドラッグすると追加の選択ができる点もExcelと同じだ（**図4**）。行単位、列単位の選択もドラッグでできる（**図5**）。ドラッグが苦手なら、始点をクリックし、範囲の終点を「Shift」キーを押しながらクリックしてもよい（**図6**）。

そのほか、セルの選択でよく使うショートカットキーを表にまとめた（**図7**）。

セルを選択するならセルの左端でクリック

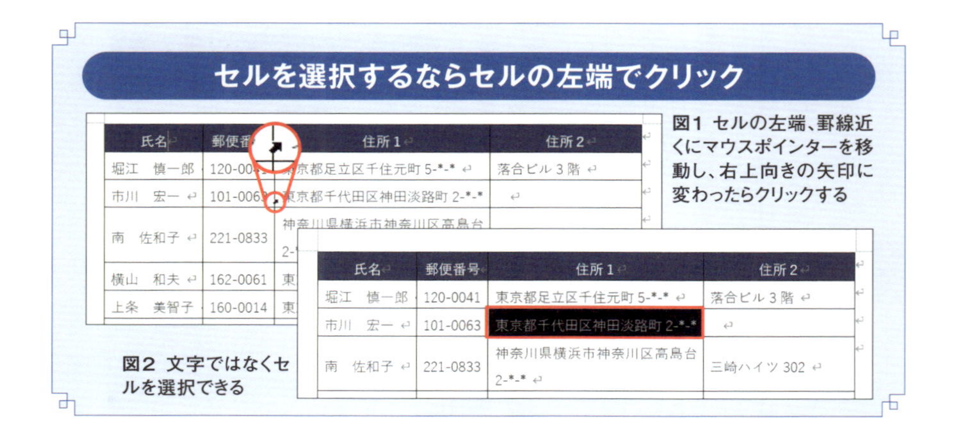

図1 セルの左端、罫線近くにマウスポインターを移動し、右上向きの矢印に変わったらクリックする

図2 文字ではなくセルを選択できる

行、列、表全体はクリックで簡単選択

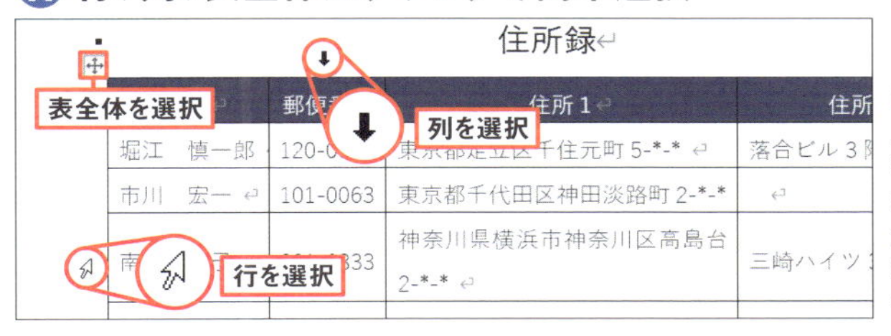

図3 行なら左側余白、列なら上側余白にマウスポインターを合わせ、ポインターの形が変わったところでクリックする。表全体を選択する場合は、表の左上に表示される十字形矢印をクリックする

複数セルはドラッグで選択。離れた範囲は「Ctrl」キーで選択可能

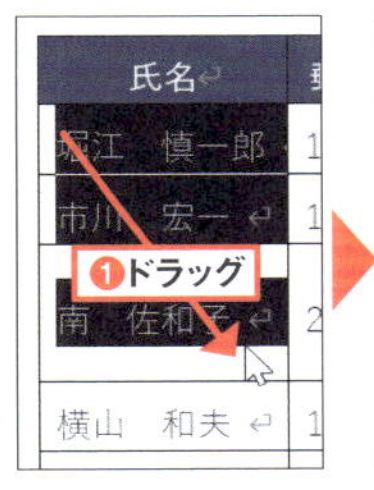

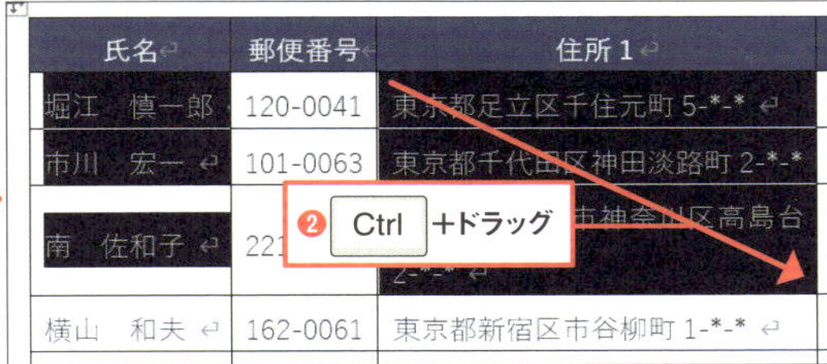

図4 連続するセルはドラッグ操作で選択する（❶）。追加で選択したいセル範囲があるときは、「Ctrl」キーを押しながらドラッグする（❷）

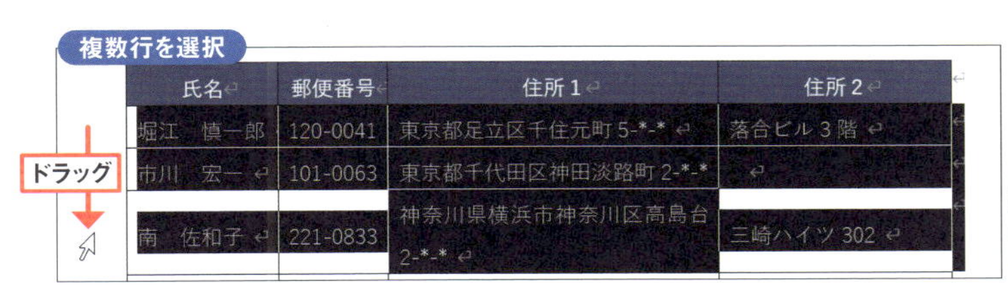

図5 複数の行を選択するなら、行の左側余白をドラッグする

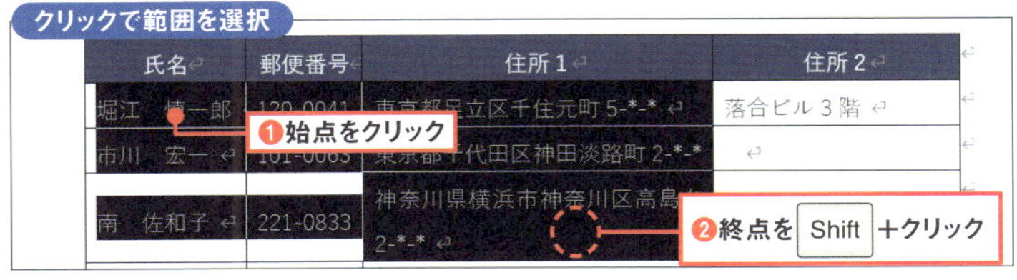

図6 始点のセルをクリックし、終点のセルを「Shift」キーを押しながらクリックしても範囲を選択できる（❶❷）

カーソルの移動先	ショートカットキー	範囲選択	ショートカットキー
列の先頭	Alt + Page Up	列の先頭まで選択	Shift + Alt + Page Up
列の末尾	Alt + Page Down	列の末尾まで選択	Shift + Alt + Page Down
行の先頭	Alt + Home	行の先頭まで選択	Shift + Alt + Home
行の末尾	Alt + End	行の末尾まで選択	Shift + Alt + End

図7 素早く正確に移動、あるいは選択するには、ショートカットキーを覚えたい［注］

［注］ノートパソコンなどでは、「Home」「End」「PageUp」「PageDown」の各キーが「Fn」キーと同時に押さないと機能しない場合がある

不定型な表もドラッグで簡単に作れる

表は縦横に整然と区切られたものばかりではない。セルの並びが不規則な表や、凹凸のある表が必要なときがある（**図1**）。こうした表を作るとき、Excelのようにセルの分割や結合で対応しようとすると、厄介なことになる。考え方を変えてWord流に作れば、不定型な表でも意外なほど簡単に作ることができる。

行単位や列単位で高さや幅を変えるExcelと違って、Wordの表はセル単位で変えられる。ポイントは、対象のセルを選択した状態で罫線をドラッグすること（**図2**）。表の端にある罫線も同様に動かせるので、凹凸のある表でも問題なく作れる（**図3**）。

また、表を作成中に「ここでセルを区切りたい」と思うことがある。通常はセルを分割してから目的の場所まで罫線を移動するのだが、「罫線を引く」機能を使えば手書き感覚で思い通りの位置に線を引いてセルを区切ることができる（**図4**）。作表というと「Excelのほうが楽」だと思いがちだが、こうした不規則な表であれば、Wordで作るほうが楽なことも多い。

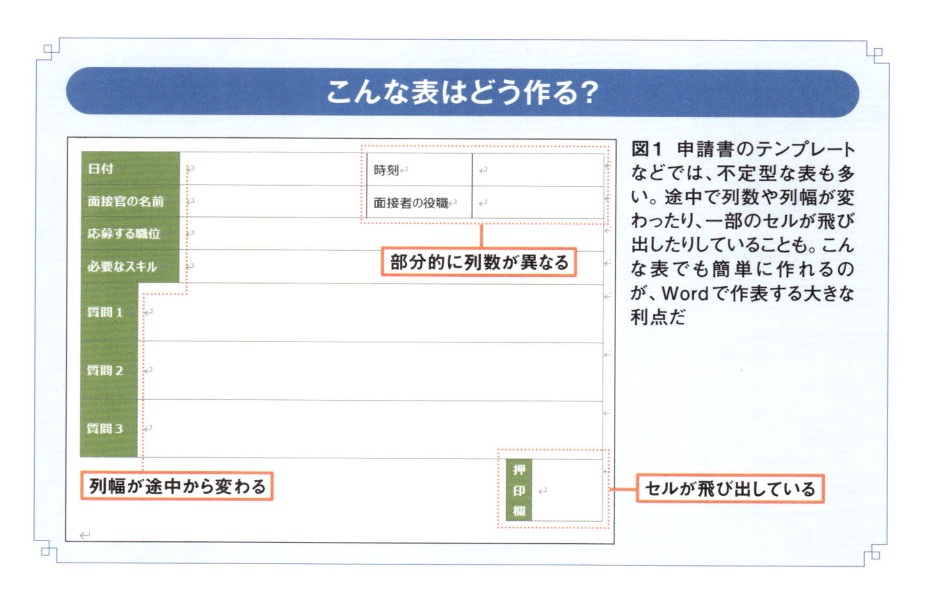

図1 申請書のテンプレートなどでは、不定型な表も多い。途中で列数や列幅が変わったり、一部のセルが飛び出したりしていることも。こんな表でも簡単に作れるのが、Wordで作表する大きな利点だ

セルを選択すれば罫線は個別に動かせる

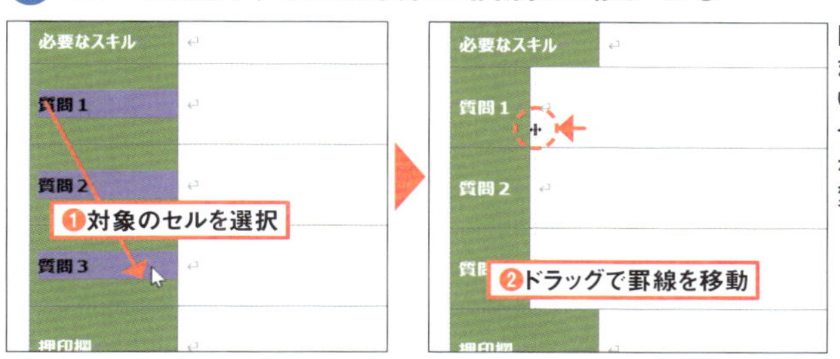

図2 列幅を変更したいセルをまとめて選択（❶）。動かしたい罫線にマウスポインターを合わせてドラッグする（❷）。これで選択したセルだけ列幅を変えられる

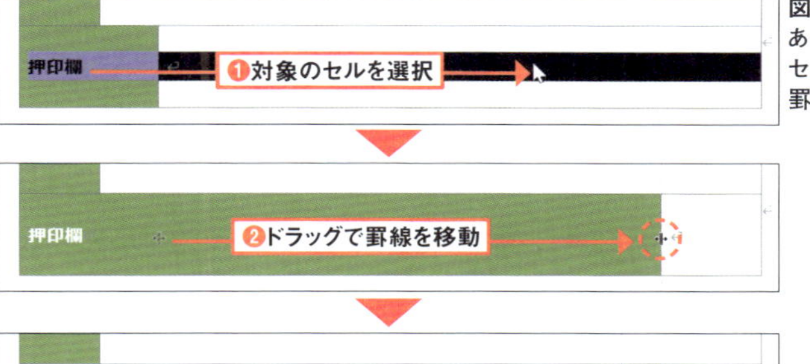

図3 移動したい罫線が端にあっても問題ない。対象となるセルを選択して、動かしたい罫線をドラッグする（❶～❸）

「罫線を引く」ツールで自由に表を区切る

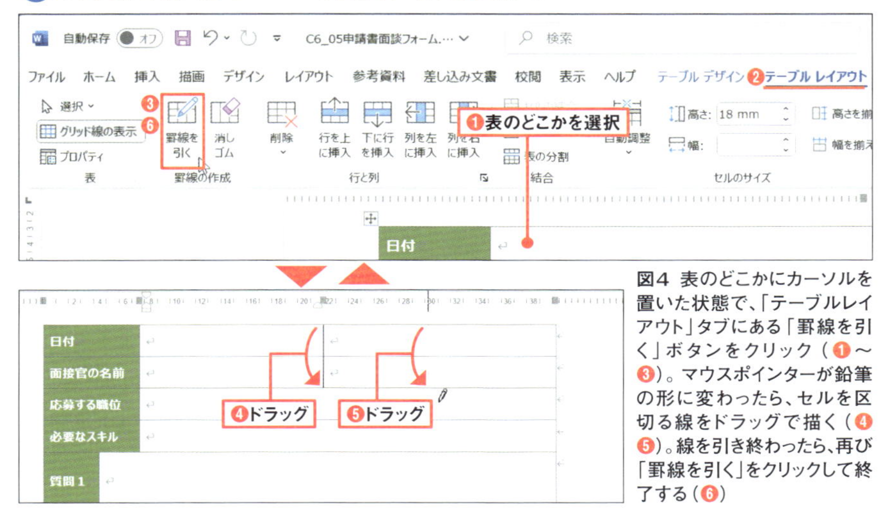

図4 表のどこかにカーソルを置いた状態で、「テーブルレイアウト」タブにある「罫線を引く」ボタンをクリック（❶～❸）。マウスポインターが鉛筆の形に変わったら、セルを区切る線をドラッグで描く（❹❺）。線を引き終わったら、再び「罫線を引く」をクリックして終了する（❻）

Word

Section 06

表の中の文字列を見栄え良く配置する

Wordの初期設定では、表の中の文字列は、セルの左上を基準に両端揃えで配置される。通常の文章であれば、左右の位置揃えや行間などで配置が決まるが、セル内の文字列の場合、セルの上下どちらに揃えるかも問題だ。ここでは、セル内の文字配置を簡単に揃えるための機能を3つ紹介する（**図1、図2**）。

セル内の基本的な文字配置は、「テーブルレイアウト」タブにある9つの「配置」ボタンで指定する（**図3、図4**）。文字列とセルの罫線の間隔を広げたければ、「レイアウト」タブの「インデント」を使う（**図5**）。セルのインデントを調整する場合、「ホーム」タブの「インデントを増やす」を使うと行全体が移動してしまうので、「レイアウト」タブで設定するのがポイントだ。

「テーブルレイアウト」タブにある「セルの配置」でも余白を指定できるが、こちらは表内のすべてのセルに適用されるので、使い方に注意しよう（**図6**）。初期設定では、左右1.9mmずつの余白になっている。

表内の文字をバランス良く配置する3つの機能

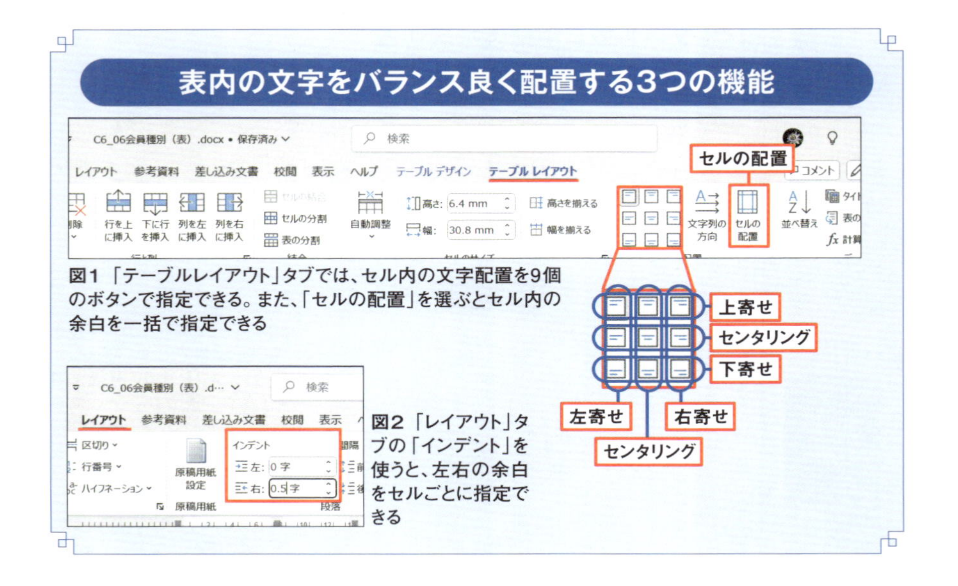

図1 「テーブルレイアウト」タブでは、セル内の文字配置を9個のボタンで指定できる。また、「セルの配置」を選ぶとセル内の余白を一括で指定できる

図2 「レイアウト」タブの「インデント」を使うと、左右の余白をセルごとに指定できる

Ⓦ セル内の文字揃えはボタン1つで変更

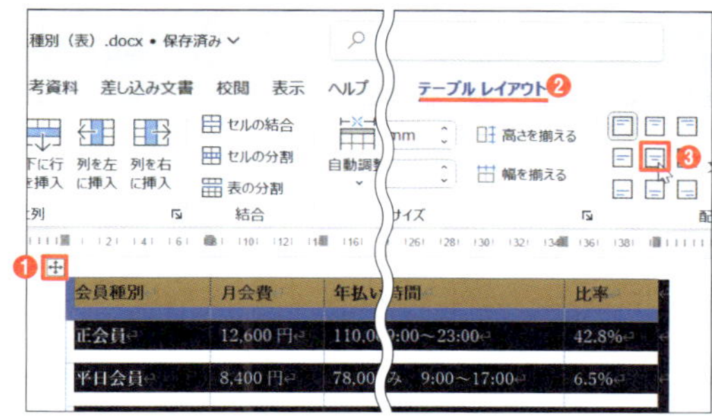

図3 表の左上に表示される十字形矢印ボタンをクリックして表全体を選択する（❶）。「テーブルレイアウト」タブで「中央揃え」ボタンをクリックすると、文字列がセルの上下左右中央に揃う（❷❸）

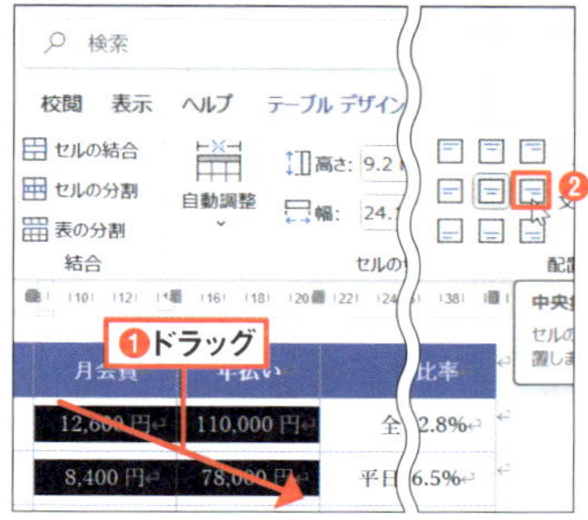

図4 セルをドラッグで選択（❶）。「テーブルレイアウト」タブで「中央揃え（右）」ボタンをクリックすると、文字列がセルの上下中央、右揃えになる（❷）

Ⓦ インデント設定で罫線と文字列の間隔を広げる

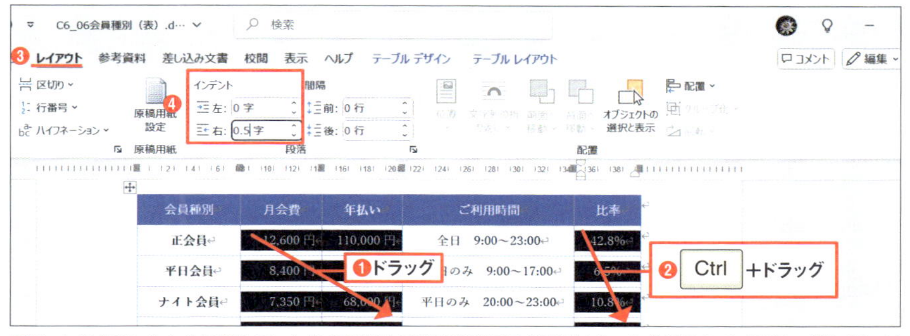

図5 右揃えにしたセルに関して、右側の罫線と文字列の間隔を広げよう。まず対象セルをドラッグや「Ctrl」+ドラッグで選択（❶❷）。「レイアウト」タブの「インデント」欄で「右」を「0.5字」に設定する（❸❹）

Ⓦ 表全体の余白をまとめて調整

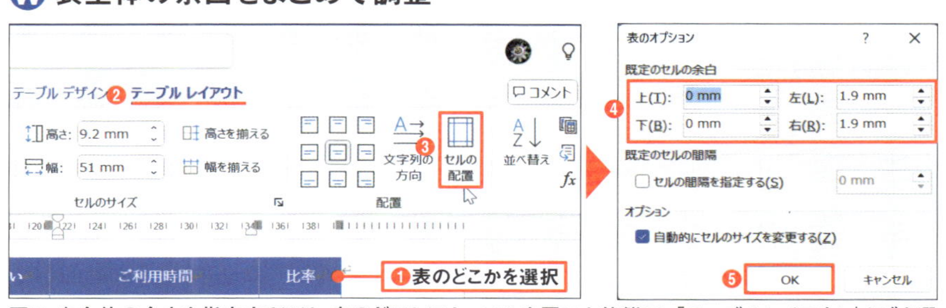

図6 表全体の余白を指定するには、表のどこかにカーソルを置いた状態で、「テーブルレイアウト」タブを選択する（❶❷）。「セルの配置」をクリックし、表の既定にする余白を設定する（❸～❺）

Word

Section 07

ちょっとした計算はWord内で完結できる

「数値の計算が必要な表はすべてExcelで」と思っているのなら、それは間違いだ。確かに、Excelなら計算式を入力すれば計算結果を表示できるし、さまざまな関数を使って複雑な計算もできる。しかし、Wordでの文書作成中に表だけをExcelで作るのは面倒に感じるだろう。実は、Wordでも計算式や関数を使うことができる(**図1**)。ちょっとした計算なら、わざわざExcelを起動するより、Wordで済ませたほうが簡単な場合がある。

Wordの表に計算式を入力するには、「テーブルレイアウト」タブから「計算式」を選ぶ(**図2**)。隣接するセルに数値が入力されていれば、合計を計算する関数式の「=SUM()」が自動的に表示される(**図3**)。Excelと違うのは、計算式にセルを指定する方法だ。上にあるセルの合計なら「=SUM(ABOVE)」、左にあるセルの合計なら「=SUM(LEFT)」と指定する。計算式のコピーもできるが、コピー後に「F9」キーで再計算する必要がある(**図4**)。

Wordで入力できる計算式

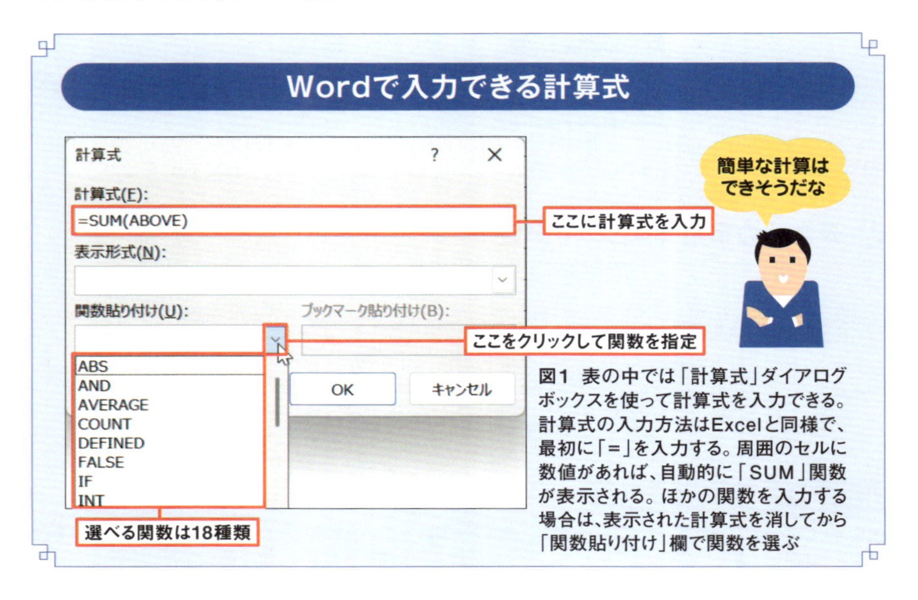

図1 表の中では「計算式」ダイアログボックスを使って計算式を入力できる。計算式の入力方法はExcelと同様で、最初に「=」を入力する。周囲のセルに数値があれば、自動的に「SUM」関数が表示される。ほかの関数を入力する場合は、表示された計算式を消してから「関数貼り付け」欄で関数を選ぶ

セルに計算式を入力する

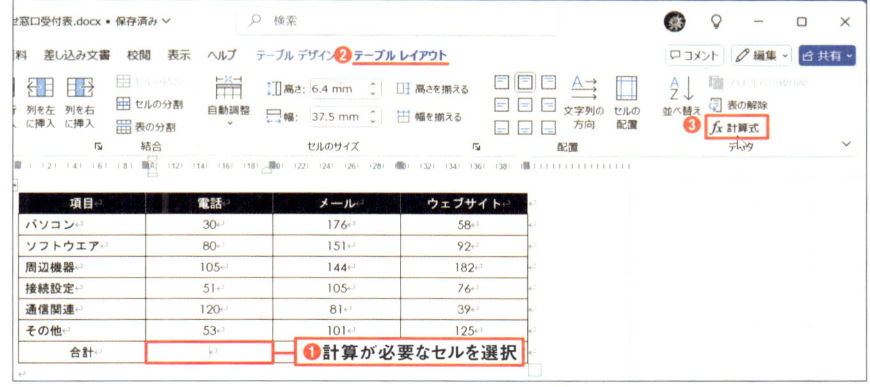

図2 計算結果を表示させるセル（ここでは合計のセル）を選択する（❶）。「テーブルレイアウト」タブで「計算式」ボタンをクリックする（❷❸）

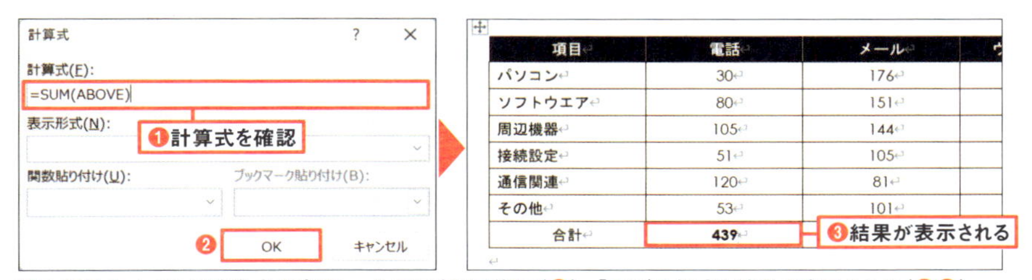

図3 自動入力された計算式を確認し、必要に応じて修正（❶）。「OK」を押すと結果が表示される（❷❸）

計算式をコピーして使う

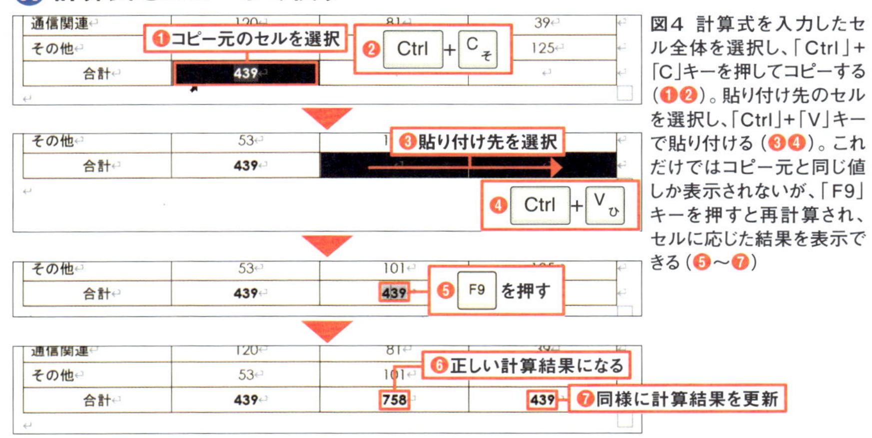

図4 計算式を入力したセル全体を選択し、「Ctrl」+「C」キーを押してコピーする（❶❷）。貼り付け先のセルを選択し、「Ctrl」+「V」キーで貼り付ける（❸❹）。これだけではコピー元と同じ値しか表示されないが、「F9」キーを押すと再計算され、セルに応じた結果を表示できる（❺～❼）

Word

Section 08

行や列は「Tab」キーと「＋」ボタンで簡単に追加

表を作っていると、「1行足りない！」といったことがよくある。「テーブルレイアウト」タブで「下に行を挿入」や「右に列を挿入」などのボタンを使って追加するのが基本だが、ここではもっと簡単な方法を紹介しよう。

表の最後に行を追加するなら、最後のセルで「Tab」キーを押す（**図1**）。これだけで新しい行が追加できる。

修正時など、表の途中に行や列を追加することもできる。挿入する位置の罫線の、行なら左側、列なら上側にマウスポインターを合わせ、表示された「＋」ボタンをクリックする（**図2**）。この方法なら、追加する位置を間違えることもない。

表の最後に行を追加するなら「Tab」キーで

通信関連	120	81	39
その他	53	101	125
合計	**439**	**758**	**572**

❶右下隅のセルで Tab を押す

その他	53	101	125
合計	**439**	**758**	**572**

❷行が追加された

図1 表の最後（右下隅）のセルにカーソルを移動し、「Tab」キーを押す（❶）。表の一番下に行が追加され、そこにカーソルが移る（❷）

途中に行や列を追加するなら「＋」ボタン

項目
パソコン
ソフトウエア
周辺機器
接続設定
通信関連

❶

項目	電話	メール
パソコン		176
ソフトウエア	80	151
周辺機器	105	144
接続設定	51	105

❷行が追加された

図2 新しい行を挿入する位置の左側の余白にマウスポインターを移動すると表示される「＋」ボタンをクリックすれば、新しい行を挿入できる（❶❷）。列を追加するには上側の余白で同様に操作する

Word

第7章

お節介機能をオフ 自分用設定で時短

Wordの初期設定が自分の使い方に合っているとは限らない。勝手に文字を修正されて困ることもあれば、不要なツールが自動表示されて邪魔に感じることもある。起動するたびに設定を変えるより、初期設定を変えてしまうのが時短の近道だ。

- 箇条書きやハイパーリンクの自動設定を解除
- 文字が勝手に変身するのを防ぐ
- ミニツールバーなどの自動表示を止める
- ファイルの保存場所を変更　ほか

Word

Section 01

数字や記号で自動的に始まる箇条書きを解除

3分時短

行頭に「1.」などの番号の付いた見出しを入力して改行すると、Wordが自動的に連番（段落番号）の書式を適用する（**図1**）。「ぶら下げインデント」（56ページ）が設定され、次の番号が自動表示されるので、連番の箇条書きが素早く入力できる。「■」や「○」などの記号の後にスペースを入力した場合も同様だ。

これはこれで便利な機能だが、必要がないときに勝手に設定されてしまうこともある。そうなると手動で解除しなくてはならず、“余計なお節介”になってしまう。

自動設定された箇条書きは「オートコレクトのオプション」ボタンから解除できる（**図2**）。今後一切自動設定してほしくないなら、「…を自動的に作成しない」を選べば、以降は番号や記号を入力しても箇条書きになるのを防げる。番号と記号、両方の自動設定を解除する場合は、「オートフォーマットオプションの設定」を選び、「箇条書き（段落番号）」と「箇条書き（行頭文字）」を無効にする（**図3**）。箇条書きはいつでも手動で設定できるので、自動設定を解除しても問題はない。

なお、一時的に箇条書き設定を解除するだけなら、「オートコレクトのオプション」ボタンより「Ctrl」＋「Z」キーを使うほうが楽だ（**図4**）。また、改行後に引き継がれる箇条書き設定は、「Enter」キーを押せば簡単に解除できる（**図5**）。

行頭に番号を入れると連番に!

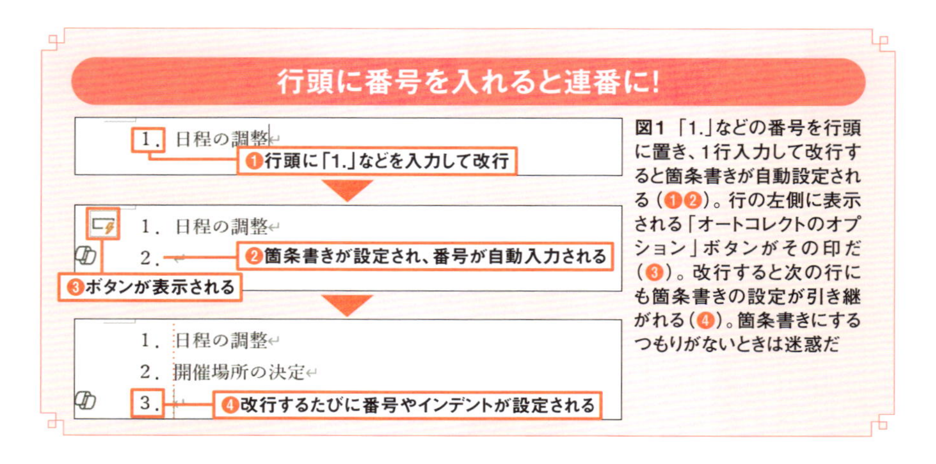

図1 「1.」などの番号を行頭に置き、1行入力して改行すると箇条書きが自動設定される（❶❷）。行の左側に表示される「オートコレクトのオプション」ボタンがその印だ（❸）。改行すると次の行にも箇条書きの設定が引き継がれる（❹）。箇条書きにするつもりがないときは迷惑だ

「オートコレクトのオプション」ボタンで解除方法を選択

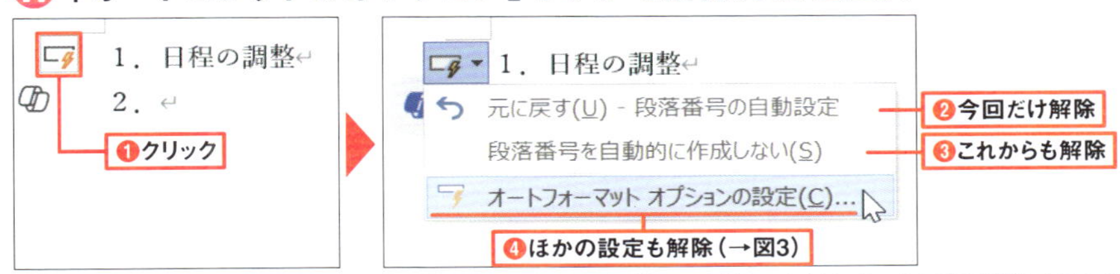

図2 箇条書きが設定されると表示される「オートコレクトのオプション」ボタンをクリック。今回だけ解除するなら「元に戻す」、これからも不要なら「段落番号を自動的に作成しない」を選ぶ（❶～❸）。記号での箇条書き設定もまとめて解除するなら「オートフォーマットオプションの設定」を選択して図3へ進む（❹）

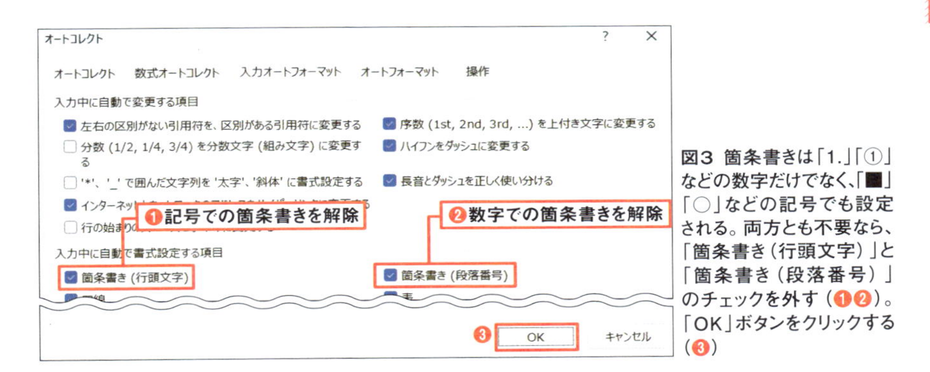

図3 箇条書きは「1.」「①」などの数字だけでなく、「■」「○」などの記号でも設定される。両方とも不要なら、「箇条書き（行頭文字）」と「箇条書き（段落番号）」のチェックを外す（❶❷）。「OK」ボタンをクリックする（❸）

一時的に解除するなら「Ctrl」+「Z」キー

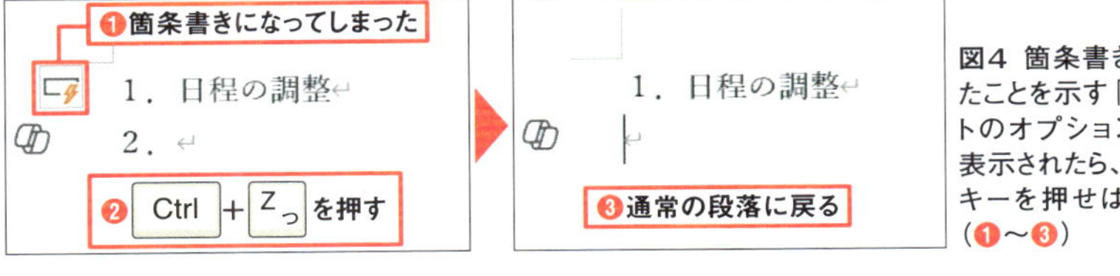

図4 箇条書きが設定されたことを示す「オートコレクトのオプション」ボタンが表示されたら、「Ctrl」+「Z」キーを押せば解除できる（❶～❸）

改行後の箇条書き記号は「Enter」キーで削除

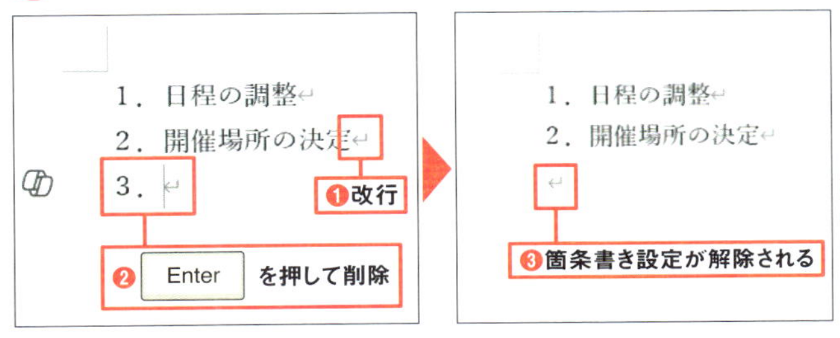

図5 箇条書きの入力が終わったら、改行後に表示される箇条書き番号や記号は「Enter」キーを押せば削除できる（❶～❸）

Word

Section 02

ハイパーリンクが自動設定されるのを解除

WordでURLやメールアドレスを入力すると、自動的にハーパーリンクが設定されることがある（**図1**）。ハイパーリンクとは、クリックすることで該当するWebサイトやメール作成画面を開くための機能。PDFなどのデータを渡すなら役立つこともあるが、印刷する文書では目立つ文字色や下線は邪魔になってしまう。

ハイパーリンクは、入力直後なら「Backspace」キーなどで解除できる（**図2**）。後から気付いた場合には、「オートコレクトのオプション」ボタンで解除するのが一般的だが、右クリックのほうが簡単だ（**図3、図4**）。毎回解除するのが手間なら、「入力オートフォーマット」の設定でハイパーリンクの自動設定を解除しておこう（**図5、図6**）。

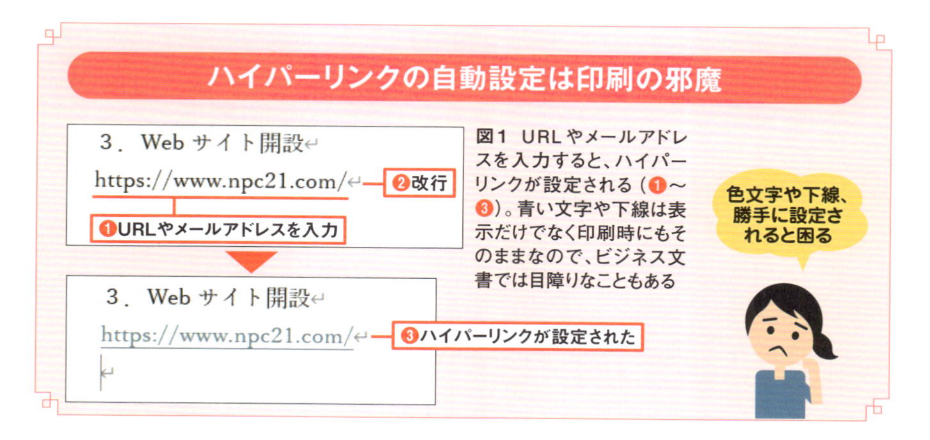

図1 URLやメールアドレスを入力すると、ハイパーリンクが設定される（❶～❸）。青い文字や下線は表示だけでなく印刷時にもそのままなので、ビジネス文書では目障りなこともある

入力直後の解除は「Backspace」か「Ctrl」＋「Z」キー

図2 表示が変わった直後であれば、「Backspace」キーまたは「Ctrl」＋「Z」キーを押すと、ハイパーリンクが解除される

後から解除するなら右クリックが速い

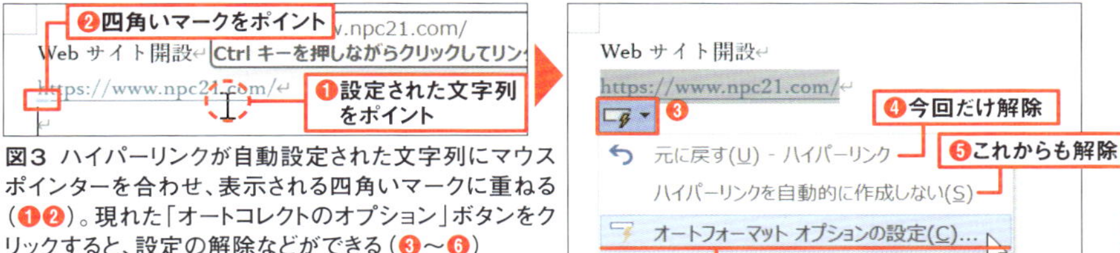

図3 ハイパーリンクが自動設定された文字列にマウスポインターを合わせ、表示される四角いマークに重ねる(❶❷)。現れた「オートコレクトのオプション」ボタンをクリックすると、設定の解除などができる(❸〜❻)

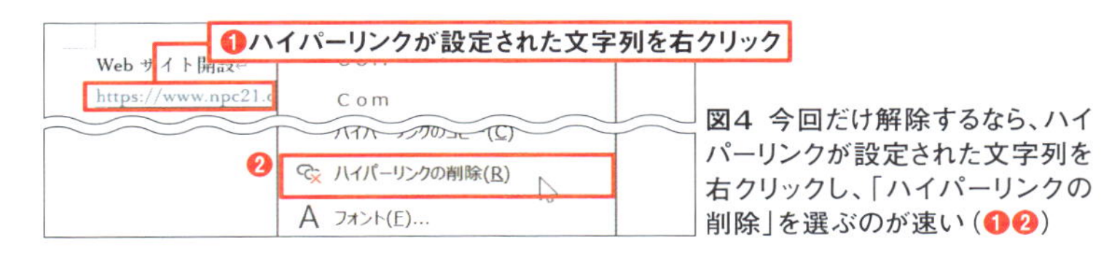

図4 今回だけ解除するなら、ハイパーリンクが設定された文字列を右クリックし、「ハイパーリンクの削除」を選ぶのが速い(❶❷)

使わないならハイパーリンクの自動設定をオフ

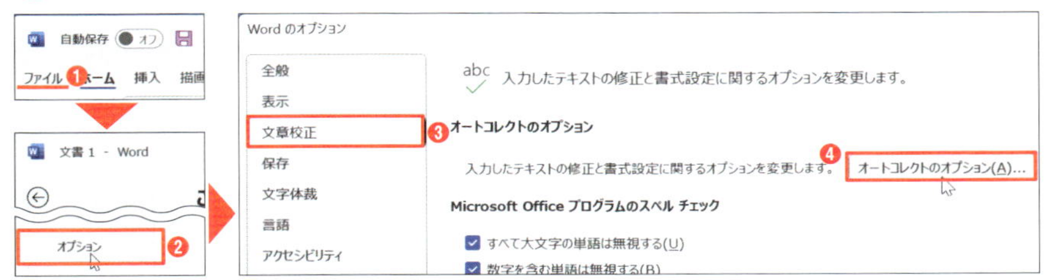

図5 「ファイル」タブで「オプション」を選択(❶❷)。「文書校正」を選択し、「オートコレクトのオプション」ボタンをクリックする(❸❹)

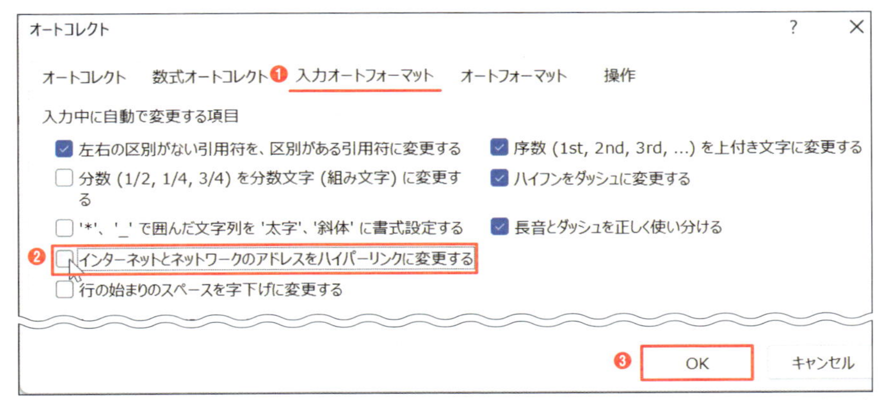

図6 「入力オートフォーマット」タブを開き、「インターネットとネットワークのアドレスをハイパーリンクに変更する」をオフにする(❶〜❸)

入力した文字が勝手に変わるのを防ぐ

正しく入力した文字が勝手に別の文字に変わってしまうようでは安心して入力できない。しかし、Wordには一般的な文法や書式設定に基づいて間違いと判断した文字列を自動修正する機能がある。そのまま使っていると、「(e)」が「€」になったり、「2nd」が肩文字の「2nd」になったりと、予期せぬ変換が行われる（**図1**）。

文字が勝手に変身する原因は2つある。「(e)」が「€」になるのは「オートコレクト」、「2nd」が肩文字になるのは「入力オートフォーマット」が原因だ。

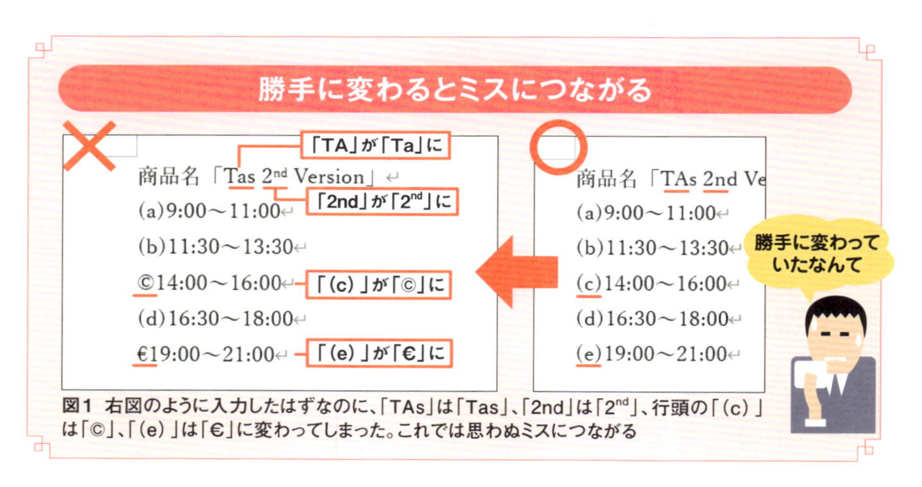

図1 右図のように入力したはずなのに、「TAs」は「Tas」、「2nd」は「2nd」、行頭の「(c)」は「©」、「(e)」は「€」に変わってしまった。これでは思わぬミスにつながる

Ⓦ「オートコレクトのオプション」ボタンで元に戻す

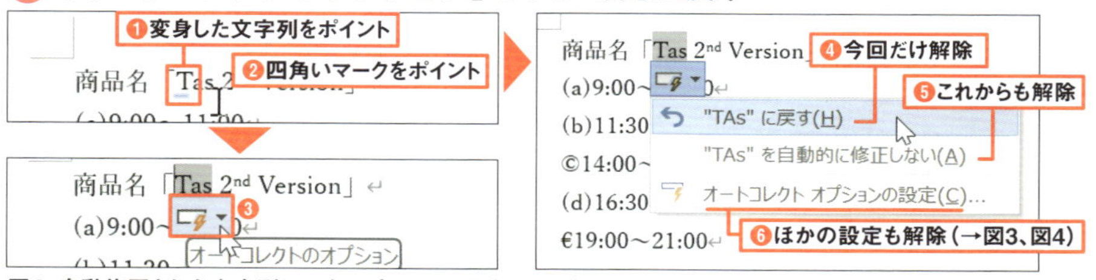

図2 自動修正された文字列にマウスポインターを合わせ、表示される四角いマークに重ねる（❶❷）。「オートコレクトのオプション」ボタンをクリックし、今回だけ解除するか、今後も解除するかを選ぶ（❸～❻）

自動修正されてしまったら、表示されるボタンを使って元に戻すことができる（**図2**）。「…を自動的に修正しない」を選べば、同じ文字列が今後自動修正されるのを防ぐことができる。この画面で「…オプションの設定」を選べば、ほかの文字列の自動修正も設定できる。勝手な変身をすべて防ぎたいなら、「オートコレクト」タブと「入力オートフォーマット」タブの両方を確認する（**図3、図4**）。自動修正は正しく使えば便利な機能なので、すべてオフにするのではなく、“余計なお節介”だと思う項目だけをオフにすると時短になるだろう。

W 「オートコレクト」と「入力オートフォーマット」の設定を確認

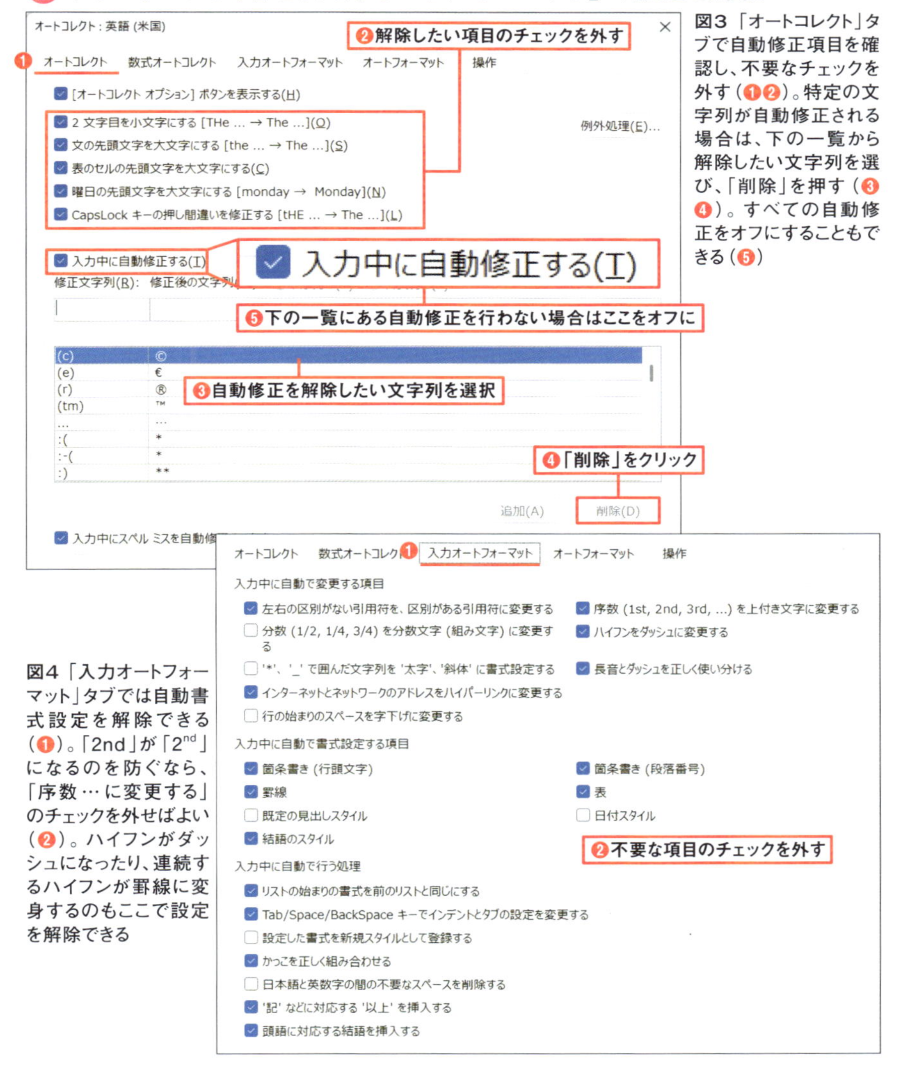

図3 「オートコレクト」タブで自動修正項目を確認し、不要なチェックを外す（❶❷）。特定の文字列が自動修正される場合は、下の一覧から解除したい文字列を選び、「削除」を押す（❸❹）。すべての自動修正をオフにすることもできる（❺）

図4 「入力オートフォーマット」タブでは自動書式設定を解除できる（❶）。「2nd」が「2nd」になるのを防ぐなら、「序数…に変更する」のチェックを外せばよい（❷）。ハイフンがダッシュになったり、連続するハイフンが罫線に変身するのもここで設定を解除できる

Word

Section 04

文字書式や配置が引き継がれるのを防ぐ

文書タイトルや見出しの文字列は、サイズや色を変えたり、中央揃えにしたりして目立たせるのが、文書をわかりやすくするコツ。しかし、その後に入力すると書式が引き継がれてしまい、元の書式に戻す必要が生じる（**図1**）。手間がかかるだけでなく、何度も書式を変更しているとミスも起きる。

こんなときは、手作業で書式を変更するのではなく、キーの組み合わせ（ショートカットキー）を覚えておくと簡単に乗り越えられる。すべての書式を解除するなら「Ctrl」+「Shift」+「N」キー。「No（ノー）」の「N」と覚えよう（**図2**）。

強調したい文字列を太字にしたときなど、文字書式だけを変更した場合は、「Ctrl」+「スペース」キーで解除できる（**図3**）。行揃えなどの段落書式は「Ctrl」+「Q」キーで解除可能だ（**図4**）。

なお、「スタイル」機能で書式を変更した場合、これらのショートカットキーでは解除できない。スタイルを選び直すことで元の書式に戻そう。

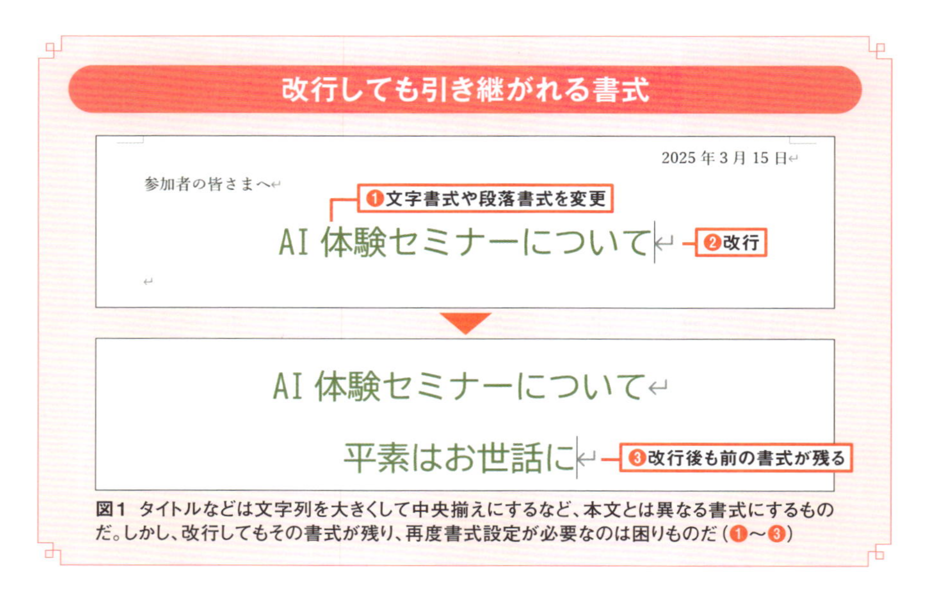

図1 タイトルなどは文字列を大きくして中央揃えにするなど、本文とは異なる書式にするものだ。しかし、改行してもその書式が残り、再度書式設定が必要なのは困りものだ（❶～❸）

文字書式と段落書式をまとめて解除

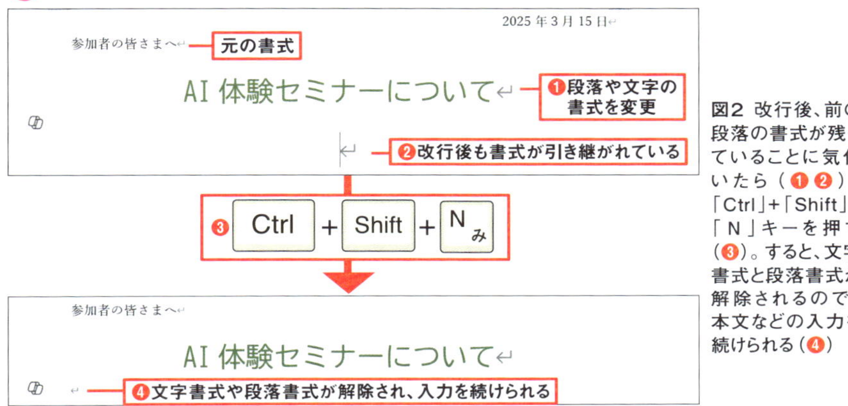

図2 改行後、前の段落の書式が残っていることに気付いたら（❶❷）、「Ctrl」+「Shift」+「N」キーを押す（❸）。すると、文字書式と段落書式が解除されるので、本文などの入力を続けられる（❹）

文字書式、段落書式を個別に解除

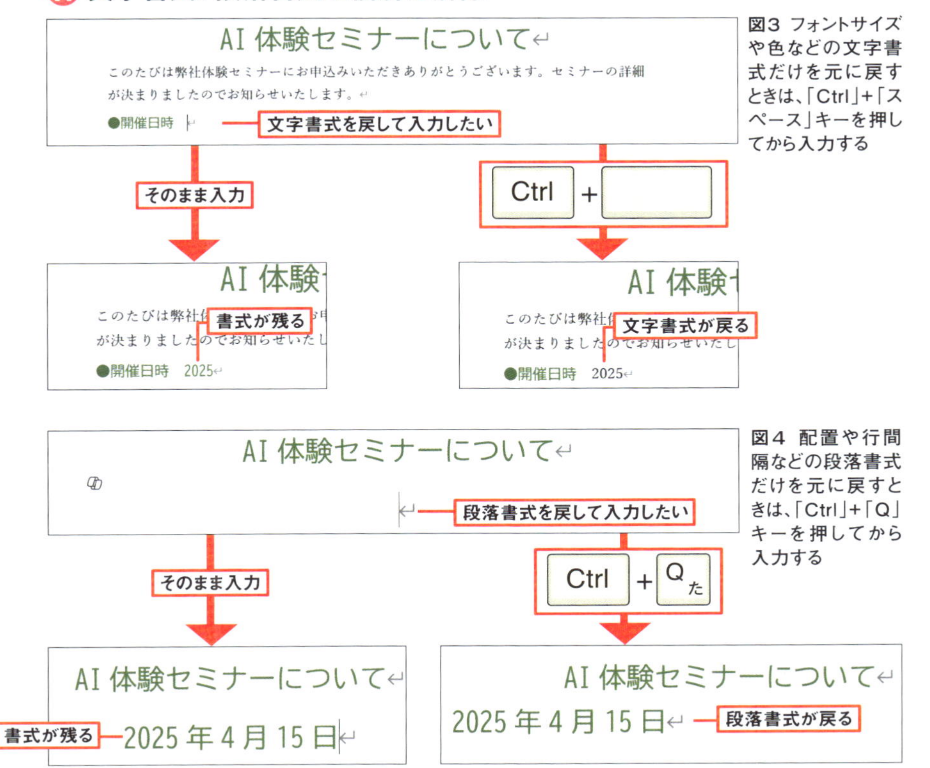

図3 フォントサイズや色などの文字書式だけを元に戻すときは、「Ctrl」+「スペース」キーを押してから入力する

図4 配置や行間隔などの段落書式だけを元に戻すときは、「Ctrl」+「Q」キーを押してから入力する

ミニツールバーは非表示に プレビューもオフにして快適

1分 時短

文字列を選択するたびに表示される「ミニツールバー」。画面上部にあるメニューやボタンを使わずに書式設定ができて便利ではあるが、使わない人にとっては目障りかもしれない（**図1**）。文字や図形の書式変更を行う際、作業途中に変更後の状態をプレビュー表示する「リアルタイムのプレビュー」も、うっとうしいと感じる人がいるだろう（**図2**）。

このような自動表示機能が不要なら、オフにすることで煩わしさが軽減され、表示速度も上がる。

使わない人にはお節介な自動表示

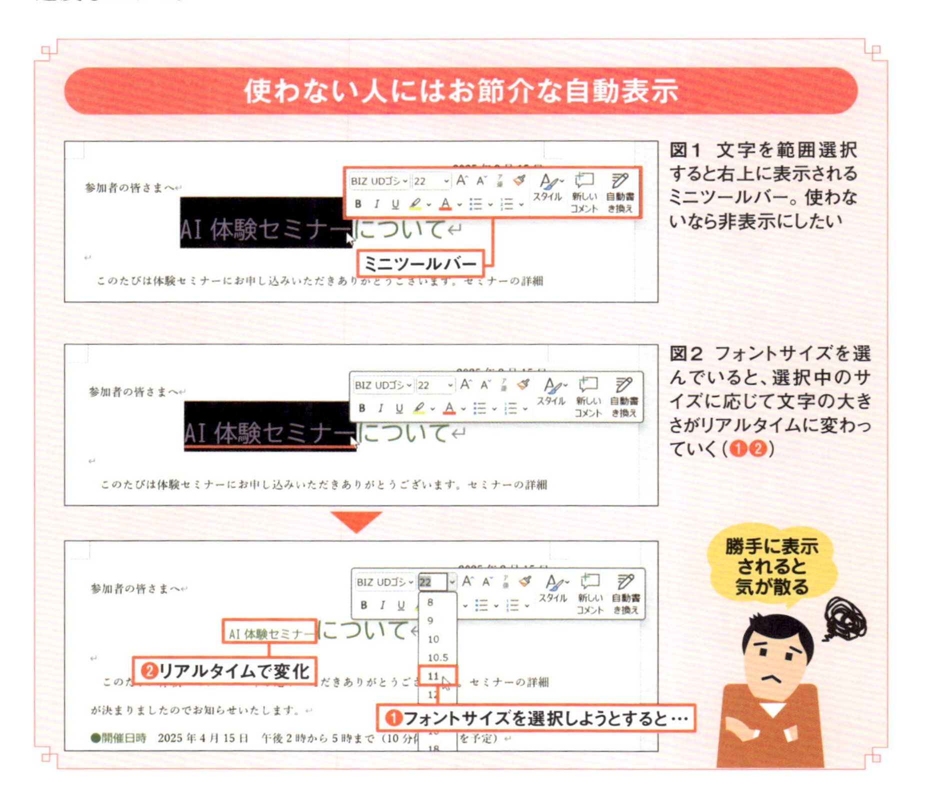

図1 文字を範囲選択すると右上に表示されるミニツールバー。使わないなら非表示にしたい

図2 フォントサイズを選んでいると、選択中のサイズに応じて文字の大きさがリアルタイムに変わっていく（❶❷）

操作状況に応じた自動表示機能は、「Wordのオプション」の「全般」にある「ユーザーインターフェイスのオプション」で設定する（**図3、図4**）。

文字列を選択するとうっすらと表示されるミニツールバーの表示を消したければ、「選択時にミニツールバーを表示する」をオフにする。選択中の文字列を右クリックすればミニツールバーを表示できるので、通常は消しておいても問題ないだろう。書式変更などの際に元の書式で表示しておきたいなら、「リアルタイムのプレビュー表示機能を有効にする」のチェックを外す。「ドラッグ中も文書の内容を更新する」のチェックを外せば、画像などをドラッグしている最中に周囲の文字配置が変更されることなく、元の表示が維持される（**図5**）。

使わないなら自動表示をオフ

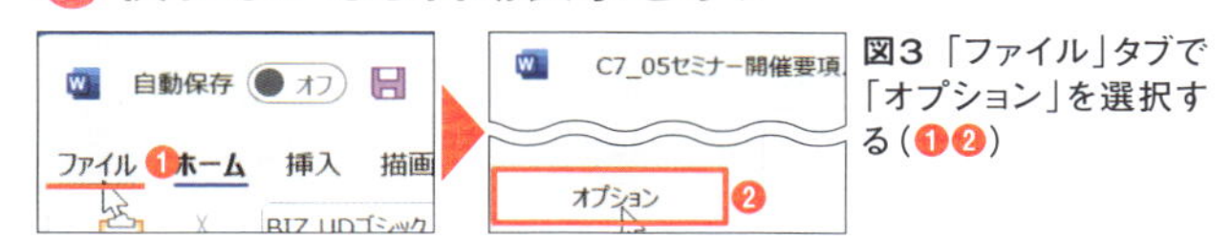

図3「ファイル」タブで「オプション」を選択する（❶❷）

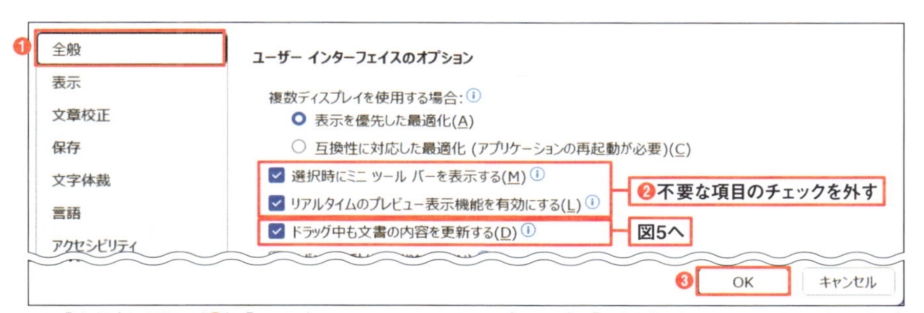

図4「全般」を選択し（❶）、「ユーザーインターフェイスのオプション」で「選択時にミニツールバーを表示する」「リアルタイムのプレビュー表示機能を有効にする」「ドラッグ中も文書の内容を更新する」の3項目にチェックを付けるかどうかを検討（❷）。不要ならチェックを外す。「OK」ボタンをクリックする（❸）

画像のドラッグ中に配置を変えない

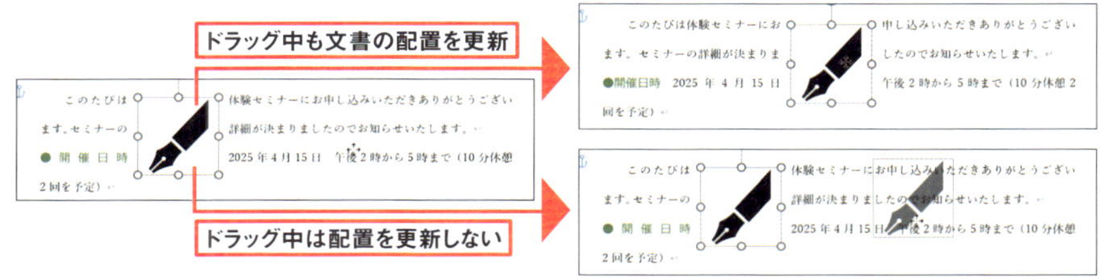

図5 図4で「ドラッグ中も文書の内容を更新する」のチェックが付いていると、画像をドラッグするのに従って、周囲の文字列が回り込む（右上）。外すとドラッグ中は文字などが動かなくなる（右下）

Word

Section 06

こだわりのレイアウトは「1字」より「1mm」単位で

3分時短

Wordにおいて、横方向の単位は「字」が基本。段落の最初の行だけ「字下げ」や「ぶら下げ」を行う場合、幅を「1字」に設定しておけば、文字サイズに応じて1文字分の字下げができるので便利だ（**図1**）。

ただし、段落全体をインデントする場合、「字」は標準スタイルのフォントサイズ（通常は10.5ポイント）1文字分の幅に固定されており、ほかの文字サイズの場合はズレが生じる（**図2**）。また、画像をレイアウトする場合など、ルーラー（画面の上端・左端にある定規）が「ミリ（mm）」単位のほうが感覚的にわかりやすいことも多い。

「字」単位は使い方次第で幅が変わる

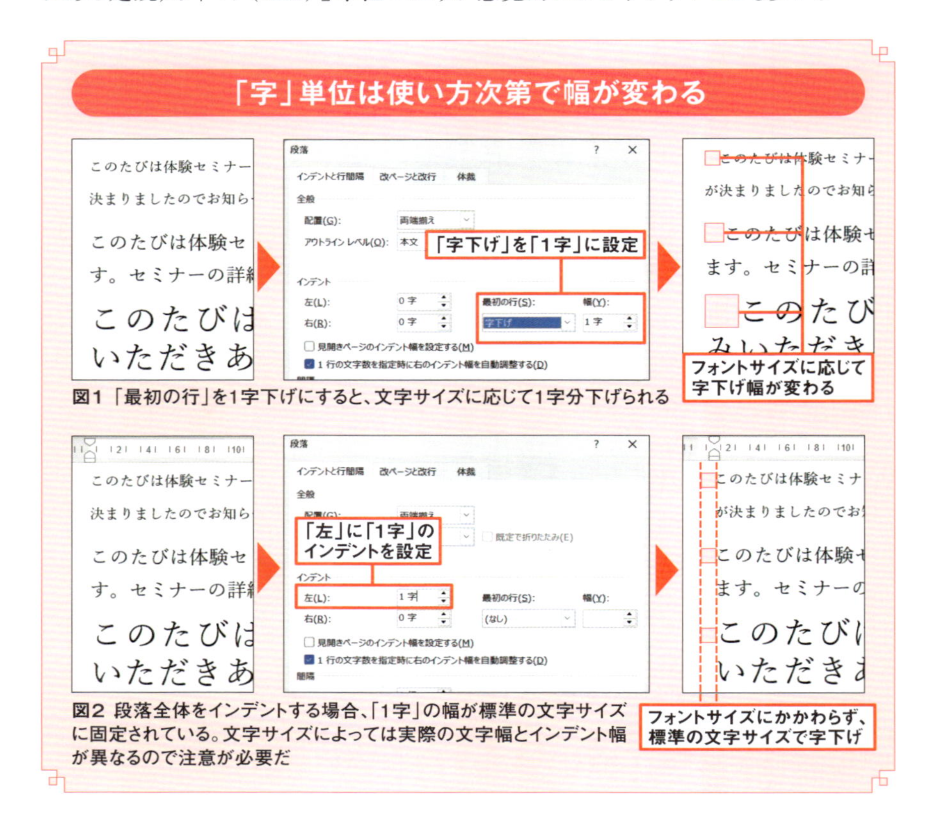

図1 「最初の行」を1字下げにすると、文字サイズに応じて1字分下げられる

図2 段落全体をインデントする場合、「1字」の幅が標準の文字サイズに固定されている。文字サイズによっては実際の文字幅とインデント幅が異なるので注意が必要だ

作業内容を考慮して、「字」単位が使いづらいと感じるなら、ミリ単位に設定を変更できる（**図3**）。ミリだけでなくポイント（pt）、インチ（in）、センチ（cm）などの単位も選べる。設定後はルーラーを表示させて確認してみよう（**図4**）。

ミリ単位に変更しても、ダイアログボックスなどで「1字」のように単位を含めて入力すれば字単位での設定も可能。より使う機会の多い単位に設定しておけばよい。

「字」単位ではなく「mm」単位に変更

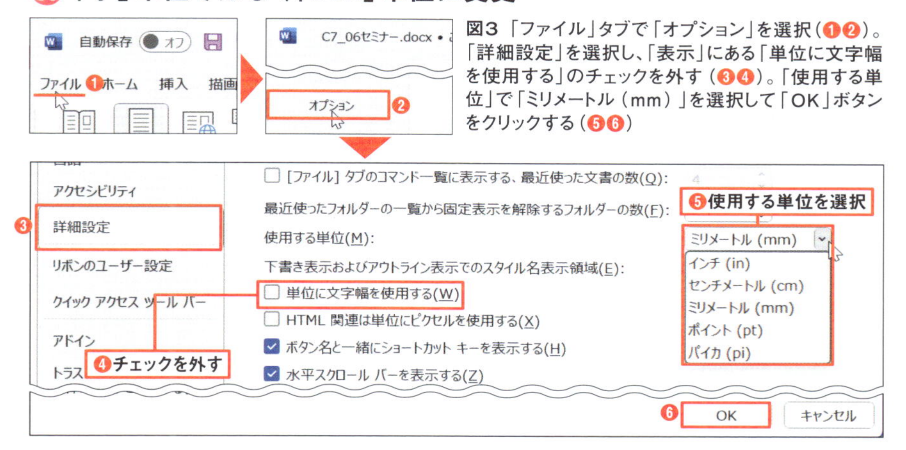

図3 「ファイル」タブで「オプション」を選択（❶❷）。「詳細設定」を選択し、「表示」にある「単位に文字幅を使用する」のチェックを外す（❸❹）。「使用する単位」で「ミリメートル（mm）」を選択して「OK」ボタンをクリックする（❺❻）

ルーラーで単位を確認

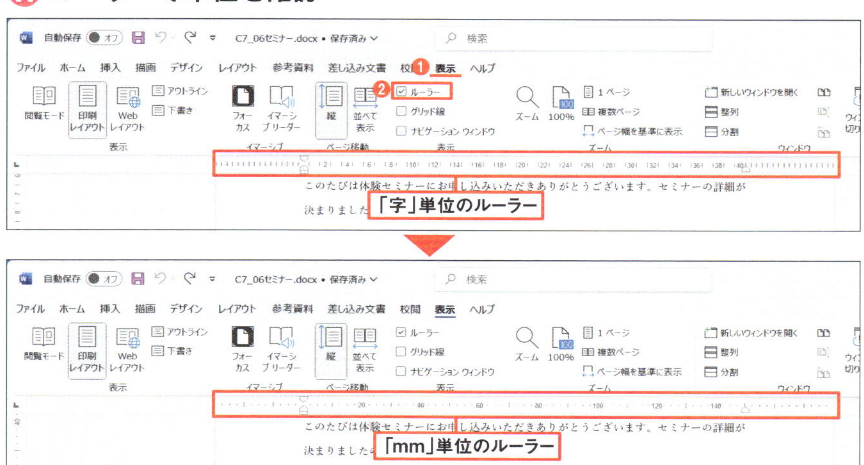

図4 初期設定では、ルーラーの表示が「字」単位になっている（上）。「表示」タブで「ルーラー」にチェックを付けて確認してみよう（❶❷）。A4の用紙設定の場合、余白を除く幅が150であれば単位は「mm」だ（下）

Word

Section 07

校正やスペルチェックは最後にまとめて一度だけ

1分時短

Wordには、誤字脱字やスペルミス、ビジネス文書にふさわしくない「ら抜き」などを自動チェックする便利な機能が付いている。ただし、これらの校正機能を常時オンにしていると、作業中に赤色の波下線や青色の二重下線が表示され、そのたびに対処するのは効率が悪い（**図1、図2**）。作業中は校正機能をオフにして、確認時にまとめてチェックすることで気持ち良く作業できる。

校正機能のオン／オフは、オプション設定画面で設定する（**図3、図4**）。校正機能を常時オフにしてしまうのが心配なら、「この文書のみ…」をオンにすることで、現在の文書に限定して波線などを非表示にすることもできる。文書の内容によっては、くだけた表現でも許されるものや、公文書のように厳密なチェックが必要なものもある。通常作成する文書の内容に応じて、校正する「文書のスタイル」を設定しておくと、より正確に目的に応じた校正ができる。

ミスがないかどうか確認するときには、「校閲」タブの「スペルチェックと文章校正」を実行するか、「F7」キーを押せばよい（**図5**）。

自動校正で表示される下線が煩わしい

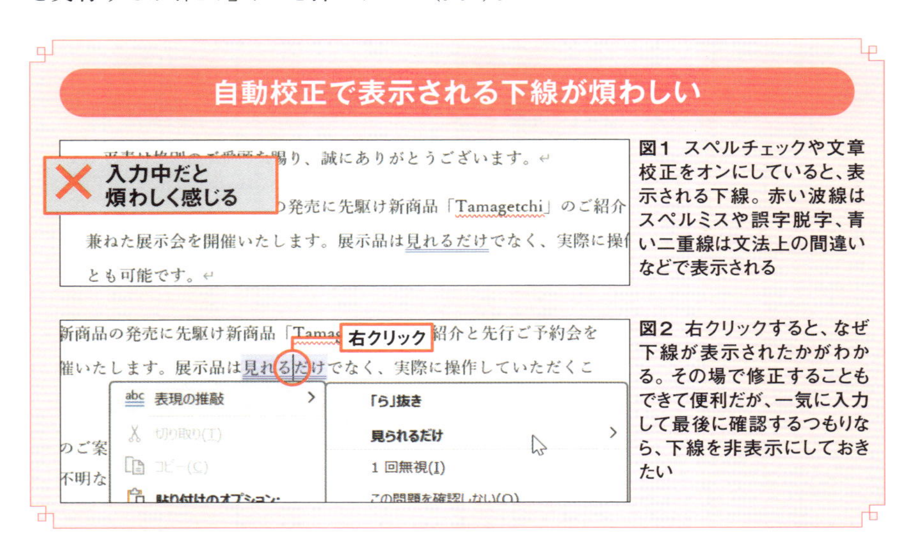

図1 スペルチェックや文章校正をオンにしていると、表示される下線。赤い波線はスペルミスや誤字脱字、青い二重線は文法上の間違いなどで表示される

図2 右クリックすると、なぜ下線が表示されたかがわかる。その場で修正することもできて便利だが、一気に入力して最後に確認するつもりなら、下線を非表示にしておきたい

自動でスペルチェックしない設定に

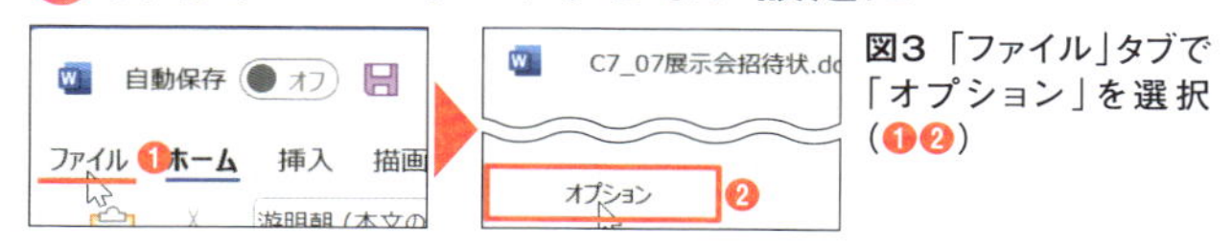

図3 「ファイル」タブで「オプション」を選択（❶❷）

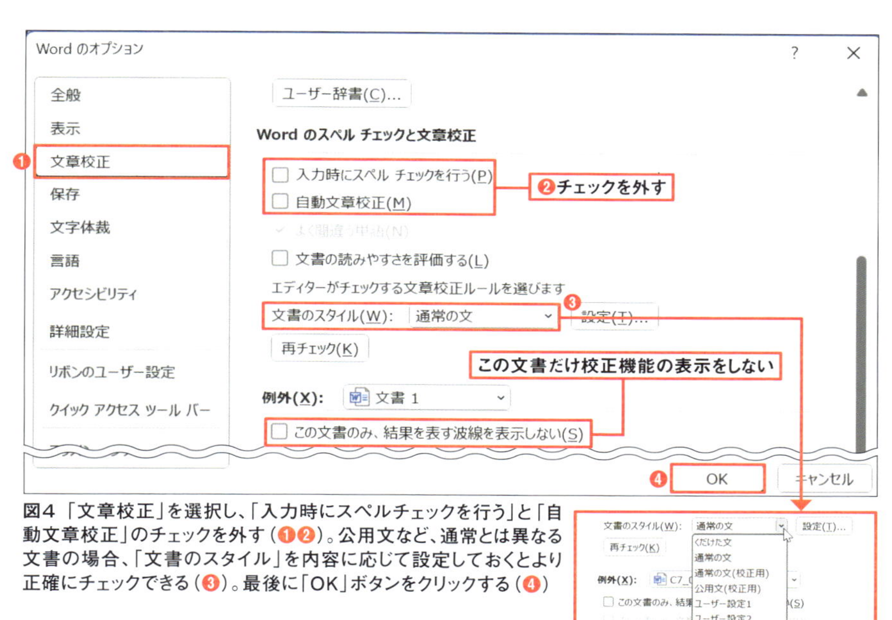

図4 「文章校正」を選択し、「入力時にスペルチェックを行う」と「自動文章校正」のチェックを外す（❶❷）。公用文など、通常とは異なる文書の場合、「文書のスタイル」を内容に応じて設定しておくとより正確にチェックできる（❸）。最後に「OK」ボタンをクリックする（❹）

最後に手動で文章校正

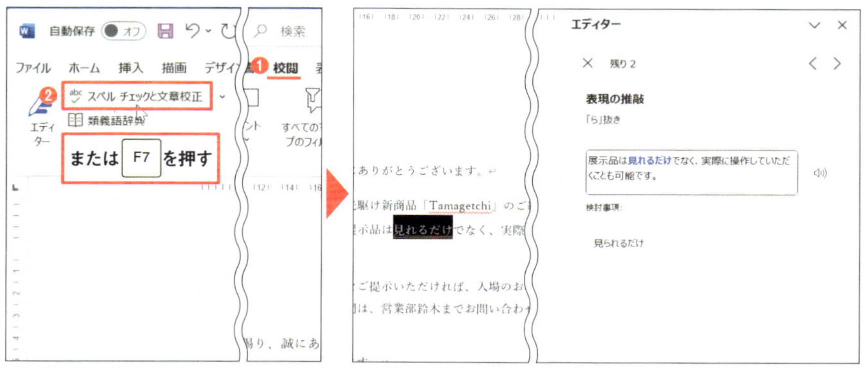

図5 「校閲」タブで「スペルチェックと文章校正」ボタンをクリック（❶❷）。ミスなどが見つかると画面右側に「エディター」ウインドウが表示され、修正や確認ができる。「F7」キーでも校正を実行できる

Word

Section 08

使わない機能は非表示にWordの操作性をアップ

3分時短

書式設定、図やグラフの挿入、校閲作業など、Wordで操作をするたびに使うのが、画面上部に表示されているボタン類。Officeでは「リボン」と呼ぶが、ボタンが多すぎて押し間違えたり、探しづらかったりしたことはないだろうか。リボンのボタンは多く、狭い画面では表示しきれずに省略表示になってしまうこともある。毎回使うものなので、スムーズに操作できるようにしておきたい。

一見、固定されているように見えるボタンだが、既定のボタン以外は消すことができる。グループ単位やタブ単位で非表示にもできるし、順序の並べ替えも可能だ（**図1**）。使い方に応じた配置にして、すぐに機能を選べるようにしよう。

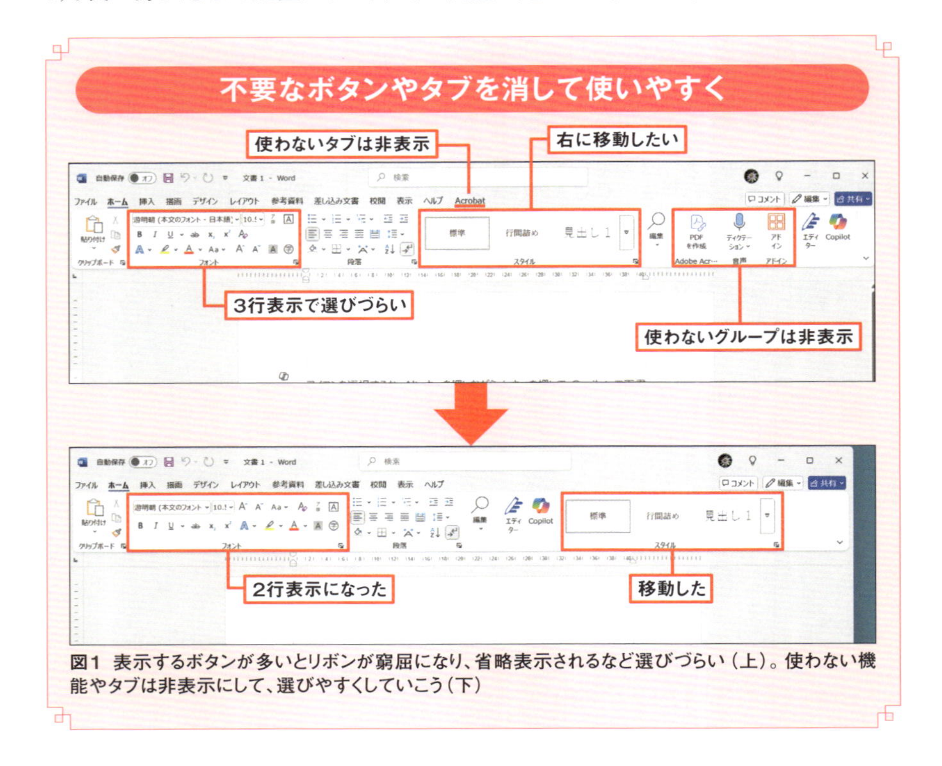

図1 表示するボタンが多いとリボンが窮屈になり、省略表示されるなど選びづらい（上）。使わない機能やタブは非表示にして、選びやすくしていこう（下）

ボタンの配置は使い方次第

リボンの配置を変更する前に考えたいのが普段の使い方だ。例えば、普段ショートカットキーを多用する人なら、「ホーム」タブにある「クリップボード」グループは不要かもしれない。Wordを使い慣れた人なら、「ヘルプ」タブもほとんど使わないだろう。どのボタンを使い、どれを使わないかは、使う人次第。非表示にしたほうが使いやすくなる機能をあらかじめ考えてから作業に入ろう。

リボンのボタンを編集するには、「リボンのユーザー設定」画面を開き、普段使わない機能やグループを選んで削除する（**図2**）。既定の機能は削除できないが、グループ単位であれば削除は可能だ。

使わない機能、グループを削除

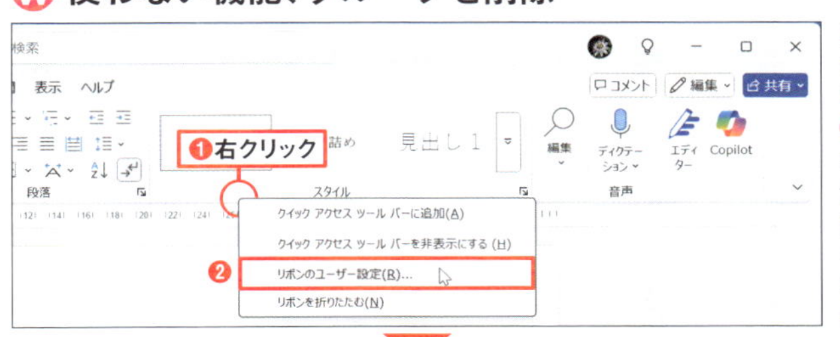

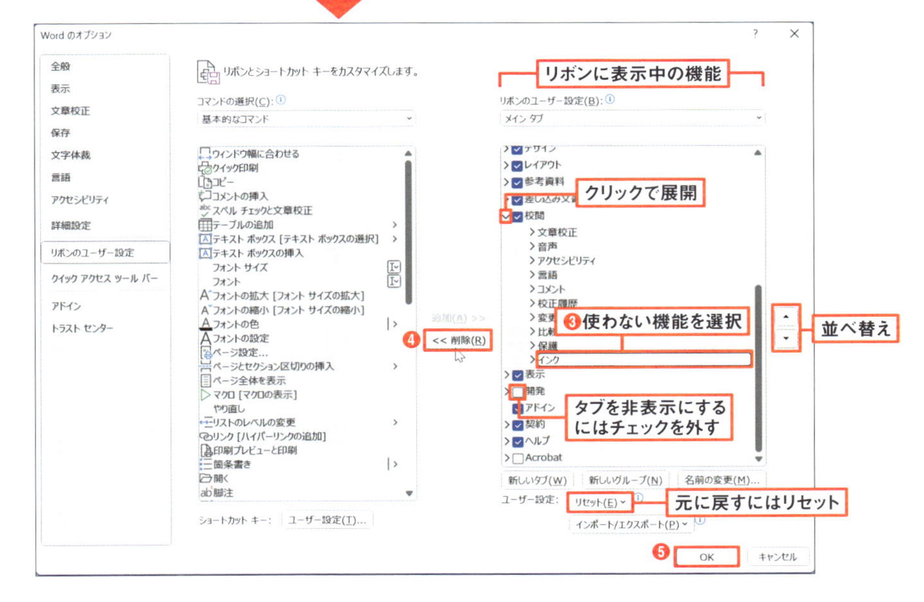

図2 リボンの何もない部分を右クリックして、「リボンのユーザー設定」を選択（❶❷）。開いた画面右側の「リボンのユーザー設定」から、使わない機能やグループを選んで「削除」をクリックする（❸❹）。最後に「OK」ボタンをクリックすると、設定が反映される（❺）

Word

Section 09 よく使う機能は「クイックアクセス」に登録

3分時短

Wordの機能はリボンから選ぶのが基本だが、タブの切り替えにひと手間かかったり、どのタブにあるのか探してしまうこともある。頻繁に使う機能は、いつでも選べる「クイックアクセスツールバー」に表示させておくと便利だ（**図1**）。

リボンを使っていて、「この機能、すぐ選べるようにしたい」と思ったら、右クリックで簡単に追加できる（**図2**）。追加したい機能がリボンにない場合は、クイックアクセスツールバーの設定画面で追加する（**図3**）。この画面では機能の削除や並べ替え、グループ化などもできるので、使いやすく設定しよう。機能が多すぎて探せないときには、Wordの「操作アシスト」で検索して機能を登録することもできる（**図4**）。いったん追加しても、使わなくなったらいつでも削除して、使いやすくしておこう（**図5**）。

いつでも選べるクイックアクセスツールバーを有効活用

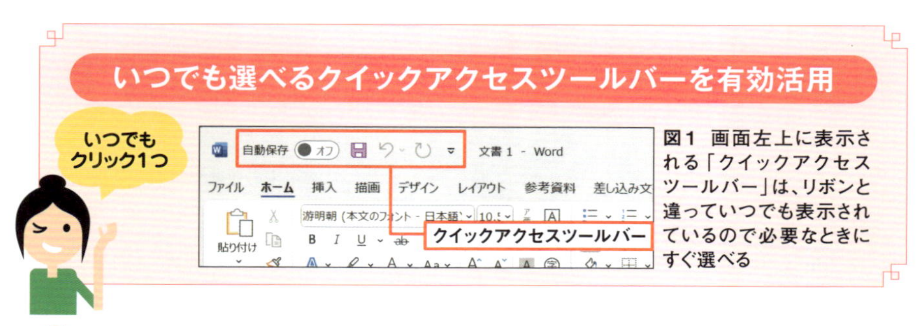

図1 画面左上に表示される「クイックアクセスツールバー」は、リボンと違っていつでも表示されているので必要なときにすぐ選べる

リボンからクイックアクセスツールバーに追加

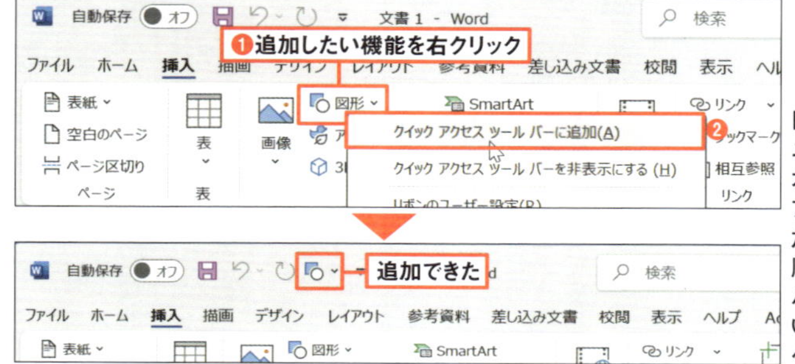

図2 リボンのボタンやメニューで追加したい機能を右クリックし（❶）、「クイックアクセスツールバーに追加」を選択（❷）。追加した順にクイックアクセスツールバーに並ぶ。順番を変えたいときは、図3下の画面で並べ替える

リボンにない機能をクイックアクセスツールバーに追加

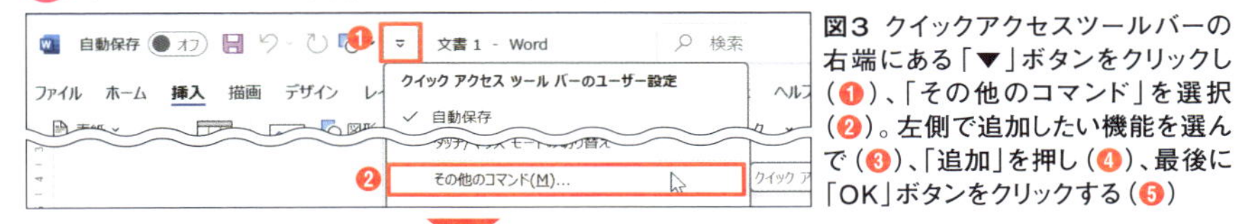

図3 クイックアクセスツールバーの右端にある「▼」ボタンをクリックし(❶)、「その他のコマンド」を選択(❷)。左側で追加したい機能を選んで(❸)、「追加」を押し(❹)、最後に「OK」ボタンをクリックする(❺)

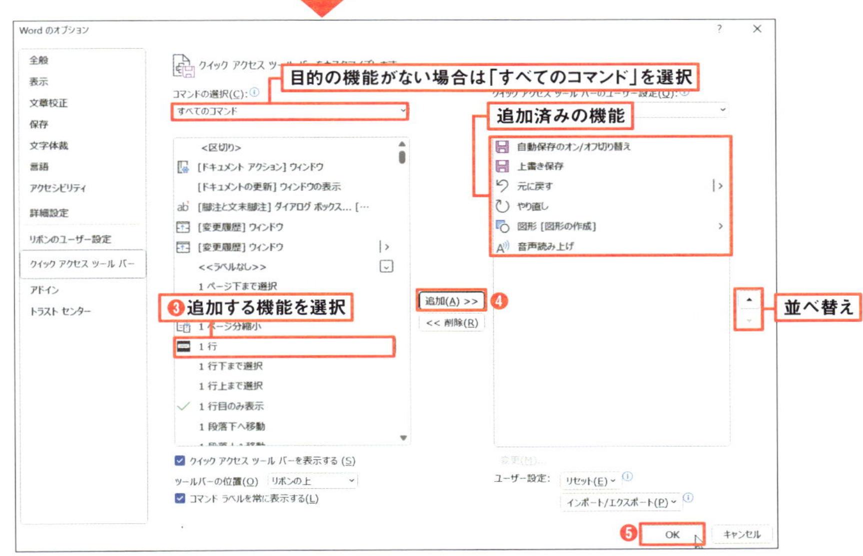

機能を検索してクイックアクセスバーに追加

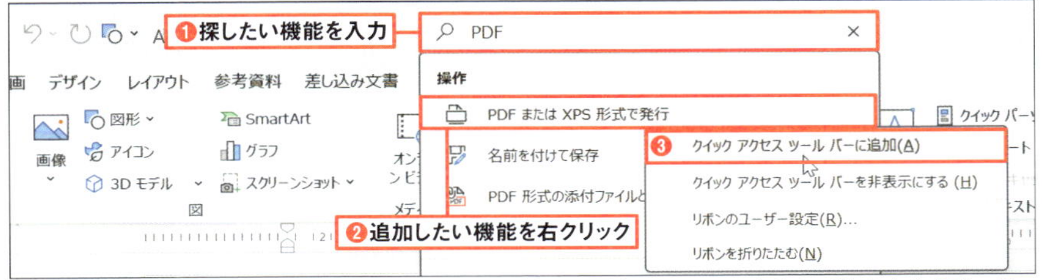

図4 「操作アシスト」(虫眼鏡のアイコン)の入力欄に機能に関するキーワードを入れて検索する(❶)。見つかった機能を右クリックして、「クイックアクセスツールバーに追加」を選択する(❷❸)

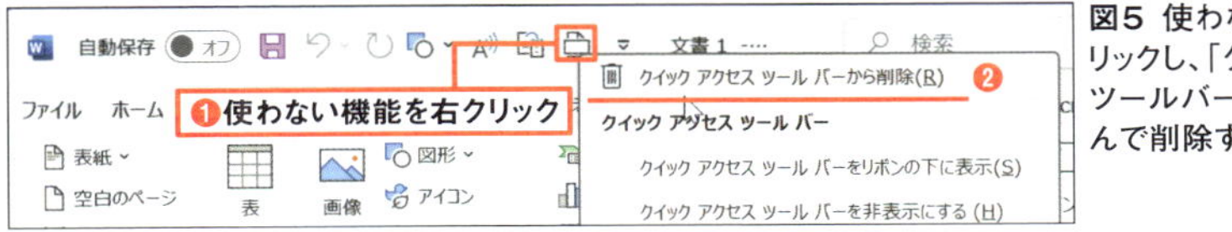

図5 使わない機能は右クリックし、「クイックアクセスツールバーから削除」を選んで削除する(❶❷)

Word

Section 10

起動時の画面を省略 白紙の文書を直接開く

1分 時短

Wordを起動するたびに表示される「スタート画面」（**図1**）。ここで毎回「白紙の文書」を選んでいるなら、スタート画面を省略して、白紙の文書を直接開く設定にするとよい。ただし、スタート画面には「最近使ったアイテム」なども表示されるので、使い方に応じて、スタート画面を表示するかどうか考えてから設定しよう。

起動時の設定を変更するには、「Wordのオプション」画面を開き、「このアプリケーションの起動時にスタート画面を表示する」をオフにすればよい（**図2**）。

起動時のスタート画面を省略したい

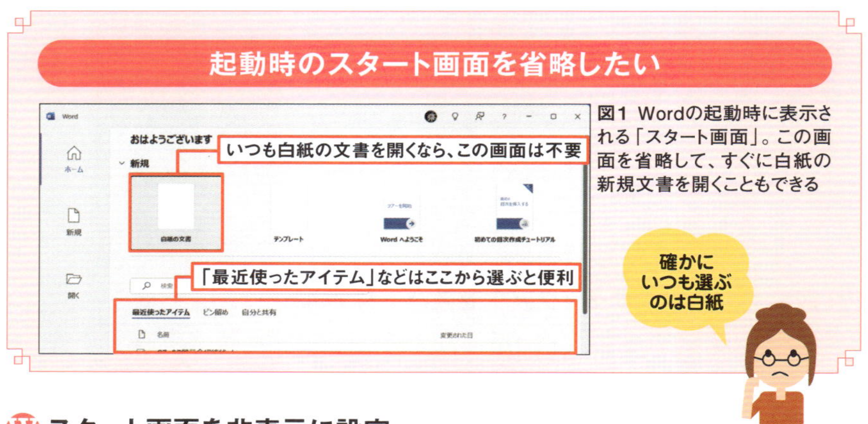

図1 Wordの起動時に表示される「スタート画面」。この画面を省略して、すぐに白紙の新規文書を開くこともできる

スタート画面を非表示に設定

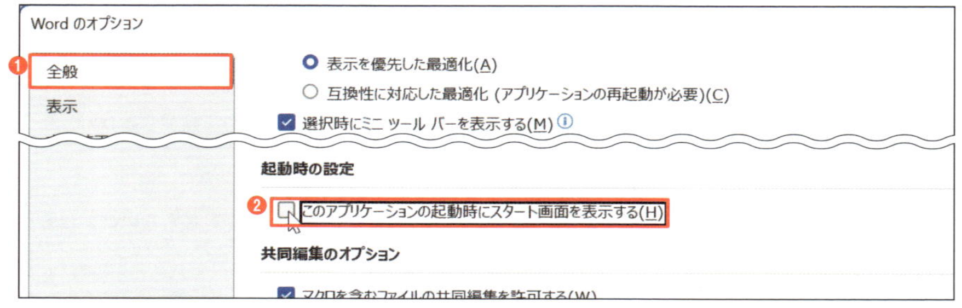

図2 「ファイル」タブで「オプション」を選択。「全般」を選択して、「起動時の設定」にある「このアプリケーションの起動時にスタート画面を表示する」をオフにする（❶❷）

Word

Section 11

自動保存は3分間隔でトラブルのリスクを最小限に

3分時短

文書の作成途中にトラブルが起き、苦労して書いた文章が消えてしまうこともある。上書き保存は「Ctrl」+「S」キーを使えば簡単なので、作業中はこまめに保存するよう心がけたい（**図1**）。

とはいえ、トラブルは保存していないときに限って起きるもの。Wordの初期設定では、10分経過するごとに自動的にバックアップが作成される設定になっている。10分あればかなりの文章を入力できるので、せっかく書き上げた名文を無駄にしたくなければ、自動保存の間隔を「3分」などに変更してはいかがだろう（**図2**）。何かあっても3分前に戻れれば、かなりの文章を救えるはずだ［注］。

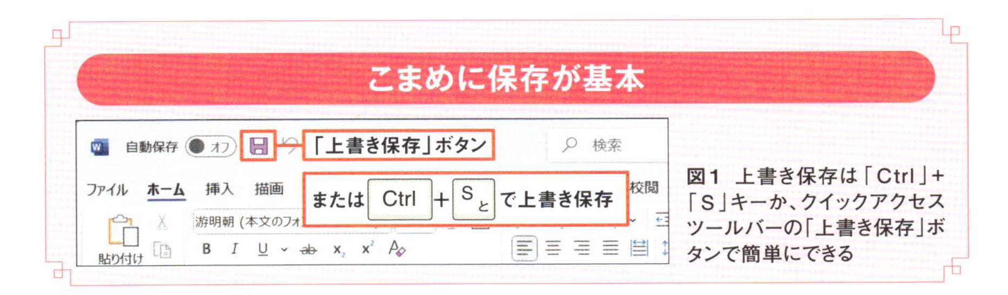

図1 上書き保存は「Ctrl」+「S」キーか、クイックアクセスツールバーの「上書き保存」ボタンで簡単にできる

自動保存の間隔を3分に変更

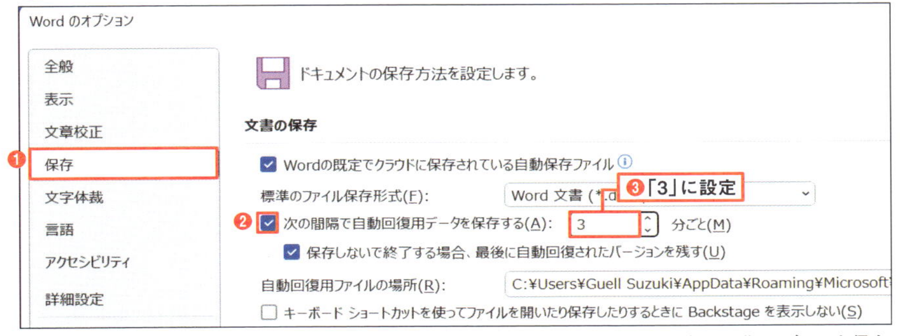

図2 「ファイル」タブで「オプション」を選択。「保存」を選択し（❶）、「次の間隔で自動回復用データを保存する」にチェックを付け、「3」分ごとに変更する（❷❸）

［注］Microsoft 365版を利用していて、かつOneDriveのフォルダーにファイルを保存している場合、既定で数秒ごとに自動保存される

Word

Section 12

新規文書に含まれる個人情報を管理する

文書ファイルには、さまざまな情報が含まれている。文書を作成すれば作成者、更新すれば最終更新者、共同作業をすれば変更履歴やコメントにあなたの名前や会社名が残っているかもしれない（**図1**）。自動登録される名前には、Wordの「ユーザー名」が使われている。Office導入時のMicrosoftアカウントがユーザー名として登録されていることが多いので、ファイルを渡すときには要注意だ。

文書内に記録された情報は、ファイルの「プロパティ」で確認できる。既存のファイルを人に渡す場合には、見られて困る情報を削除してから渡すようにしたい（**図2～図4**）。インターネットで配布する場合など、個人情報が残ると困る文書は、「ドキュメント検査」機能を利用して個人情報をすべて削除することもできる。

今後作業する文書に余計な個人情報が入らないよう、ユーザー名を変更しておけば、毎回確認せずに済む（**図5**）。ユーザー名は削除すると共同作業の際などに困るので、会社名や名字など、情報が残っても問題のない名前にするとよいだろう。

Wordファイルには作成者などの情報が入っている

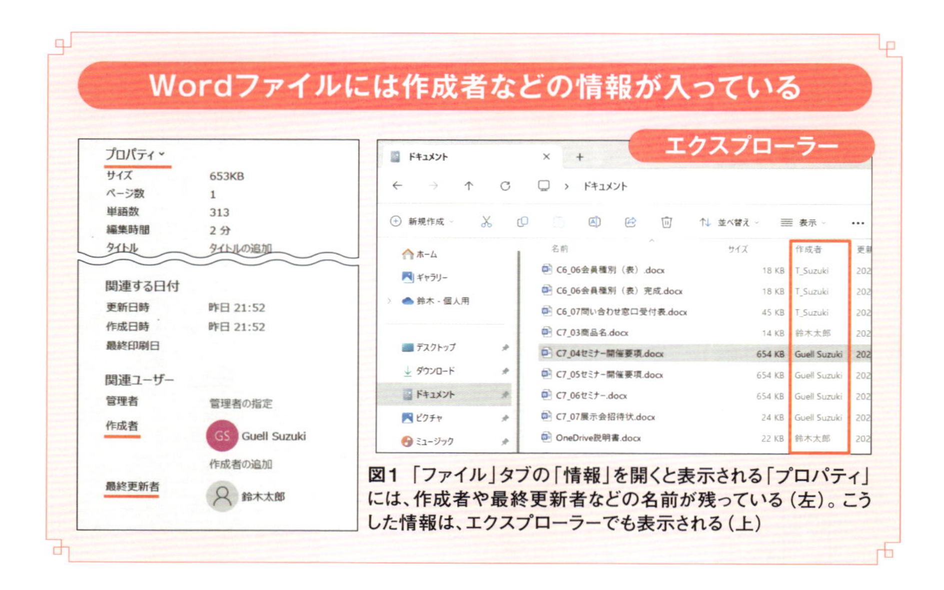

図1 「ファイル」タブの「情報」を開くと表示される「プロパティ」には、作成者や最終更新者などの名前が残っている（左）。こうした情報は、エクスプローラーでも表示される（上）

プロパティの情報を確認、修正する

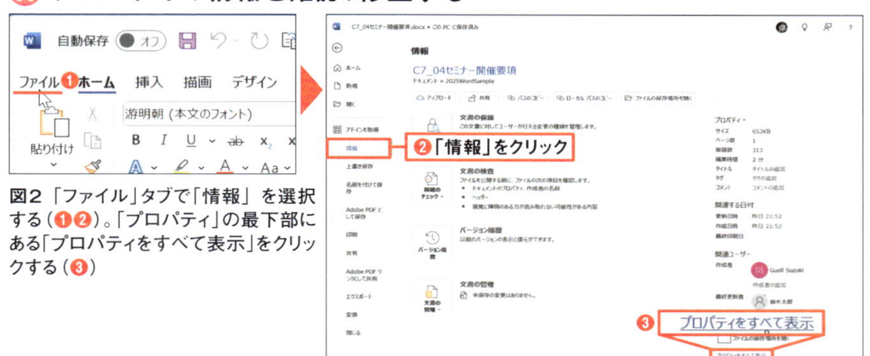

図2 「ファイル」タブで「情報」を選択する（❶❷）。「プロパティ」の最下部にある「プロパティをすべて表示」をクリックする（❸）

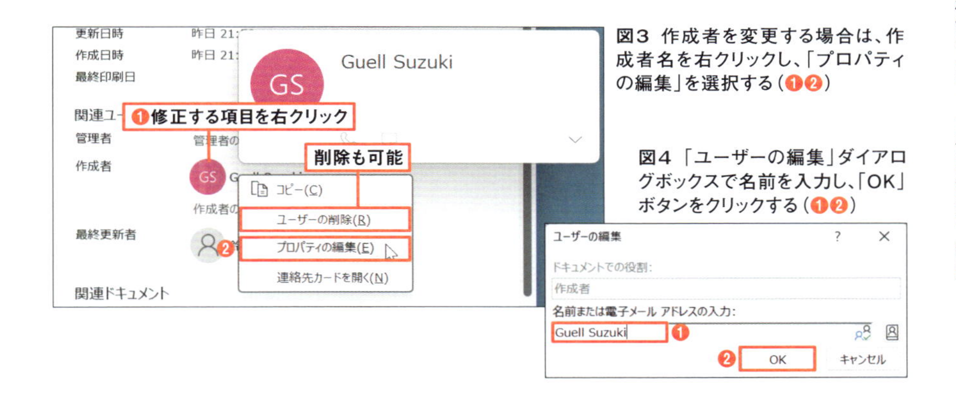

図3 作成者を変更する場合は、作成者名を右クリックし、「プロパティの編集」を選択する（❶❷）

図4 「ユーザーの編集」ダイアログボックスで名前を入力し、「OK」ボタンをクリックする（❶❷）

自動で記録されるユーザー名を変更

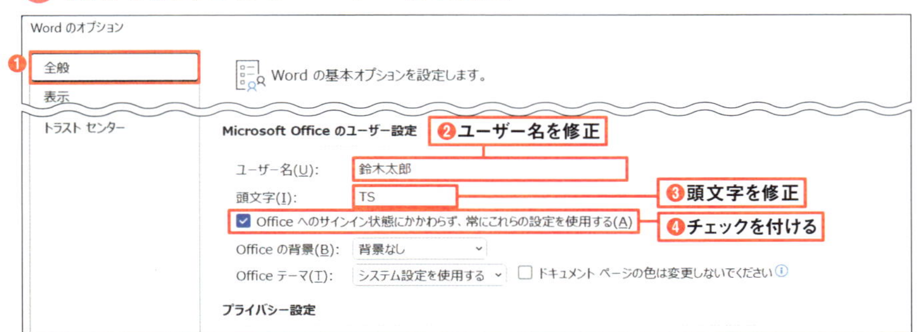

図5 「ファイル」タブのメニューで「オプション」を選び、開く画面で「全般」を選択する（❶）。「ユーザー名」と「頭文字」の欄を適宜修正し、「Officeへのサインイン状態にかかわらず、常にこれらの設定を使用する」にチェックを付ける（❷～❹）

Word

Section 13

いつものフォルダーに最速で保存

3分時短

文書を作るたびに必要になるのがファイルの保存作業。パソコン内に保存する場合、「名前を付けて保存」画面で「参照」を選び、保存するフォルダーを選んでファイル名を指定するのが一般的だ（**図1**）。さらに、既定の保存場所がクラウドストレージ「OneDrive」の場合、パソコン内に保存する場合はさらに手間がかかる。

いつも保存するフォルダーを既定に設定

まずは既定のフォルダーを見直す。最もよく使うフォルダーが、OneDriveかパソコンか、どのフォルダーなのかを考えて既定のフォルダーに設定すれば、フォルダー選択の手間を省ける（**図2、図3**）。

クラウドストレージを使っていないなら、「既定でコンピューターに保存する」にチェックを付けておくとよい（**図4**）。この設定にすると、「このPC」を選んだ状態で「名前を付けて保存」画面を開くことができる。

新規保存の手順はもっと簡単にできる

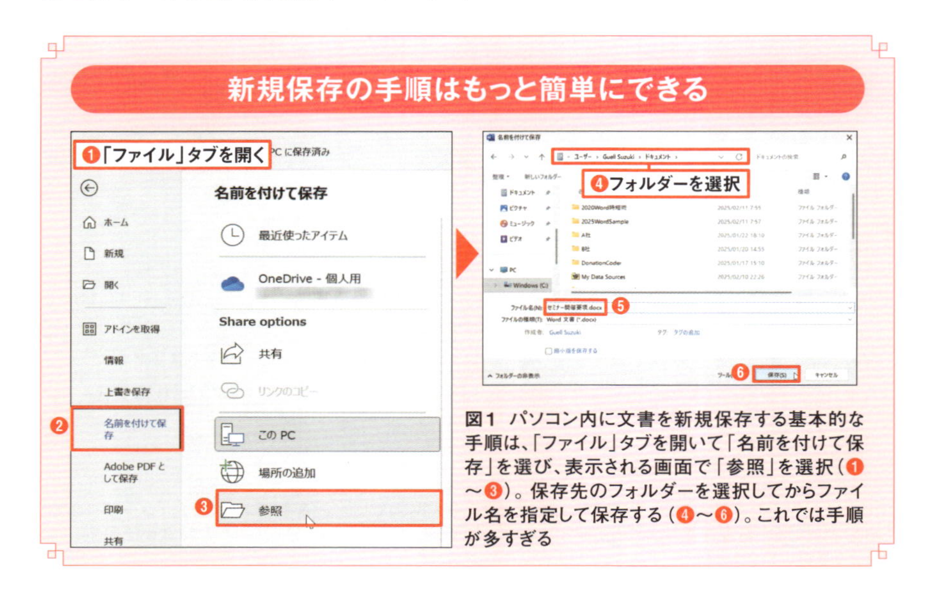

図1 パソコン内に文書を新規保存する基本的な手順は、「ファイル」タブを開いて「名前を付けて保存」を選び、表示される画面で「参照」を選択（❶～❸）。保存先のフォルダーを選択してからファイル名を指定して保存する（❹～❻）。これでは手順が多すぎる

よく使うフォルダーを既定のフォルダーに設定

初期設定ではOneDrive内のフォルダーになっている

図2 「ファイル」タブで「オプション」を選び、開く画面で「保存」を選択（❶）。「既定のローカルファイルの保存場所」の「参照」ボタンをクリックする（❷）

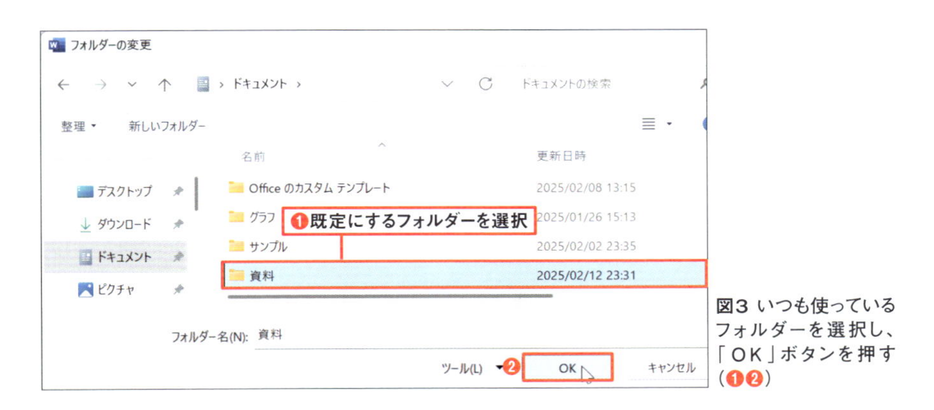

図3 いつも使っているフォルダーを選択し、「OK」ボタンを押す（❶❷）

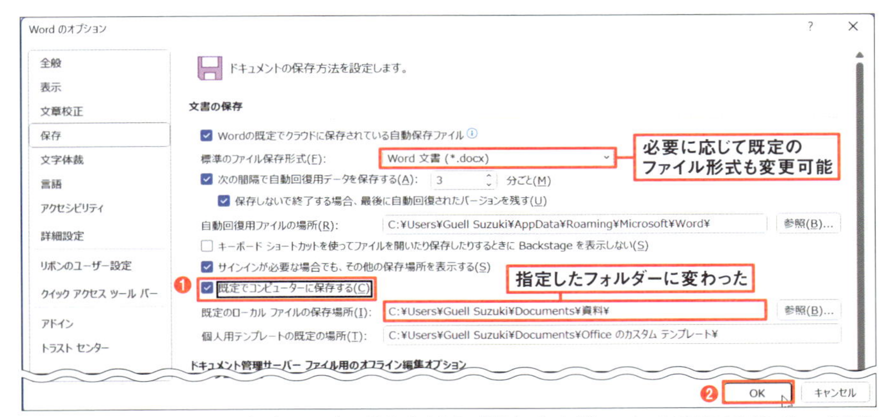

図4 元の画面に戻る。いつもパソコン内に保存するなら、「既定でコンピューターに保存する」にチェックを付けておくとよい（❶）。確認して「OK」ボタンを押す（❷）

設定が済んだら、既定のフォルダーが変わったことを確認しておこう（**図5、図6**）。「名前を付けて保存」画面で「参照」を選び、指定したフォルダーが自動的に選択されていれば設定完了だ。

「F12」キーで保存ダイアログを直接開く

さらに、保存時に図6の「名前を付けて保存」ダイアログボックスを直接開きたいという人は、「F12」キーを使おう。「F12」キーを押せば直接「名前を付けて保存」ダイアログボックスを表示して、フォルダーの選択などができる（**図7、図8**）。

既定フォルダーが変わったことを確認

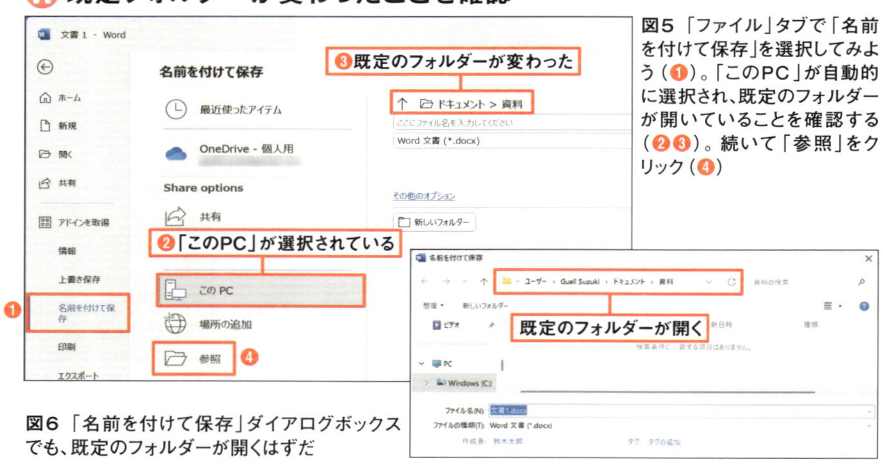

図5 「ファイル」タブで「名前を付けて保存」を選択してみよう（❶）。「このPC」が自動的に選択され、既定のフォルダーが開いていることを確認する（❷❸）。続いて「参照」をクリック（❹）

図6 「名前を付けて保存」ダイアログボックスでも、既定のフォルダーが開くはずだ

パソコン内に新規保存するなら「F12」キーを使う

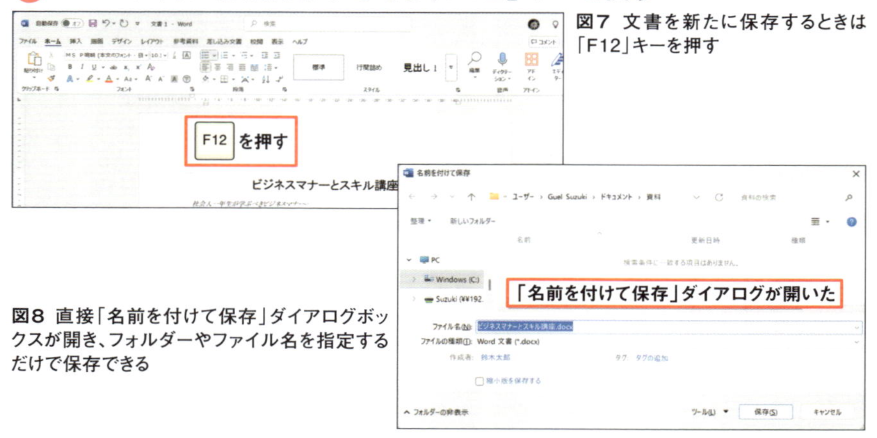

図7 文書を新たに保存するときは「F12」キーを押す

図8 直接「名前を付けて保存」ダイアログボックスが開き、フォルダーやファイル名を指定するだけで保存できる

Word

第8章

印刷ミスのムダ排除 簡単・確実に印刷

1ページに収めたいのにちょっとだけはみ出してしまったときの対処法は、知っておいて損はない。最近は、印刷せずにPDFファイルで送ることも多いので、PDFの保存方法も覚えておこう。また「差し込み印刷」を利用すると、宛先ごとに内容を変えた書面作りやラベル印刷など、幅広く効率化できる。

- 2ページ目にはみ出したときの簡単な対処方法
- ビジネス文書として渡せるPDFを素早く作成
- ラベル印刷でカードや宛名ラベルを作成
- 宛先ごとに少しずつ異なる文書を自動印刷　ほか

2ページ目にはみ出す文書を1ページに収めて印刷

3分時短

1ページのはずが印刷してみたら2ページ目にはみ出していた……。こんな失敗を多くの人が経験しているだろう（**図1**）。この失敗を防ぐには、印刷前にページ数を確認することが第一（**図2**）。そして、少しだけ2ページ目にはみ出した文章を1ページに収める方法は2つある。

1つは、ページ全体を縮小印刷すること。もう1つは、余白や行間を狭めるなど、1ページに入る文字数を増やして対処することだ。

2ページ目にほんの数行はみ出してしまう場合、ページ全体を少し縮小することで1ページに収める「1ページ分縮小」を使えば、ワンクリックで1ページに収めてくれる。文字は少し小さくなるが、操作はワンクリックなので手間がかからない。ただし、この機能は通常表示されない"裏メニュー"。クイックアクセスツールバーから呼び出せるように設定して使おう（**図3～図5**）。

1ページに入っているかどうか印刷前にチェック

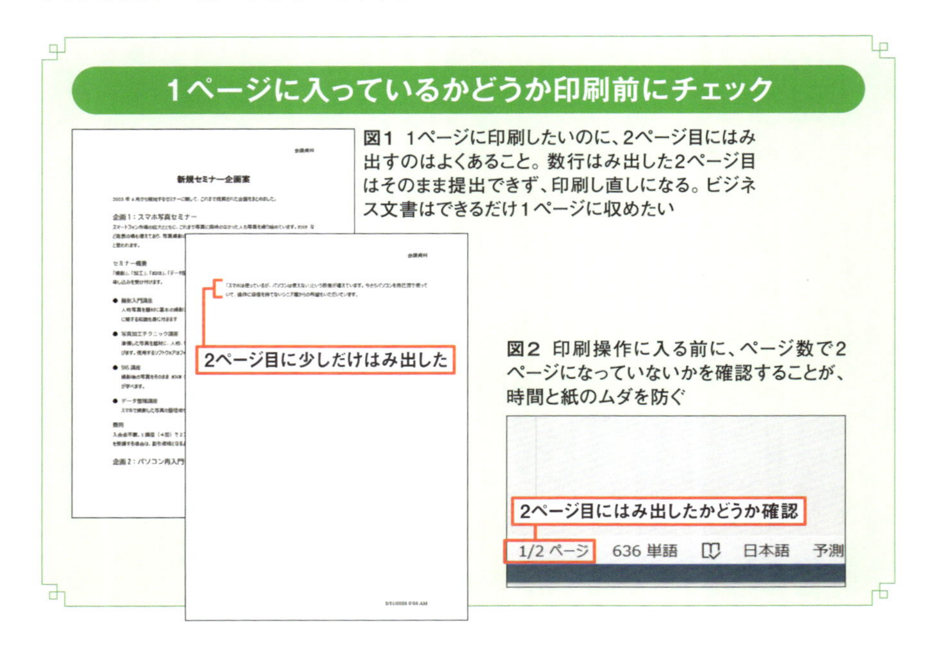

図1 1ページに印刷したいのに、2ページ目にはみ出すのはよくあること。数行はみ出した2ページ目はそのまま提出できず、印刷し直しになる。ビジネス文書はできるだけ1ページに収めたい

図2 印刷操作に入る前に、ページ数で2ページになっていないかを確認することが、時間と紙のムダを防ぐ

「1ページ分縮小」をクイックアクセスツールバーに登録

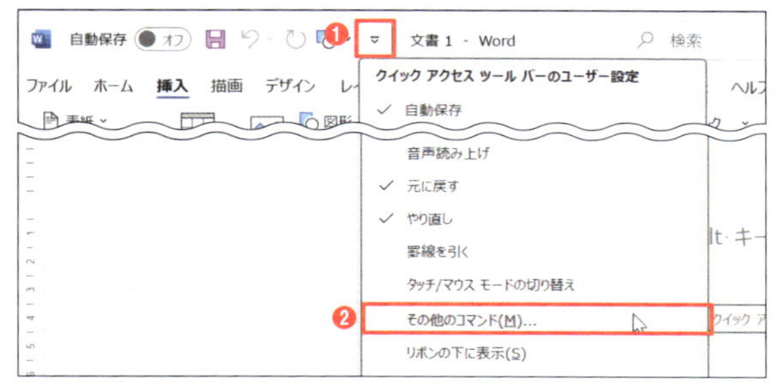

図3 画面左上にあるクイックアクセスツールバーの右端にある「▼」ボタンをクリックし、「その他のコマンド」を選択する（❶❷）

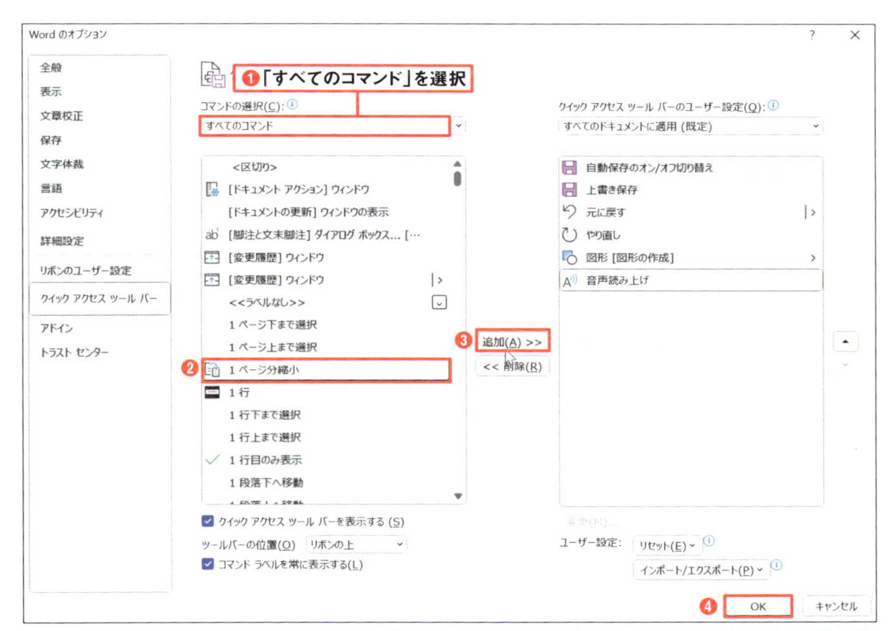

図4 開く画面の左側で追加する機能を選ぶ。「コマンドの選択」欄で「すべてのコマンド」を選択し（❶）、「1ページ分縮小」を選択（❷）。「追加」をクリックして右側に表示されたら（❸）、「OK」を押す（❹）

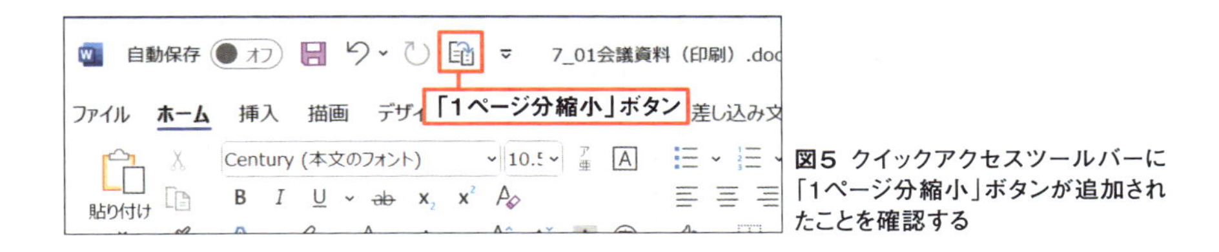

図5 クイックアクセスツールバーに「1ページ分縮小」ボタンが追加されたことを確認する

クイックアクセスツールバーの設定後は、このボタンをクリックするだけで縮小できる(**図6、図7**)。この例では、本文の文字サイズが10.5ポイントから10ポイントに縮小され、はみ出していた文章が1ページに収まった。

この機能で1ページに収まらない場合は「これ以上ページを圧縮することはできません。」というエラーメッセージが表示される。そんなときや、文字サイズを小さくしたくない場合は、余白や行間を調整する。左右の余白を狭めるほど、1行に入る文字数が増えるが、読みやすさを考えれば上下左右それぞれに1cm以上の余白は必要だ(**図8**)。

行間を詰めて1ページに収めようとするときは、段落ごとに行間を微調整するのは手間がかかるので、1ページに入る行数を調整するとよい(**図9**)。ただし、行間を「固定」の設定にしている場合、この操作では行間を縮めることはできない。

余白などを調整しても1ページに入らないなら、箇条書きなど文字が小さめな部分を選んで2段組みにするのも効果的だ(**図10**)。

W「1ページ分縮小」で1ページに収める

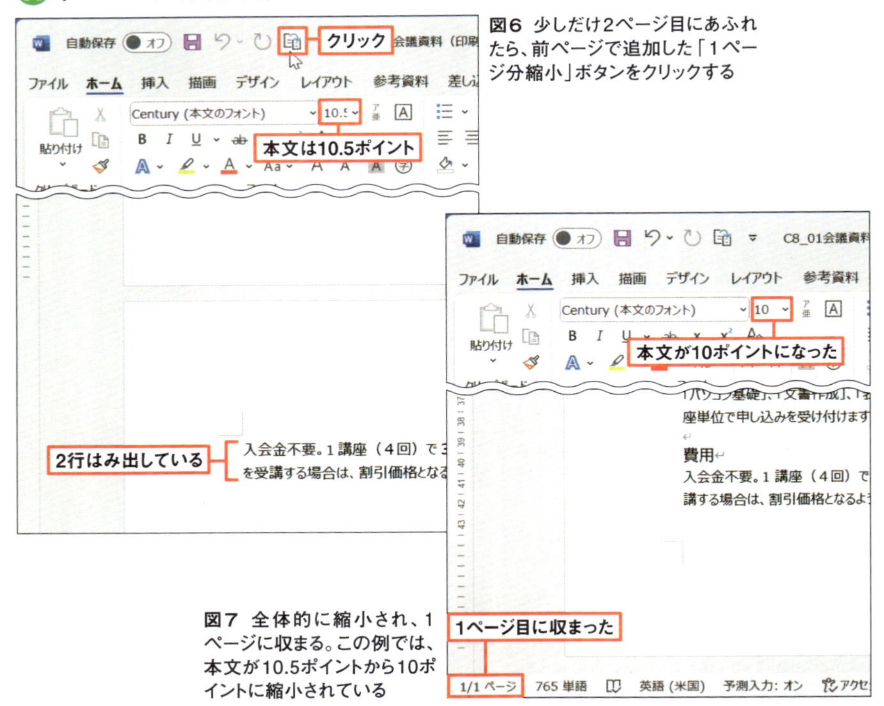

図6 少しだけ2ページ目にあふれたら、前ページで追加した「1ページ分縮小」ボタンをクリックする

図7 全体的に縮小され、1ページに収まる。この例では、本文が10.5ポイントから10ポイントに縮小されている

余白を調整して1ページに収める

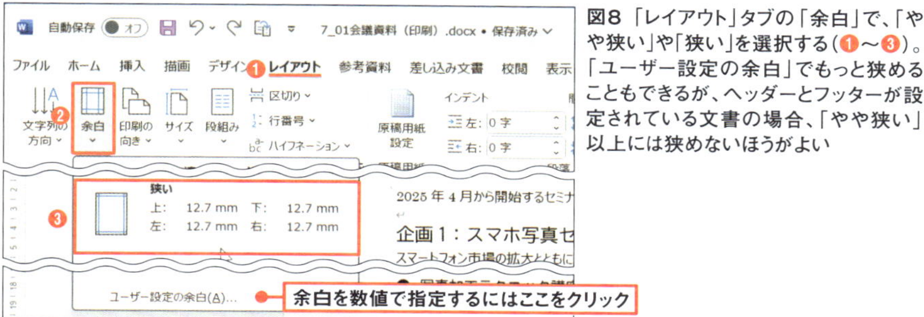

図8 「レイアウト」タブの「余白」で、「やや狭い」や「狭い」を選択する（❶〜❸）。「ユーザー設定の余白」でもっと狭めることもできるが、ヘッダーとフッターが設定されている文書の場合、「やや狭い」以上には狭めないほうがよい

1ページに入る行数を増やす

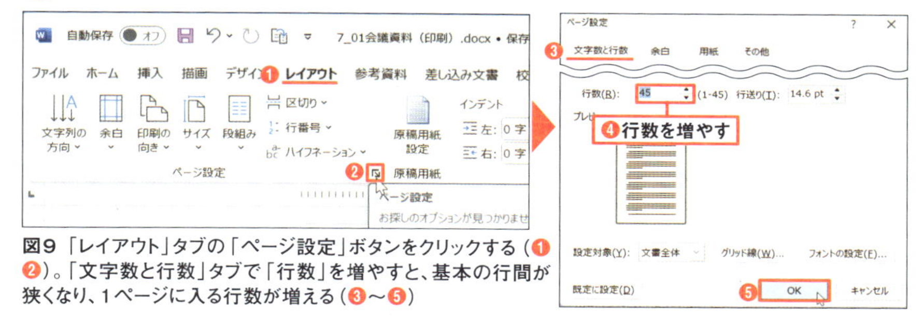

図9 「レイアウト」タブの「ページ設定」ボタンをクリックする（❶❷）。「文字数と行数」タブで「行数」を増やすと、基本の行間が狭くなり、1ページに入る行数が増える（❸〜❺）

箇条書きなどは段組みで省スペース

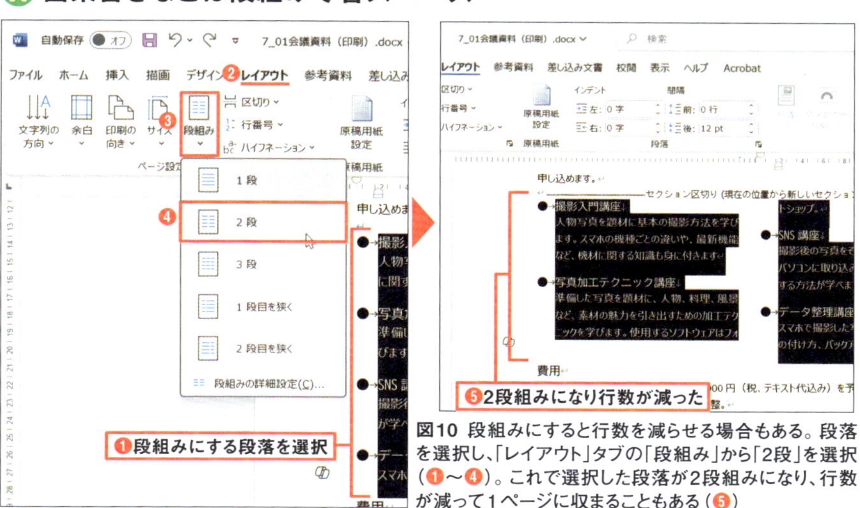

図10 段組みにすると行数を減らせる場合もある。段落を選択し、「レイアウト」タブの「段組み」から「2段」を選択（❶〜❹）。これで選択した段落が2段組みになり、行数が減って1ページに収まることもある（❺）

Word

Section 02

PDF出力を手早く！ パスワード設定も可能

1分 時短

「Wordファイルではなく PDFでください」と頼まれることが増えている。PDFは機種を問わずに開くことができ、一般的にWordファイルより容量が小さいので配布用としてよく利用される。Wordで作った文書はPDFファイルに保存できるが、手順や設定を間違えると、時間の無駄だけでなく安全性も損なわれるので注意が必要だ。

PDF出力は「エクスポート」から指定でひと手間省く

PDFへの書き出しは「ファイル」タブのメニューで「名前を付けて保存」を選ぶ方法もあるが、「エクスポート」を選ぶと自動的にPDF形式が選択されるためひと手間少なく済む（**図1**）。「最適化」では「標準」か「最小サイズ」かを選べるが、画面で表示するだけなら「最小サイズ」を選ぶとファイル容量や送信時間を節約できる（**図2**）。

Ⓦ「名前を付けて保存」より「エクスポート」がオススメ

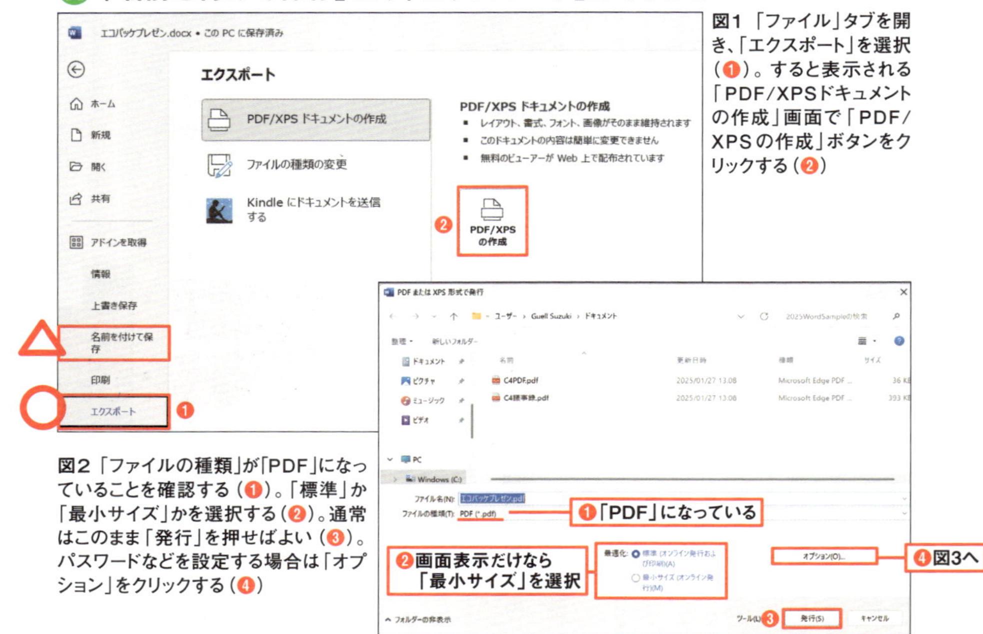

図1 「ファイル」タブを開き、「エクスポート」を選択（❶）。すると表示される「PDF/XPSドキュメントの作成」画面で「PDF/XPSの作成」ボタンをクリックする（❷）

図2 「ファイルの種類」が「PDF」になっていることを確認する（❶）。「標準」か「最小サイズ」かを選択する（❷）。通常はこのまま「発行」を押せばよい（❸）。パスワードなどを設定する場合は「オプション」をクリックする（❹）

パスワードでセキュリティを確保

セキュリティを重視する場合も「エクスポート」ならパスワードを簡単に設定できる。図2の画面で「オプション」を選択し、開いたダイアログボックスで「ドキュメントをパスワードで暗号化する」をオンにする（**図3**）。続いて表示されるダイアログボックスでパスワードを入力すれば、開くためにパスワードが必要なPDFとして保存できる。

素早くメールで送るなら「共有」機能

「すぐPDFを送ってくれ」と言われたら、通常はPDFファイルとして保存してからメールソフトで送信するが、素早く送るなら「共有」を使おう（**図4**）。「共有」機能で「PDF」を選択するとメールソフトが起動し、PDFを添付した新規メールの作成画面が開く。また、保存するだけなら「印刷」機能を使う手もある（**図5**）。この2つの方法では、パスワードなどの設定はできないが、手早く作業できる。

W 「オプション」からパスワードを設定

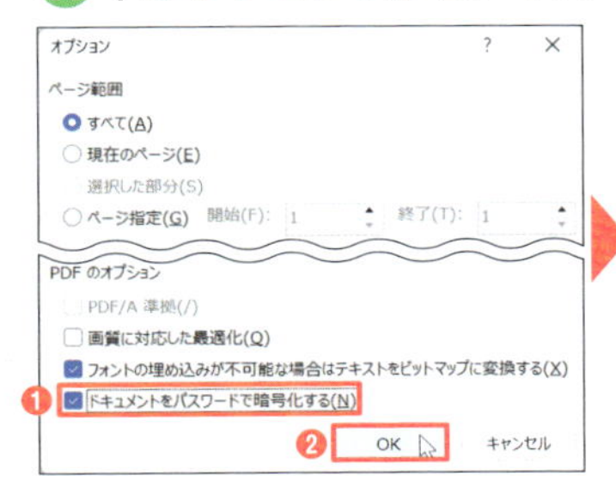

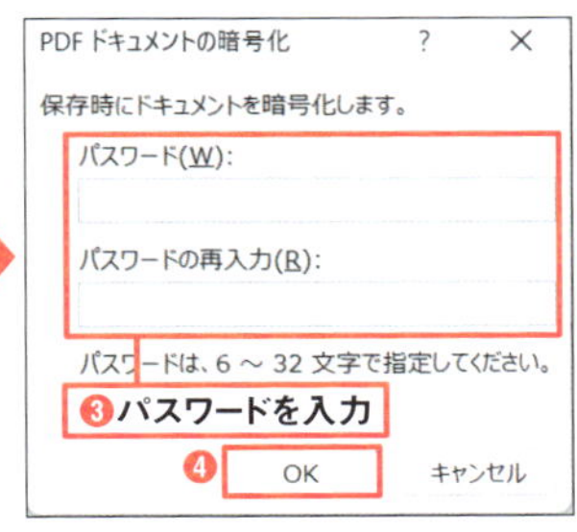

図3 図2で「オプション」を押すと表示される画面で「ドキュメントをパスワードで暗号化する」をオンにする（❶）。「OK」ボタンを押し（❷）、次に表示される画面でパスワードを設定して「OK」ボタンを押す（❸❹）

W 簡単に出力できる方法もある

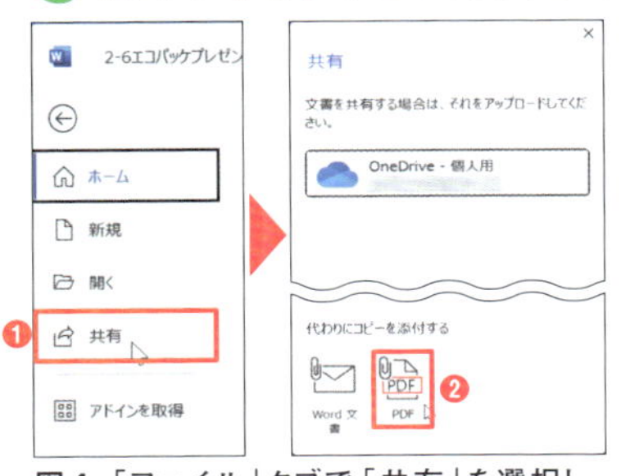

図4 「ファイル」タブで「共有」を選択し、「PDF」を選ぶと、PDFファイルを添付したメール作成画面を開ける（❶❷）

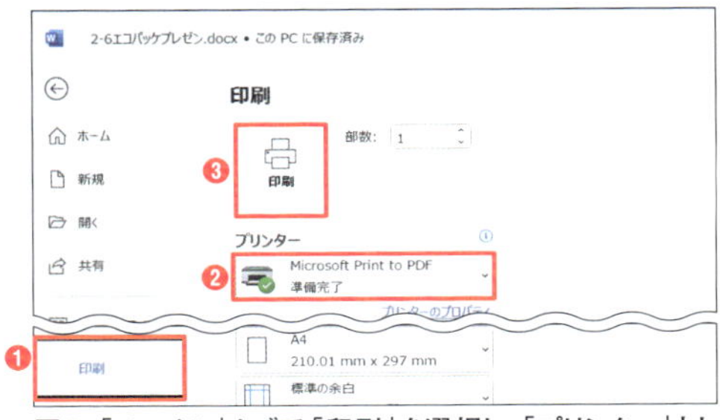

図5 「ファイル」タブで「印刷」を選択し、「プリンター」として「Microsoft Print to PDF」を選ぶ（❶❷）。「印刷」ボタンを押すと、PDFファイルの保存画面が表示される（❸）

Word

Section 03

1分時短

「文書の一部」「画像抜き」必要な部分のみ効率良く印刷

Wordでは、必要な部分だけ選択して印刷したり、文字校正時には画像などを抜いて文字列だけを印刷することもできる（**図1**）。印刷するものが少ないほど高速に印刷でき、紙も節約できる。余分なものがなければチェックもしやすい。

文書の一部だけを印刷する場合は、必要な範囲を選択し、印刷の設定画面で「選択した部分を印刷」を選んで印刷する（**図2、図3**）。

写真や図形、SmartArtなどを除き、文字列のみを印刷するには、印刷前にオプション設定を変更する（**図4、図5**）。ひと手間かかるが、ページ数が多い場合や何度も印刷する場合は有効な設定だ。インクの節約にもなる。

なお、「オプション」の「詳細設定」には「下書き印刷する」という項目もあるが、こちらは図の設定やプリンターによって図が印刷されてしまうことがある。

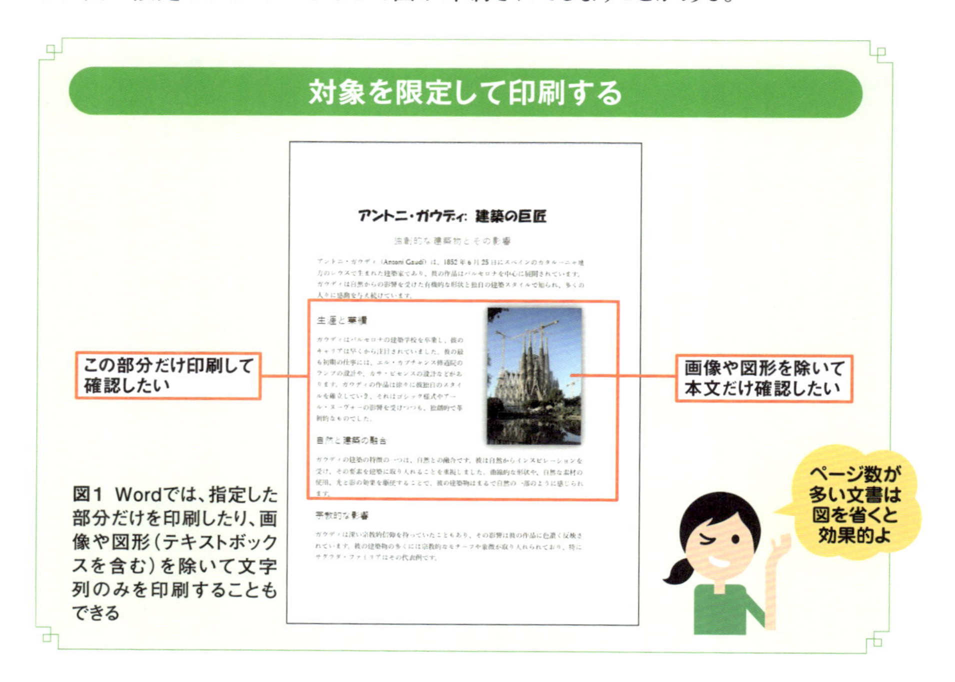

アントニ・ガウディ: 建築の巨匠

独創的な建築物とその影響

アントニ・ガウディ（Antoni Gaudí）は、1852年6月25日にスペインのカタルーニャ地方のレウスで生まれた建築家であり、彼の作品はバルセロナを中心に展開されています。ガウディは自然からの影響を受けた有機的な形状と独自の建築スタイルで知られ、多くの人々に感動を与え続けています。

生涯と業績

ガウディはバルセロナの建築学校を卒業し、彼のキャリアは早くから注目されていました。彼の最も初期の仕事には、エル・カプチャンス修道院のランプの設計や、カサ・ビセンスの設計などがあります。ガウディの作品は徐々に彼独自のスタイルを確立していき、それはゴシック様式やアール・ヌーヴォーの影響を受けつつも、独創的で革新的なものでした。

自然と建築の融合

ガウディの建築の特徴の一つは、自然との融合です。彼は自然からインスピレーションを受け、その要素を建築に取り入れることを重視しました。曲線的な形状や、自然な素材の使用、光と影の効果を駆使することで、彼の建築物はまるで自然の一部のように感じられます。

宗教的な影響

ガウディは深い宗教的信仰を持っていたこともあり、その影響は彼の作品に色濃く反映されています。彼の建築物の多くには宗教的なモチーフや象徴が取り入れられており、特にサグラダ・ファミリアはその代表例です。

図1 Wordでは、指定した部分だけを印刷したり、画像や図形（テキストボックスを含む）を除いて文字列のみを印刷することもできる

選択した部分だけを印刷

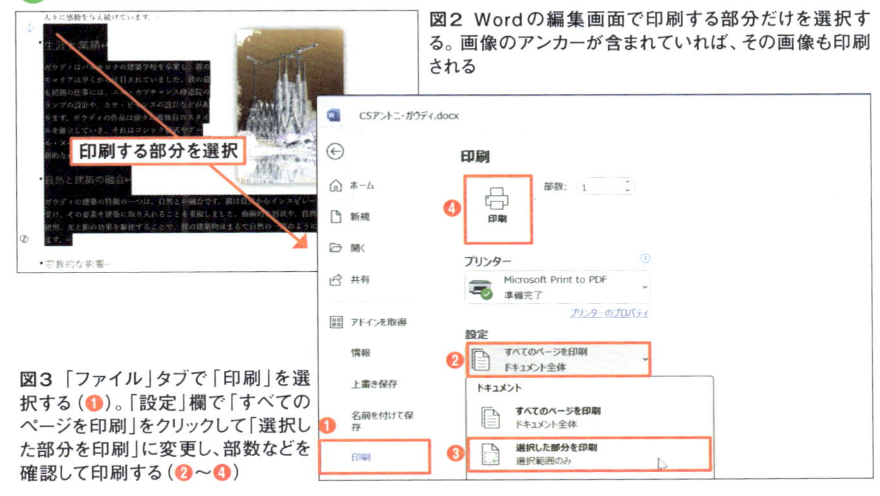

図2 Wordの編集画面で印刷する部分だけを選択する。画像のアンカーが含まれていれば、その画像も印刷される

図3 「ファイル」タブで「印刷」を選択する（❶）。「設定」欄で「すべてのページを印刷」をクリックして「選択した部分を印刷」に変更し、部数などを確認して印刷する（❷～❹）

写真や図形を除いて本文領域の文字列のみ印刷

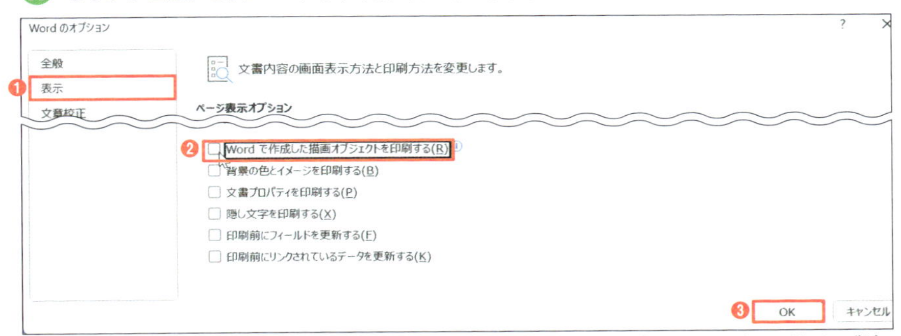

図4 「ファイル」タブの「オプション」を選択する。開く画面で「表示」を選択し、「Wordで作成した描画オブジェクトを印刷する」のチェックを外して「OK」ボタンを押す（❶～❸）

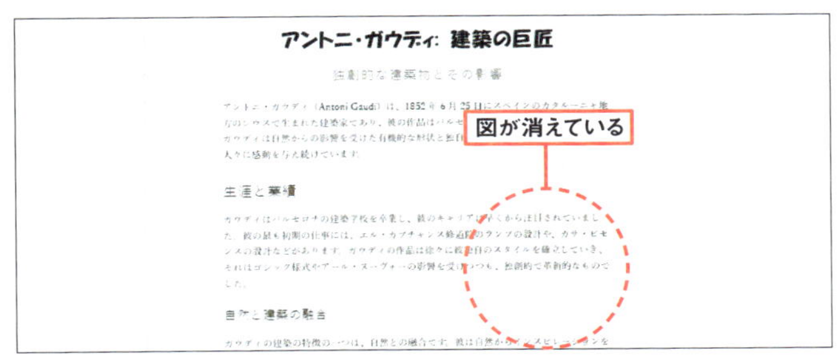

図5 オプション設定後、「ファイル」タブで「印刷」を選ぶと、写真や図がない状態でプレビューが表示される。確認して印刷しよう

ラベル印刷機能を利用して カードや名刺を簡単印刷

10分時短

ショップで使うメンバーズカードやショップカード、イベントで配る期間限定の名刺など、同じカードをたくさん作りたいときに便利なのが「ラベル印刷」機能だ。ラベル印刷機能には、市販されているラベル用紙やカード用紙のレイアウトが数多く登録されており、製品番号を入力するだけできれいに印刷できる（**図1**）。こうした用紙は手で折るだけで切り取れるため、印刷後も面倒がない。使用する用紙を購入する前に、ラベル印刷機能のリストにあるかどうかをチェックしておくと安心だ。

「差し込み文書」タブの「差し込み印刷の開始」から「ラベル」を選び、使用する専用紙のメーカー名と品番を指定する（**図2、図3**）。用紙が厚くて手差しする場合や、手作業で両面印刷する場合には、この画面で「用紙トレイ」を手差しに変更しておくとよい。

ラベル印刷機能でカードを簡単に作成

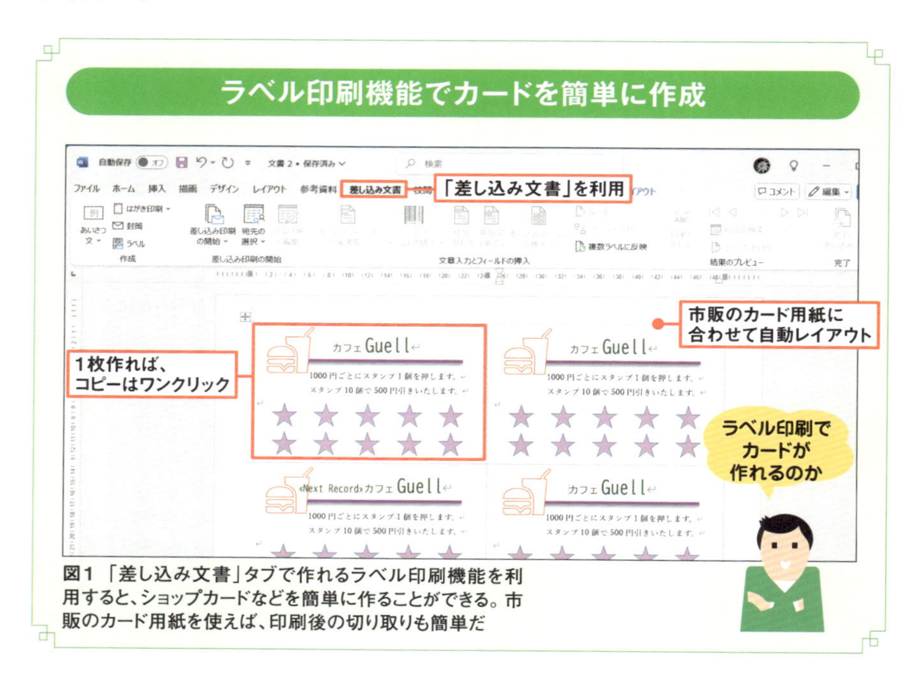

図1 「差し込み文書」タブで作れるラベル印刷機能を利用すると、ショップカードなどを簡単に作ることができる。市販のカード用紙を使えば、印刷後の切り取りも簡単だ

ここではA4用紙1枚に10枚のカードが作れる用紙を選んだので、開いた新規文書にはカードを模した2列×5行の表が挿入されている。左上の枠内にカードの内容を入力しよう（**図4**）。「差し込み文書」タブで「複数ラベルに反映」を選ぶと、1つめの内容をほかのカードにコピーできる（**図5**）。あとは印刷するだけだ。

両面印刷のカードを作る場合は、同じ手順で裏面用のデータを作る。表と裏がズレると台無しなので、両面印刷に対応したプリンターであってもまず片面を印刷し、インクが乾いたらひっくり返して裏面を印刷するほうがよい。

ラベルの品番と印刷方法を指定

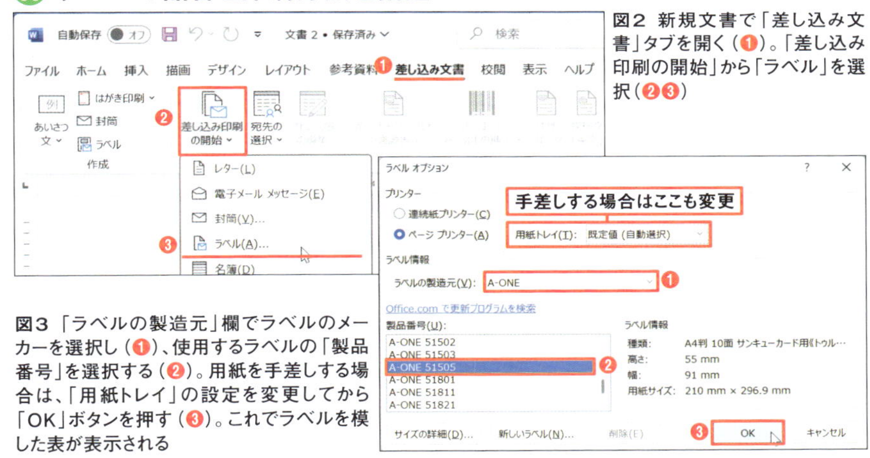

図2 新規文書で「差し込み文書」タブを開く（❶）。「差し込み印刷の開始」から「ラベル」を選択（❷❸）

図3 「ラベルの製造元」欄でラベルのメーカーを選択し（❶）、使用するラベルの「製品番号」を選択する（❷）。用紙を手差しする場合は、「用紙トレイ」の設定を変更してから「OK」ボタンを押す（❸）。これでラベルを模した表が表示される

1つ作ったら全カードに反映

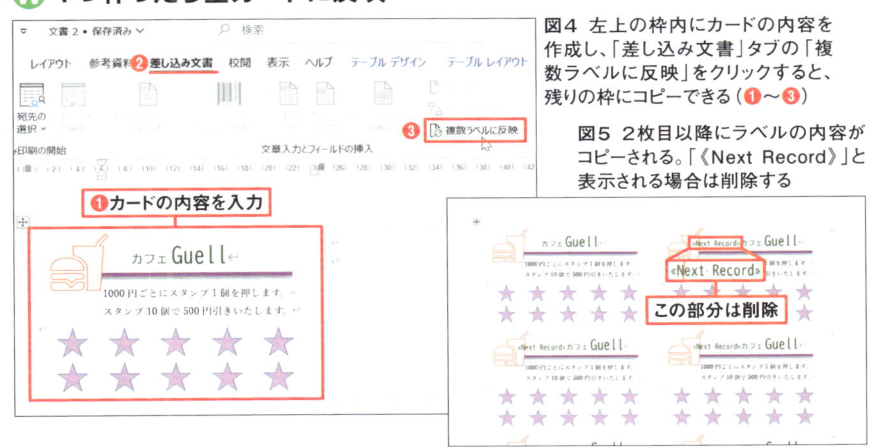

図4 左上の枠内にカードの内容を作成し、「差し込み文書」タブの「複数ラベルに反映」をクリックすると、残りの枠にコピーできる（❶～❸）

図5 2枚目以降にラベルの内容がコピーされる。「《Next Record》」と表示される場合は削除する

Word

Section 05

宛名を変えて同じ文面の手紙を量産

受け取った案内状や招待状に自分の名前があるかないかで、印象は大きく変わるものだ。**同じ内容の文書を多くの人に送る場合に、宛名や文面の一部を宛先ごとに変更する「差し込み印刷」を使えば、手間をかけずに個別の宛名を印刷できる。**

Wordで差し込み印刷を行う場合、Word文書と、宛名などをリスト化したExcelファイルを用意する（**図1**）。Word文書には内容以外に後から宛名を表示するための欄を作っておく。Excelの表には、送付先全員の宛名が入っていることを確認しておこう。

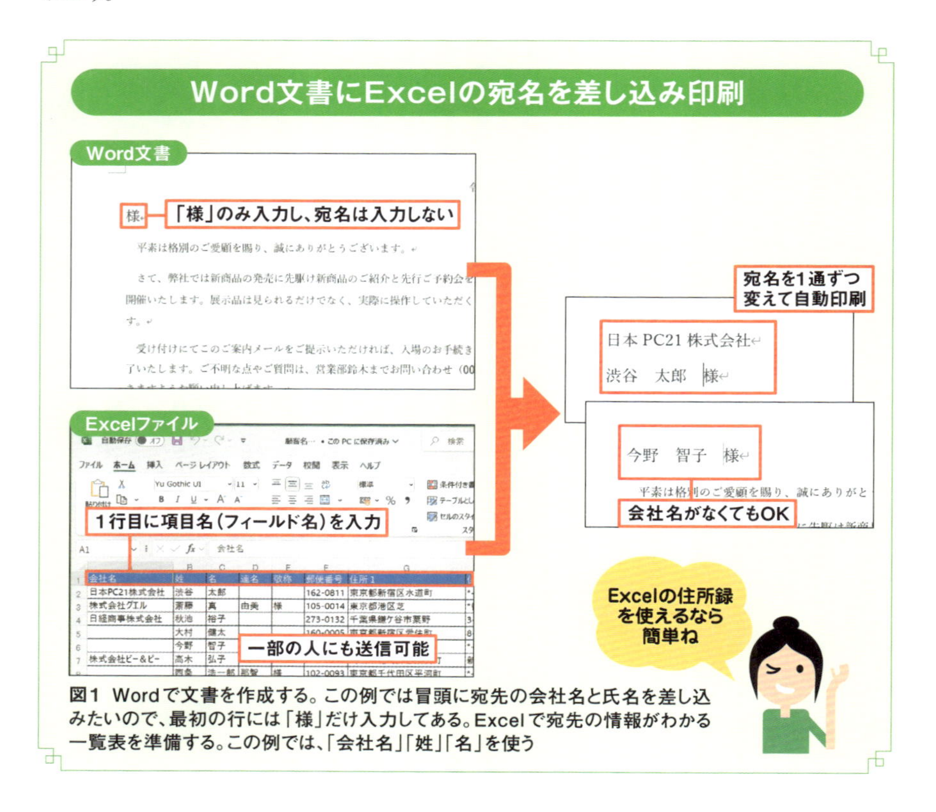

会社名	姓	名	連名	敬称	郵便番号	住所1
日本PC21株式会社	渋谷	太郎			162-0811	東京都新宿区水道町
株式会社グエル	斎藤	真	由美	様	105-0014	東京都港区芝
日経商事株式会社	秋池	裕子			273-0132	千葉県鎌ケ谷市粟野
	大村	健太			160-0005	東京都新宿区愛住町
	今野	智子				
株式会社ビー＆ビー	高木	弘子				
	西条	淳一郎	那智	様	102-0093	東京都千代田区平河町

図1　Wordで文書を作成する。この例では冒頭に宛先の会社名と氏名を差し込みたいので、最初の行には「様」だけ入力してある。Excelで宛先の情報がわかる一覧表を準備する。この例では、「会社名」「姓」「名」を使う

差し込み用のデータを指定する

Word文書を開いたら、「宛先の選択」で差し込む宛先を入力したExcelファイルを指定する（**図2〜図4**）。Excelファイルの中で、一部の宛先だけを使用する場合は、「アドレス帳の編集」で使用しない宛先のチェックを外しておく（**図5、図6**）。

差し込むExcelファイルを指定

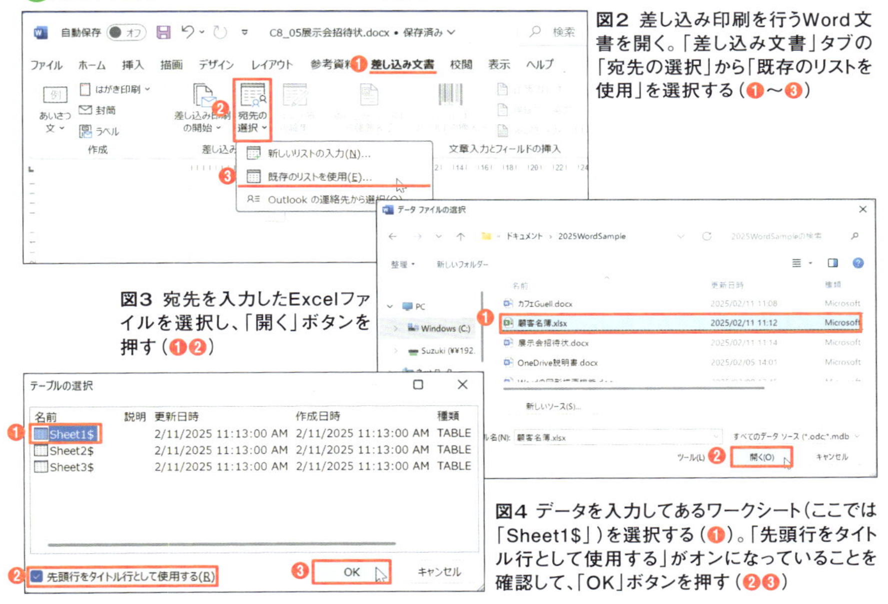

図2 差し込み印刷を行うWord文書を開く。「差し込み文書」タブの「宛先の選択」から「既存のリストを使用」を選択する（❶〜❸）

図3 宛先を入力したExcelファイルを選択し、「開く」ボタンを押す（❶❷）

図4 データを入力してあるワークシート（ここでは「Sheet1$」）を選択する（❶）。「先頭行をタイトル行として使用する」がオンになっていることを確認して、「OK」ボタンを押す（❷❸）

差し込む宛先を選択

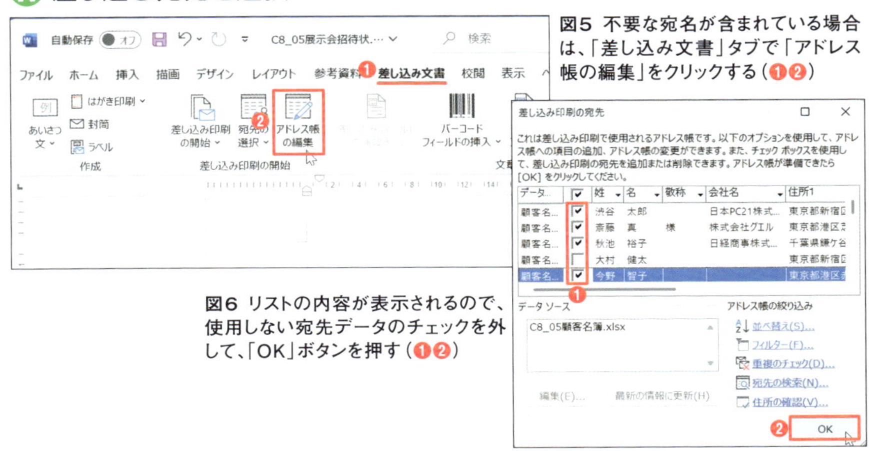

図5 不要な宛名が含まれている場合は、「差し込み文書」タブで「アドレス帳の編集」をクリックする（❶❷）

図6 リストの内容が表示されるので、使用しない宛先データのチェックを外して、「OK」ボタンを押す（❶❷）

データを差し込む位置にフィールドを設定

連絡先ごとに異なる会社名や氏名を自動表示させるために設定するのが「差し込みフィールド」だ。この文書では、連絡先の項目の中で「会社名」「姓」「名」を「差し込みフィールド」に入れるように設定していく。

この例では、まずページの先頭にある「様」の前にカーソルを置き、「差し込みフィールドの挿入」から「会社名」を選ぶ（**図7**）。すると「《会社名》」のように《》でくくられて表示される。実際の印刷では、「《会社名》」が個々の会社名になって印刷される。続いて同様の手順で「姓」と「名」のフィールドも作る（**図8**）。

Ⓦ 必要な「差し込みフィールド」を挿入

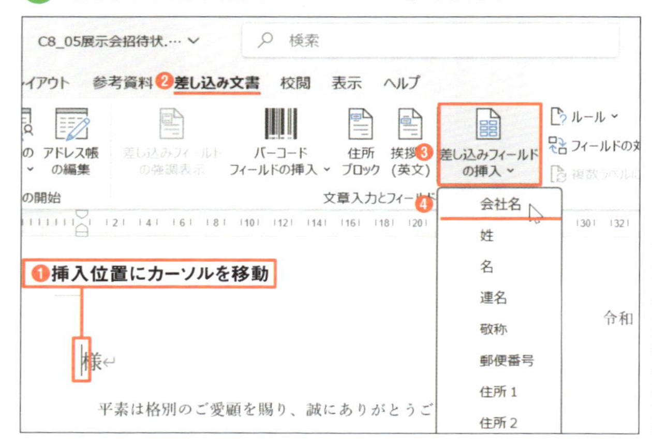

図7 まず「差し込みフィールド」を挿入する位置にカーソルを移動する（❶）。この例では文頭に入力済みの「様」の文字の手前だ。移動できたら「差し込み文書」タブの「差し込みフィールドの挿入」から「会社名」を選択（❷〜❹）

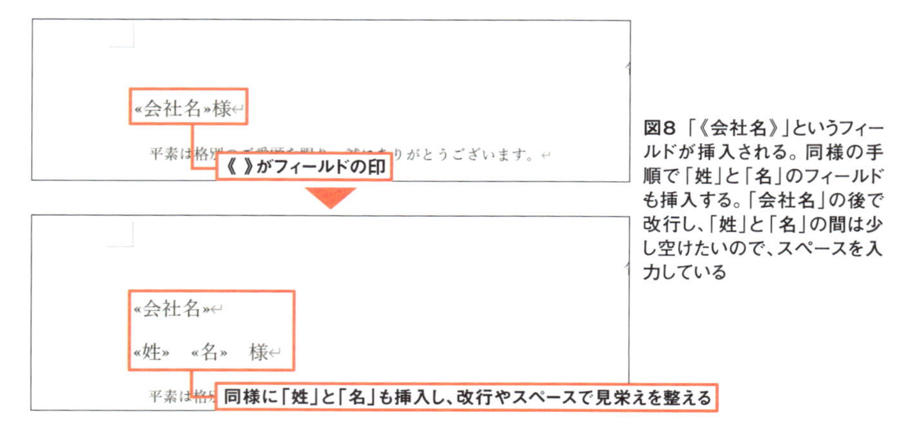

図8 「《会社名》」というフィールドが挿入される。同様の手順で「姓」と「名」のフィールドも挿入する。「会社名」の後で改行し、「姓」と「名」の間は少し空けたいので、スペースを入力している

プレビューで差し込み結果を確認してから印刷する

差し込みフィールドに実際のデータが入るとどうなるかを確認する。「結果のプレビュー」をクリックしてオンにすると、差し込みフィールドにデータが入って表示される（**図9**）。確認が済んだら印刷しよう（**図10**）。なお、差し込み印刷を設定した文書は開くたびにデータファイルから差し込みの操作を行うようになる。

Ⓦ 差し込み結果を確認して印刷する

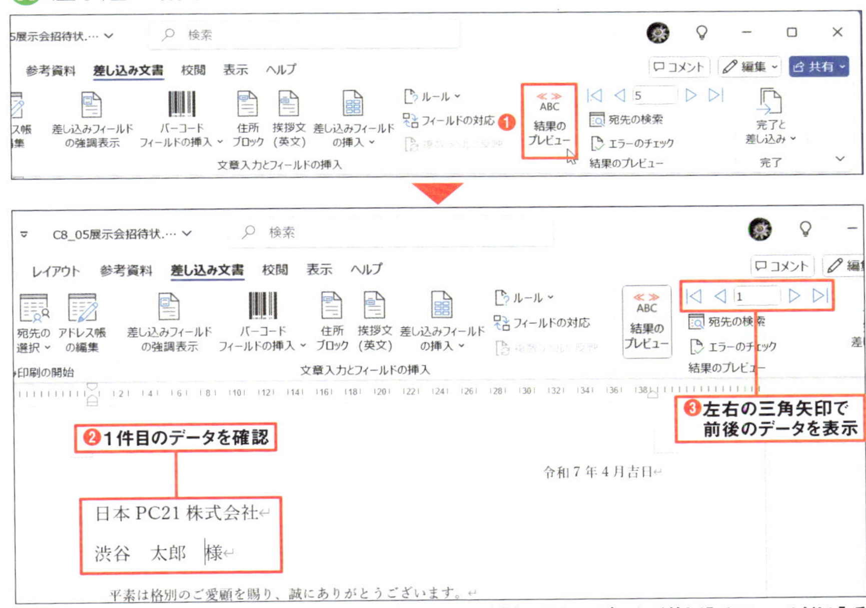

図9 「差し込み文書」タブで「結果のプレビュー」をクリック（❶）。最初のデータが差し込みフィールドに入るので確認する（❷）。左右の三角矢印をクリックすることで、ほかのデータも確認できる（❸）

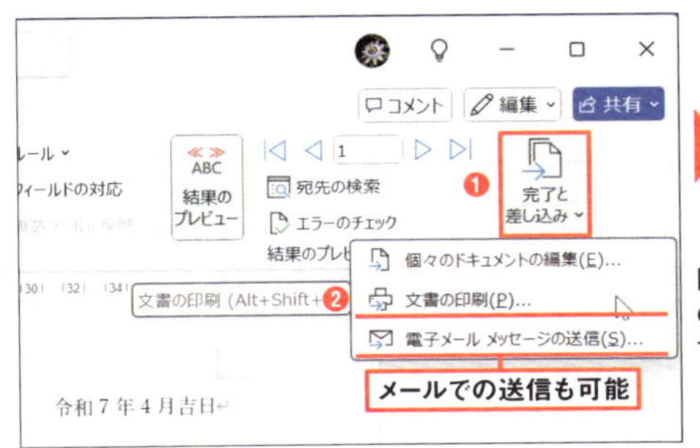

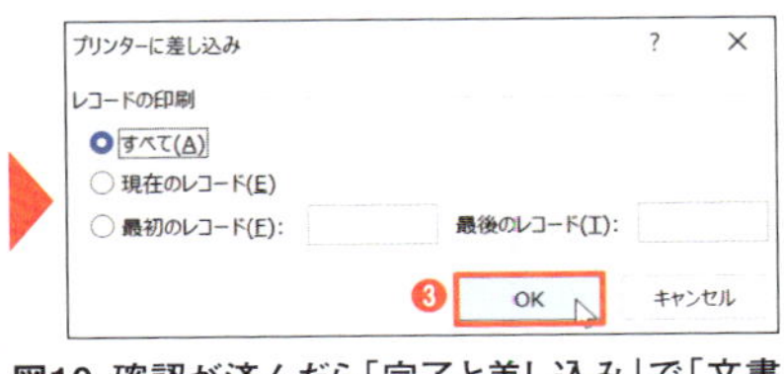

図10 確認が済んだら「完了と差し込み」で「文書の印刷」を選択（❶❷）。確認画面で「OK」を押すと印刷が始まる（❸）

Section 06 差し込み印刷を使って2種類の文書を自動作成

同じ文書を複数の宛先に送るときに利用される「差し込み印刷」。しかし、差し込み印刷でできるのは、宛先だけではない。例えば、当選者と落選者、A会場とB会場など、条件に応じた異なる内容の文書を自動作成することも可能だ（**図1**）。

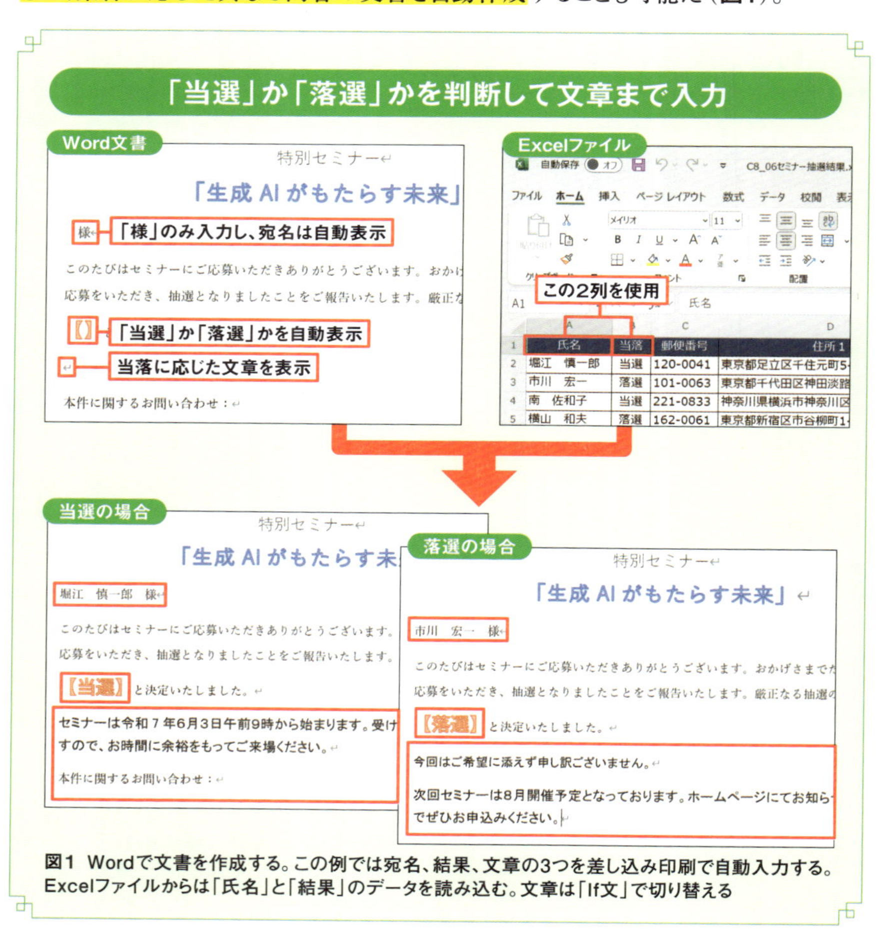

図1　Wordで文書を作成する。この例では宛名、結果、文章の3つを差し込み印刷で自動入力する。Excelファイルからは「氏名」と「結果」のデータを読み込む。文章は「If文」で切り替える

差し込むExcelファイルに「当選」と「落選」が入力されていれば、差し込み印刷の機能を使用して、文書に異なる文面を追加することができる。差し込み印刷の手順で、宛名や当落の文字列を差し込む設定をしておこう（**図2**）。当選者と落選者で文章の内容を切り替えるには、「Ifフィールド」を使う（**図3**）。この作例では、「結果＝当選」を条件に、条件に合う場合とそれ以外の場合で挿入する文章を切り替える（**図4**）。設定ができたらプレビューやテスト印刷で確認してから印刷しよう（**図5**）。

Ⓦ 宛名と当落を表示するフィールドを設定

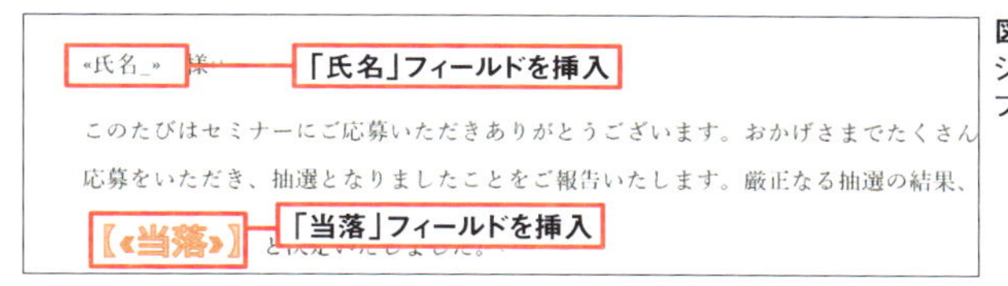

図2 203ページ図2～204ページ図8の手順で、氏名と結果のフィールドを設定する

Ⓦ Ifフィールドに条件と2通りの文章を指定

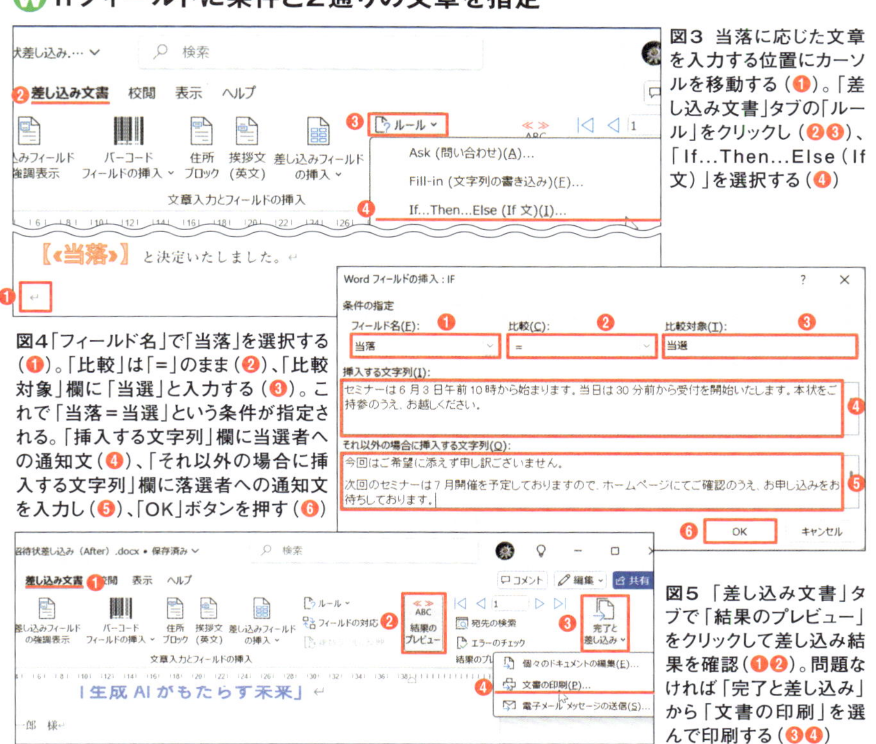

図3 当落に応じた文章を入力する位置にカーソルを移動する（❶）。「差し込み文書」タブの「ルール」をクリックし（❷❸）、「If...Then...Else（If文）」を選択する（❹）

図4「フィールド名」で「当落」を選択する（❶）。「比較」は「＝」のまま（❷）、「比較対象」欄に「当選」と入力する（❸）。これで「当落＝当選」という条件が指定される。「挿入する文字列」欄に当選者への通知文（❹）、「それ以外の場合に挿入する文字列」欄に落選者への通知文を入力し（❺）、「OK」ボタンを押す（❻）

図5「差し込み文書」タブで「結果のプレビュー」をクリックして差し込み結果を確認（❶❷）。問題なければ「完了と差し込み」から「文書の印刷」を選んで印刷する（❸❹）

Word

Section 07

差し込み印刷で宛名ラベルを作成

ビジネス文書を送付する際、面倒なのが封筒に貼る宛名のラベル作成だ。招待状を何十通も送るとなると頭が痛くなる。顧客の住所録があるなら、Wordの差し込み印刷でササッと宛名用のラベルを作成しよう。

200ページでは、ラベル印刷機能を利用して同じカードを複数作成する方法を紹介したが、差し込み印刷を組み合わせれば、ラベルごとに異なる宛先を自動入力することができる。用意するのは、住所や氏名などをリスト化したExcelファイルと、市販のラベル用紙だ（**図1**）。

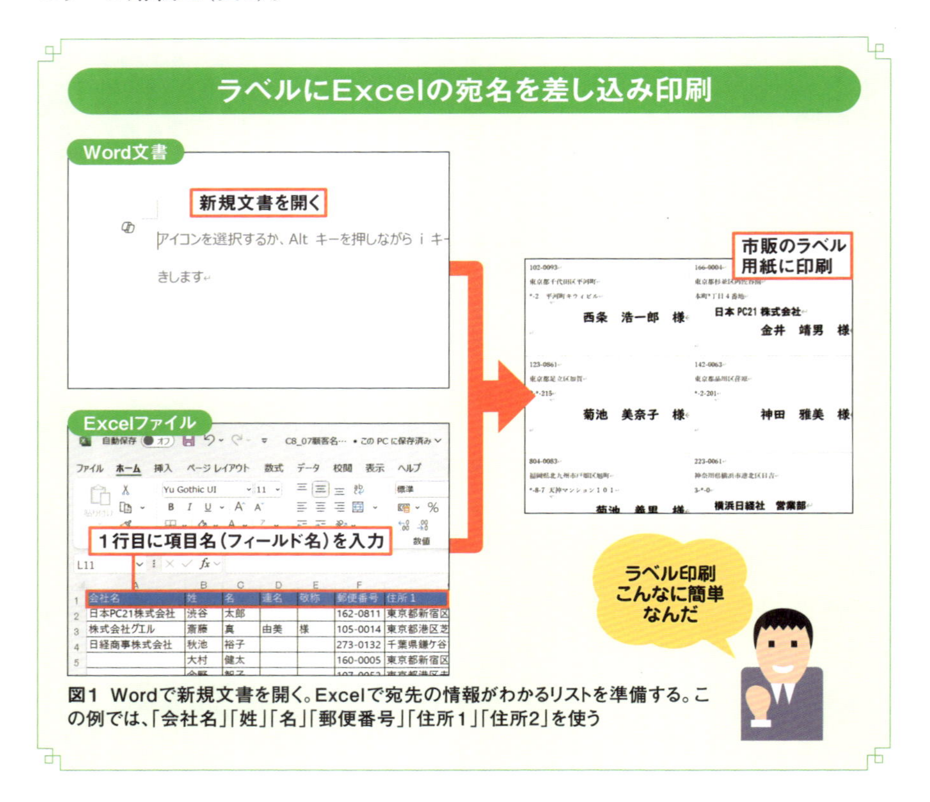

図1 Wordで新規文書を開く。Excelで宛先の情報がわかるリストを準備する。この例では、「会社名」「姓」「名」「郵便番号」「住所1」「住所2」を使う

「差し込み印刷ウィザード」で差し込み方法を指定

宛名ラベルのように挿入するフィールドが多い場合、「差し込み印刷ウィザード」を使うと設定が楽だ。「差し込み印刷ウィザード」を起動したら、ラベルのひな型を選択する(**図2～図4**)。使用するラベルに応じたひな型を選ぼう。

差し込み印刷ウィザードでラベル用紙を選択

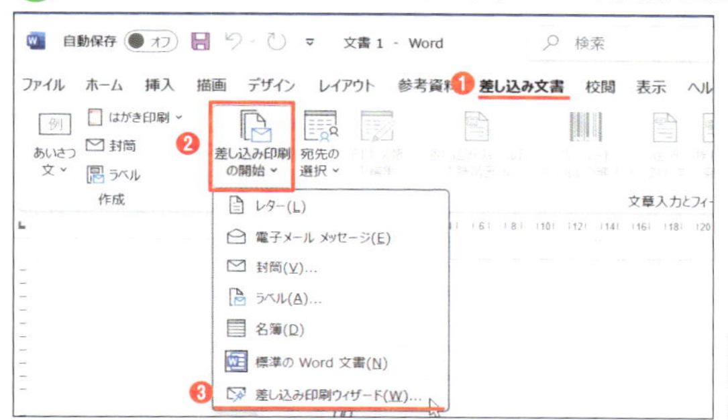

図2 「差し込み文書」タブの「差し込み印刷の開始」ボタンをクリックし、「差し込み印刷ウィザード」を選ぶ(❶～❸)

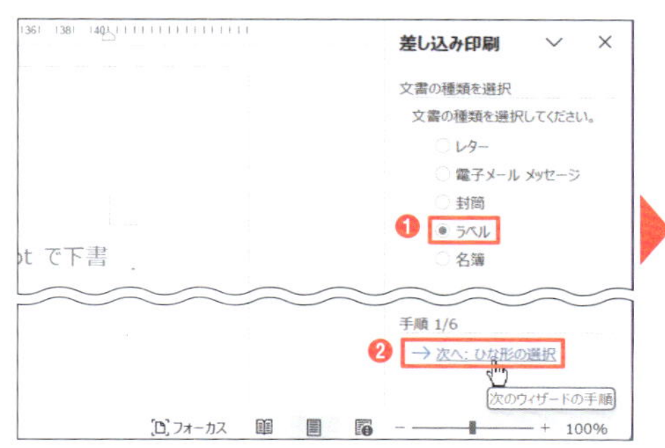

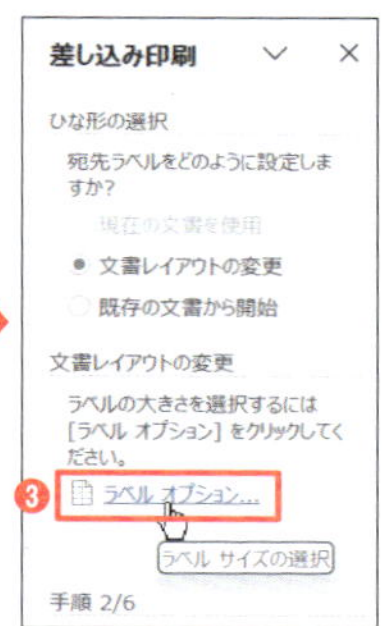

図3 画面右側にウィザードの画面が開く。文書の種類で「ラベル」を選択し、次に進む(❶❷)。次の画面で「ラベルオプション」をクリックする(❸)

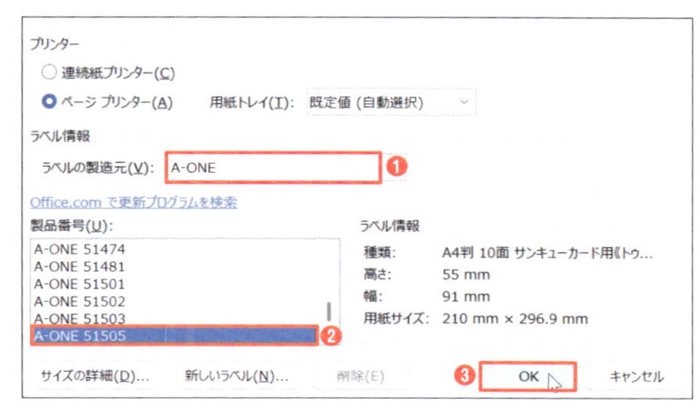

図4 「ラベルの製造元」欄でラベルのメーカーを選択し(❶)、使用するラベルの「製品番号」を選択する(❷)。「OK」ボタンを押す(❸)。これでラベルを模した枠が表示されるので、ウィザードを次に進める

続いて差し込むExcelファイルを指定する。「既存のリストを使用」が選ばれた状態のまま、「参照」からExcelファイルを選ぶ（**図5、図6**）。選択したExcelファイルの内容が表示されるので、使用しない宛先があればチェックを外しておく（**図7**）。

差し込むExcelファイルを指定

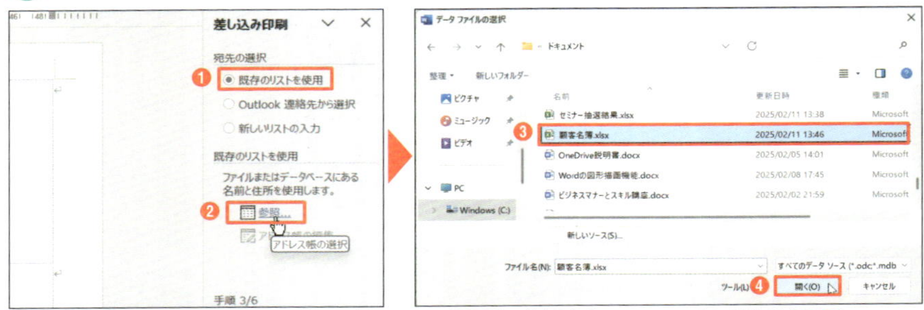

図5「既存のリストを使用」のまま「参照」をクリック（❶❷）。使用するExcelファイルを選ぶ（❸❹）

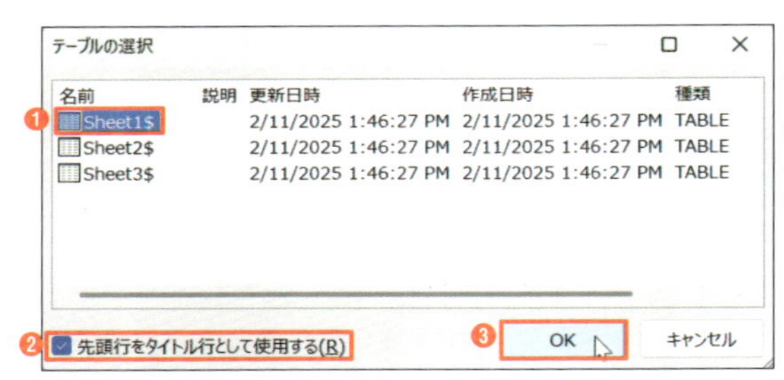

図6 Excelファイル内で宛先データが入力してあるワークシート（ここでは「Sheet1$」）を選択する（❶）。「先頭行をタイトル行として使用する」にチェックが付いていることを確認して、「OK」ボタンを押す（❷❸）

差し込む宛先を選択

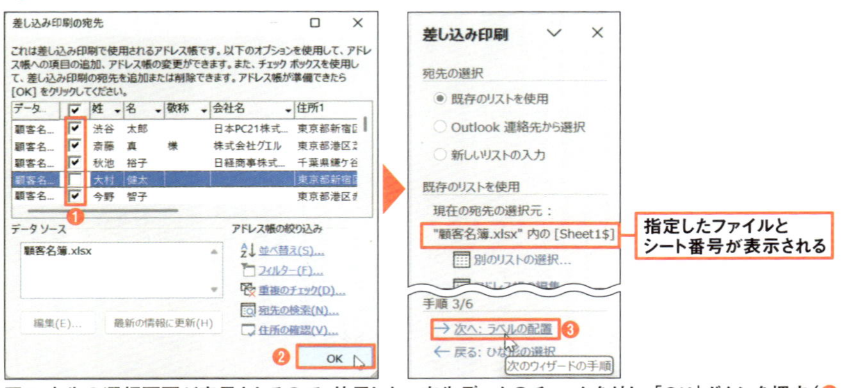

図7 宛先の選択画面が表示されるので、使用しない宛先データのチェックを外し、「OK」ボタンを押す（❶❷）。元の画面に戻るので、設定を確認し、次に進む（❸）

データを差し込む位置にフィールドを設定

最初のラベルにフィールドを配置していく。「差し込みフィールドの挿入」を選ぶと、フィールドの一覧が表示される（**図8**）。宛名ラベルなので、最初の行に「郵便番号」を挿入し、「住所1」「住所2」「会社名」「姓」「名」とフィールドをまとめて挿入する（**図9**）。適宜改行して「様」を入力し、見やすい書式に整えればレイアウトは完成だ（**図10**）。

必要な「差し込みフィールド」を挿入

図8 最初のラベル内にカーソルがあることを確認（❶）。「差し込みフィールドの挿入」を選択する（❷）

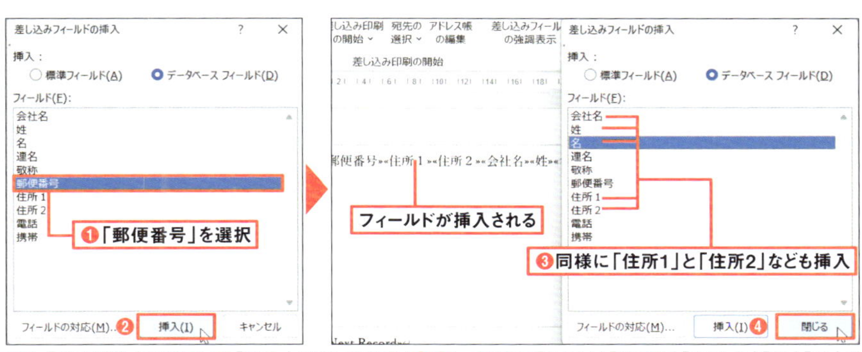

図9「郵便番号」を選択して「挿入」ボタンを押す（❶❷）。同様に「住所1」「住所2」「会社名」「姓」「名」のフィールドも挿入する（❸）。最後に「閉じる」ボタンを押す（❹）

敬称などを付け加え体裁を整える

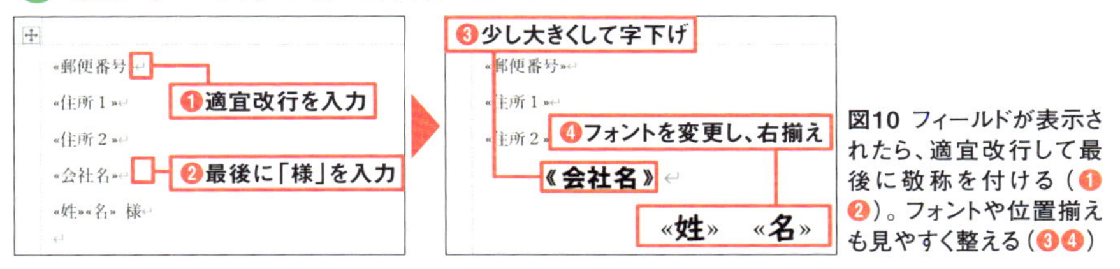

図10 フィールドが表示されたら、適宜改行して最後に敬称を付ける（❶❷）。フォントや位置揃えも見やすく整える（❸❹）

プレビューで確認してから印刷する

1つめのラベルができたら、「複数ラベルに反映」でほかのラベルにもレイアウトをコピーする（**図11**）。次に進むと、差し込みフィールドにデータが入ったラベルのプレビューが表示されるので、確認して完了する。宛名ラベルの場合、住所や名前が長い場合や、連名にしたい場合など、データによっては表示しきれないこともある。全体的なレイアウトを一番多い文字数に合わせると、文字数が少ない場合に空きができるなど不都合もある。元のレイアウトを修正するより、「各ラベルの編集」を選んで通常の文書として書き出したものを修正して印刷するのがお勧めだ（**図12**）。

W 差し込み結果を確認して印刷する

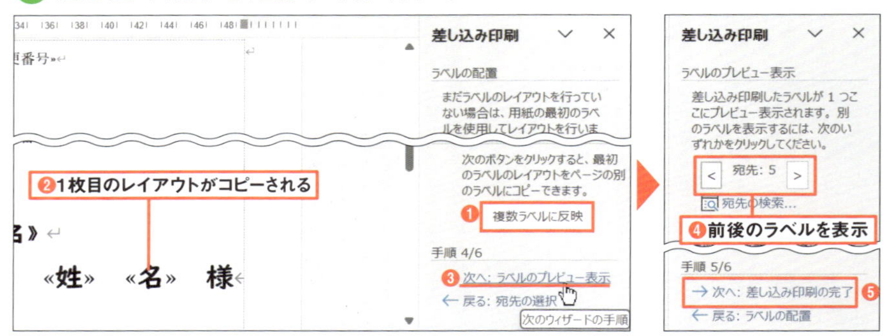

図11 「複数ラベルに反映」を選択すると、1枚目のレイアウトがほかのラベルにコピーされる（❶❷）。次に進むとラベルのプレビューが表示されるので、実際のデータを確認して完了する（❸～❺）

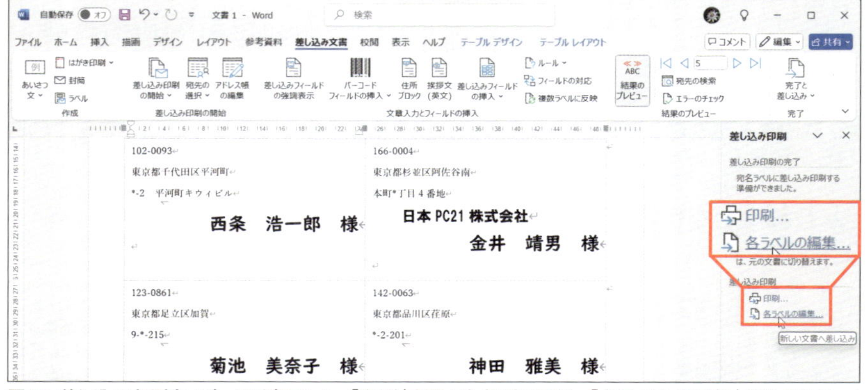

図12 差し込み印刷ウィザードが完了した。「印刷」を選ぶと印刷か可能。「各ラベルの編集」を選ぶとWord文書としてラベルを出力し、個別に編集や保存ができる

Word

第9章

できる人はこう使う！効率化の上級テク

ペーパーレス化の時代、受け取ったWord文書を校閲するのに紙に印刷して赤字を入れるのは非効率。Word上でコメントを付けて返すのが今どきの作法だ。長文を楽に作成するためのアウトライン機能など、一歩進んだ活用テクニックも身に付ければ、仕事のスピードは劇的に速くなる。

- 変更履歴とコメントでスムーズな校閲
- アウトライン機能で内容構成も書式設定も自動化
- 「○章」「○条」を自動表示、入れ替えもOK
- スタイル設定で目次を自動作成　ほか

Word

Section 01

変更履歴とコメントで校閲作業をペーパーレス化

20分時短

文書をほかの人に見せて確認してもらったり、逆に確認を求められたりすることがある。こうした校閲作業で、Word文書を印刷し、赤ペンで修正やコメントを入れ合うのは時代遅れ。お互いWordを使っているなら、Word上で校閲するのが効率的だし、ペーパーレス化にもつながる。利用するのは、「変更履歴」と「コメント」機能だ。

「変更履歴」は修正履歴を文書に保存する機能、「コメント」は文書の欄外に意見などを書き込む機能だ。Word文書に直接書き込めるため、校閲者が印刷して赤ペンで手書きする必要がなく、書き換えも自由自在。作成者は紙をやり取りする手間がなく、読みづらい赤字に苦労することもない。

特に効果を発揮するのが、複数の人で校閲するケース。チームで作業する場合でも、修正やコメントには校閲者の名前が入るので、誰が何を書いたのか一目瞭然。作成者は、校閲者の修正やコメントを見て、反映するか元に戻すかを選ぶことができる（**図1**）。

Word文書で直接校閲

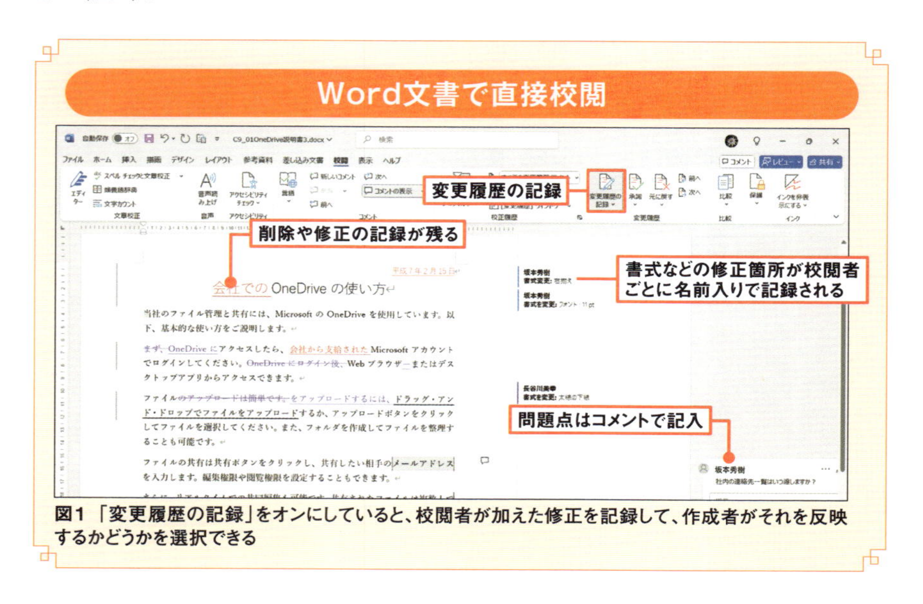

図1 「変更履歴の記録」をオンにしていると、校閲者が加えた修正を記録して、作成者がそれを反映するかどうかを選択できる

変更履歴をオンにして校閲開始

作成者は、Wordでたたき台となる文書を作成する。元ファイルを残したい場合は、校閲用にファイルをコピーして校閲者に渡す。

校閲者は、「校閲」タブの「変更履歴の記録」をオンにする（**図2**）。するとこれから行う変更が逐次記録されるようになる。変更履歴の画面表示は、「校閲」タブの「変更内容の表示」メニューで4種類から選べる。記録されているかどうかを確認するならすべて表示させておく（**図3**）。校閲者は気付いた点を修正する（**図4**）。変更箇

校閲を始める前に変更履歴をオンにする

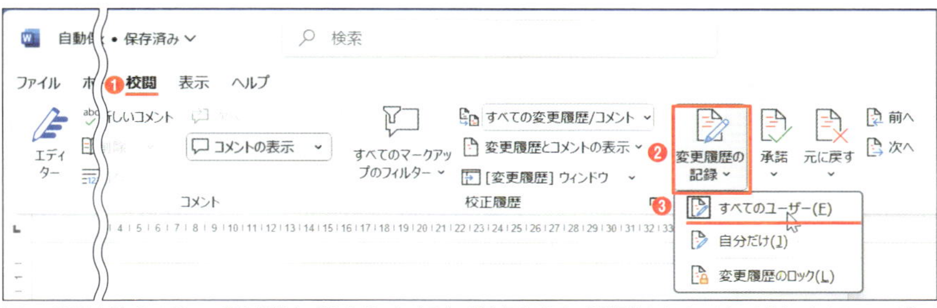

図2 校閲を始める前に、「校閲」タブをクリック（❶）。「変更履歴の記録」をクリックして「すべてのユーザー」を選ぶ（❷❸）

図3 「校閲」タブの「変更内容の表示」から「すべての変更記録/コメント」を選択すると、すべての変更履歴が表示されるようになる（❶～❸）

書き換えはすべて記録される

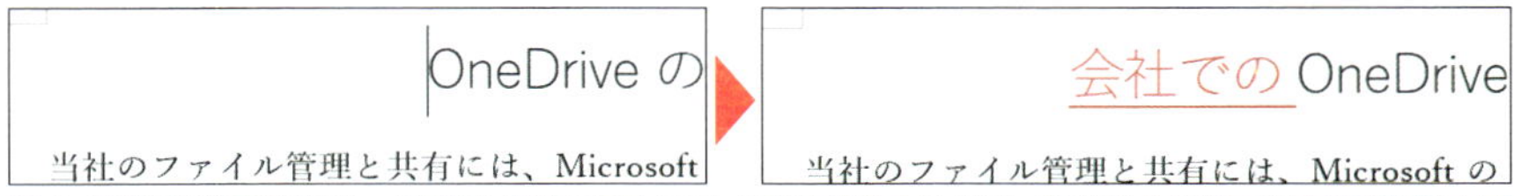

図4 校閲者は通常のWord文書と同様に気付いた点を書き換える（左）。書き換えた箇所は変更履歴として記録され、色付きの文字や線で表示される（右）

所は、色文字で表示される。複数の人が修正した場合はそれぞれ異なる色で表示されるのでわかりやすい。

意見の書き込みはコメントで

意見や疑問点、伝達事項などを書き込みたいときには、コメント機能を利用する。コメントを付けたい文字列や画像などを選択し、「新しいコメント」をクリックすると、コメントを入力するための吹き出しが表示される（**図5**）。ここに文字列を入力すればよい（**図6**）。入力した文字列の長さに応じて入力欄が広がる。画面表示の状態によってはコメントがアイコンで表示され、アイコンをクリックすると内容が表示される。コメントは削除することもできるので、まずは思い付いたことを書き込み、後から不要なものを削除するやり方も可能だ。

ひと通り修正が終わったら変更履歴を確認しよう（**図7**）。挿入した文字列には下線、削除した文字列には取り消し線が表示される。フォントや段落など、書式の変更を行った場合は、画面右側にその内容が表示される。

変更履歴を確認したいときには、「変更内容の表示」で切り替えるだけでなく、「[変更履歴]ウィンドウ」で一覧表示することも可能だ（**図8**）。

W コメントを追加する

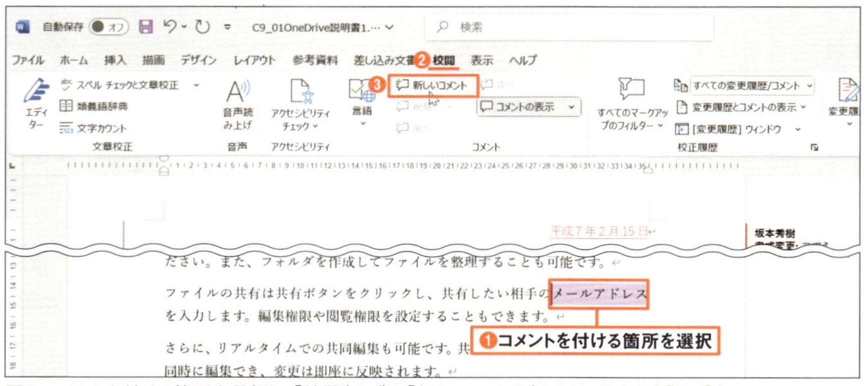

図5 コメントを付ける箇所を選択し、「校閲」タブの「新しいコメント」をクリックする（❶～❸）

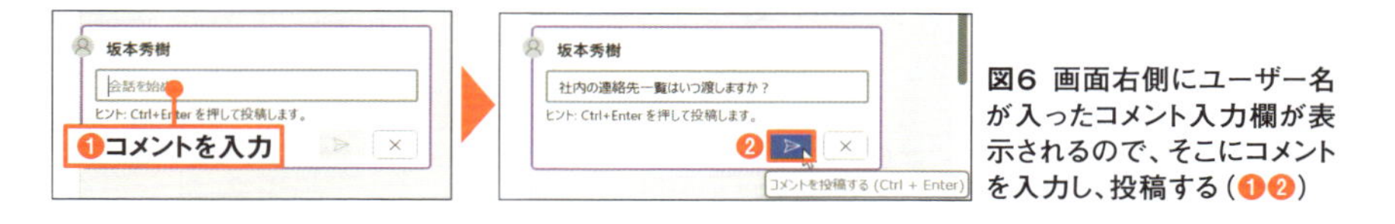

図6 画面右側にユーザー名が入ったコメント入力欄が表示されるので、そこにコメントを入力し、投稿する（❶❷）

変更履歴を確認する

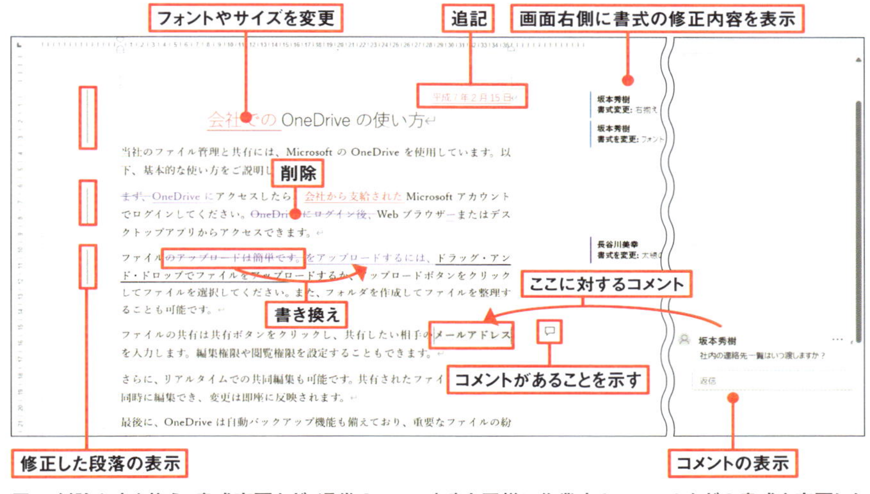

図7 削除や書き換え、書式変更など、通常のWord文書と同様に作業する。フォントなどの書式を変更した場合は、変更内容が画面右側に表示される。ほかにも校閲者がいる場合は、ファイルを保存してから渡す

変更履歴を一覧表示で確認する

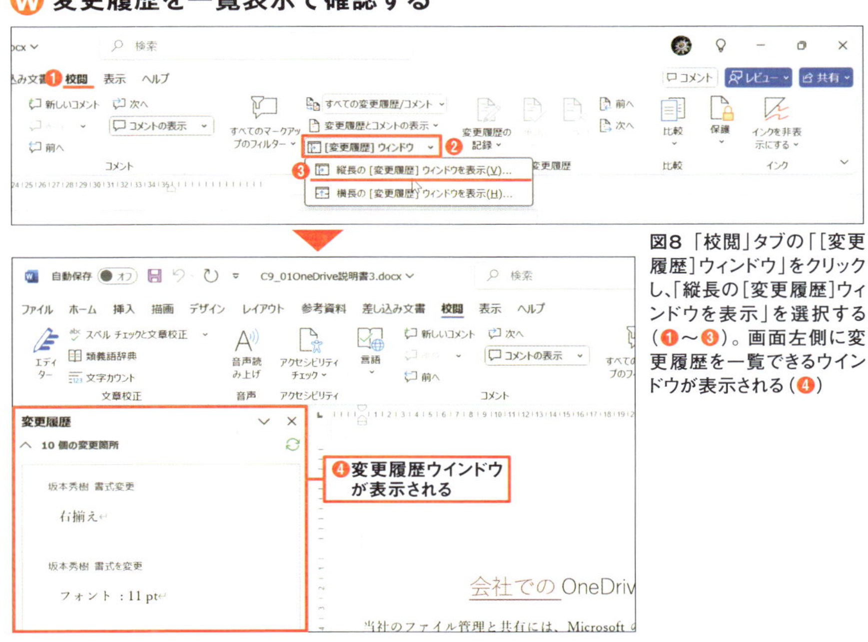

図8 「校閲」タブの「[変更履歴]ウィンドウ」をクリックし、「縦長の[変更履歴]ウィンドウを表示」を選択する(❶～❸)。画面左側に変更履歴を一覧できるウインドウが表示される(❹)

校閲者の修正を作成者がチェック

作成者は戻ってきたファイルを開き、文書の先頭にカーソルを置いて、「校閲」タブの「次へ」ボタンを押して変更箇所を確認する（**図9**）。修正を文書に反映するときは、「承諾して次へ進む」をクリックすると変更が確定し、次の変更箇所に進む（**図10**）。変更を反映しない場合は、「元に戻して次へ進む」をクリックする（**図11**）。

Ⓦ 変更箇所を順次チェックし、変更を反映するかどうかを選択

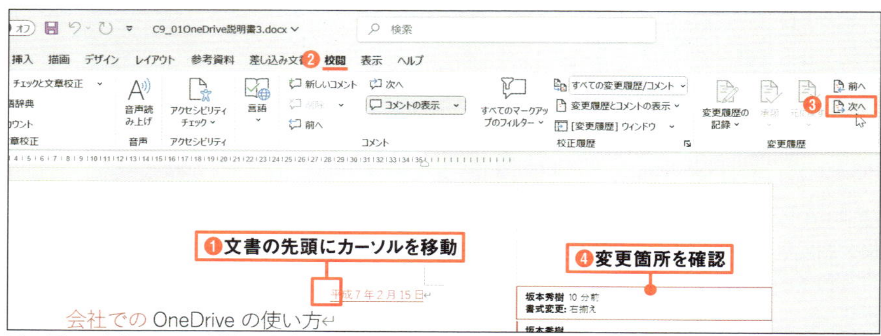

図9 戻ってきたファイルを開き、文書の先頭にカーソルを移動する（❶）。「校閲」タブの「変更履歴」にある「次へ」をクリックすると、最初の変更箇所が選択される（❷～❹）

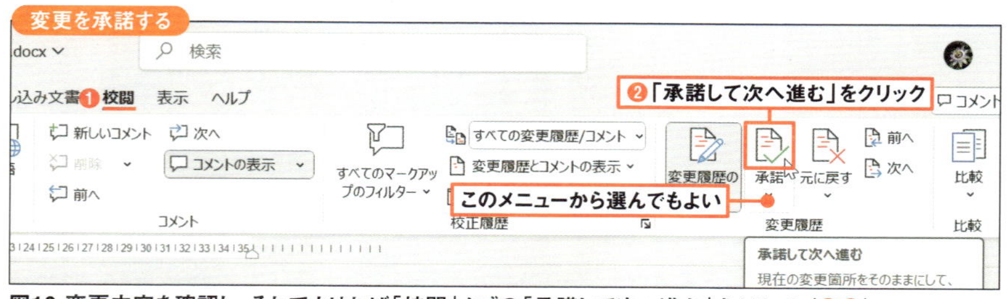

図10 変更内容を確認し、それでよければ「校閲」タブの「承諾して次へ進む」をクリック（❶❷）

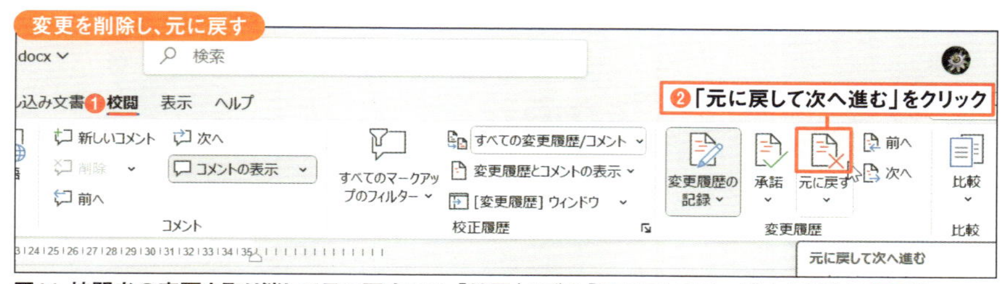

図11 校閲者の変更を取り消して元に戻すには、「校閲」タブの「元に戻して次へ進む」を選ぶ（❶❷）

コメントの内容も確認する。確認後に校閲者にファイルを戻す場合は、コメントに対する返事を入力しておくとよい。コメントに返信するには、「返信」をクリックして返信欄にコメントへの回答を入力する（**図12**）。コメントに対応して修正などを行う。コメントに対する修正などが済んだらコメントを非表示にする（**図13**）。

確認がすべて終了し、校閲者に戻す必要がない段階まできたら、コメントをすべて削除してから（**図14**）、「すべての変更を反映し、変更の記録を停止」を選択（**図15**）。最終版としてファイルに保存する。

コメントに対処する

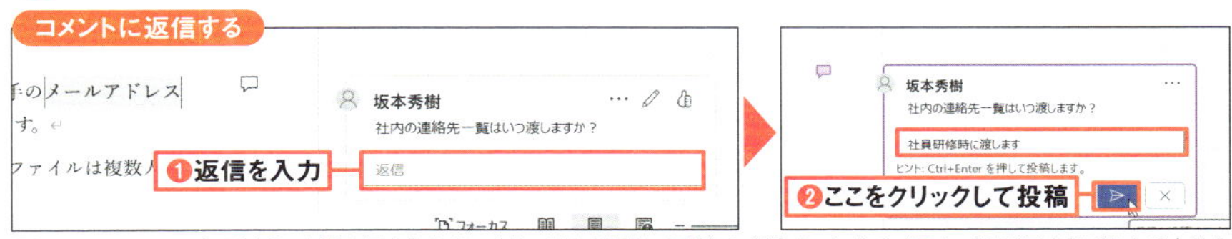

図12 コメントに表示される「返信」をクリックして返信欄に回答などを入力する（❶）。「返信を投稿する」をクリックする（❷）

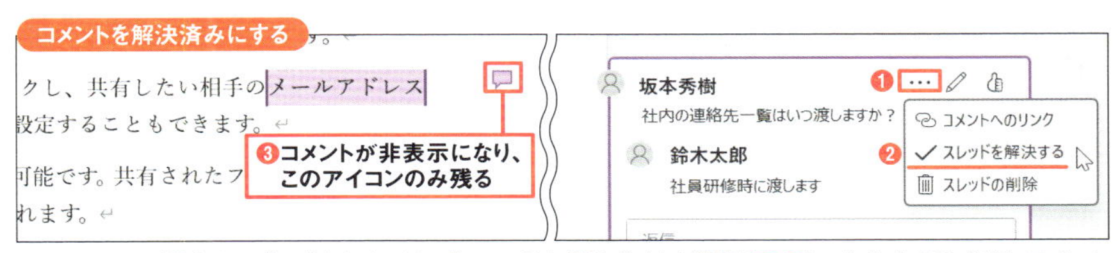

図13 コメント欄右上の「…」をクリックし、「スレッドを解決する」を選択（❶❷）。本文上の吹き出しアイコンのみ残り、クリックするとコメントの内容を再表示できる（❸）

最終版として文書を保存する

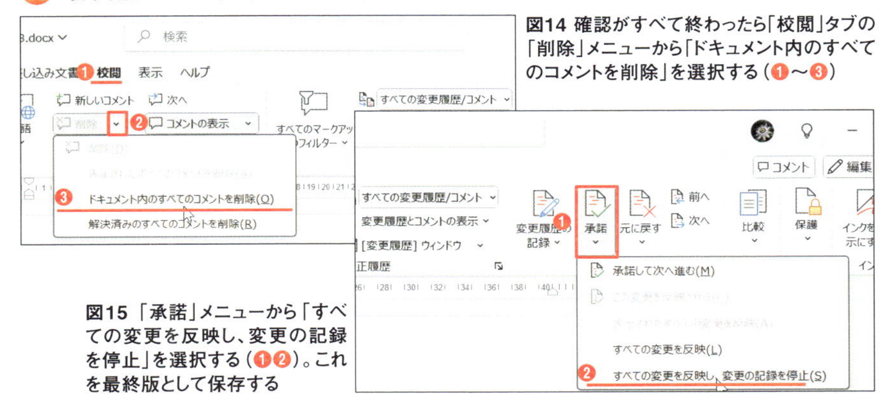

図14 確認がすべて終わったら「校閲」タブの「削除」メニューから「ドキュメント内のすべてのコメントを削除」を選択する（❶〜❸）

図15 「承諾」メニューから「すべての変更を反映し、変更の記録を停止」を選択する（❶❷）。これを最終版として保存する

Word

Section 02

アウトライン機能で考えをまとめて構成を検討

5分時短

企画書の内容を考えたり、長文の構成を考えたりするときに、ぜひ利用したいのが「アウトライン」機能だ。アウトラインとは、章・節・項といった見出しをレベルに応じて階層表示する機能（**図1**）。

例えば企画書を作るとき、いきなり本文を書き始めるのではなく、項目から考える人がほとんどだろう。「現状分析」「対策」「結果予測」などの芯になる見出しを考え、そこに肉付けしていくことで、ぶれない企画書を短時間で作れる。頭に浮かぶ項目をどんどん入力していくと、大項目より小項目が先に出てきたり、後から順序を変えたくなったりするが、アウトライン機能なら柔軟に対処できる。

アウトラインのレベルは「スタイル」機能（64ページ）と対応しており、「レベル1」には「見出し1」のスタイルが適用される。つまり、アウトラインでレベルを設定しておけば、基本的な書式設定が自動的にできる。目次の自動作成や、PowerPointで読み込んでスライド化するのも簡単だ。使わないのはもったいない。

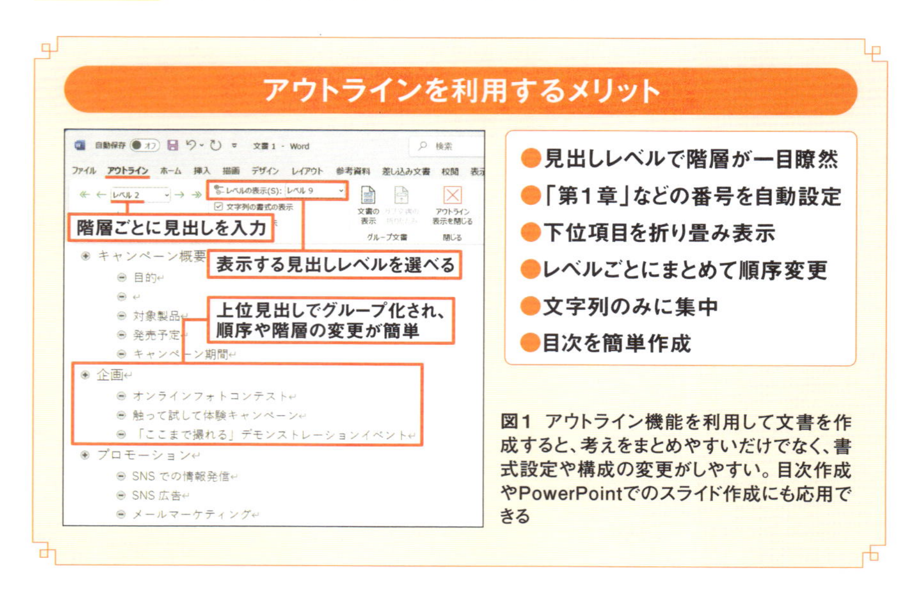

図1 アウトライン機能を利用して文書を作成すると、考えをまとめやすいだけでなく、書式設定や構成の変更がしやすい。目次作成やPowerPointでのスライド作成にも応用できる

頭に浮かんだ項目をランダムに入力

アウトライン機能を使うには、「表示」タブで「アウトライン」を選ぶ（**図2**）。最初は「レベル1」に設定し、頭に浮かんだ項目をどんどん書いていく（**図3**）。階層を下げるには、「Tab」キー、上げるには「Shift」+「Tab」キーを押す（**図4**）。アウトラインツールで階層を選んでもよい。見出し以外は「本文」レベルで入力する（**図5**）。

レベルを指定しながら項目を入力する

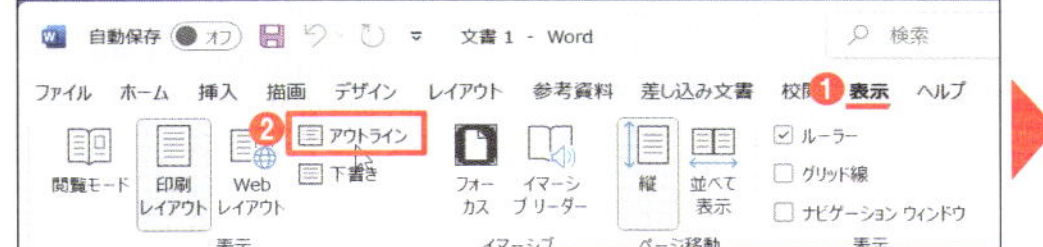

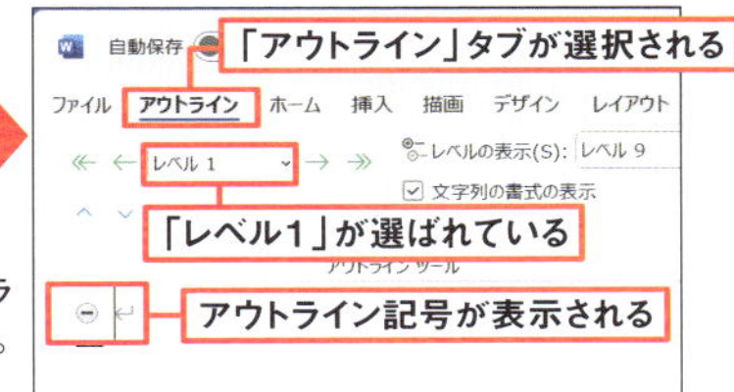

図2 「表示」タブで「アウトライン」を選択する（❶❷）。「アウトライン」タブが現れて選択され、画面がアウトライン表示に変わる。見出しレベルは「レベル1」が選択されている

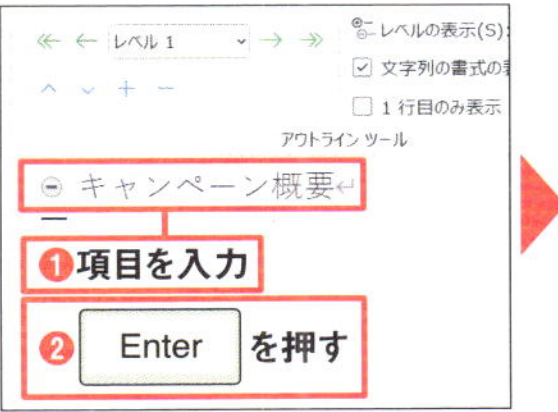

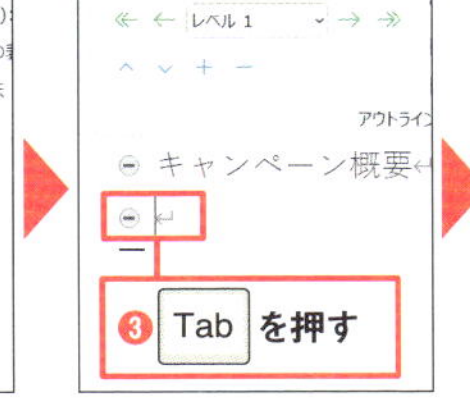

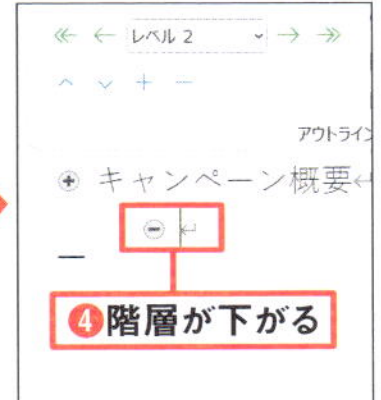

図3 思い付いた項目を入力して「Enter」キーを押すと、改行され、次の項目ができる（❶❷）。階層を下げるには「Tab」キーを押す（❸❹）

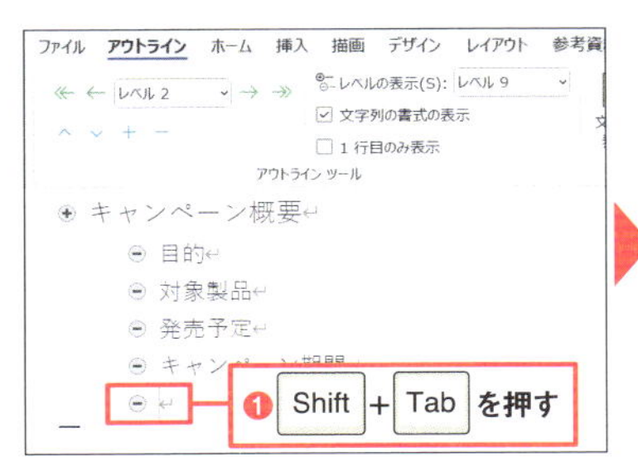

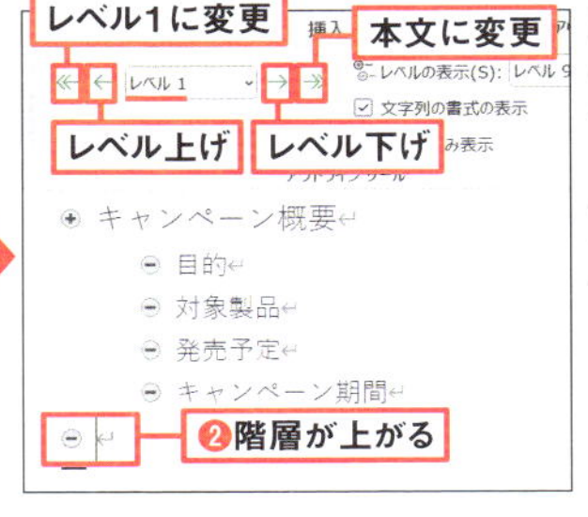

図4 階層を上げるには「Shift」+「Tab」キーを押す（❶❷）。「アウトライン」タブのボタンやメニューでも階層の移動が可能だ

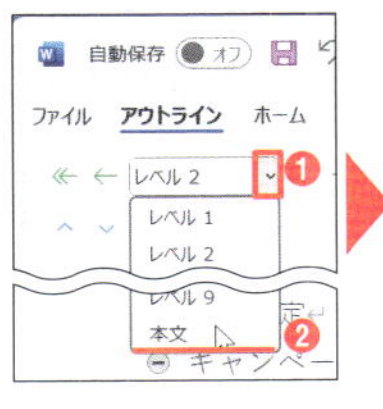

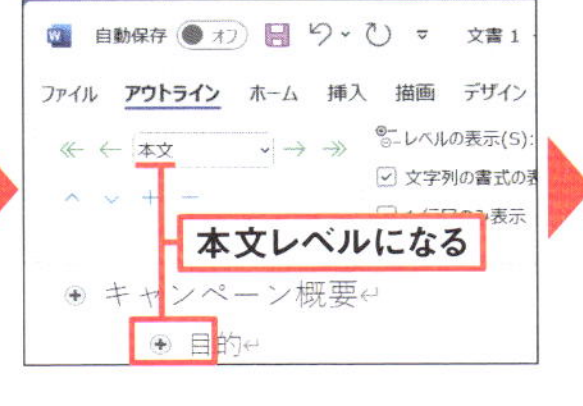

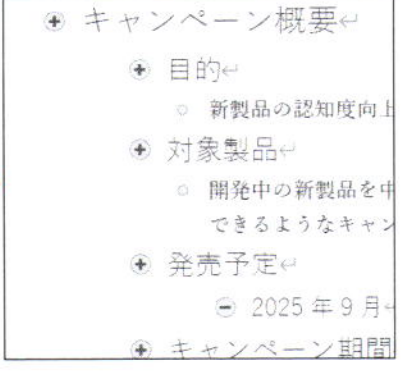

図5 見出し以外の文字列は「本文」として入力する（❶❷）

順序を入れ替えるなどして構成を確定

アウトライン表示で文書をまとめる利点の1つは、骨子を確認しながら肉付けできることにある。下位レベルの見出しや本文を非表示にすることで、いつでも骨組みを確認できる（**図6、図7**）。上位の見出しをドラッグで移動すれば、それに連れて下位見出しや本文も移動するので、順序の入れ替えも簡単だ（**図8**）。「上へ移動」「下へ移動」ボタンを使って見出しを個別に移動することも可能。

構成が決まったら、通常の表示に戻そう。「アウトライン表示を閉じる」ボタンでアウトライン表示を終了する（**図9**）。通常の表示であっても、「ナビゲーションウィンドウ」を表示させることで見出しのみを表示することができる（**図10**）。ナビゲーションウィンドウでも、見出しの左側に表示される三角形をクリックすることで下位見出しを非表示にしたり、ドラッグで下位見出しごと順序を変えたりといった、アウトライン表示のような操作ができる。見出しをクリックするとその見出しまでジャンプできるのも便利だ。

アウトライン表示で設定したレベルは「見出し1」などのスタイルに対応している。フォントなどの書式は個別に変えるのではなく、「ホーム」タブの「スタイル」で設定しよう（64ページ）。見出しに連番を振る方法は次項で説明する。

ここでは最初からアウトライン表示で書き始めたが、作成途中の文書の構成を見直すときにもアウトライン表示を利用できる。アウトライン表示では画像が表示されないので、文字列のみチェックするときにも有効だ。

W 下位見出しや本文を隠して骨子を確認する

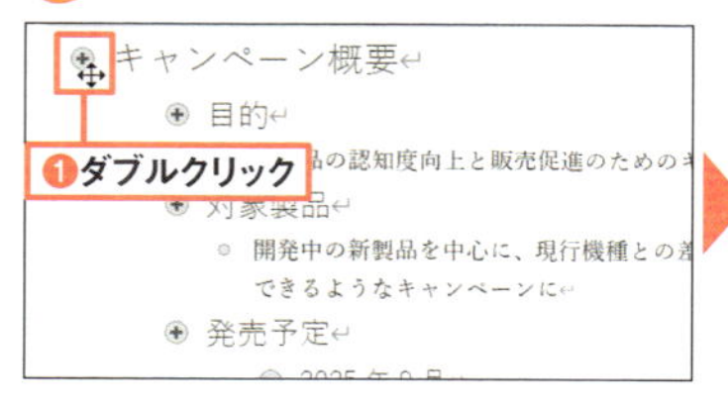

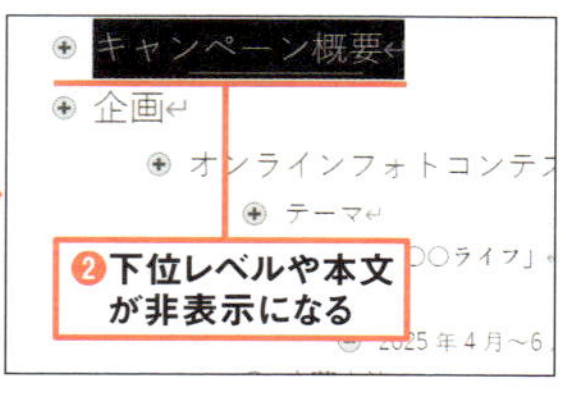

図6 下位レベルのある見出しには、左側に「+」マークが表示される。このマークをダブルクリックすると、下位の見出しや本文を非表示にできる（❶❷）

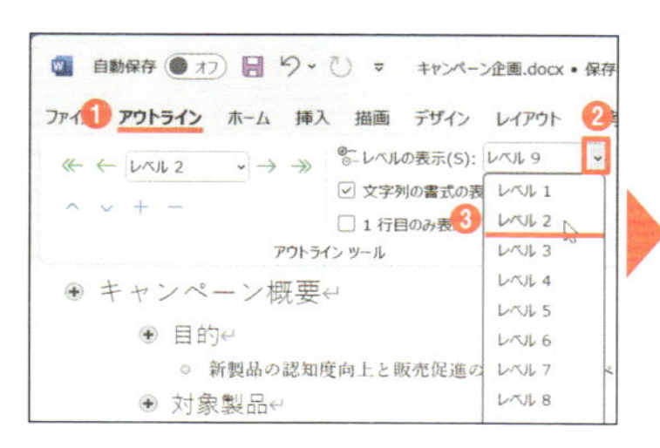

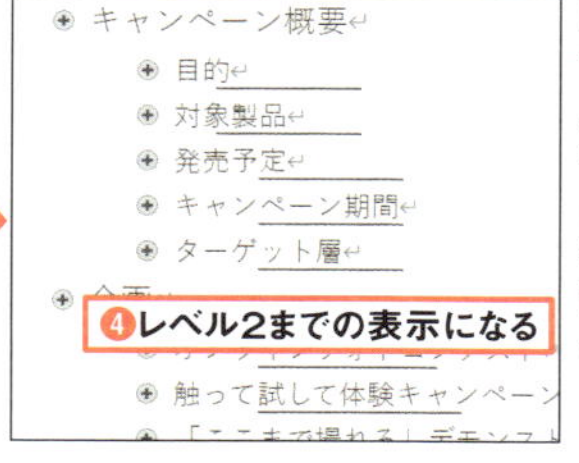

図7 全体の構成を確認するなら、すべての下位見出しを隠すこともできる。「アウトライン」タブの「レベルの表示」メニューを開いて、表示する見出しレベルを選択する（❶～❹）

上位見出しの移動でグループ丸ごと移動

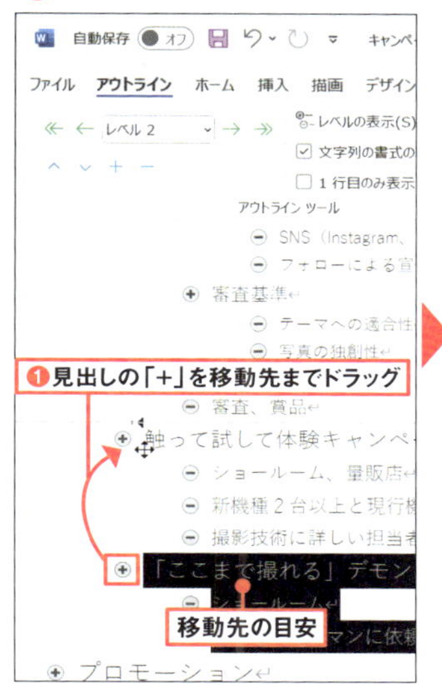

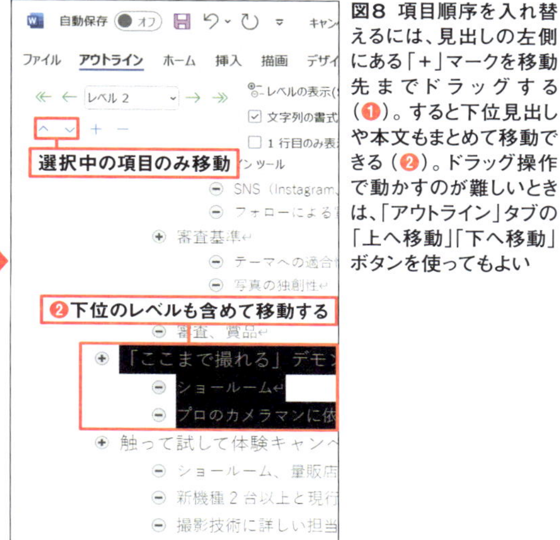

図8 項目順序を入れ替えるには、見出しの左側にある「+」マークを移動先までドラッグする（❶）。すると下位見出しや本文もまとめて移動できる（❷）。ドラッグ操作で動かすのが難しいときは、「アウトライン」タブの「上へ移動」「下へ移動」ボタンを使ってもよい

アウトライン表示を終了する

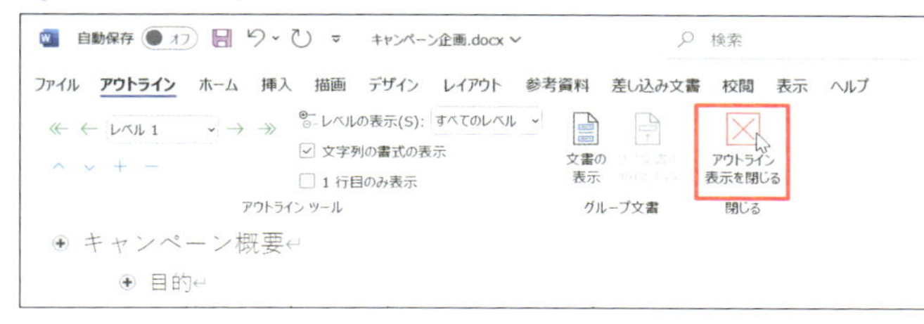

図9「アウトライン表示を閉じる」ボタンを押して、アウトライン表示を終了する

ナビゲーションウィンドウで見出しの確認、移動を簡単に

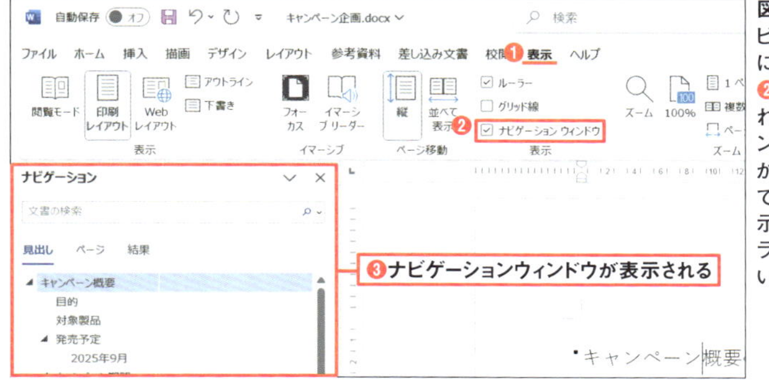

図10「表示」タブの「ナビゲーションウィンドウ」にチェックを付ける（❶❷）。画面左側に表示されたナビゲーションウィンドウには見出しのみが表示される（❸）。ここでも下位見出しを非表示にしたり、見出しをドラッグして移動したりといった操作が可能だ

Word

Section 03

「○章」や「○条」を見出しレベルごとに自動表示

20分 時短

契約書など、条文が並ぶ文書では、見出しに「○章」「○条」といった連番を付ける。番号を間違えたり、後から条文が追加されたりすると、修正するのは大変だ。こんなときもアウトライン機能が威力を発揮する。箇条書きのように番号を自動表示でき、項目の追加や順序の入れ替えも自在だからだ。ただし、アウトライン機能の標準スタイルには「○章」「○条」というスタイルがないので、オリジナルのスタイルを作成していこう。

「ホーム」タブで「アウトライン」を選び、「新しいアウトラインの定義」を選択（**図1**）。この例では、「見出し1」(アウトライン「レベル1」)を「○章」、「見出し2」を「○条」、「見出し3」を「○項」の表示にする。表示されたダイアログボックスでアウトラインレベルの「1」を「○章」に設定（**図2**）。「番号書式」欄に表示される網掛けの数字は消さないように注意しよう。続いてレベル「2」は「○条」、レベル「3」は「○項」になるよう設定する。項の番号は、条ごとにリセットするなら、「リストを開始するレベルを指定する」にチェックを付けて、「レベル2」に設定する（**図3**）。

設定したアウトラインスタイルを適用するには、「アウトライン」表示でアウトラインレベルを設定するか（220ページ）、「見出し1」「見出し2」などのスタイルを適用して見出しを階層化する（**図4、図5**）。見出しレベルごとの書式は、「ホーム」タブの「スタイル」を使って変更することで、文書全体の書式設定ができる。

独自のアウトライン形式を定義

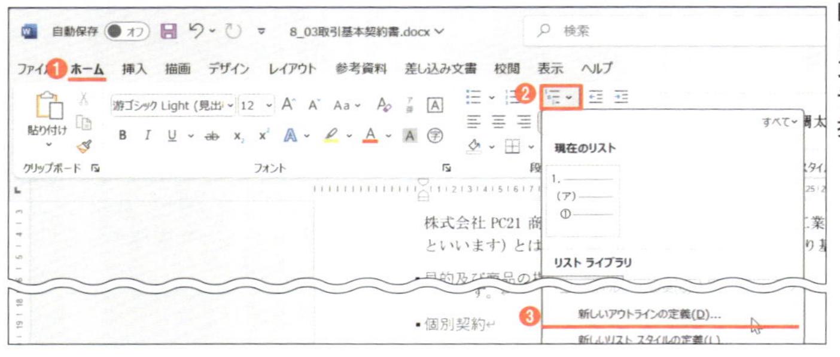

図1 「ホーム」タブの「アウトライン」ボタンから「新しいアウトラインの定義」を選択する（❶〜❸）

見出しレベルごとの番号書式を設定

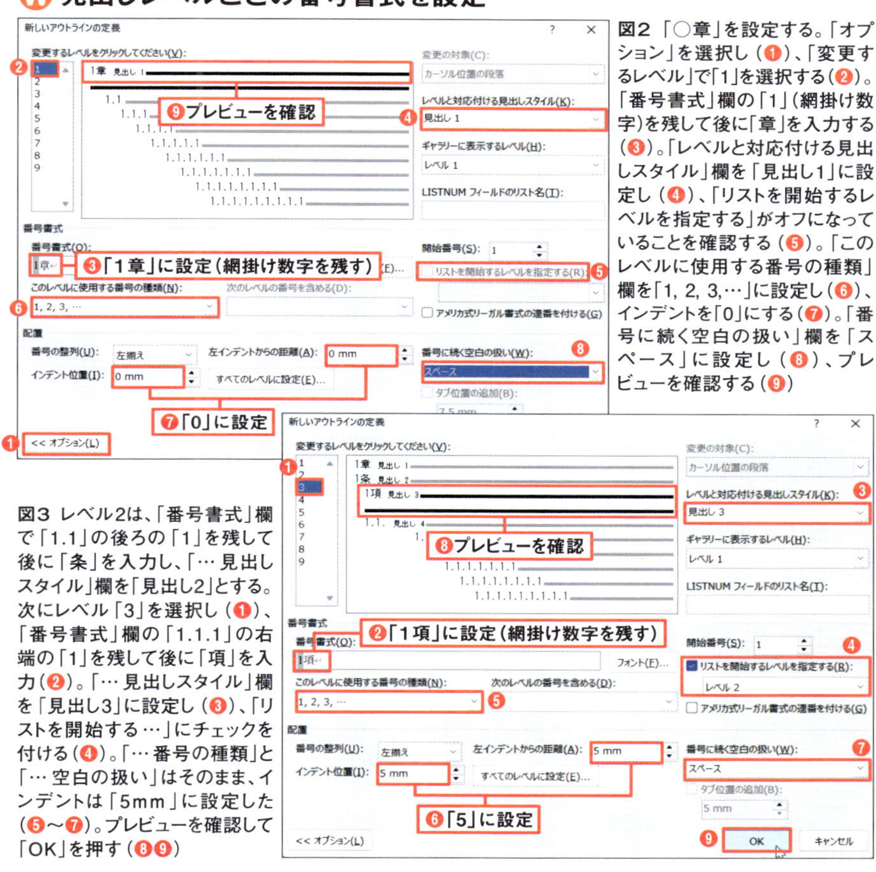

図2 「○章」を設定する。「オプション」を選択し(❶)、「変更するレベル」で「1」を選択する(❷)。「番号書式」欄の「1」(網掛け数字)を残して後に「章」を入力する(❸)。「レベルと対応付ける見出しスタイル」欄を「見出し1」に設定し(❹)、「リストを開始するレベルを指定する」がオフになっていることを確認する(❺)。「このレベルに使用する番号の種類」欄を「1, 2, 3,…」に設定し(❻)、インデントを「0」にする(❼)。「番号に続く空白の扱い」欄を「スペース」に設定し(❽)、プレビューを確認する(❾)

図3 レベル2は、「番号書式」欄で「1.1」の後ろの「1」を残して後に「条」を入力し、「…見出しスタイル」欄を「見出し2」とする。次にレベル「3」を選択し(❶)、「番号書式」欄の「1.1.1」の右端の「1」を残して後に「項」を入力(❷)。「…見出しスタイル」欄を「見出し3」に設定し(❸)、「リストを開始する…」にチェックを付ける(❹)。「…番号の種類」と「…空白の扱い」はそのまま、インデントは「5mm」に設定した(❺〜❼)。プレビューを確認して「OK」を押す(❽❾)

見出しレベルごとの連番を確認

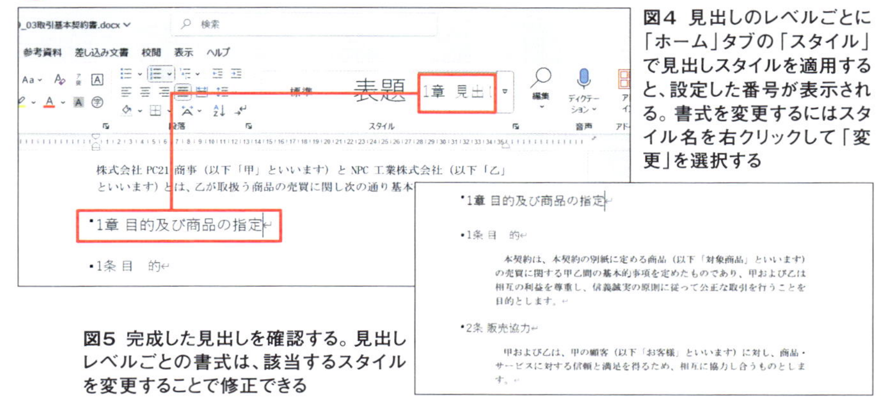

図4 見出しのレベルごとに「ホーム」タブの「スタイル」で見出しスタイルを適用すると、設定した番号が表示される。書式を変更するにはスタイル名を右クリックして「変更」を選択する

図5 完成した見出しを確認する。見出しレベルごとの書式は、該当するスタイルを変更することで修正できる

Word

Section 04

見出しスタイルから目次を自動作成

30分時短

「見出し」スタイルを適用した段落や、アウトライン機能で見出しレベルを設定した段落は、「目次」機能で書式を選ぶだけで、目次を作成できる（**図1**）。内容を書き換えた場合は、「目次の更新」をクリックするだけなので修正も簡単だ（**図2**）。

初期設定では、「見出し1」（アウトライン「レベル1」）から「見出し3」までの段落が自動的に目次としてピックアップされる。「ユーザー設定の目次」を利用すれば、拾い出す見出しレベルや書式を変更することも可能だ。目次が不要になった場合は、「目次の削除」で削除できる。

目次を自動作成

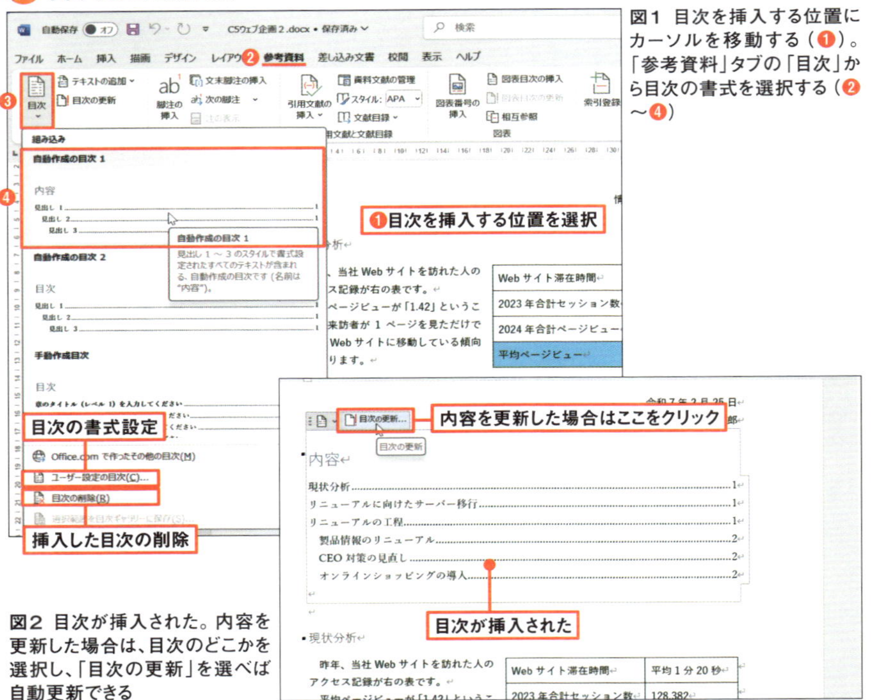

図1 目次を挿入する位置にカーソルを移動する（❶）。「参考資料」タブの「目次」から目次の書式を選択する（❷～❹）

図2 目次が挿入された。内容を更新した場合は、目次のどこかを選択し、「目次の更新」を選べば自動更新できる

Word

第10章

生成AIを利用して手間なし文書作成

生成AIは、文書の下書きを作成するなど、Wordでの作業にも大いに役立つ。生成AIの基本的な使い方や、Office用Copilotの使い方について解説する。生成AIの活用によって、文書作成の手間は減り、大幅な時短が期待できる。

- 生成AIでできることと注意すべき点
- ChatGPTに下書きを依頼しWordで使う
- Web版CopilotとOffice用Copilotの違い
- 文書を自動作成、内容チェックや要約も　ほか

Word

Section 01

生成AIを文書作成にフル活用

質問や依頼に答えて文章や画像を生み出す「生成AI」。会話のようなやり取りが可能な生成AIは「対話型AI」や「チャットAI」とも呼ばれる。AI（人工知能）を利用して文章や画像を作り出す生成AIは以前から研究されてきたが、自然な言葉で話すようにして操作できることで一気に広がった。

生成AIは、大量の学習データを基に人間の言葉を解析し、妥当性の確率が高い回答を提示する（**図1**）。従来のAIに比べて圧倒的に多くの学習データを取り込むことで、より自然な言語での対話が可能になった。

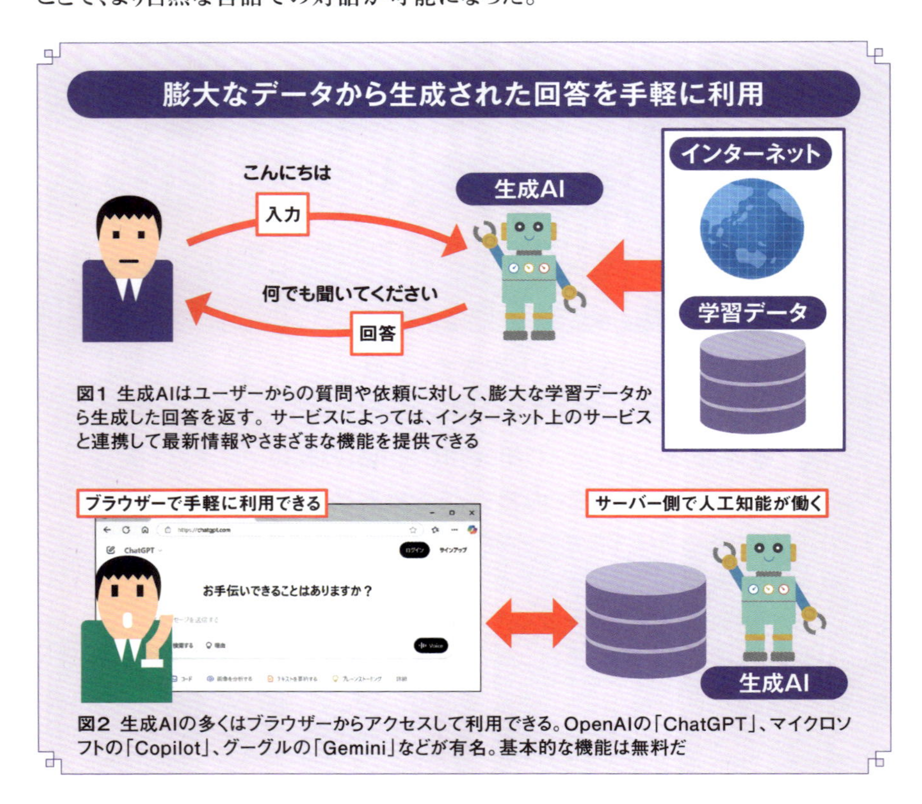

図1 生成AIはユーザーからの質問や依頼に対して、膨大な学習データから生成した回答を返す。サービスによっては、インターネット上のサービスと連携して最新情報やさまざまな機能を提供できる

図2 生成AIの多くはブラウザーからアクセスして利用できる。OpenAIの「ChatGPT」、マイクロソフトの「Copilot」、グーグルの「Gemini」などが有名。基本的な機能は無料だ

2022年11月にOpenAIが公開した「ChatGPT（チャットジーピーティー）」が大きな話題となったのは、Webブラウザーさえあれば誰でも無料で利用できたことも大きな要因だ（**図2**）。検索サイトで情報を探して見つからなかった場合も、生成AIなら最善と思われる情報を提示し、実際に文書などを生成してくれる（**図3**）。

Wordの文書作成でも「使える」

自然な言語で対話できることは生成AIの大きな魅力だが、話し相手になってくれること以上に重要なのが、実際に役に立つことだ。文書作成の場面でも、生成AIを利用すれば効率や生産性が爆発的に上がる（**図4**）。

ただし、生成される回答は既存のデータを基にしているため、間違えることもあれば、著作権などへの配慮が必要な場合もある。極度に警戒することはないが、生成AIは「どうすれば適切に使いこなせるか」も考える必要がある。

単なるネット検索とはここが違う

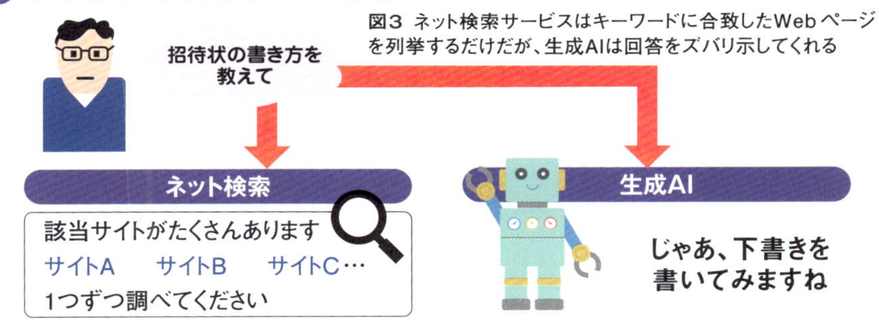

図3 ネット検索サービスはキーワードに合致したWebページを列挙するだけだが、生成AIは回答をズバリ示してくれる

生成AIは文書作成においても活躍の場が多い

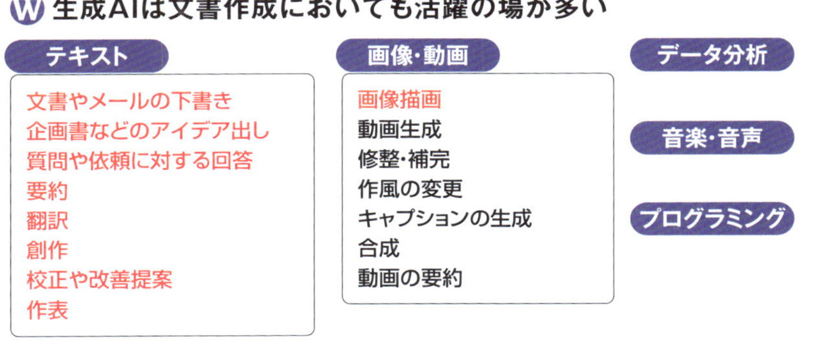

図4 生成AIの活躍の場は、ビジネスからクリエーティブな分野まで広がっている。なかでもテキストや画像の生成機能は文書作成に大きな威力を発揮する（赤字で示した用途）。もちろんプライベートにも利用できる

Word

Section 02

生成AIの本家ChatGPTで操作の基本を知る

生成AIに質問し、回答を得る流れを見ていこう。Webブラウザーで利用できる生成AIの多くは、入力欄に「アメリカの首都はどこ」のように、自然な文章で質問や依頼を入力すると、生成AIからの回答が表示される（**図1**）。

ここでは、無料版のChatGPTを使う手順で説明するが、Webブラウザーで使えるほかの生成AIでも流れはほぼ同じだ。ChatGPTはゲストとしても利用できるが、使える機能が制限され、チャットの履歴も残らないなど不便なことが多い。継続的に使うなら無料のアカウント登録をして使うことをお勧めする。公式サイトにアクセスしたら、「新規登録」を押し、メールアドレスなどを入力する（**図2**）。

登録が済んだら、ChatGPTの画面構成を確認しておこう。操作画面の左側には、

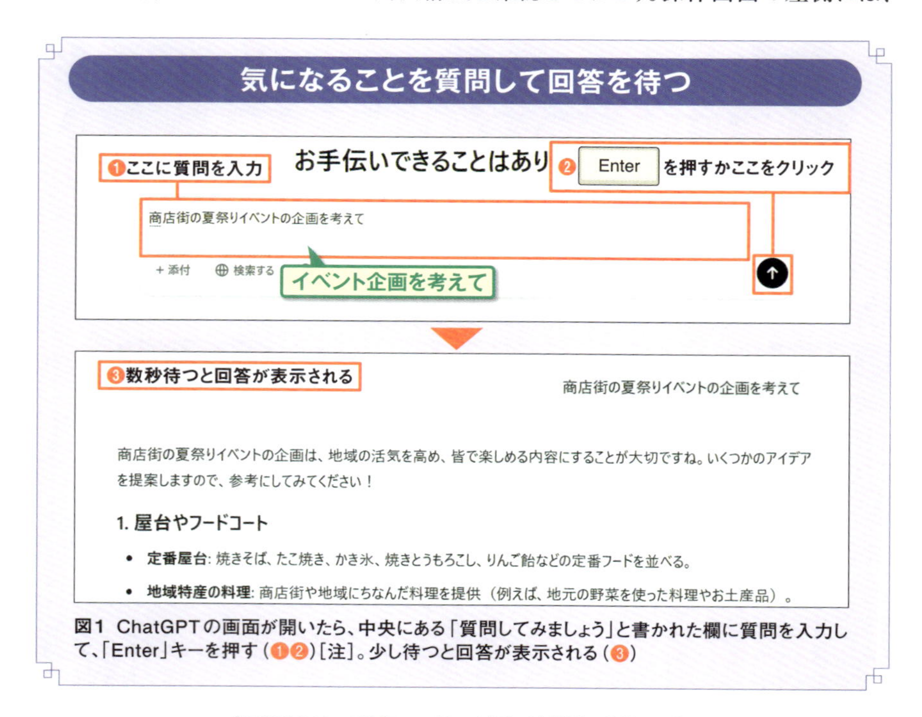

図1 ChatGPTの画面が開いたら、中央にある「質問してみましょう」と書かれた欄に質問を入力して、「Enter」キーを押す（❶❷）［注］。少し待つと回答が表示される（❸）

［注］状況によっては「Enter」キーを押しても質問が送信されず、ボックス内の改行になることもある。その場合は右端の「↑」のボタンをクリックして送信する

最近の質問履歴が表示される(**図3**)。タイトルをクリックすると、過去の回答を表示できるので、同じ質問をする手間を省ける。画面が狭い場合などは、サイドバーを非表示にしておくことも可能。回答された後で質問欄に入力すると、直前の質問の続きとして扱われるので、話題を変えるときは画面左上の「ChatGPT」をクリックする。

無料のユーザー登録でフル活用

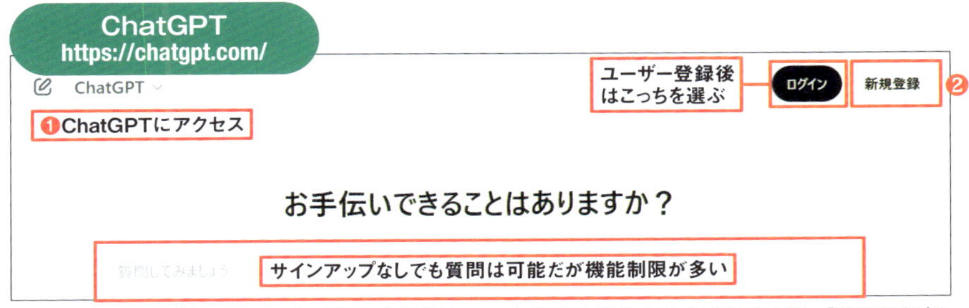

図2 ChatGPTを使うにはユーザー登録したほうがよい。上記URLの公式サイトを開き(❶)、「新規登録」をクリックして登録作業を進める(❷)

ChatGPTの画面構成

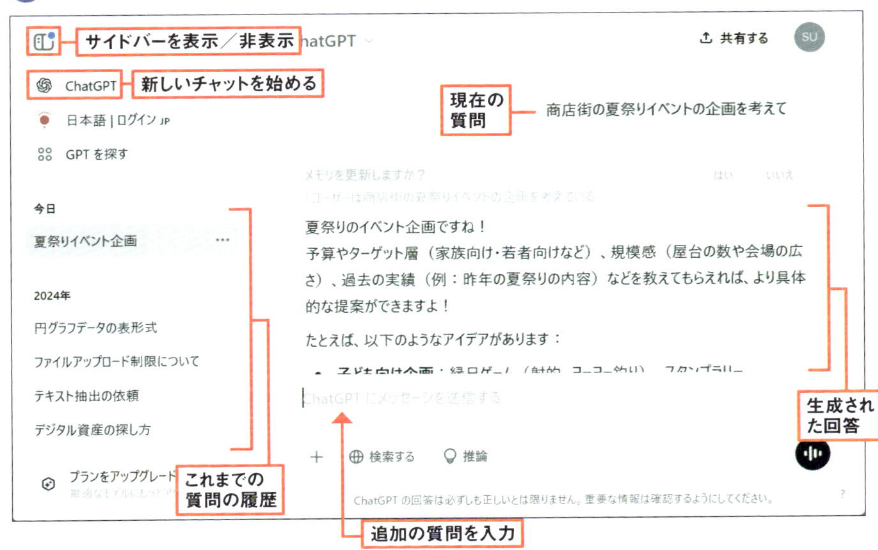

図3 ログイン後のChatGPTの画面。画面左側のサイドバーには過去の質問履歴が表示され、クリックすると再表示できる。画面右側が会話の領域。図1上のように質問すると、回答が表示される。画面下部には質問欄が表示され、生成された回答に対して追加の質問が入力できる

質問は具体的なほど、目的の回答を得やすい（**図4**）。最初の質問で言い足りないことがあれば、追加の要望が出せるのも生成AIの利点だ。追加の要望で効果的な言い回しをまとめたので、いくつか覚えておくとよい（**図5**）。

生成AIへの質問は「プロンプト」と呼ばれる。プロンプト内で「Enter」キーを押すと質問が送信されてしまう場合、「Shift」キーを押しながら「Enter」キーを押すことで改行できる（**図6**）。

質問し、追加の要望を出して、得られた回答をWordにコピーするまでの流れを見ておこう（**図7〜図9**）。ChatGPTの回答は、Wordに貼り付けるとテキストのみのデータになるので、貼り付け後に書式を設定して文書に仕上げる。

質問は具体的に書く

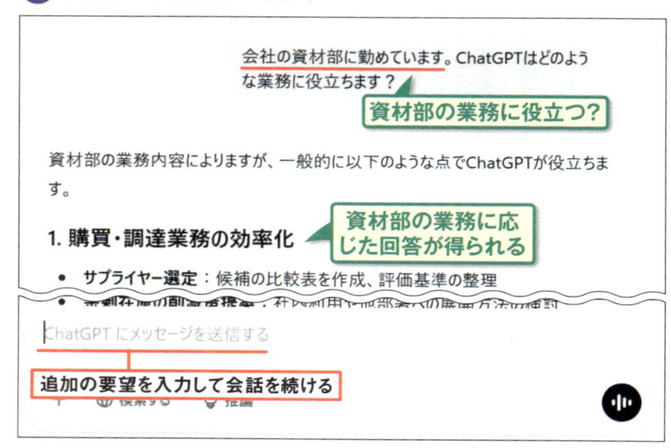

図4 回答の精度を上げるために重要なのは、質問をなるべく具体的に書くこと。「ChatGPTは何の役に立つ?」と聞くより、「資材部に勤めています。ChatGPTはどのような業務に役立ちます?」などと、具体的な目的や用途を示すと、それに応じた回答が表示される。回答が具体的でない場合は、追加の要望を出そう

追加の要望を出すときの便利な言い回し

もっと詳しく知りたい	・もっと詳しく説明して ・メリットとデメリットの両方を教えて ・具体的なシーンを教えて ・例を5つ出して ・前のバージョンと比較して
簡潔な回答が欲しい	・箇条書きにして ・今の説明を要約して ・400字以内で書いて
書き方の表現を工夫したい	・ビジネスライクな書き方にして ・先生と生徒の会話形式にして ・手紙の体裁にして

図5 回答を見て、追加の要望を出すときに使うと有効な文例をまとめた。例えば5つ例が欲しい場合は「例を5つ出して」と追記する。回答が長すぎた場合は、「今の説明を要約して」「400字以内で書いて」などと追加で依頼する。回答を先生と生徒の会話形式にするといったこともできる

プロンプト内での改行は「Shift」+「Enter」

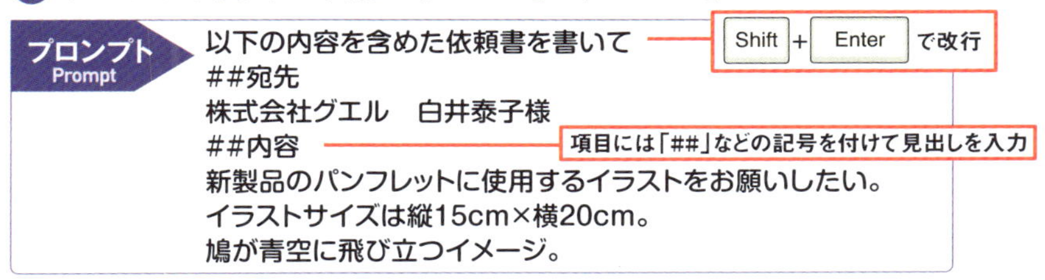

図6 プロンプト（質問）は複数行でもかまわないので、できるだけ具体的に書こう。項目ごとに見出しを付けてまとめて記述したほうが、AIに伝わりやすい。プロンプト内では「Shift」+「Enter」キーで改行できる

得られた回答をコピーしてWord文書に貼り付け

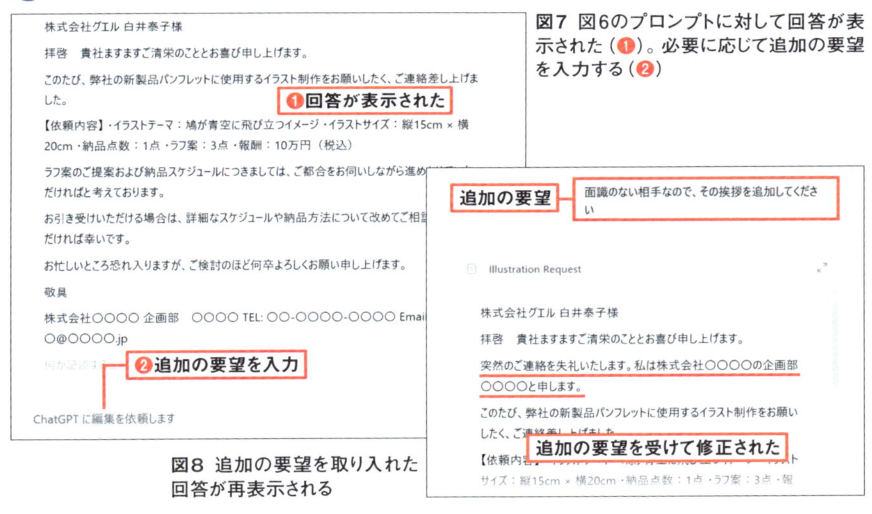

図7 図6のプロンプトに対して回答が表示された（❶）。必要に応じて追加の要望を入力する（❷）

図8 追加の要望を取り入れた回答が再表示される

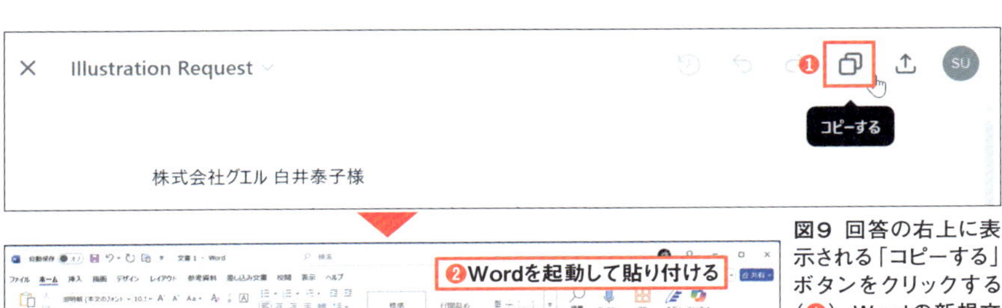

図9 回答の右上に表示される「コピーする」ボタンをクリックする（❶）。Wordの新規文書を開き、「Ctrl」+「V」キーを押して貼り付ける（❷）。書式は無視して、テキストデータのみが貼り付けられる

Word

Section 03

マイクロソフトの生成AI Copilotは無料でも使える

マイクロソフトも生成AI関連の技術やサービスを次々と開発・投入している。その名称は「Copilot」。「副操縦士」を意味するこの言葉は、パイロットを隣で支援する副操縦士のように、ユーザーの操作や情報検索、データ処理、意思決定などをAIがアシストすることを表す。

誰でも無料で利用できるCopilotは、主に3つの形態で提供されている（**図1**）。Webブラウザーで利用できる「Web版Copilot」、Windowsアプリの「Copilotアプ

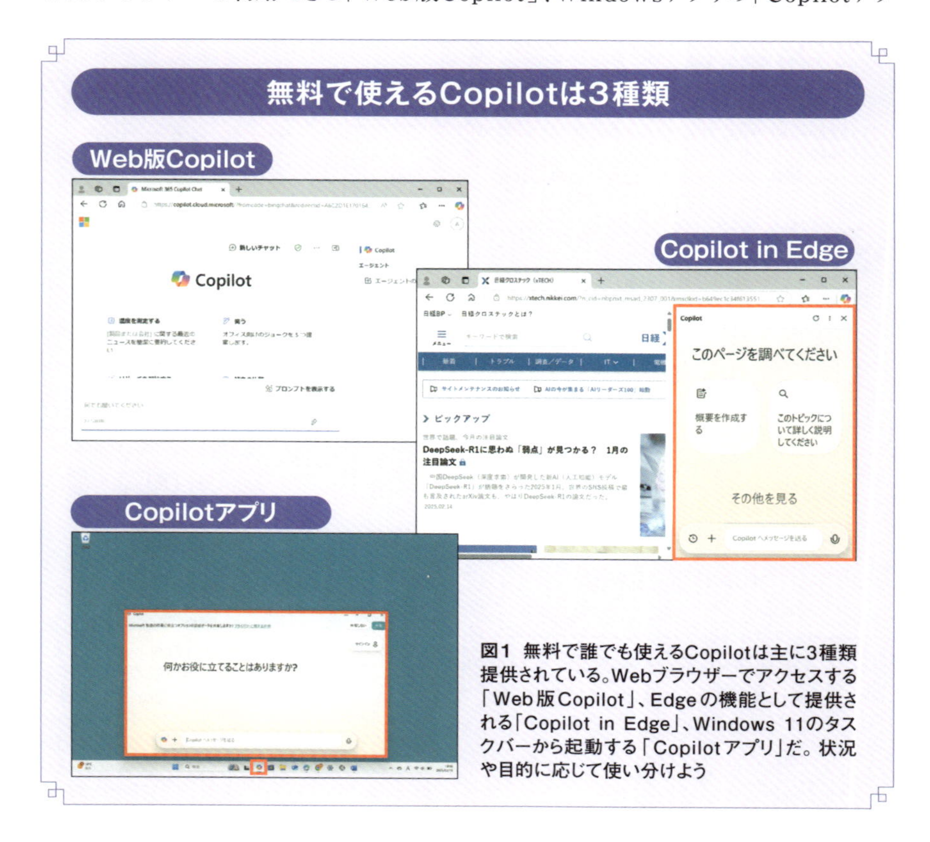

図1 無料で誰でも使えるCopilotは主に3種類提供されている。Webブラウザーでアクセスする「Web版Copilot」、Edgeの機能として提供される「Copilot in Edge」、Windows 11のタスクバーから起動する「Copilotアプリ」だ。状況や目的に応じて使い分けよう

リ」、Webブラウザー「Edge（エッジ）」に付属する「Copilot in Edge」の3種類だ。

このほかに、WordなどのOfficeアプリ内で利用できるCopilot（以降、本書では「Office用Copilot」と呼ぶ）があり、こちらは有料版だ（**図2**）。ただし、2025年1月から、「Microsoft 365 Personal」と「Microsoft 365 Family」の2つのプランでは、Office用Copilotが標準で使えるようになった（月60回という制限はある）。

Office用Copilotが搭載されたOfficeアプリでは、リボンに「Copilot」ボタンが追加される（**図3**）。Wordでは文書の余白に常にCopilotを呼び出すボタンが表示され、いつでも文章の下書きに利用できる（インターネット接続は必要）。Web版のOfficeアプリでも利用可能だ。

Copilotにはさまざまな種類がある

Web版Copilot	情報の検索、会話、コンテンツ生成などの機能を備える。専用のWebサイトで利用できる
Copilot in Edge	ブラウザーのEdgeで利用できるCopilot。情報の検索、会話、コンテンツ生成などのほか、表示しているページの要約や解析も可能
Copilotアプリ	Windowsに搭載されるアプリ。情報の検索、会話、コンテンツ生成など、機能はWeb版と同等
Microsoft 365 Copilot	Office用Copilotなどが利用できる有料版。Copilot Proは個人向け、Microsoft 365 Copilotは法人向け。個人向けの「Microsoft 365 Personal」と「Microsoft 365 Family」のOfficeアプリでも、制限付きでCopilotが利用できる
Copilot Pro	

図2 有料版も含めたCopilotは主に5種類あり、このほかに大規模組織向けのプランもある。有料版はOfficeアプリ用だが、導入するとCopilot全体の機能も上がる。また、開発者向けの「GitHub Copilot」などもある

有料版CopilotはOfficeアプリ内で動作

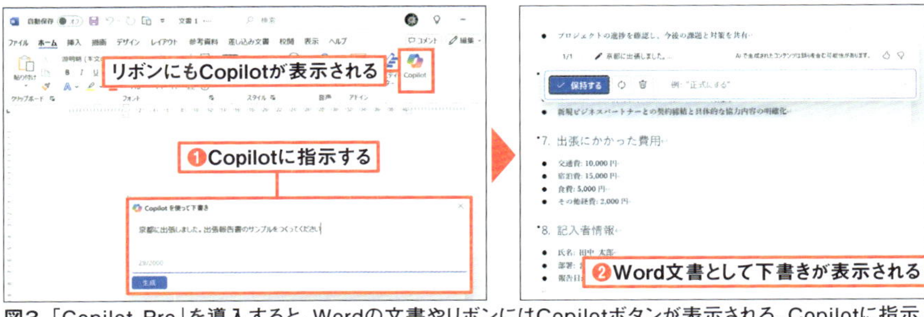

図3 「Copilot Pro」を導入すると、Wordの文書やリボンにはCopilotボタンが表示される。Copilotに指示するだけでWord文書に直接下書きを表示できる（❶❷）。下書きや文書の校正、翻訳などに便利だ

Web版Copilotはサインインして利用開始

無料版のCopilotの性能はほぼ同等と考えてよい。状況に応じて、臨機応変に使い分けたい。例えば、Webの閲覧中なら、Web版Copilotを使うのが手っ取り早い。Microsoftアカウントでサインインしておくと、質問履歴を残せるほか、有料アカウントであればライセンスに応じて追加機能も利用できる(**図4**)。

画面の構成はChatGPTとよく似ており、質問の入力方法もほぼ同じだ。画面下部に表示される入力欄にプロンプトを入力する(**図5**)。送信して数秒待つと、回答が表示される(**図6**)。入力欄に追加の要望を入力して、回答を編集することもできる。新しい質問をするときには、入力欄の「+」から「新規」を選んで入力する。

サインインしていれば、最近の質問履歴を呼び出して確認したり、会話を続けたりできる(**図7**)。

AIを過信するべからず

生成AIを使ううえで注意したいのは、"嘘をつく"こともある点だ。存在しない場所の紹介や間違った歴史の解説などを自信満々に回答してくることがある。言語モデルは膨大な量の文書を学習して、与えられた文章(質問)に関連する語句を確率的に推測する。それらしい文章を作っているだけで、言葉の意味を理解しているわけではない。また、生成AIが生成した文章や画像が過去の著作物と類似している場合、著作権の問題になりかねない。権利侵害のないことを保証するサービスもあるが、基本的には自己責任で利用することになる。

Ⓦ Web版CopilotはMicrosoftアカウントでサインイン

図4 上記URLのCopilotのWebサイトを開いたら、右上にある「サインイン」をクリック(❶❷)。「サインイン」をクリックして、必要事項を入力する(❸)

Web版Copilotで文書のサンプル作成を依頼

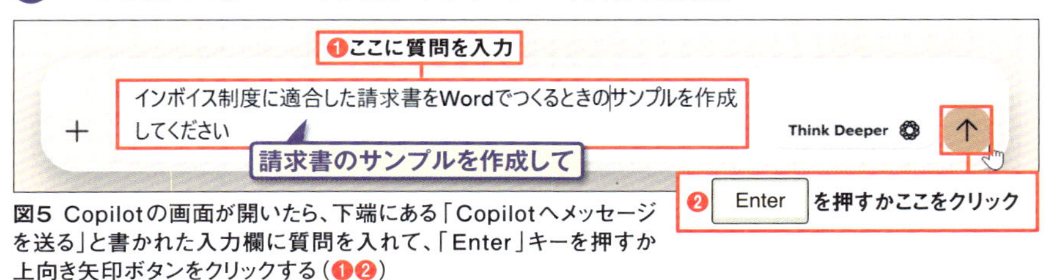

図5 Copilotの画面が開いたら、下端にある「Copilotへメッセージを送る」と書かれた入力欄に質問を入れて、「Enter」キーを押すか上向き矢印ボタンをクリックする（❶❷）

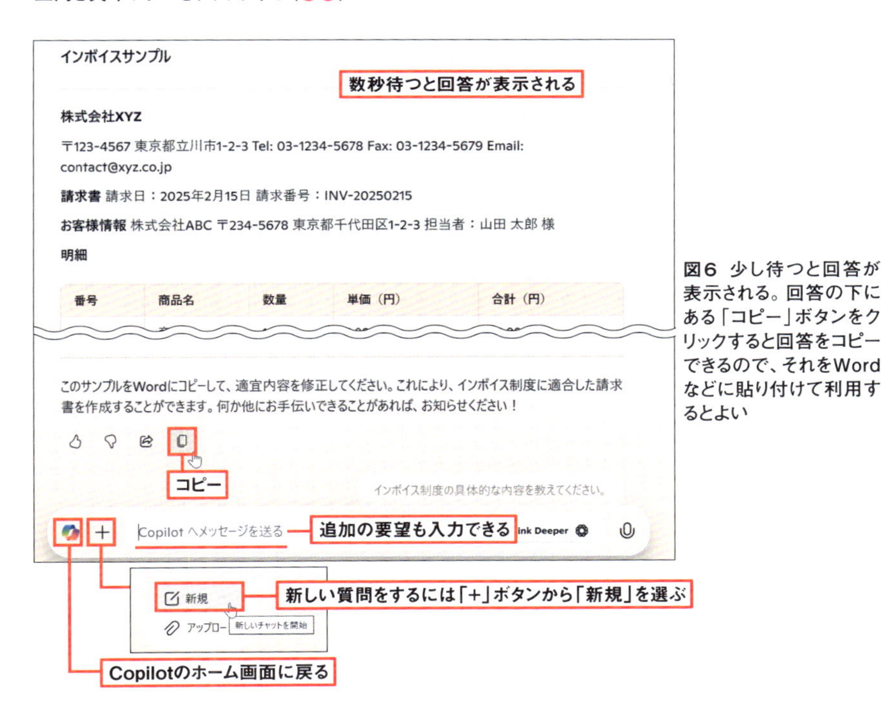

図6 少し待つと回答が表示される。回答の下にある「コピー」ボタンをクリックすると回答をコピーできるので、それをWordなどに貼り付けて利用するとよい

サインインしていれば最近の履歴を呼び出せる

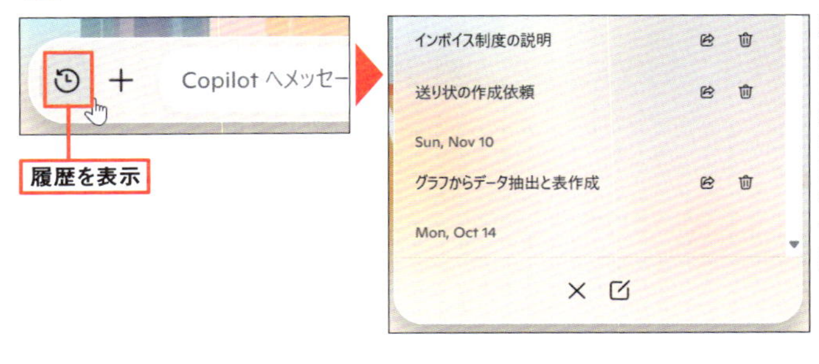

図7 Copilotのホーム画面では、入力欄左端に「履歴を表示」ボタンが表示される。このボタンをクリックすると、最近の質問履歴が表示され、クリックすると過去の会話を表示できる。そこから会話を続けることもできる

WordのCopilotで下書きからレイアウトまで作成

30分時短

ここからは、WordでOffice用Copilotを使う方法を解説していこう。効率化の武器になることは間違いないので、どのようなことができて、どんな使い勝手なのかをチェックしてほしい。

作りたい文書を示すだけで文書のサンプルを自動作成

Wordには、作りたい文書の内容を入力するだけで、Copilotが下書きを作成してくれる機能が搭載される。Wordで文書を開き、カーソル位置に表示されるCopilotのアイコンをクリックすることで、「Copilotを使って下書き」という入力画面が表示される（**図1**）。「Alt」キーを押しながら「I」キーを押しても表示できる。

使える実例として、最初に挙げるのは始末書だ。始末書を書く機会はあまりなく、

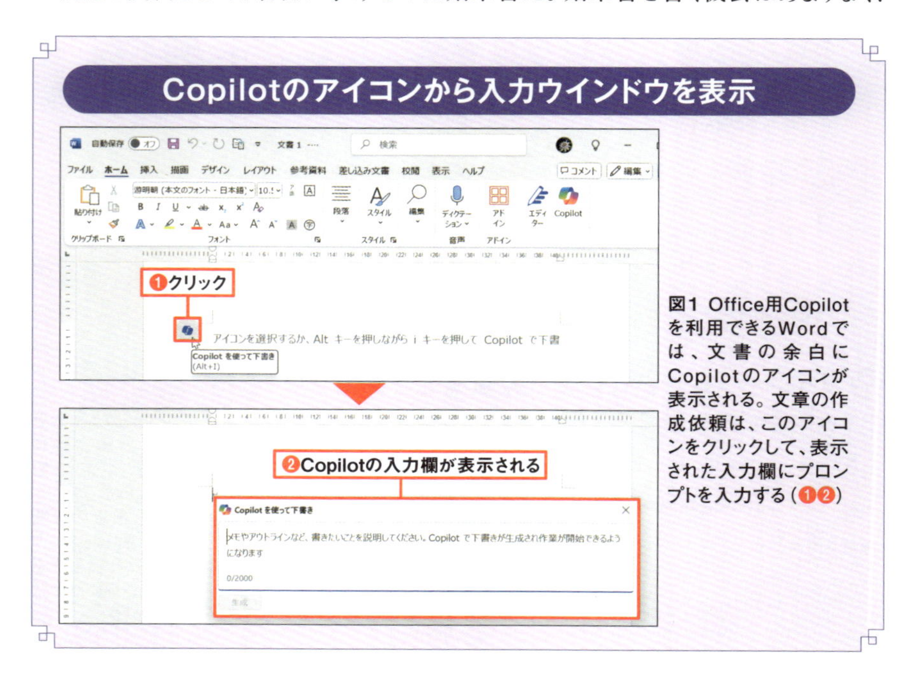

図1 Office用Copilotを利用できるWordでは、文書の余白にCopilotのアイコンが表示される。文章の作成依頼は、このアイコンをクリックして、表示された入力欄にプロンプトを入力する（❶❷）

気が進まない作業でもあり、文例などを探して自分で書いても自信を持てないこともある。そんな始末書も、必要な情報さえ与えればあっという間に書き上げてくれる。WordのCopilotに「お客様との打ち合わせに遅刻」「上司への始末書」という情報を与えて文面を書かせた（**図2**）。Web版の生成AIではテキストしか作成できないが、WordのCopilotでは大まかなレイアウトまでできた状態で表示される（**図3**）。足りない情報はCopilotの創作で入力されているので、ちょっとした手直しで済む。

始末書を作成してもらう

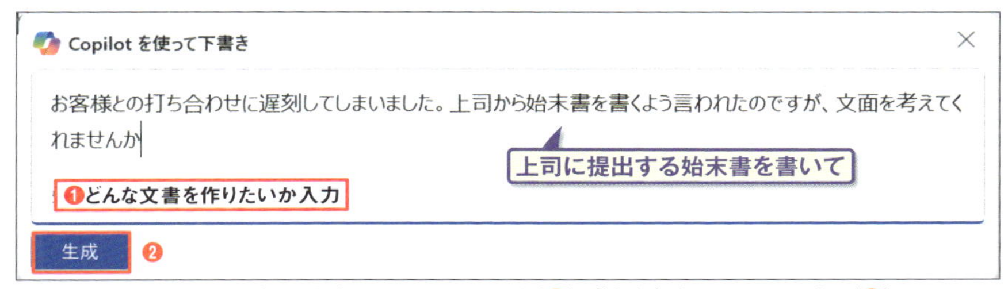

図2 Copilotの入力欄にどんな文書を作りたいかを入力（❶）。「生成」ボタンをクリックする（❷）

Copilotが作成した「始末書」の下書き

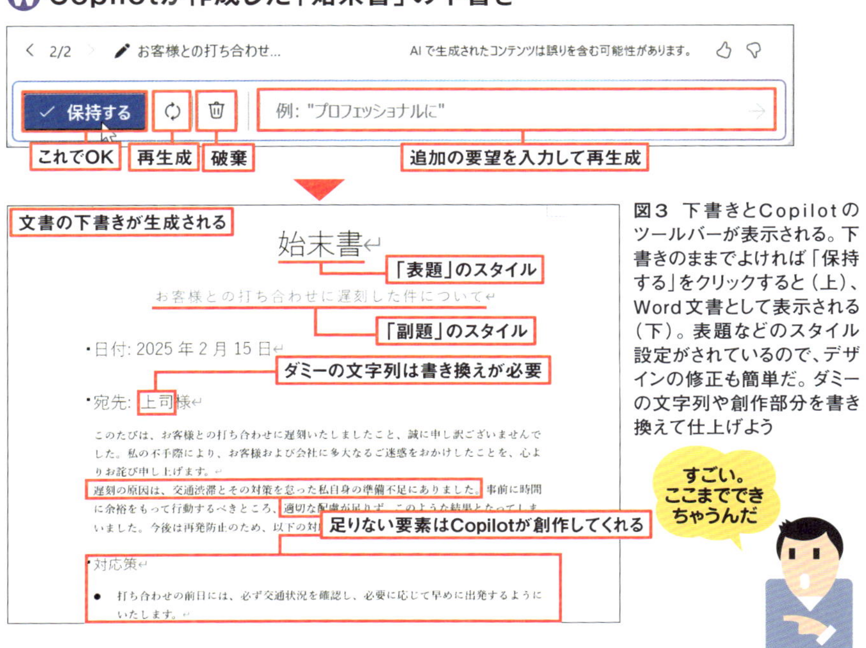

図3 下書きとCopilotのツールバーが表示される。下書きのままでよければ「保持する」をクリックすると（上）、Word文書として表示される（下）。表題などのスタイル設定がされているので、デザインの修正も簡単だ。ダミーの文字列や創作部分を書き換えて仕上げよう

アイデア満載の企画書をCopilotが作成

Copilotは質問に答えるだけでなく、企画やアイデアの提案もできる。ここでは、ギャラリーを兼ねたカフェで実施する展示即売会の企画書を依頼した。すると、「はじめに」「プロモーション戦略」「特典の提供」などの情報を整理した3ページ分の下書きが自動で作成された(**図1**)。

細部はダミーなので、具体的な企画内容は当然、自分で練らなければならない。しかし、Copilotが提案する内容もかなり参考になる。ここでは、下書きを依頼するときに「来場者を増やすアイデア」と指定していたため、ソーシャルメディアや地元メディアの活用や来場者プレゼントなど、実際に使えそうなアイデアが企画書に盛り込まれていた。これらを参考にまとめていけば、作成の手間が劇的に減ると同時に、自分だけでは思い付かないような斬新な企画書が出来上がるかもしれない。

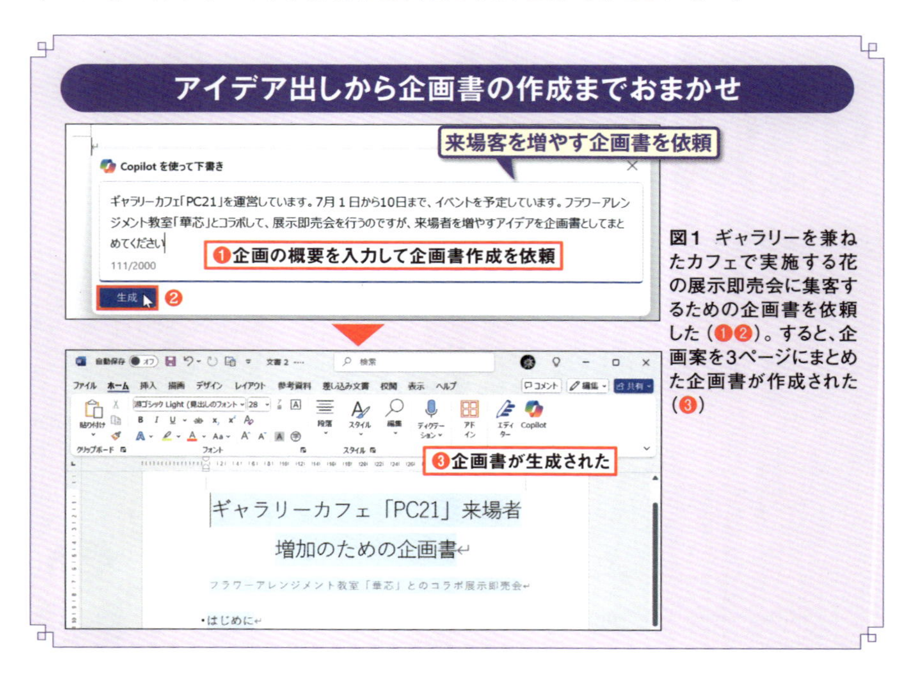

図1 ギャラリーを兼ねたカフェで実施する花の展示即売会に集客するための企画書を依頼した(❶❷)。すると、企画案を3ページにまとめた企画書が作成された(❸)

表示された下書きはそのまま「保持する」をクリックしてWord文書として手直ししてもよいが、手直しまでCopilotに頼むことも可能だ。

最初の下書きにはイベントのスケジュールが入っていなかったので、追加してもらおう。下書き全体の構成などを変更するときには、下書き作成直後に表示される入力欄に変更指示を書いて依頼する（**図2**）。生成された文章が納得できるものになったら、「保持する」をクリックしていったん生成を終了する（**図3**）。ここからは、Wordの編集画面で部分的な修正をして文書を完成させていく。

Copilotに下書きの修正を依頼

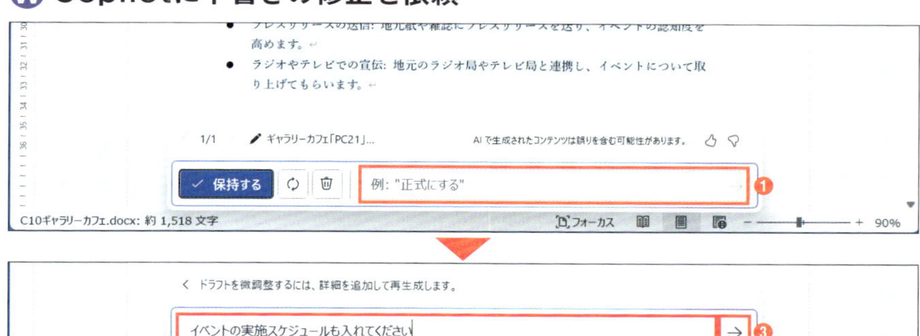

図2 図1で生成した直後は、画面下部にCopilotの入力欄が表示される（❶）。修正や不足がある場合は、そこに追加の依頼を入力して「生成」を押す（❷❸）

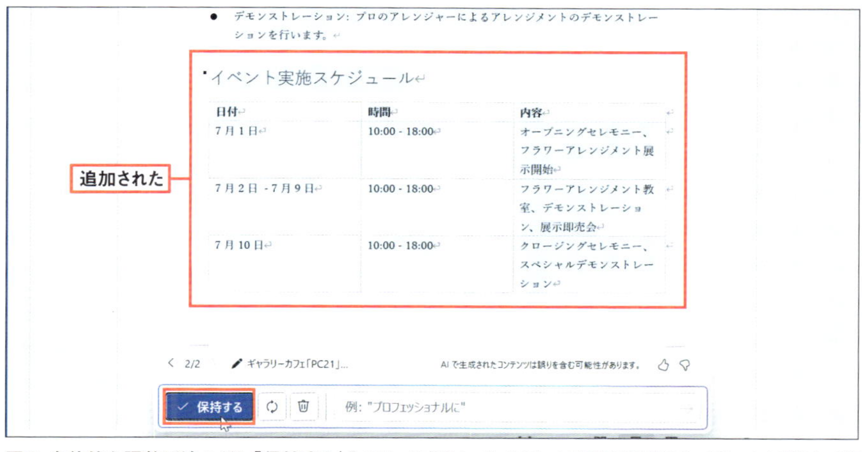

図3 全体的な調整が済んだら「保持する」をクリックすると、生成された文章が確定され、Word文書として編集できるようになる

作成済みの下書きについて、部分的に修正や変更をお願いすることもできる。修正したい範囲を選択すると、左側にCopilotのアイコンが表示される（**図4**）。クリックしてメニューから「自動書き換え」を選ぶと、選択した文章を別の表現に置き換えられる（**図5**）。要望を入力して、文章を書き換えてもらうことも可能だ（**図6、図7**）。また、「表として視覚化」を選ぶと、選択中の文章を表形式に変換してくれる（**図8**）。箇条書きで列挙されているような項目を、見やすい表にまとめるときに有効だ。

こうした部分的な書き換えは、Word文書として保存後も可能なので、後から推敲する際にもCopilotを利用できる。

一部の文章を別の表現に書き換え

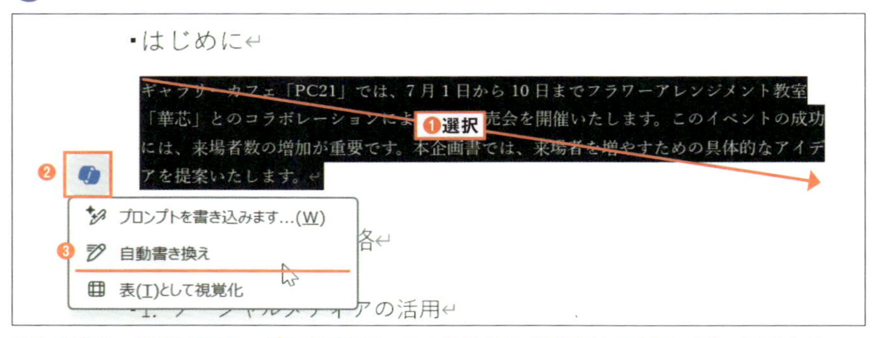

図4 文章の一部を選択すると（❶）、左側にCopilot のアイコンが表示される（❷）。クリックするとメニューが開くので、ここでは「自動書き換え」を選択する（❸）

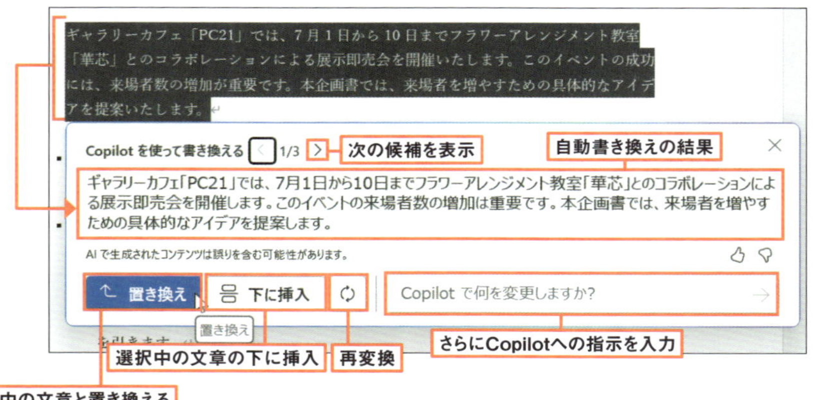

図5 書き換えられた結果が表示される。この例では3つの候補が表示された。「置き換え」を選ぶと、元の文章が書き換えた結果と置き換わる。「下に挿入」を選んで、文章を見比べて不要なほうを削除してもよい

別のアイデアを提案してもらう

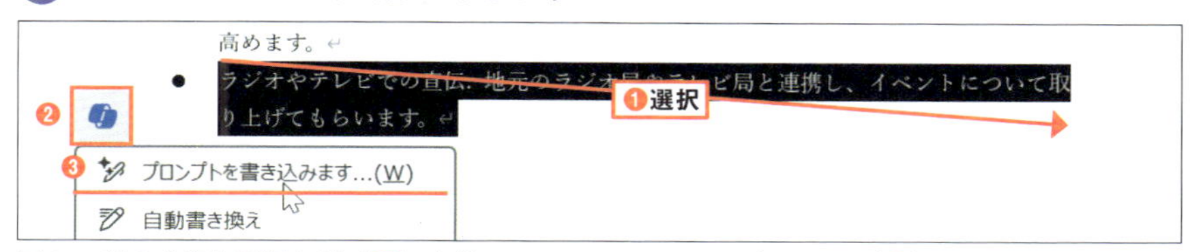

図6　一部の文章を選択すると（❶）、左側にCopilot のアイコンが表示される（❷）。クリックするとメニューが開くので、ここでは「プロンプトを書き込みます」を選択する（❸）

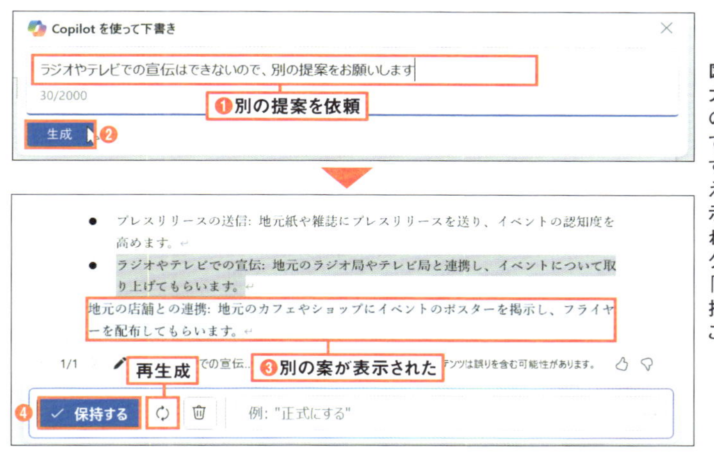

図7　Copilotの入力欄が表示されるので、要望を入力して「生成」をクリックする（❶❷）。書き換えられた文章が表示されるので、よければ「保持する」をクリックする（❸❹）。「再生成」ボタンを押して、生成し直すこともできる

箇条書きを表形式にまとめる

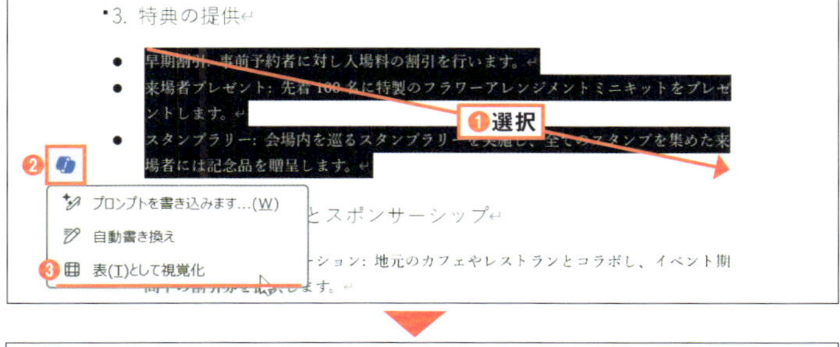

場者には記念品を贈呈します。

❹表にまとめられた

項目	詳細
早期割引	事前予約者に対し入場料の割引
来場者プレゼント	先着 100 名に特製のフラワーアレンジメントミニキットをプレゼント
スタンプラリー	全てのスタンプを集めた来場者に記念品を贈呈

図8　表にまとめたほうがわかりやすい部分は、Copilotに依頼して表に変換してもらうとよい。それには該当部分を選択してCopilotアイコンをクリックし（❶❷）、メニューから「表として視覚化」を選ぶ（❸）。表形式になるだけでなく、表の内容らしく簡潔な文章に書き換わっている（❹）

Word

Section 06

生成AIの翻訳機能で3カ国語のポスターを作成

生成AIの翻訳能力はかなり使える。Word文書の作成でも、日本語や英語などの1カ国語だけでなく、「3カ国語で作成して」といった要望にも難なく応えてくれる。ここではOffice用Copilotを使い、Word文書としてゴミ出しの分別や収集日を知らせるポスターを3カ国語で作成するプロンプトを書いた（**図1**）。

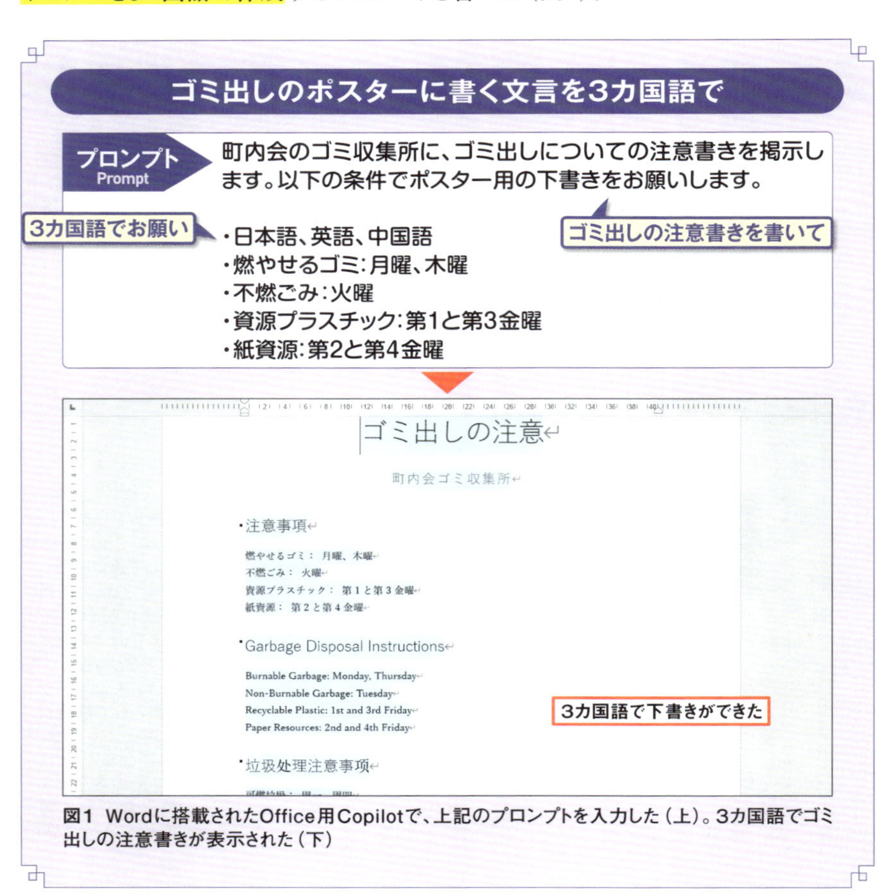

図1 Wordに搭載されたOffice用Copilotで、上記のプロンプトを入力した（上）。3カ国語でゴミ出しの注意書きが表示された（下）

日本語の文章と同様に、追加の指示もできる。図1の操作の後で、内容を追加する指示を出した（**図2**）。3カ国語すべてに指定した文章が追記されている。

翻訳が得意なのはCopilotだけではない。ChatGPTなどでも可能なので、いろいろ試してみるとよいだろう（**図3**）。

修正指示もできる

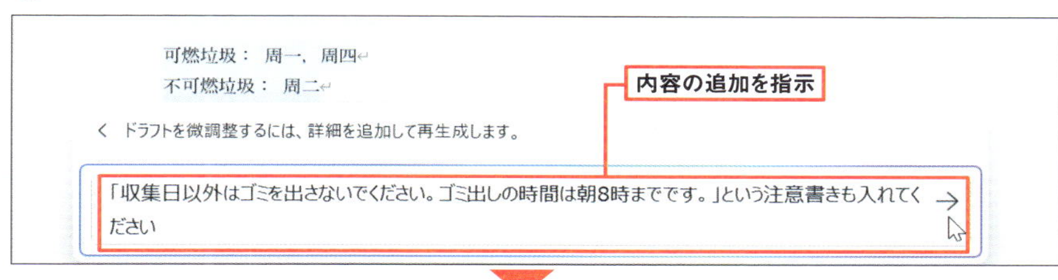

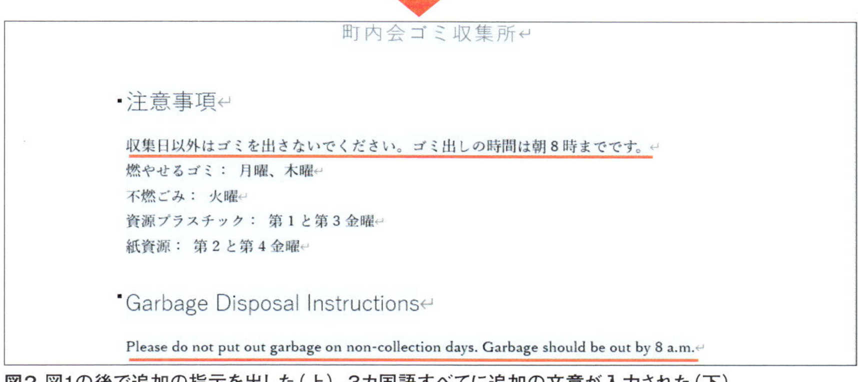

図2 図1の後で追加の指示を出した（上）。3カ国語すべてに追加の文章が入力された（下）

ChatGPTに下書きしてもらう

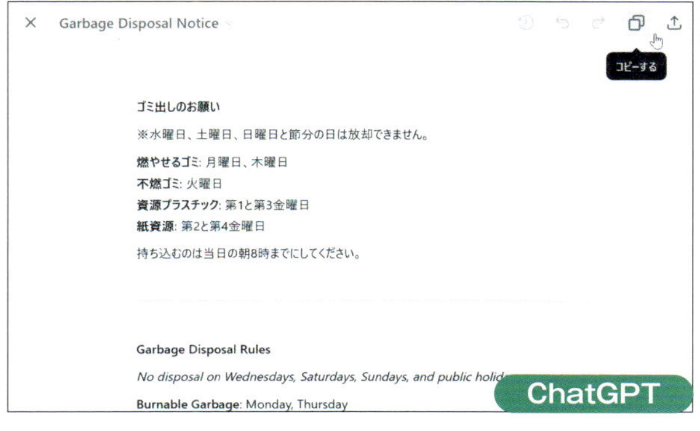

図3 図1上と同じプロンプトをChatGPTのWebページで入力した結果。日本語は少し変だが、下書きとしては十分な文章が表示された

Word

Section 07

コピペの貼り付け先に合わせて文章をリライト

Office用Copilotを導入していると、Wordでコピペしたときに「Copilotによる貼り付け」ボタンが表示される。このボタンを使うと、通常の貼り付けオプションに加えて、貼り付け時にCopilotによる変換ができる。

Copilotによる変換の選択肢は、「変更する」「自動リライト」「テーブルとして視覚化」の3つ（**図1**）。文章をよりわかりやすく書き換えたいときには、「自動リライト」を選択。複数の候補が表示されるので、気に入ったものを選ぶか、気に入らなければ再変換も指示できる（**図2**）。

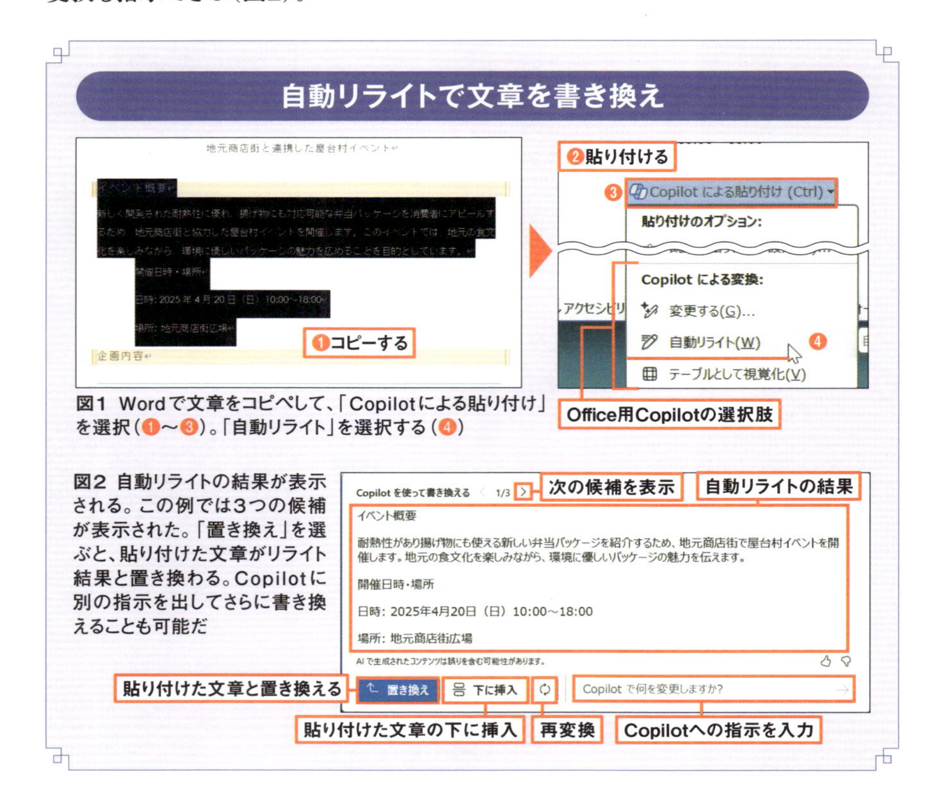

図1 Wordで文章をコピペして、「Copilotによる貼り付け」を選択（❶～❸）。「自動リライト」を選択する（❹）

図2 自動リライトの結果が表示される。この例では3つの候補が表示された。「置き換え」を選ぶと、貼り付けた文章がリライト結果と置き換わる。Copilotに別の指示を出してさらに書き換えることも可能だ

「テーブルとして視覚化」を選ぶと、貼り付けた文章を表に変換できる(**図3**)。貼り付けた文章を「こんな風に書き換えたい」という希望が明確なら、「変更する」を選択し、表示されるCopilotの入力欄に指示を入力すればよい(**図4、図5**)。

文章を表形式に変換

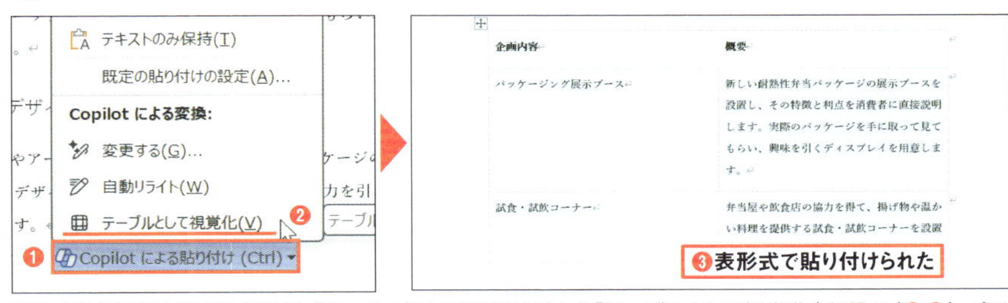

図3 図1と同じ文章を貼り付け、「Copilotによる貼り付け」から「テーブルとして視覚化」を選ぶ(❶❷)。すると、文章が表形式に変換された形で貼り付けられる(❸)

文体や内容の変更をCopilotに指示

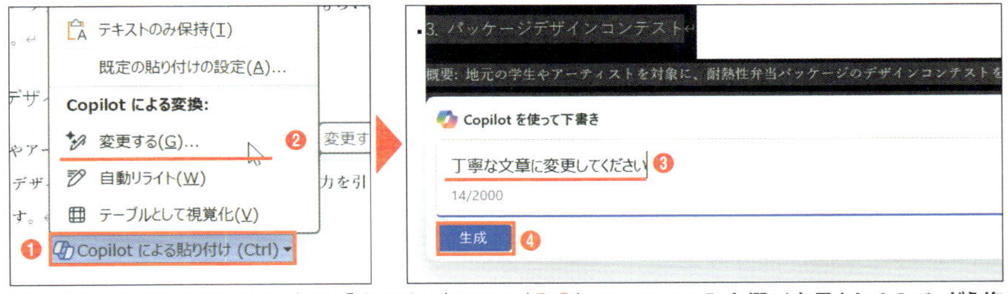

図4 「Copilotによる貼り付け」から「変更する」を選ぶ(❶❷)。Copilotの入力欄が表示されるので、どう修正したいかを入力して「生成」ボタンを押す(❸❹)

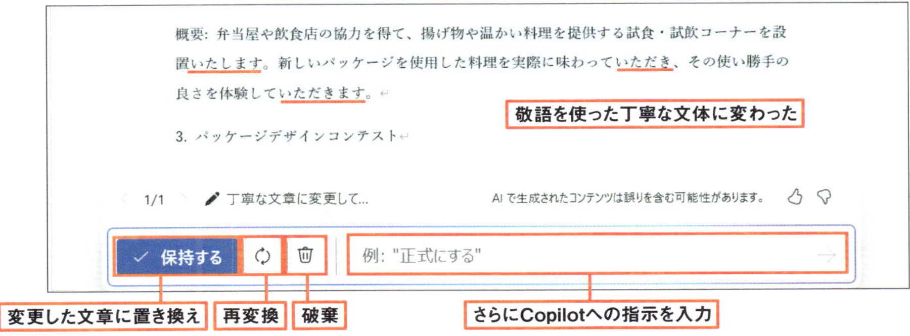

図5 丁寧な文章に変換された。表示された文章でよければ「保持する」で貼り付ける。「再変換」やさらに書き換えることもできる。元の文章に戻す場合は「破棄」を選択する

Word

Section 08

作成した文書のチェックや要約を依頼

Wordで作成した文書の分析にも生成AIを活用できる。Office用Copilotがあれば、操作は簡単だ。Copilotのウインドウを開き、チェックを頼めばよい（**図1**）。ここでは、Office用Copilotにイベントの出資者として企画内容をチェックしてもらった。すると、企画書の問題点や解決策が提示された（**図2**）。Office用Copilotがない場合でも、Web版の生成AIを利用して問題点を確認することはできる。その場合は、プロンプトに「次の文章を読んで、報告書としての問題点を指摘して」といった依頼文を書き、続けてWord文書からコピーした文章を貼り付ける（**図3**）。

同様の手順で、文書の要約も可能だ。Office用Copilotのウインドウを開き、プロンプトとして「この文書を要約して」と頼んでもよいし、ウインドウに表示される「このドキュメントを要約する」をクリックしてもよい（**図4**）。

企画書の内容をチェック

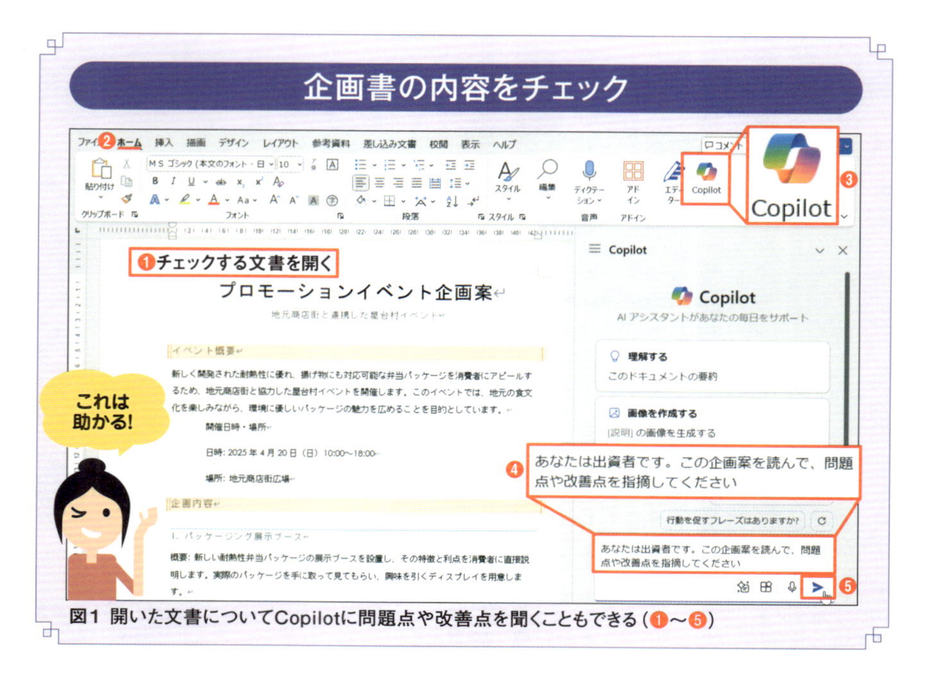

図1 開いた文書についてCopilotに問題点や改善点を聞くこともできる（❶～❺）

問題点や改善点を指摘してもらう

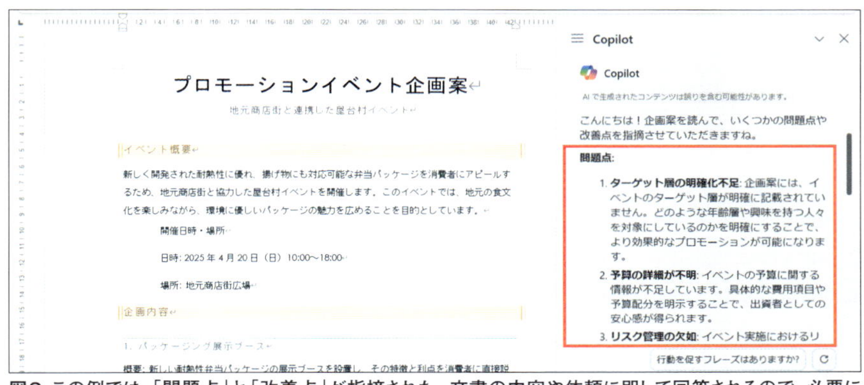

図2 この例では、「問題点」と「改善点」が指摘された。文書の内容や依頼に即して回答されるので、必要に応じて別の視点からチェックしてもらうのもよいだろう

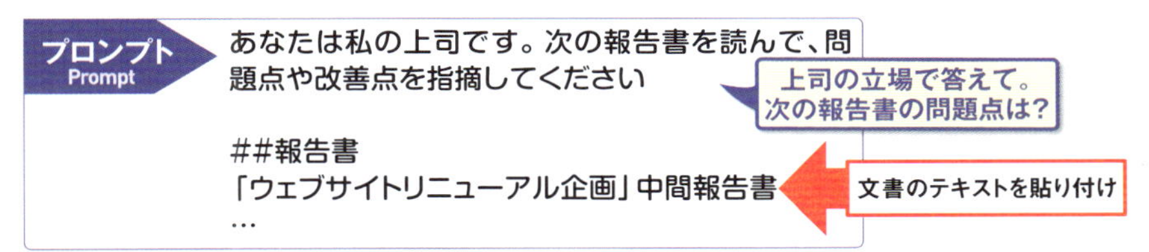

図3 Web版の生成AIを利用する場合、上記のようなプロンプトを入力し、「##報告書」に続けて、Word文書からコピーしたテキストを貼り付けて依頼しよう

文書の要約も簡単

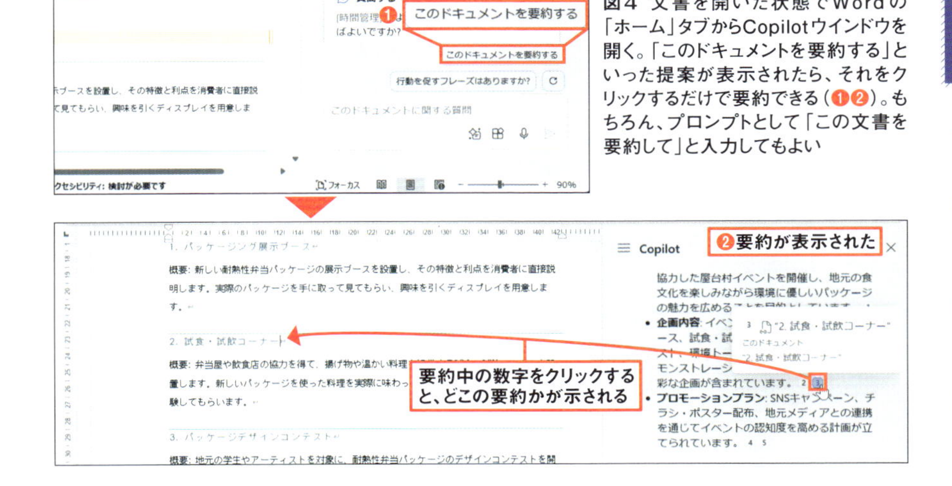

図4 文書を開いた状態でWordの「ホーム」タブからCopilotウインドウを開く。「このドキュメントを要約する」といった提案が表示されたら、それをクリックするだけで要約できる（❶❷）。もちろん、プロンプトとして「この文書を要約して」と入力してもよい

Word

Section 09

文書に必要な画像は生成AIで作成

企画書やスライドなど、仮のイメージを示すようなイラストが必要な場面はある。イラストの作成は、生成AIの得意技の1つ。画像生成AIと呼ばれる専門のWebサービスもあるが、CopilotやChatGPTでもイラストの生成は可能だ。作りたい画像のイメージを伝えるだけで自動生成してくれる。

使うのは、Web版の生成AI。Copilotでも指示に従って画像を表示してくれる（**図1**）。画像生成後の変更も可能だが、まったく違う画像になることも多い（**図2**）。

生成される画像はサービスごとにかなり異なる。ChatGPTで同じ指示を出すと、2点の候補が表示された（**図3、図4**）。サービスによっては画像生成の枚数制限があるので、注意が必要だ。いくつか試して、イラストのテイストなどを確認し、気に入ったものを使うようにしよう。

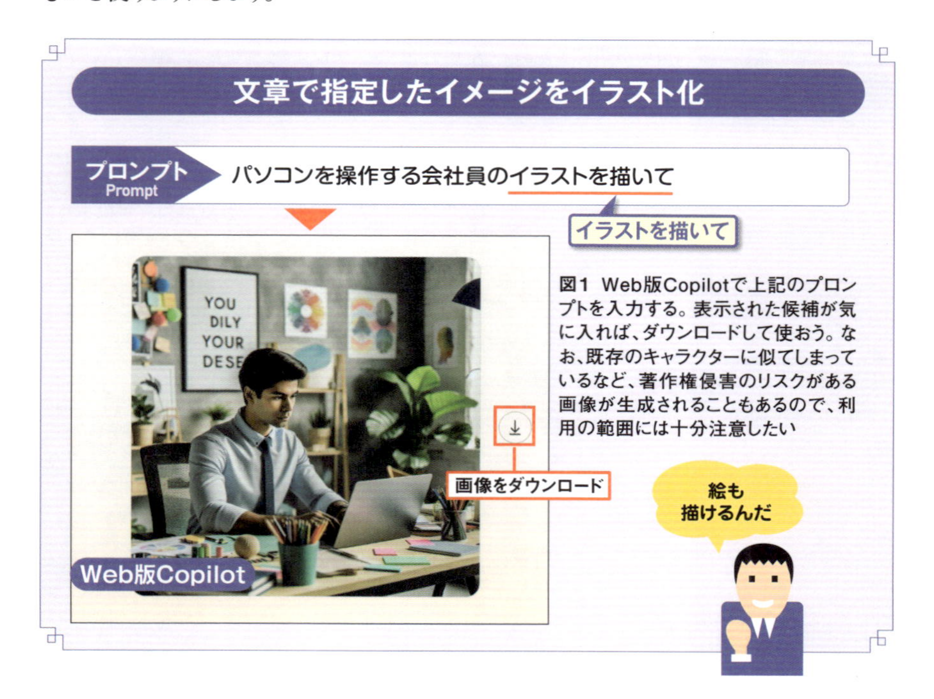

図1 Web版Copilotで上記のプロンプトを入力する。表示された候補が気に入れば、ダウンロードして使おう。なお、既存のキャラクターに似てしまっているなど、著作権侵害のリスクがある画像が生成されることもあるので、利用の範囲には十分注意したい

描いたイラストの修正を依頼

男性ではなく女性にしてください

図2　図1下で画像が表示された後、「男性ではなく女性にしてください」と指示した。すると、パソコンを操作する人は女性になったが、図1とはまったくテイストの異なるイラストになってしまった。思い通りの画像を描いてもらうのは、なかなか難しいようだ

ChatGPTでもイラストを生成できる

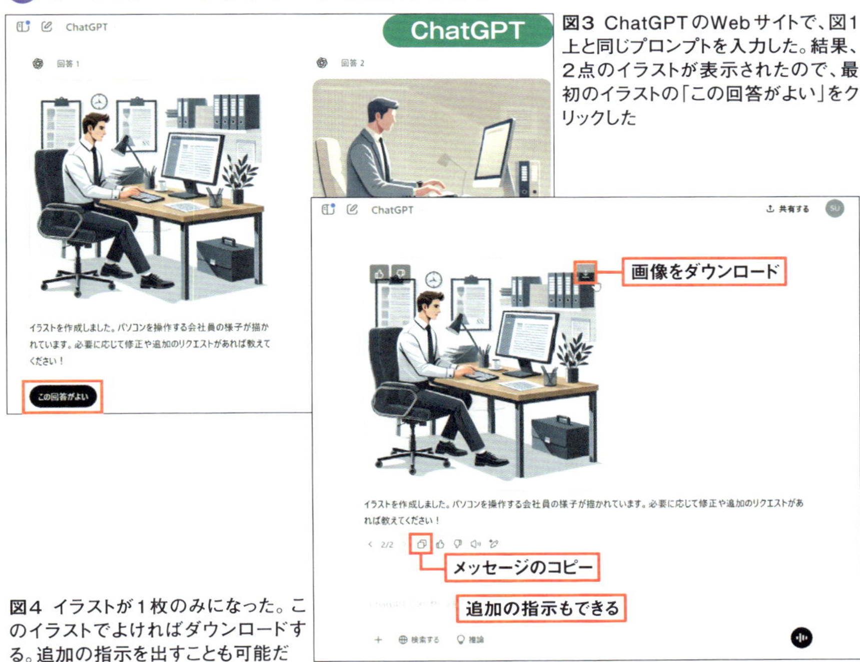

図3　ChatGPTのWebサイトで、図1上と同じプロンプトを入力した。結果、2点のイラストが表示されたので、最初のイラストの「この回答がよい」をクリックした

図4　イラストが1枚のみになった。このイラストでよければダウンロードする。追加の指示を出すことも可能だ

時短に役立つショートカットキー

●Word全般

キー	機能
Ctrl + O	「開く」画面を開く
Ctrl + S	ファイルを上書き保存する
F12	「名前を付けて保存」ダイアログボックスを開く
Ctrl + N	新しい文書を作成する
Ctrl + A	すべてを選択する
Ctrl + Z	1つ前の操作を取り消して元に戻す
Ctrl + Y	操作の取り消しをキャンセル／1つ前の操作を繰り返す
F4	同じ操作を繰り返す
Ctrl + H	「置換」ダイアログボックスを開く
Ctrl + Enter	改ページする
Shift + → ／ Shift + ←	矢印の方向に1文字ずつ選択を広げる
Shift + ↓ ／ Shift + ↑	矢印の方向に行単位で選択を広げる
Home ／ End	行頭に移動する／行末に移動する
F8	拡張選択モードに移行する
Ctrl + ↑	段落の先頭に移動する
Ctrl + ↓	次の段落の先頭に移動する
Ctrl + End ／ Ctrl + Home	文書の末尾へ移動する／文書の先頭へ移動する
Ctrl + Page Down ／ Ctrl + Page Up	1画面分下へ移動する／1画面分上へ移動する
Ctrl + → ／ Ctrl + ←	1単語分右に移動する／1単語分左に移動する
Alt + F3	新しい文書パーツを作成する
Alt + F4	Wordを終了する／設定画面を閉じる

●コピー・アンド・ペースト

キー	操作
Ctrl + X さ	切り取る
Ctrl + C そ	コピーする
Ctrl + V ひ	貼り付ける
Alt + Ctrl + C そ	書式のみをコピーする（従来版では「Ctrl」+「Shift」+「C」）
Alt + Ctrl + V ひ	書式のみを貼り付ける（従来版では「Ctrl」+「Shift」+「V」）
Ctrl + Shift + V ひ	テキストのみを貼り付ける（最新版のみ）

●書式設定

キー	操作
Ctrl + B こ	太字にする（ボールドのB）
Ctrl + I に	斜体にする（イタリックのI）
Ctrl + U な	下線を引く（アンダーラインのU）
Ctrl + { [「 °	フォントサイズを1ポイント小さくする
Ctrl + }] 」 む	フォントサイズを1ポイント大きくする
Ctrl + E い	段落を中央揃えにする
Ctrl + L り	段落の左揃えを実行する（レフトのL）
Ctrl + R す	段落の右揃えを実行する（ライトのR）
Ctrl + （スペース）	文字書式を解除する
Ctrl + Q た	段落書式を解除する
Ctrl + Shift + N み	すべての書式設定を解除する
Ctrl + Shift + L り	箇条書きを設定する
Ctrl + M も	インデントを増やす
Ctrl + Shift + M も	インデントを減らす

索引

日経PC21
1996年3月創刊の月刊パソコン雑誌。仕事にパソコンを活用するための実用情報を、わかりやすい言葉と豊富な図解・イラストで紹介。Excel、Word、PowerPointといったアプリケーションソフトをはじめ、Windows、各種クラウドサービス、周辺機器、スマートフォンの活用法まで、最新の情報を丁寧に解説している。

鈴木眞里子(グエル)
情報デザイナーとして執筆からレイアウトまでを行う。日経PC21、日経パソコンなど、パソコン雑誌への寄稿をはじめ、製品添付のマニュアルや教材なども手がけ、執筆・翻訳した書籍は100冊を超える。近著に『Excel最速時短術』『ビジネスOutlook実用ワザ大全』『Googleアプリ×生成AI 最強仕事術』『ChatGPT&Copilot 爆速の時短レシピ』(いずれも日経BP)がある。編集プロダクション、株式会社グエル取締役。

Word最速時短術［増補新版］

2025年3月24日　第1版第1刷発行

著者	鈴木眞里子(グエル)
編集	田村規雄(日経PC21)
発行者	浅野祐一
発行	株式会社日経BP
発売	株式会社日経BPマーケティング 〒105-8308　東京都港区虎ノ門4-3-12
装丁	tobufune
本文デザイン	桑原 徹+櫻井克也(Kuwa Design)
制作	鈴木眞里子(グエル)
印刷・製本	TOPPANクロレ株式会社

ISBN 978-4-296-20732-9

本書籍に関するお問い合わせ、ご連絡は下記にて承ります。
https://nkbp.jp/booksQA